普通高等教育"十一五"国家级规划教材

建筑工程计量与计价

第3版

主　编　王朝霞
副主编　张丽云　王　芳
参　编　刘冬学　周晓娟　孟文华
主　审　丁春静

机 械 工 业 出 版 社

本书包括7个单元，主要介绍了建筑工程计价概述、工程量清单的编制、建筑工程工程量计算、装饰装修工程工程量计算、建筑及装饰装修工程措施项目工程量计算、工程量清单计价方法、建筑工程计价实例。本书立足基本理论的阐述，注重实际能力的培养，体现了“案例教学法”的思想，即全书通过对一个完整建筑工程实例全过程计价文件编制的分析，贯穿完成整个教材内容的编写，具有“实用性、系统性、先进性”等特色。本书可作为高职高专建筑工程技术及工程造价管理专业的教材，也可作为本科院校、函授和自学辅导用书或相关专业人员学习参考用书。

图书在版编目（CIP）数据

建筑工程计量与计价/王朝霞主编．—3版．—北京：机械工业出版社，2014.8（2025.1重印）
普通高等教育“十一五”国家级规划教材
ISBN 978-7-111-47330-5

Ⅰ.①建… Ⅱ.①王… Ⅲ.①建筑造价-高等职业教育-教材
Ⅳ.①TU723.3

中国版本图书馆CIP数据核字（2014）第152708号

机械工业出版社（北京市百万庄大街22号 邮政编码100037）
策划编辑：王靖辉 覃密道 责任编辑：王靖辉
责任校对：张 薇 封面设计：路恩中
责任印制：张 博
北京建宏印刷有限公司印刷
2025年1月第3版第17次印刷
184mm×260mm · 20.75印张 · 504千字
标准书号：ISBN 978-7-111-47330-5
定价：55.00元

电话服务
客服电话：010-88361066
010-88379833
010-68326294

网络服务
机 工 官 网：www.cmpbook.com
机 工 官 博：weibo.com/cmp1952
金 书 网：www.golden-book.com
机工教育服务网：www.cmpedu.com

前　言

"工程量清单计价"是我国建筑工程计价活动中，大力推行的一种新的计价模式。为适应深化工程计价改革的需要适应当前国家相关法律、法规和政策性的变化，住房和城乡建设部在2012年12月25日发布新的《建设工程工程量清单计价规范》（GB 50500—2013）及《房屋建筑与装饰工程工程量计算规范》（GB50854—2013）等。同时，住房和城乡建设部、财政部在总结原《建筑安装工程费用项目组成》（建标［2003］206号）基础上，修订完成了新的《建筑安装工程费用项目组成》（建标［2013］44号）文件，新的计价规范和费用项目组成皆自2013年7月1日实施。因计量与计价依据发生了变化，为此对本书进行了修订，修订内容涵盖全书各个单元，从基本概念、基本原理及能力训练部分，全部按照新的规定进行了修改、补充和完善。

本书在内容的编排上对工程量清单计价方法进行了全面、系统的讲述，对定额计价只是概要地进行了介绍，主要内容包括：基本建设计价文件分类及计价文件与基本建设程序间的关系；工程量清单的编制；建筑工程工程量计算；装饰装修工程工程量计算；措施项目工程量计算；工程量清单计价方法；工程量清单编制及工程量清单计价综合实例的分析、讨论与讲解等。

本书在编写时所采用的标准和规范主要有：《建筑工程建筑面积计算规范》（GB/T 50353—2013），《建设工程工程量清单计价规范》（GB 50500—2013），《房屋建筑与装饰工程工程量计算规范》（GB50854—2013），中华人民共和国建设部、财政部下发的《建筑安装工程费用项目组成》（建标［2013］44号）文件，《混凝土结构施工图平面整体表示方法制图规则和构造详图》（11G101-1）等。

本书立足基本理论的阐述，注重实际能力的培养，即全书通过对一个完整建筑工程实例全过程计价文件编制的分析，完成整个教材内容的编写，同时各课题中还编入了和工程实践紧密结合的小实例，通过大小实例的分析、探讨，起到引导、深化，进一步提高学习者识别、分析和解决某一具体问题能力的目的。

参加本书编写的人员有：太原理工大学阳泉分院周晓娟（单元1），山西建筑职业技术学院王朝霞（单元2、单元7第一部分），山西建筑职业技术学院张丽云（单元3、单元7第二部分），沈阳建筑大学职业技术学院刘冬学（单元4），山西建筑职业技术学院孟文华（单元5），太原理工大学阳泉分院王芳（单元6，单元7第三部分），全书由王朝霞任主编，张丽云、王芳任副主编。

本书配有电子课件，凡使用本书作为教材的教师可登录机械工业出版社教材服务网 www. cmpedu. com 下载。咨询邮箱：cmpgaozhi@ sma. com。咨询电话：010－88379375。

由于作者水平有限，时间仓促，错误和不足之处在所难免，恳请读者、同行批评指正。

编　者

目　录

单元1　建筑工程计价概述

【单元概述】

基本建设的概述，项目划分，基本建设计价文件的分类，基本建设程序与计价文件之间的关系；确定建筑工程价格的基本要素，建筑工程计价模式。

【学习目标】

通过本单元的学习、训练，学生应了解基本建设项目的划分，熟悉基本建设计价文件的分类及基本建设程序与计价文件之间的关系，明确工程量清单计价的两种模式。

课题1　基本建设与建筑工程计价

一、基本建设概述

1. 基本建设的概念

基本建设是指固定资产扩大再生产的新建、扩建、改建、恢复工程及与之相关的其他工作。实质上，基本建设是形成新的固定资产的经济活动过程，即把一定的物质资料如建筑材料、机器设备等，通过购置、建造和安装等活动转化为固定资产，形成新的生产能力或使用效益的过程。与此相关的其他工作，如征用土地、勘察设计、筹建机构和职工培训等，也属于基本建设的部分。

固定资产是指在社会再生产过程中，使用一年以上、单位价值在规定限额以上的主要劳动资料和其他物质资料，如建筑物、构筑物、运输设备、电器设备等。固定资产按经济用途，可分为生产性固定资产和非生产性固定资产两大类。生产性固定资产是指在物质资料生产过程中，能在较长时期内发挥作用而不改变其实物形态的劳动资料，是人们用来影响和改变劳动对象的物质技术手段，如工厂的厂房、机器设备、矿井、水库、铁路、船舶等。非生产性固定资产，作为消费资料中的一部分，如住宅、学校、医院和其他生活福利设施等，也是可以在较长时期内使用而不改变其实物形态，只不过它们是直接服务于人民的物质文化生活方面。但是，固定资产的再生产并不都是工程建设，对于利用更新改造资金和各种专项资金进行的挖潜、革新、改造项目，均视作固定资产的更新改造，并按基本建设办法进行管理，但不列入工程建设范围之内。

2. 基本建设的内容

基本建设项目的内容构成包括以下四方面：

（1）建筑工程　建筑工程是指永久性和临时性的各种房屋和构筑物，如：厂房、仓库、住宅、学校、剧院、矿井、桥梁、电站、铁路、码头、体育场等新建、扩建、改建或复建工程；各种民用管道和线路的敷设工程；设备基础、炉窑砌筑、金属结构构件（如支柱、操作台、钢梯、钢栏杆等）工程；以及农田水利工程等。

（2）设备安装工程　设备安装工程是指永久性和临时性生产、动力、起重、运输传动和医疗、实验和体育等设备的装配、安装工程，以及附属于被安装设备的管线敷设、绝缘、保温、刷油等工程。

（3）设备及工器具购置　指按照设计文件规定，对用于生产或服务于生产而又达到固定资产标准的设备、工器具的加工订购和采购。按我国财政部有关文件规定，固定资产的标准为使用年限在1年以上，单位价值在1000元、1500元和2000元（指小、中、大型企业）以上的设备、工器具，均构成固定资产。但新建和扩建项目所购置或自制的全部设备、工具、器具，不论是否达到固定资产标准，均计入设备、工器具购置投资中。

（4）建设项目的其他工作　指上述（1）、（2）、（3）项工作之外而与建设项目有关的各项工作，如筹建机构、征用土地、培训工人及其他生产准备工作等。

3. 基本建设的程序

基本建设程序是指基本建设在整个建设过程中各项工作必须遵循的先后次序。

一般基本建设由九个环节组成，如图1-1所示。

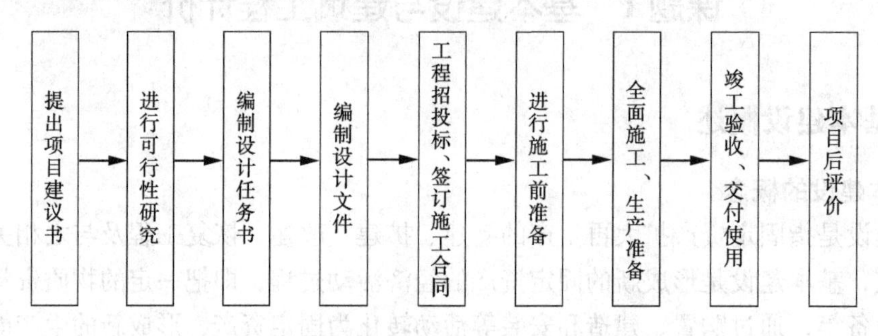

图1-1　基本建设的程序

（1）提出项目建议书　项目建议书是根据区域发展和行业发展规划的要求，结合各项自然资源、生产力状况和市场预测等，经过调查分析，为说明拟建项目建设的必要性、条件的可行性、获利的可能性，而向国家和省、市、地区主管部门提出的立项建议书。

项目建议书的主要内容有：项目提出的依据和必要性；拟建规模和建设地点的初步设想；资源情况、建设条件、协作关系、引进技术和设备等方面的初步分析；投资估算和资金筹措的设想；项目的进度安排；经济效果和投资效益的分析和初步估价等。

（2）进行可行性研究　有关部门根据国民经济发展规划以及批准的项目建议书，运用多种科学研究方法（政治上、经济上、技术上等），对建设项目在投资决策前进行的技术经济论证，并得出可行与否的结论，即可行性研究。其主要任务是研究基本建设项目的必要性、可行性和合理性。

（3）编制设计任务书（选定建设地点）　主管部门根据国民经济计划和可行性研究报告编写的指导工程设计的设计任务书，是确定建设方案的基本文件。根据设计任务书和地区规划的要求，慎重、合理地选择建设地点。

(4) 编制设计文件　设计任务书批准后，设计文件一般由主管部门或建设单位委托设计单位编制。一般建设项目设计分阶段进行，有三阶段设计和两阶段设计之分。

三阶段设计：初步设计（编制初步设计概算）、技术设计（编制修正概算）、施工图设计（编制施工图预算）。

两阶段设计：初步设计、施工图设计。

对于技术复杂且缺乏经验的项目，经主管部门指定按三阶段设计。一般项目采用两阶段设计，有的小型项目可直接进行施工图设计。

(5) 工程招投标、签订施工合同　建设单位根据已批准的设计文件和概预算书，对拟建项目实行公开招标或邀请招标，选定具有一定技术、经济实力和管理经验，能胜任承包任务、效率高、价格合理而且信誉好的施工单位承揽招标工程任务。施工单位中标后，建设单位应与之签订施工合同，确定承发包关系。

(6) 进行施工前准备　开工前，应做好施工前的各项准备工作，主要内容是：征地拆迁、技术准备，搞好场地平整，完成施工用水、电、道路等准备工作；修建临时生产和生活设施；协调图纸和技术资料的供应；落实建筑材料、设备和施工机械；组织施工力量按时进场。

(7) 全面施工、生产准备　施工准备就绪，办理开工手续，取得当地建设主管部门颁发的建筑许可证可正式施工。在施工前，施工单位要编制施工预算。为确保工程质量，施工必须严格按施工图纸、施工验收规范等要求进行，按照合理的施工顺序组织施工，加强经济核算。

在进行全面施工的同时，建设单位要做好各项生产准备工作，如招收和培训必要的生产人员、组织生产管理机构和进行物资准备工作等，以保证及时投产并尽快达到生产能力。

(8) 竣工验收、交付使用　建设项目按批准的设计文件所规定的内容建完后，便可以组织竣工验收，这是对建设项目的全面性考核。验收合格后，施工单位应向建设单位办理竣工移交和竣工结算手续，并把项目交付建设单位使用。

(9) 工程项目后评价　工程项目建设完成并投入生产或使用之后所进行的总结性评价，称为后评价。

后评价是对项目的执行过程、项目的效益、作用和影响进行系统的、客观的分析、总结和评价，确定项目目标达到的程度，由此得出经验和教训，为将来新的项目决策提供指导与借鉴作用。

二、基本建设项目划分

基本建设项目是一个系统工程，为适应工程管理和经济核算的要求，可以将基本建设项目由大到小，按分部分项划分为各个组成部分。工程项目按照合理确定工程造价和基本建设管理工作的需要，可以划分为基本建设项目、单项工程、单位工程、分部工程和分项工程等五项。

1. 基本建设项目（简称建设项目）

建设项目一般是指具有计划任务书，按照一个总体设计进行施工的各个工程项目的总体。建设项目可由一个工程项目或几个工程项目构成。建设项目在经济上实行独立核算，在行政上具有独立组织形式。在我国，建设项目的实施单位一般称为建设单位，实行建设项目法人负责制。如一座工厂、一所学校、一所医院等均为一个建设项目，由项目法人单位实行统一管理。

建设项目的工程量是指建设的全部工程量，其造价一般指投资估算、设计总概算和竣工总决算的造价。

2. 单项工程

单项工程又叫工程项目，是建设项目的组成部分。一个建设项目可以是一个单项工程，也可以包括几个单项工程。单项工程是指具有独立的设计文件、建成后可以独立发挥生产能力和使用效益的工程，如一所学校的教学楼、办公楼、图书馆等，一座工厂中的各个车间、办公楼等。

单项工程的工程量与工程造价，分别由构成该单项工程的工程量和造价的总和组成。

3. 单位工程

单位工程是单项工程的组成部分。单位工程是指具有独立设计文件，可以独立组织施工，但建成后一般不能独立发挥生产能力和使用效益的工程。如办公楼是一个单项工程，该办公楼的土建工程、室内给排水工程、室内电气照明工程等，均各属一个单位工程。

施工图预算往往针对单位工程进行编制。

4. 分部工程

分部工程是单位工程的组成部分。分部工程是指在一个单位工程中，按工程部位及使用的材料和工种进一步划分的工程。如一般土建工程的土石方工程、桩基础工程、砌筑工程、脚手架工程、混凝土和钢筋混凝土工程、金属结构工程、构件运输及安装工程、金属结构工程、楼地面工程、屋面工程、装饰工程，均各属一个分部工程。

在每个分部工程，因为构造、使用材料规格或施工方法等因素的不同，完成同一计量单位的工程需要消耗的人工、材料和机械台班数量及其价值的差别也是很大的，因而，还需要把分部工程进一步划分为分项工程。

5. 分项工程

分项工程是分部工程的组成部分。分项工程是指在一个分部工程中，按不同的施工方法、不同的材料和规格，对分部工程进一步划分，用较为简单的施工过程就能完成，以适当的计量单位就可以计算工程量及其单价的建筑或设备安装工程的产品。如砌筑工程可以划分为砖基础、内墙、外墙、空斗墙、空心砖墙、柱、钢筋砖过梁等分项工程。分项工程没有独立存在的意义，只是为了便于计算建筑工程造价而分解出来的“假定产品”。

综上所述，一个建设项目是由一个或几个单项工程组成，一个单项工程是由一个或几个单位工程组成，一个单位工程是由几个分部工程组成，一个分部工程可以划分为若干个分项工程，而建设计价文件的编制就是以分项工程开始的。正确地划分计价文件编制对象的分项，是正确编制工程计价文件的一项十分重要的工作。建设项目的这种划分，不仅有利于编制计价文件，同时有利于项目的组织管理。

三、基本建设计价文件分类

(一) 基本建设计价文件分类

基本建设计价文件是指建筑工程概预算按项目所处的建设阶段划分的确定工程造价的文件，主要是投资估算、设计概算和施工图预算等。

1. 投资估算

投资估算是指在可行性研究阶段对建设工程预期造价所进行的优化、计算、核定及相应文件的编制。一般可按规定的投资估算指标、类似工程的造价资料、现行的设备材料价格并结合工程实际情况进行投资估算。投资估算是判断项目可行性和进行项目决策的重要依据之一，并可作为工程造价的目标限额，为以后编制概预算做好准备。

2. 设计概算

设计概算是指在设计或初步扩大设计阶段，由设计单位以投资估算为目标，根据初步设计图纸、概算定额或概算指标、费用定额和有关技术经济资料，预先计算和确定建设项目从筹建到竣工验收、交付使用的全部建设费用的经济文件。

设计概算是国家确定和控制建设项目总投资、编制基本建设计划的依据。每个建设项目只有在初步设计和概算文件被批准之后，才能列入基本建设计划，才能开始进行施工图设计。经批准的设计总概算是确定建设项目总造价、编制固定资产投资计划、签订建设项目承包总合同和贷款总合同的依据，也是控制基本建设拨款和施工图预算以及考核设计经济合理性的依据。

3. 施工图预算

施工图预算是指在施工图设计完成后，单位工程开工前，由建设单位（或施工承包单位）根据已审定的施工图纸和施工组织设计、各项定额、建设地区的自然及技术经济条件等预先计算和确定建筑工程建设费用的技术经济文件。施工图预算是签订建筑安装工程承包合同、实行工程预算包干、拨付工程款、进行竣工结算的依据；对于实行招标的工程，施工图预算是确定标底的基础。

4. 竣工结算

竣工结算是指一个单位工程或单项工程完工后，经组织验收合格，由施工单位根据承包合同条款和计价的规定，结合工程施工中设计变更等引起工程建设费增加或减少的具体情况，编制并经建设或委托的监理单位签认的，用以表达该项工程最终实际造价为主要内容，作为结算工程价款依据的经济文件。工程结算方式按工程承包合同规定办理，为维护建设单位和施工企业双方权益，应按完成多少工程付多少款的方式结算工程价款。

5. 竣工决算

竣工决算是指整个建设工程全部完工并经过验收合格后，编制的实际造价的经济文件。通过编制竣工决算书可以计算整个项目从立项到竣工验收、交付使用全过程中实际支付的全部建设费用，核定新增资产和考核投资效果。计算出的价格称为竣工决算价，它是整个建设工程的最终价格。

以上对于建设工程的计价过程是一个由粗到细、由浅入深，最终确定整个工程实际造价的过程，各计价过程之间是相互联系、相互补充、相互制约的关系，前者制约后者，后者补充前者。

（二）基本建设程序与计价文件之间的关系

工程造价的确定与工程建设阶段性工作深度相适应，建设程序与相应各阶段计价文件的关系如图 1-2 所示。

从图 1-2 中可看出：

1）在项目建议书和可行性研究阶段编制投资估算。

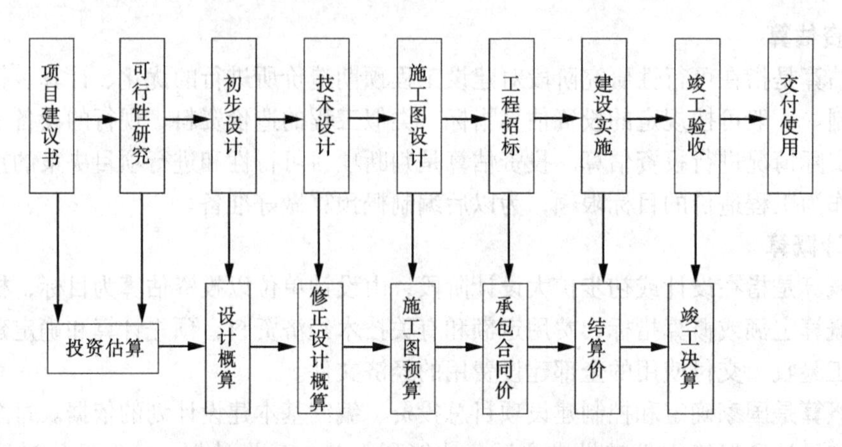

图1-2 建设程序和各阶段计价文件关系

2）在初步设计和技术设计阶段，分别编制设计概算和修正设计概算。

3）在施工图设计完成后，在施工前编制施工图预算。

4）在项目招投标阶段确定标底和报价，从而确定承包合同价。

5）在项目实施建设阶段，分阶段或不同目标进行工程结算，即项目结算价。

6）在项目竣工验收阶段，编制项目竣工决算。

综上所述，建筑工程计价文件是基本建设文件的重要组成部分，是基本建设过程中重要的经济文件。

四、建筑工程计价的特点

建筑工程计价是以建设项目、单项工程、单位工程为对象，研究其在建设前期、工程实施和工程竣工的全过程中计算工程造价的理论、方法，以及工程造价的运动规律的学科。计算工程造价是工程项目建设中的一项重要的技术与经济活动，是工程管理工作中的一个独特的、相对独立的组成部分。工程造价除具有一切商品价值的共有特点外，还具有其自身的特点，即单件性计价、多次性计价和组合性计价。

1. 单件性计价

每一项建设工程都有指定的专门用途，所以也就有不同的结构、造型和装饰，不同的体积和面积。即使是用途相同的建设工程，技术水平、建筑等级和建筑标准也有差别。建设工程要采用不同的工艺设备和建筑材料，施工方法、施工机械和技术组织措施等方案的选择也必须结合当地的自然和技术经济条件。这就使建设工程的实物形态千差万别，再加上不同地区构成投资费用的各种价值要素的差别，最终导致工程造价的差别很大。因此，对于建设工程就不能像普通产品那样按照品种、规格、质量成批地定价，只能就各个项目，通过特殊的程序（编制估算、概算、预算、合同价、结算价及最后确定竣工决算价等）计算工程价格。

2. 多次性计价

建设工程的生产过程是一个周期长、数量大的生产消费过程。包括可行性研究在内的设计过程一般较长，而且要分阶段进行，逐步加深。为了适应工程建设过程中各方经济关系的建立，适应项目管理、工程造价控制和管理的要求，需要按照设计和建设阶段多次进行计价。

3. 组合性计价

工程建设项目有大、中、小型之分，由建设项目、单项工程、单位工程、分部工程、分项工程组成。其中，分项工程是能用较为简单的施工过程生产出来的、可以用适量的计量单位计量并便于测算其消耗的工程基本构造要素，也是工程结算中假定的建筑产品。与前述工程构成相适应，建筑工程具有分部组合计价的特点。计价时，首先要对建设项目进行分解，按构成进行分部计算，并逐层汇总，即以一定方法编制单位工程的计价文件，然后汇总所有各单位工程计价文件，成为单项工程计价文件；再汇总所有各单项工程计价文件，形成一个建设项目建筑安装工程的总计价文件。

课题 2　建筑工程计价模式

一、影响建筑工程价格的基本要素

工程计价的形式和方法有多种，且各不相同，但工程计价的基本过程和原理是相同的。如果仅从工程费用计算角度分析，工程计价的顺序是：分部分项工程单价→单位工程造价→单项工程造价→建设项目总造价。而影响建筑工程价格的基本要素是两个，即基本构造要素的实物工程数量和基本构造要素的单位价格，即通常所说的“量”和“价”，可用下列基本计算式表达：

$$\text{工程造价} = \sum_{i=1}^{n}(\text{实物工程量} \times \text{单位价格})$$

式中　i——第 i 个基本项目；

n——工程结构分解得到的基本子项目数。

基本子项目的单位价格高，工程造价就高；基本子项目的实物工程数量大，工程造价也就大。

1. 实物工程量

在进行工程计价时，实物工程量的计量单位是由单位价格的计量单位决定的。编制投资估算时，单位价格计量单位的对象取得较大，如可能是单项工程或单位工程，甚至是建设项目，即可能以整幢建筑物为计量单位，这时基本子项的数量 n 可能就等于 1，得到的工程价格也就较粗。编制设计概算时，计量单位的对象可以取到单位工程或扩大分部分项工程。编制施工图预算时，则是以分项工程作为计量单位的基本对象，此时工程分解结构的基本子项目会远远超过投资估算或设计概算的基本子项目，得到的工程价格也就较细、较准确。计量单位的对象取得越小，说明工程分解结构的层次越多，得到的工程价格也就越准确。工程结构分解的差异是因为人的认识不能超越客观条件，在建设前期工作中，特别是项目决策阶段，人们对拟建项目的筹划难以详尽、具体，因此对工程造价的预计也不会很精确，随着工程建设各阶段工作的深化，越接近后期，可掌握的资料越多，人们的认识也就越接近实际，预计的造价也就越接近实际造价。由此可见，工程造价预先定价的准确性，取决于人们掌握工程实际资料的完整性、可靠性以及计价工作的科学性。

基本子项目的工程实物数量可以通过项目定义及项目策划的结果或设计图纸计算而得，它可以直接反映出工程项目的规模和内容。

2. 单位价格

对基本子项目的单位价格再作分析，其主要由两大要素构成，即完成基本子项目所需资源的数量和相应资源的价格。这里的资源主要是指人工、材料和施工机械的使用。因此，单位价格的确定可用下列计算式表示：

$$基本子项目的单位价格 = \sum_{j=1}^{m}(资源消耗量 \times 资源价格)$$

式中，j 为第 j 种资源；m 为完成某一基本子项目所需资源的数目。如果将资源按人工、材料、机械台班消耗三大类划分，则资源消耗量包括人工消耗量、材料消耗量和施工机械台班消耗量；资源价格包括人工价格、材料价格和机械台班价格。

（1）资源消耗量　资源消耗量可以通过历史数据资料或通过实测计算等方法获得，它与劳动生产率、社会生产力水平、技术和管理水平密切相关。经过长期的收集、整理和积累，可以形成资源消耗量的数据库，通常称为工程定额。工程定额，包括概算定额、预算定额、企业施工定额等，是工程计价的重要依据。工程项目业主方进行的工程计价主要是依据国家或建设行政主管部门颁布的的指导性定额，其反映的是社会平均生产力水平；而工程项目承包方进行的工程计价则应依据反映本企业技术与管理水平的企业定额。资源消耗量随着生产力的发展而发生变化，因此，工程定额也应不断地进行修订和完善。

（2）资源价格　资源价格是影响工程造价的关键要素。在市场经济体制下，工程计价时采用的资源价格应由市场形成价格。市场供求变化、物价变动等，会引起资源价格的变化，从而也会导致工程造价发生变化。单位价格如果单由资源消耗量和资源价格形成，其实质上仅为直接工程费单位价格。假如在单位价格中再考虑直接工程费以外的其他各类费用，则构成的是综合单位价格。

3. 工程计价的主要依据

工程计价的依据主要包括工程技术文件、工程计价数据及数据库、市场信息与环境条件、工程建设实施方案等。

（1）工程技术文件　工程计价的对象是工程项目，而反映一个工程项目的规模、内容、标准、功能等的是工程技术文件。根据工程技术文件，才能对工程结构做出分解，得到计价的基本子项目。依据工程技术文件，才有可能测算或计算出工程实物量，得到基本子项目的实物工程数量。因此，工程技术文件是工程计价的重要依据。

在工程建设的不同阶段所产生的工程技术文件是不同的。在项目决策阶段，包括项目意向、项目建议书、可行性研究等阶段，工程技术文件表现为项目策划文件、功能描述书、项目建议书或可行性研究报告等。在此阶段的工程计价，即投资估算的编制，主要是依据上述工程技术文件。在初步设计阶段，工程技术文件主要表现为初步设计所产生的初步设计图纸及有关设计资料。此时的工程计价，即设计概算的编制，主要是以初步设计图纸等有关资料作为依据。随着工程设计的深入，进入详细设计也即施工图设计阶段，工程技术文件又表现为施工图设计资料，包括建筑施工图、结构施工图、水电安装施工图和其他施工图和设计资料。因此，在施工图设计阶段的工程计价，即施工图预算的编制，必须以施工图等有关资料为依据。

（2）工程计价数据及数据库　工程计价数据是指工程计价时所必需的资源消耗数据、资源价格数据，有时也指单位价格数据，而一般来说，通常主要是指资源消耗数据。如前所

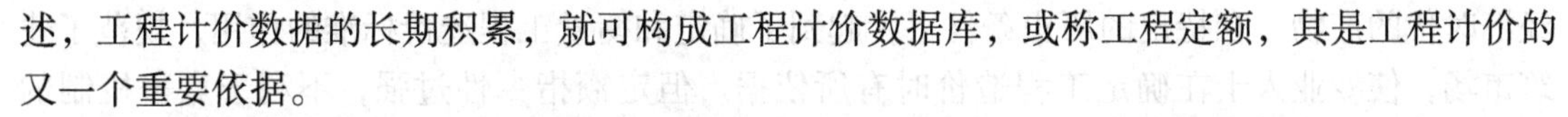

述，工程计价数据的长期积累，就可构成工程计价数据库，或称工程定额，其是工程计价的又一个重要依据。

同工程技术文件一样，工程计价数据的粗细程度、精度等也是与工程建设的阶段密切对应的。或者说，工程计价数据库与工程技术文件相配合、相对应的。在不同的阶段，工程计价采用的计价数据或数据库是不相同的。编制投资估算，只能采用估算指标、历史数据、类似工程数据资料等。编制设计概算，可以采用概算定额或概算指标等。编制施工图预算，可以采用消耗量定额（或预算定额）等。而工程承包商计算投标报价，则应该采用自己的企业定额。

进行工程计价时，如果采用反映资源消耗量的计价数据，则主要是将其作为计算基本子项目资源用量的依据；如果采用的是反映单位价格的计价数据，则其主要是被用作计算基本子项目工程费用的依据。

（3）市场信息与环境条件　资源价格是由市场形成的。工程计价时采用的基本子项目所需资源的价格来自市场，随着市场的变化，资源价格也随之发生变化。因此，工程计价必须随时掌握市场信息，了解市场行情，熟悉市场上各类资源的供求变化及价格动态。这样，得到的工程计价才能反映市场，反映工程建造所需的真实费用。

影响价格实际形成的因素是多方面的，除了商品价值之外，还有货币的价值、供求关系以及国家政策等，有历史的、自然的甚至心理等方面因素的影响，也有社会经济条件的影响。进行工程计价，一般是按现行资源价格计算的。由于工程建设周期会较长，实际工程造价会因价格影响因素而变化。因此，除按现行价格计价外，还需分析物价总水平的变化趋势，物价变化的方向、幅度等。不同时期物价的相对变化趋势和程度是工程造价动态管理的重要依据。

二、建筑工程计价模式

建筑工程计价分为工程量清单计价和定额计价两种模式，两种计价模式截然不同。

定额计价是我国长期使用的一种基本方法，它是根据统一的工程量计算规则利用施工图计算工程量，然后套取定额，确定直接工程费，再根据建筑工程费用定额规定的费用计算程序计算工程造价的方法。

工程量清单计价方法是国际上通用的方法，也是我国目前进行广泛推行的先进计价方法，是指由招标人按照国家统一规定的工程量计算规则计算工程数量，由投标人按照企业自身的实力，根据招标人提供的工程数量，自主报价的一种模式。这种计价方法与工程招投标活动有着很好的适应性，能够有利于促进工程招投标公平、公正和高效的进行。

不论是哪种计价模式，在确定工程造价时，都是先计算工程数量，再计算工程价格。

（一）定额计价模式

1.“定额计价”模式的概念

“定额计价”模式是我国传统的计价模式，在招投标时，不论是作为招标标底，还是投标报价，其招标人和投标人都需要按国家规定的统一工程量计算规则计算工程数量，然后按建设行政主管部门颁布的预算定额计算人工、材料、机械的费用，再按有关费用标准计取其他费用，汇总后得到工程造价。

不难看出，其整个计价过程中的计价依据是固定的，即权威性的“定额”。定额是计划经济时代的产物，在特定的历史条件下，起到了确定和衡量工程造价标准的作用，规范了建筑市场，使专业人士在确定工程造价时有所依据。但定额指令性过强，不利于竞争机制的发挥。

2. 定额计价模式下建筑工程计价文件的编制方法

采用定额计价模式确定单位工程价格，其编制方法通常有单价法和实物法两种。

（1）单价法　单价法是利用预算定额（或消耗量定额及估价表）中各分项工程相应的定额单价来编制单位工程计价文件的方法。首先按施工图计算各分项工程的工程量（包括实体项目和非实体项目），并乘以相应单价，汇总相加，得到单位工程的定额直接工程费和技术组织措施费；再加上按规定程序计算出来的组织措施费、间接费、利润和税金等；最后汇总各项费用即得到单位工程计价文件。

单价法编制工作简单，便于进行技术经济分析。但在市场价格波动较大的情况下，会造成较大偏差，应进行价差调整。

单价法编制单位工程计价文件，其中直接工程费的计算公式为

$$\text{单位工程直接工程费} = \sum(\text{工程量} \times \text{预算定额单价})$$

应用“单价法”编制单位工程计价文件的步骤如图1-3所示。

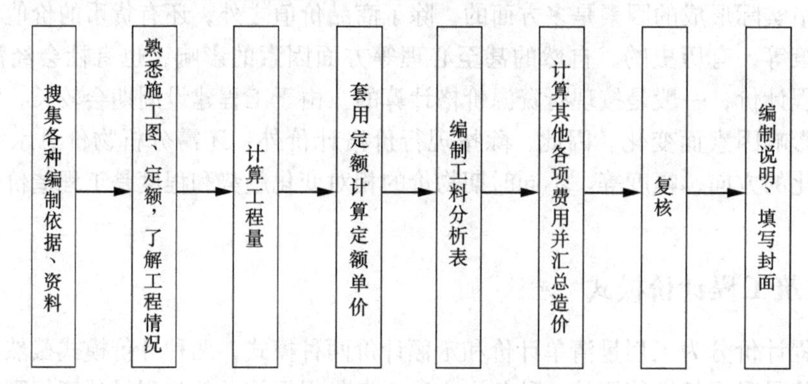

图1-3　单价法编制施工图预算步骤

1）搜集各种编制依据、资料。各种编制依据、资料包括施工图、施工组织设计或施工方案、现行建筑安装工程预算定额（或消耗量定额）、费用定额、预算工作手册、调价规定等。

2）熟悉施工图、定额，了解现场情况和施工组织设计资料。

① 熟悉施工图和定额。只有对施工图和预算定额（或消耗量定额）有全面详细的了解，才能结合定额项目划分原则，迅速而准确地确定分项工程项目并计算出工程量，进而合理地编制出建筑工程计价文件。

② 了解现场情况和施工组织设计资料。了解现场施工条件、施工方法、技术组织措施、施工设备等资料，如地质条件、土壤类别、周围环境等。

3）计算工程量。工程量的计算在整个计价过程中是最重要、最繁重的一个环节，是计价工作中的主要部分，直接影响着预算造价的准确性。

4）套用定额计算定额单价。

① 套用预算单价（即定额基价），用计算得到的分项工程量与相应的预算单价相乘的

积，称为“合价”或“复价”。其计算式为

合价（即分项工程直接工程费）=分项工程量×相应预算单价

② 将预算表内某一个分部工程中各个分项工程的合价相加所得的和，称为“合计”，即为分部工程的直接工程费。其计算式为

$$合计(即分部工程直接工程费) = \sum(分项工程量 \times 相应预算单价)$$

③ 汇总各分部合计即得单位工程定额直接工程费。

5）编制工料分析表。根据各分部分项工程的工程量和定额中相应项目的人工工日及材料数量，计算出各分部分项工程所需要的人工及材料数量，相加汇总得出该单位工程所需要的人工和材料数量。工料分析是计算材料价差（即动态调整费）的重要准备工作，将通过工料分析而得的各种材料数量乘以相应的单价差，并汇总即可得到材料总价差即动态调整费。

6）计算其他各项费用并汇总造价。按照各地规定费用项目及费率，分别计算出间接费、利润和税金等，并汇总单位工程造价。

7）复核。复核的内容主要是：核查分项工程项目有无漏项或重项；工程量计算公式和结果有无少算、多算或错算；套用定额基价、换算单价或补充单价是否选用合适；各项费用及取费标准是否符合规定，计算基础和计算结果是否正确；材料和人工价格调整是否正确等。

8）编制说明、填写封面。预算编制说明及封面一般应包括以下内容：

① 施工图名称及编号。

② 所用预算定额及编制年份。

③ 费用定额及材料调差的有关文件名称、文号。

④ 套用单价或补充单价方面的内容。

⑤ 遗留项目或暂估项目。

⑥ 封面填写应写明工程名称、工程编号、工程量（建筑面积）、预算总造价及单方造价、编制单位名称及负责人和编制日期，审查单位名称及负责人和审核日期等。

单价法是目前国内编制单位工程计价文件的主要方法，具有计算简单、工作量较小和编制速度较快、便于工程造价管理部门集中统一管理的优点。但由于是采用事先编制好的统一的单位估价表，其价格水平只能反映定额编制年份的价格水平，在市场经济价格波动较大的情况下，单价法的计算结果会偏离实际价格水平，虽然可采用调价，但调价系数和指数从测定到颁布又有滞后且计算也较烦琐。

（2）实物法　实物法是首先计算出分项工程量，然后套用相应预算人工、材料、机械台班的定额用量，汇总求和，再分别乘以工程所在地当时的人工、材料、机械台班的实际单价，得到直接工程费，并按规定计取其他各项费用，最后汇总就可得出单位工程价格。

实物法编制单位工程计价文件，其中直接工程费的计算公式为

$$\begin{aligned}单位工程直接工程费 = &\sum(分项工程量 \times 人工预算定额用量 \times 当时当地人工工资单价) + \\ &\sum(分项工程量 \times 材料预算定额用量 \times 当时当地材料预算价格) + \\ &\sum(分项工程量 \times 施工机械台班预算定额用量 \times 当时当地机械台班价格)\end{aligned}$$

应用“实物法”编制建筑工程计价的步骤与单价法基本相同。实物法与单价法的主要不同点是：套用定额消耗量，采用当时当地的各类人工、材料和机械台班的实际单价来确定直接工程费。

（二）工程量清单计价模式

1. “工程量清单计价”模式的概念

“工程量清单计价”模式是在建设工程招投标中，招标人或委托具有资质的中介机构编制工程量清单，并作为招标文件中的一部分提供给投标人，由投标人依据工程量清单自主报价的计价方式。在工程招投标中采用工程量清单计价是国际上较为通行的做法。

2. 工程量清单计价的方法

（1）工程量清单 工程量清单是指载明建设工程的分部分项工程项目、措施项目、其他项目的名称和相应数量以及规费项目和税金项目等内容的明细清单。由招标人按照《建设工程工程量清单计价规范》（GB 50500—2013）（以下简称“计价规范”）及《房屋建筑与装饰工程工程量计算规范》（GB 50854—2013）（以下简称“计算规范”）等进行编制，包括分部分项工程量清单、措施项目清单、其他项目清单、规费项目清单和税金项目清单。

（2）工程量清单计价 工程量清单计价是指完成由招标人提供的工程量清单所需的全部费用，包括分部分项工程费、措施项目费、其他项目费和规费、税金。工程量清单计价应采用综合单价。综合单价指完成一个规定清单项目所需的人工费、材料费和工程设备费、施工机具使用费和企业管理费、利润以及一定范围内的风险费用。

工程量清单计价方法与定额计价方法中单价法、实物法有着显著的区别，主要区别在于：管理费和利润等是分摊到各清单项目单价中，从而组成清单项目综合单价。

1）综合单价的特点。企业的综合单价应具备以下几个特点：

① 各项平均消耗水平要比社会平均水平高，体现其先进性。

② 可体现本企业在某些方面的技术优势。

③ 可体现本企业局部或全面管理方面的优势。

④ 所有的单价都应是动态的，具有市场性，而且与施工方案能全面接轨。

2）综合单价的制订。从综合单价的特点可以看出，企业综合单价的产生并不是一件容易的事。企业综合单价形成和发展要经历由不成熟到成熟、由实践到理论的多次反复滚动的积累过程。在这个过程中，企业的生产技术在不断发展，管理水平和管理体制也在不断更新。企业定额的制订过程是一个快速互动的内部自我完善过程。编制企业定额，除了要有充分的资料积累外，还必须运用计算机等科学的手段和先进的管理思想作为指导。

目前，由于大多数施工企业还未能形成自己的企业定额，在制订综合单价时，多是参考地区定额内各相应子目的人工、材料、机械消耗量，乘以自己在支付人工、购买材料、使用机械和消耗能源方面的市场单价，再加上由地区定额制订的按企业类别或工程类别（或承包方式）的综合管理费率和利润率，并考虑一定的风险因素。相当于把一个工程按清单内的细目划分变成一个个独立的工程项目去套用定额，其实质仍旧沿用了定额计价模式去处理，只不过表现形式不同而已。

3）综合单价的计算。

$$\text{分部分项工程量清单项目综合单价} = [\Sigma(\text{清单项目组价内容工程量} \times \text{相应综合单价})] \div \text{清单项目工程数量} \tag{1-1}$$

式（1-1）中，清单项目组价内容工程量是指根据清单项目提供的施工过程和施工图设计文件确定的计价定额分项工程量。投标人使用的计价定额不同，这些分项工程的项目和数量可能是不同的。

相应综合单价是指与某一计价定额分项工程相对应的综合单价，它等于该分项工程的人工费、材料费、机械使用费合计加管理费、利润并考虑风险因素。

清单项目工程数量是指工程量清单根据“计算规范”的工程量计算规则、计量单位确定的“综合实体”的数量。

设清单项目组价内容工程量为B，清单项目工程数量为A，相应综合单价写成“人工费+材料费+机械使用费+企业管理费+利润”，代入式（1-1）得

$$\text{清单项目综合单价}=\Sigma[(B\div A)\times\text{人工费}+(B\div A)\times\text{材料费}+(B\div A)\times\text{机械使用费}+(B\div A)\times\text{管理费}+(B\div A)\times\text{利润}] \tag{1-2}$$

式（1-2）中，管理费是指应分摊到某一计价定额分项工程中的企业管理费，可以参考建设行政主管部门颁布的费用定额来确定；利润是指某一分项工程应收取的利润，可以参考建设行政主管部门颁布的费用定额来确定。

3. 工程量清单计价方法的特点

与在招投标过程中采用定额计价法相比，采用工程量清单计价方法具有如下特点：

1）提供了一个平等的竞争条件。采用施工图预算来进行投标报价，由于设计图纸的缺陷，不同投标企业的人员理解不一，计算出的工程量也不同，报价相去甚远，容易产生纠纷。而工程量清单报价为投标者提供一个平等竞争的条件，相同的工程量，由企业根据自身的实力来填不同的单价，符合商品交换的一般性原则。

2）满足竞争的需要。工程量清单计价让企业自主报价，将属于企业性质的施工方法、施工措施和人工、材料、机械的消耗量水平、取费等留给企业来确定。投标人根据招标人给出的工程量清单，结合自身的生产效率、消耗水平和管理能力与已储备的本企业报价资料，确定综合单价进行投标报价。对于投标人来说，报高了中不了标，报低了又没有利润，这时候就体现出了企业技术、管理水平的需要，形成了企业整体实力的竞争。

3）有利于工程款的拨付和工程造价的最终确定。中标后，业主要与中标施工企业签订施工合同，在工程量清单报价基础上的中标价就成为合同价的基础，投标清单上的单价成为拨付工程款的依据。业主根据施工企业完成的工程量，可以很容易地确定进度款的拨付额。工程竣工后，再根据设计变更、工程量的增减乘以相应单价，业主也可以很容易确定工程的最终造价。

4）有利于实现风险的合理分担。采用工程清单计价模式后，投标单位只对自己所报的成本、单价等负责，而对工程量的变更或计算错误等不负责任。相应的，对于这一部分风险则应由业主承担，这种格局符合风险合理分担与责任权关系对等的一般原则。

5）有利于业主对投资的控制。采用现在的施工图预算形式，业主对因设计变更、工程量的增减所引起的工程造价变化不敏感，往往等竣工结算时才知道这些对项目投资的影响有多大。而采用工程量清单计价的方式，在要进行设计变更时，能马上知道它对工程造价的影响，这样业主就能根据投资情况来决定是否变更或进行方案比较，以决定最恰当的处理方法。

由于“工程数量”由招标人统一提供，增大了招投标市场的透明度，为投标企业提供

了一个公平合理的基础环境，真正体现了建设工程交易市场的公平、公正。“工程价格”由投标人自主报价，即定额不再作为计价的唯一依据，政府不再作任何参与，而是由企业根据自身技术专长、材料采购渠道和管理水平等，制订企业自己的报价定额，自主报价。

4. 工程量清单计价与定额计价的区别与联系

（1）工程量清单计价与定额计价的区别

工程量清单计价与传统计价模式定额计价的不同主要表现在：

1）计价依据不同。定额计价模式下，其计价依据的是各地区建设主管部门颁布的预算定额及费用定额。工程量清单计价模式下，对于投标单位投标报价时，其计价依据的是各投标单位所编制的企业定额和市场价格信息。

2）“量”“价”确定的方式方法不同。影响工程价格的两大因素是：工程数量和其相应的单价。

定额计价模式下，招投标工作中，工程数量是由各投标单位分别计算，相应的单价按统一规定的预算定额计取。

工程量清单计价模式下，招投标工作中，工程数量是由招标人按照国家规定的统一工程量计算规则计算，并提供给各投标人。各投标单位在“量”一致的前提下，根据各企业的技术、管理水平的高低，材料、设备的进货渠道和市场价格信息，同时考虑竞争的需要，自主确定“单价”，且竞标过程中，合理低价中标。

从上述区别中可以看出：工程量清单计价模式下把定价全交给企业，因为竞争的需要，促使投标企业通过科技、创新、加强施工项目管理等来降低工程成本，同时不断采用新技术、新工艺施工，以达到获得期望利润的目的。

3）反映的成本价不同。工程量清单计价，反应的是个别成本。各个投标人根据市场的人工、材料、机械价格行情、自身技术实力和管理水平投标报价，其价格有高有低，具有多样性。招标人在考虑投标单位的综合素质的同时选择合理的工程造价。

定额计价，反应的是社会平均成本，各投标人根据相同的预算定额及估价表投标报价，所报的价格基本相同，不能反应中标单位的真正实力。由于预算定额的编制是按社会平均消耗量考虑，所以其价格反应的是社会平均价，这也就给招标人提供盲目压价的可能，从而造成结算突破预算的现象。

4）风险承担人不同。定额计价模式下承发包计价、定价，其风险承担人是由合同价的确定方式决定的。采用固定价合同，其风险由承包人承担；采用可调价合同，其风险由承、发包人共担，但在合同中往往明确了工程结算时按实调整，实际上风险基本上由发包人承担。

工程量清单计价模式下实行风险共担、合理分摊的原则，发包人承担计量的风险，承包人应完全承担的风险是技术风险和管理风险，如管理费和利润；应有限度承担的是市场风险，如材料价格、施工机械使用费等的风险，应完全不承担的是法律、法规、规章和政策变化的风险。

5）项目名称划分不同

两种不同计价模式项目名称划分不同表现在：

① 定额计价模式中项目名称按“分项工程”划分，而工程量清单计价模式中有些项目名称综合了定额计价模式下的好几个分项工程，如基础挖土方项目综合了挖土、支挡土板、

地基钎探、运土等。清单编制人及投标人应充分熟悉规范，确保清单编制及价格确定的准确。

② 定额计价模式中项目内含施工方法因素，而工程量清单计价模式中不含。如定额计价模式下的基础挖土方项目，分为人工挖、机械挖以及何种机械挖；而工程量清单计价模式下，只有基础挖土方项目。

综上所述，两种不同计价模式的本质区别在于："工程量"和"工程价格"的来源不同，定额计价模式下"量"由投标人计算（在招投标过程中），"价"按统一规定计取；而工程量清单计价模式，"量"由招标人统一提供（在招投标过程中），"价"由投标人根据自身实力，市场各种因素，考虑竞争需要自主报价。工程量清单计价模式能真正实现"客观、公正、公平"的原则。

（2）工程量清单计价与定额计价的联系

1）"计价规范"中清单项目的设置，参考了全国统一定额的项目划分，注意了使清单计价项目设置与定额计价项目设置的衔接，以便于推广工程量清单计价模式使用。

2）"计价规范"附录中的"工程内容"基本上取自原定额项目（或子目）设置的工作内容，它是综合单价的组价内容。

3）工程量清单计价，企业需要根据自己的企业实际消耗成本报价，在目前多数企业没有企业定额的情况下，现行全国统一定额或各地区建设主管部门发布的预算定额（或消耗量定额）可作为重要参考。所以工程量清单的编制与计价，与定额有着密不可分的联系。

单元小结

本单元介绍了基本建设的概念、内容、程序；基本建设项目的划分；基本建设计价文件的分类；基本建设程序与计价文件之间的关系；阐述了工程量清单计价和定额计价两种计价模式以及两者之间的区别与联系。

思考与练习题

1. 简述基本建设的程序。
2. 用图表形式表示基本建设程序与计价文件之间的关系。
3. 简述建筑工程计价的特点。
4. 简述单价法编制施工图预算的步骤，并指出单价法和实物法区别。
5. 详细论述工程量清单计价与定额计价的区别和联系。

单元2 工程量清单的编制

【单元概述】

本单元主要学习分部分项工程量清单、措施项目清单、其他项目清单、规费项目清单、税金项目清单的编制方法。

【学习目标】

通过本单元的学习、训练，要求学生熟悉并理解《建设工程工程量清单计价规范》、《房屋建筑与装饰工程工程量计算规范》的内容，并能运用规范进行工程量清单的编制。

工程量清单是指载明建设工程分部分项工程项目、措施项目、其他项目的名称和相应数量以及规费、税金项目等内容的明细清单。

"计价规范"规定：

1）招标工程量清单应由具有编制能力的招标人或受其委托，具有相应资质的工程造价咨询人编制。

2）招标工程量清单必须作为招标文件的组成部分，其准确性和完整性由招标人负责。

3）招标工程量清单是工程量清单计价的基础，应作为编制招标控制价、投标报价、计算或调整工程量索赔等的依据之一。

4）招标工程量清单应由单位（项）工程为单位编制，应由分部分项工程项目清单、措施项目清单、其他项目清单、规费和税金项目清单组成。

编制工程量清单时其编制依据有：

1.《建设工程工程量清单计价规范》

规范中规定了工程量清单编制的内容和格式要求。

2.《房屋建筑与装饰工程工程量计算规范》

编制工程量清单，其项目编码、项目特征的描述、工程量计算及计量单位的确定依据该规范。

3. 国家或省级、行业建设主管部门颁发的计价定额和办法

4. 建设工程设计文件

建设工程设计文件，可以向工程量清单编制人提供的信息有：

1）建设工程设计文件是计算分部分项工程量清单项目工程数量的依据，是确定清单项目施工过程、撰写清单项目名称和项目特征的依据。

2）建设工程设计文件也是考虑合理的施工方法、确定措施项目的依据。

除建设工程设计文件外还有与建设工程项目有关的标准、规范、技术资料等，都是编制工程量清单的依据。

5. 招标文件及其补充通知、答疑纪要

招标文件及其补充通知、答疑纪要，可以向工程量清单编制人提供下列信息：

1）建设工程的招标范围划定了计算工程量清单项目工程量的范围。

2）工程建设标准的高低、工程的复杂程度、发包人对工程管理的要求都直接影响其他项目清单的内容。

3）工程概况、工期和工程质量的要求，是确定合理施工方法的依据，是编制措施项目清单的基础。

6. 施工现场情况、工程特点及常规施工方案

施工现场情况、工程特点及常规施工方案，是清单编制人编制措施项目清单的依据。

课题1 “计量计价规范”简介

《建设工程工程量清单计价规范》（GB 50500—2013）、《房屋建筑与装饰工程工程量计算规范》（GB 50854—2013）（以下将前者简称为“计价规范”，后者简称为“计量规范”），自2013年07月01日起实施。原《建设工程工程量清单计价规范》GB 50500—2008同时废止。

一、“计量计价规范”的特点

1. 强制性

主要表现在：一是由建设主管部门按照国家强制性标准的要求批准发布，规定使用国有资金投资的建设工程发承包，必须采用工程量清单计价。且国有资金投资的建设工程招标，招标人必须编制招标控制价。二是明确工程量清单必须作为招标文件的组成部分，其准确性和完整性由招标人负责，规定招标人在编制分部分项工程量清单时应包括的五个要件，并明确安全文明施工费、规费和税金应按国家或省级、行业建设主管部门的规定计价，不得作为竞争性费用，为建立全国统一的建设市场和规范计价行为提供了依据。

2. 竞争性

主要表现在：一是规范中规定，招标人提供工程量清单，投标人依据招标人提供的工程量清单自主报价；二是规范中没有人工、材料和施工机械消耗量，投标企业可以依据企业定额和市场价格信息，也可以参照建设主管部门发布的社会平均消耗量定额，按照规范规定的原则和方法进行投标报价。将报价权交给了企业，必然促使企业提高管理水平，引导企业学会编制企业自己的消耗量定额，适应市场竞争投标报价的需要。

3. 通用性

主要表现在：一是规范中对工程量清单计价表格规定了统一的表达格式，这样不同省市、不同地区和行业在工程施工招投标过程中，互相竞争就有了统一标准，利于公平、公正竞争。二是规范编制考虑了与国际惯例的接轨，工程量清单计价是国际上通行的计价方法。规范的规定，符合工程量计算方法标准化、工程量计算规则统一化、工程造价确定市场化的要求。

4. 实用性

主要表现在："计量规范"中工程量清单项目及计算规则的项目名称表现的是工程实体项目，项目名称明确清晰，工程量计算规则简洁明了，特别还列有项目特征和工程内容，编制工程量清单时易于确定具体项目名称，也便于投标人投标报价。

二、"计量计价规范"的组成

(一)"计价规范"的组成

"计价规范"由正文和附录两部分组成，其中正文包括：总则、术语、工程量清单编制、工程量清单计价、工程量清单计价表格。

1. 总则

总则中规定了"计价规范"的目的、依据、适用范围，工程量清单计价活动应遵循的基本原则及附录的作用。

（1）目的　规范工程造价计价行为，统一建设工程工程量清单的编制和计价方法。

（2）依据　根据《中华人民共和国建筑法》、《中华人民共和国合同法》、《中华人民共和国招标投标法》等法律法规，制定本规范。

（3）适用范围　本规范适用于建设工程发承包及实施阶段的计价活动。

建设工程是指建筑工程、装饰装修工程、安装工程、市政工程、园林绿化工程和矿山工程。

工程量清单计价活动指的是从招投标开始至工程竣工结算全过程的一个计价活动。包括工程量清单的编制，工程量清单招标控制价编制，工程量清单投标报价编制，工程合同价款的约定，合同价款的调整、期中支付、争议的解决，竣工结算的办理等活动。

强制规定了"使用国有资金投资的建设工程发承包，必须采用工程量清单计价"。

国有资金投资的工程建设项目包括使用国有资金投资项目和国家融资项目投资的工程建设项目。

1）使用国有资金投资项目范围。

① 使用各级财政预算资金的项目。

② 使用纳入财政管理的各种政府性专项建设资金的项目。

③ 使用国有企事业单位自有资金，并且国有资产投资者实际又有控制权的项目。

2）国家融资项目的范围。

① 使用国家发行债券所筹资金的项目。

② 使用国家对外借款或者担保所筹资金的项目。

③ 使用国家政策性贷款的项目。

④ 国家授权投资主体融资的项目。

⑤ 国家特许的融资项目。

（4）工程量清单计价活动应遵循的原则　工程量清单计价是市场经济的产物，并随着市场经济的发展而发展，必须遵循市场经济活动的基本原则，即"客观、公正、公平"。工程量清单计价活动，除应遵守"计价规范"外，尚应符合国家现行有关标准的规定。

2. 术语

术语对“计价规范”中特有名词给予定义。

3. 工程量清单编制

“计价规范”中的该部分规定了工程量清单编制人、工程量清单的组成、工程量清单的编制依据、原则等。详细编制方法见本单元课题2～课题6。

4. 工程量清单计价

“计价规范”中规定了工程量清单计价活动的工作范围，包括招标控制价编制、投标报价、工程合同价款约定、工程计量的原则、合同价款的调整、竣工结算与支付等内容，详见单元5。

5. 工程量清单计价表格

规定了工程量清单计价统一格式和填写方法，详见本单元课题7。

（二）“计量规范”的组成

“计量规范”由总则、术语、工程计量、工程量清单编制与附录组成。

1. 总则

说明了制定本规范的目的、本规范的使用范围。强制规定了“房屋建筑与装饰工程计价，必须按本规范规定的工程量计算规则进行工程计量”。

2. 术语

对“工程量计算、房屋建筑、工业建筑、民用建筑”做了明确定义。

3. 工程计量

对在工程量计算过程中规范的应用进行说明。

4. 工程量清单编制

对分部分项工程项目、措施项目清单的编制做了较具体的规定。

5. 附录

按工种及装饰部位等从附录A～附录S共划分了17个附录，包括土石方工程，地基处理与边坡支护工程，桩基工程，砌筑工程，混凝土及钢筋混凝土工程，金属结构工程，木结构工程，门窗工程，屋面及防水工程，保温、隔热、防腐工程，楼地面装饰工程，墙、柱面装饰与隔断、幕墙工程，天棚工程，油漆、涂料、裱糊工程，其他装饰工程，拆除工程，措施项目。

附录中的详细内容是以表格形式表现的，其格式见表2-1。

表2-1　A.1土方工程（编号：010101）

项目编码	项目名称	项目特征	计量单位	工程量计算规则	工程内容
010101004	挖基坑土方	1. 土壤类别 2. 挖土深度 3. 弃土运距	m^3	按设计图示尺寸以基础垫层底面积乘挖土深度计算	1. 排地表水 2. 土方开挖 3. 围护（挡土板）及拆除 4. 基底钎探 5. 运输

1）项目编码。项目编码是分部分项工程和措施项目清单项目名称的阿拉伯数字标识，是构成分部分项工程量清单的五个要件之一。项目编码共设12位数字。“计价规范”统一到前9位，10～12位应根据拟建工程的工程量清单项目名称设置，同一招标工程的项目编

码不得有重码。例如：同一个标段（或合同段）的一份工程量清单中含有三个单位工程，每一单位工程中都有项目特征相同的“实心砖墙砌体”，在工程量清单中又需反映三个不同单位工程的实心砖墙砌体工程量时，此时工程量清单应以单位工程为编制对象，则第一个单位工程实心砖墙项目编码应为010302001001，第二个单位工程实心砖墙项目编码应为010302001002，第三个单位工程实心砖墙项目编码应为010302001003，并分别列出其工程量。

2）项目名称。项目的设置或划分是以形成工程实体为原则，所以项目名称均以工程实体命名。工程实体是指构成建筑产品的主要实体部分（附属或次要部分均不设置项目），如实心砖墙、砌块墙、木楼梯、钢屋架等项目。项目名称是构成分部分项工程量清单的第二个要件，编制清单时要依据附录规定的项目名称结合拟建工程的实际进行设置。

3）项目特征。项目特征是指构成分部分项工程量清单项目、措施项目自身价值的本质特征，是用来表述项目名称的，它直接影响工程实体自身价值（或价格），如材质、规格等。在设置清单项目时，要按具体的名称设置，并表述其特征，如砌筑砖墙项目需要表述的特征有：墙体的类型，墙体的厚度、高度，砂浆强度等级、种类等，不同墙体的类型（外墙、内墙、围墙）、不同墙体厚度、不同砂浆强度等级，在完成相同工程数量的情况下，因项目特征的不同，其价格不同，因而对项目特征的具体表述是不可缺少的。项目特征是构成分部分项工程量清单的第三个要件。

4）计量单位：附录中的计量单位均采用基本单位计量，如m^3、m^2、m、t等，编制清单或报价时一定要按附录规定的计量单位计算。计量单位是构成分部分项工程量清单的第四个要件。

5）工程量计算规则。工程量计算方法的统一规定，附录中每一个清单项目都有一个相应的工程量计算规则。

6）工程内容。工程内容是规范规定完成清单项目实体所需的施工工序。完成项目实体的工程内容多或少会影响到该项目价格的高低。如“挖基坑土方”的工作内容包括“排地表水、土方开挖、围护及拆除、基底钎探、运输”，也就是说有个别清单项目综合了定额计价模式下若干分项工程，招标人编制清单确定招标控制价或投标人报价都需要特别注意，否则会引起控制价确定或报价失误。由于受各种因素的影响，同一个分项工程可能设计不同，由此所含工程内容可能会发生差异，附录中“工程内容”栏所列的工程内容没有区别不同设计而逐一列出，就某一个具体工程项目而言，确定综合单价时，附录中的工作内容仅供参考。

课题2 分部分项工程量清单的编制

说明：该课题除能力训练部分以外，所提附录皆指“计算规范”中的附录。

分部分项工程量清单是指构成建设工程实体的全部分项实体项目名称和相应数量的明细清单，其格式见表2-2。

表2-2 分部分项工程量清单与计价表

工程名称： ×××× 第 页共 页

序号	项目编码	项目名称	项目特征描述	计量单位	工程量	金额/元		
						综合单价	合价	其中：暂估价
E. 混凝土及钢筋混凝土工程								
1	010501002001	带形基础	C25商品混凝土	m^3	3.27			

“计量规范”规定（其中条款前加“★”符号的为规范中强制性条文）：

★1）工程量清单应根据附录规定的项目编码、项目名称、项目特征、计量单位和工程量计算规则进行编制。

★2）工程量清单的项目编码，应采用十二位阿拉伯数字表示，一至九位应按附录的规定设置，十至十二位应根据拟建工程的工程量清单项目名称和项目特征设置，同一招标工程的项目编码不得有重码。

★3）工程量清单的项目名称应按附录的项目名称结合拟建工程的实际确定。

★4）工程量清单项目特征应按附录中规定的项目特征，结合拟建工程项目的实际予以描述。

★5）工程量清单中所列工程量应按附录中规定的工程量计算规则计算。

★6）工程量清单的计量单位应按附录中规定的计量单位确定。

7）编制工程量清单出现附录中未包括的项目，编制人应作补充，并报省级或行业工程造价管理机构备案，省级或行业工程造价管理机构应汇总报住房和城乡建设部标准定额研究所。

补充项目的编码由“计量规范”的代码01与B和三位阿拉伯数字组成，并应从01B001起顺序编制，同一招标工程的项目不得重码。工程量清单中需附有补充项目的名称、项目特征、计量单位、工程量计算规则、工程内容。不能计量的措施项目，须附有补充项目的名称、工作内容及包含范围。

一、项目编码

项目编码按“计量规范”规定，采用5级编码，12位阿拉伯数字表示，1~9位为统一编码，即必须依据规范设置。其中1、2位（1级）为专业工程代码，3、4位（2级）为附录分类顺序码，5、6位（3级）为分部工程顺序码，7、8、9位（4级）为分项工程顺序码，10~12位（5级）为清单项目名称顺序码，第5级编码由清单编制人根据设置的清单项目自行编制。

1. 专业工程代码（第1、2位，见表2-3）

表2-3 专业工程代码

第1、2位编码	专业工程
01	房屋建筑与装饰工程
02	仿古建筑工程
03	通用安装工程

（续）

第1、2位编码	专业工程
04	市政工程
05	园林绿化工程
06	矿山工程
07	构筑物工程
08	城市轨道交通工程
09	爆破工程

2. 附录分类顺序码（第3、4位，见表2-4）

以房屋建筑与装饰工程为例。

表2-4 附录分类顺序码

第3、4位编码	附录	对应的项目	前4位编码
01	A	土石方工程	0101
02	B	地基处理与边坡支护工程	0102
03	C	桩基工程	0103
04	D	砌筑工程	0104
05	E	混凝土及钢筋混凝土工程	0105
06	F	金属结构工程	0106
07	G	木结构工程	0107
08	H	门窗工程	0108
⋮	⋮	⋮	⋮

3. 分部工程顺序码（第5、6位）

表2-5为建筑工程中的现浇混凝土工程，按不同的结构构件编码。

表2-5 分部工程顺序码

第5、6位编码	对应的附录	适用的分部工程（不同结构构件）	前6位编码
01	E.1	现浇混凝土基础	010501
02	E.2	现浇混凝土柱	010502
03	E.3	现浇混凝土梁	010503
04	E.4	现浇混凝土墙	010504
05	E.5	现浇混凝土板	010505
⋮	⋮	⋮	⋮

4. 分项工程顺序码（第7～9位）

表2-6为现浇混凝土梁的分项工程顺序码。

表2-6 分项工程顺序码

第7~9位编码	对应的附录	适用的分项工程	前9位编码
001	E.3	现浇混凝土基础梁	010503001
002	E.3	现浇混凝土矩形梁	010503002
003	E.3	现浇混凝土异形梁	010503003
004	E.3	现浇混凝土圈梁	010503004
005	E.3	现浇混凝土过梁	010503005
006	E.3	现浇混凝土弧形、拱形梁	010503006

5. 清单项目名称顺序码（第10~12位）

以现浇混凝土矩形梁为例进行说明。

现浇混凝土矩形梁考虑混凝土强度等级，还有抗渗、抗冻等要求，其编码由清单编制人在全国统一9位编码的基础上，在第10~12位上自行设置，编制出项目名称顺序码001、002、003、…，假如还有抗渗、抗冻等要求，就可以继续编制004、005、006等，如：现浇混凝土矩形梁C20，编码010503002001；现浇混凝土矩形梁C30，编码010503002002；现浇混凝土矩形梁C35，编码010503002003。

清单编制人在自行设置编码时应注意：

1）一个项目编码对应于一个项目名称、计量单位、计算规则、工程内容、综合单价。因而清单编制人在自行设置编码时，以上五项中只要有一项不同，就应另设编码。如同一个单位工程中分别有M10水泥砂浆砌筑370mm建筑物外墙和M7.5水泥砂浆砌筑370mm建筑物外墙，这两个项目虽然都是实心砖墙，但砌筑砂浆强度等级不同，因而这两个项目的综合单价就不同，故第5级编码就应分别设置，其编码分别010402001001（M10水泥砂浆砖外墙），010402001002（M7.5水泥砂浆砖外墙）。

2）项目编码不应再设付码。因第5级编码的编码范围从001~999共有999个，对于一个项目即使特征有多种类型，也不会超过999个，在实际工程应用中足够使用。如用010402001001-1（付码）和010402001001-2（付码）编码，分别表示M10水泥砂浆外墙和M7.5水泥砂浆外墙就是错误的表示方法。

3）同一个分项工程中第5级编码不应重复。即同一性质项目，只要形成的综合单价不同，第5级编码就应分别设置，如墙面抹灰中的混凝土墙面和砖墙面抹灰其第5级编码就应分别设置。

4）清单编制人在自行设置编码时，并项要慎重考虑。如某多层建筑物挑檐底部抹灰同室内天棚抹灰的砂浆种类、抹灰厚度都相同，但这两个项目的施工难易程度有所不同，因而就要慎重考虑并项。

二、项目名称

分部分项工程量清单的项目名称应按附录的项目名称结合拟建工程的实际确定。

“计量规范”中，项目名称一般是以“工程实体”命名的。如水泥砂浆楼地面、筏片基础、矩形柱、圈梁等。应该注意：附录中的项目名称所表示的工程实体，有些是可用适当的计量单位计算的简单完整的分项工程，如砌筑砖墙，也有些项目名称所表示的工程实体是分项工程的组合，如楼地面项目就是由找平层、面层等分项工程组成。

在进行工程量清单项目设置时，切记不可只考虑附录中的项目名称，忽视附录中的项目特征及完成的工程内容，而造成工程量清单项目的丢项、错项或重复列项。比如预制钢筋混凝土柱清单项目就包括构件的制作、运输、安装、接头灌缝等工作内容，编制工程量清单时，注意这四项不能单独列项，只能列预制钢筋混凝土柱，把相应的个体特征在项目特征栏内描述出来，以供投标人核算工程量及准确报价之用。

三、项目特征

项目特征是指分部分项工程量清单项目自身价值的本质特征。清单项目特征应按附录中规定的项目特征，结合拟建工程项目的实际予以描述。如某块料楼地面的项目特征如下：

10mm 厚瓷质耐磨地砖（300mm×300mm）楼面，干水泥擦缝；

撒素水泥面（洒适量水）；

20mm 厚1∶4 干硬性水泥砂浆结合层。

实行工程量清单计价，在招投标工作中，招标人提供工程量清单，投标人依据工程量清单自主报价，而分部分项工程量清单的项目特征是确定一个清单项目综合单价的重要依据，因而需要对工程量清单项目特征进行仔细、准确描述，以确保投标人准确报价。

在编制分部分项工程量清单进行项目特征描述时：

1. 必须描述的内容

1）涉及正确计量的内容必须描述：如门窗洞口尺寸或框外围尺寸，“计量规范”规定计量单位按“樘/㎡”计量，如采用“樘”计量，1 樘门或窗有多大，直接关系到门窗的价格，因而对门窗洞口或框外围尺寸进行描述就十分必要。

2）涉及结构要求的内容必须描述：如混凝土构件的混凝土强度等级，是使用 C20 还是 C30 或 C40 等，因混凝土强度等级不同，其价格也不同，必须描述。

3）涉及材质及品牌要求的内容必须描述：如油漆的品种，是调和漆还是硝基清漆等；砌体砖的品种，是页岩砖还是煤灰砖等；墙体涂料的品牌及档次等，材质及品牌直接影响清单项目价格，必须描述。

4）涉及安装方式的内容必须描述：如管道工程中的钢管的连接方式是螺纹连接还是焊接；塑料管是粘接连接还是热熔连接等，必须描述。

5）组合工程内容的特征必须描述：如“计量规范”中屋面排水管清单项目，组合的工程内容有：“排水管及配件安装固定，雨水斗、山墙出水口、雨水箅子安装，接缝、嵌缝，刷漆。”任何一道工序的特征描述不清、甚或不描述，都会造成投标人组价时漏项或错误，因而必须进行仔细描述。

2. 可不详细描述的内容

1）无法准确描述的可不详细描述：如土壤类别，由于我国幅员辽阔，南北东西差异较大，特别是对于南方来说，在同一地点，由于表层土与表层土以下的土壤，其类别是不相同的，要求清单编制人准确判定某类土壤的所占比例是困难的，在这种情况下，可考虑将土壤类别描述为综合，注明由投标人根据地勘资料确定土壤类别，决定报价。

2）施工图纸、标准图集标注明确，可不再详细描述：对这些项目可描述为见××图集××页号及节点大样等。由于施工图纸、标准图集是发、承包双方都应遵守的技术文件，这样描述，可以有效减少在施工过程中对项目理解的不一致。同时，对不少工程项目，真要将项目特征一一描述清楚，也是一件费力的事情，如果能采用这一方法描述，就可以收到事半功倍的效果。

四、计量单位

“计量规范”规定，分部分项工程量清单的计量单位应按附录中规定的计量单位确定，如挖土方的计量单位为m^3，楼地面工程工程量计量单位为m^2，钢筋工程的计量单位为t等。

五、工程量

工程量的计算，应按“计量规范”规定的统一计算规则进行计量，各分部分项工程量的计算规则见单元3。工程数量的有效位数应遵守下列规定：

1）以“t”为单位，应保留小数点后三位数字，第四位四舍五入。

2）以“m^3”、“m^2”、“m”为单位，应保留小数点后两位数字，第三位四舍五入。

3）以“个”、“项”等为单位，应取整数。

六、分部分项工程量清单的编制程序

在进行分部分项工程量清单编制时，其编制程序为：

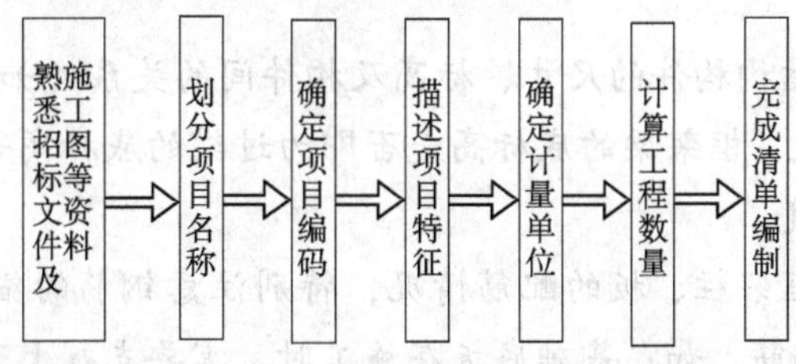

【例2-1】 某C25钢筋混凝土带形基础，其长10m。剖面图如图2-1所示。编制其工程量清单。

解：

1）项目名称：带形基础。

2）项目特征：混凝土强度等级C25，商品混凝土。

3）项目编码：010501001001。

4）计量单位：m^3。

5）工程数量：$[1.2m\times0.21m+(1.2+0.46)m\times0.09m\times0.5]\times10m=3.27m^3$。

6）表格填写（表2-2）。

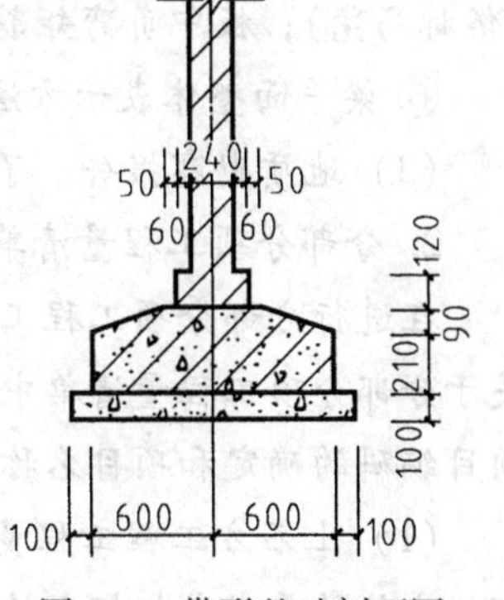

图2-1 带形基础剖面图

能力训练2-1 编制分部分项工程量清单

【训练目的】 明确“计量计价规范”的有关规定，熟悉“计量计价规范”附录中清单项目的设置及对应清单项目的有关特征描述和所要完成的工作内容，掌握分部分项工程量清单项目项目编码的方法及项目名称的设置等。

【能力目标】 具有编制一般土建工程分部分项工程量清单的能力。

【原始资料】 ××办公楼设计文件（见单元7第一部分）

【训练步骤】

1. 准备工作

(1) 了解招标文件的有关要求 包括招标范围、现场施工条件、材料购置情况、对施工质量的要求等。

(2) 读图 以单元7第一部分中提供的施工图设计文件为例进行分析。

1) 通过阅读建筑施工图（图7-1～图7-8）需要明确以下内容：

① 轴线尺寸、墙体外边线尺寸、外墙体外侧与外墙轴心线间的关系，室外设计标高、层高、檐口高度等。

② 内外墙体厚度及材质。

③ 门窗洞口的尺寸及形式要求。

④ 楼地面、内外墙面装饰、顶棚等工程做法。

⑤ 上人孔、女儿墙压顶泛水、排水口、台阶、地沟等节点做法。

2) 通过阅读结构施工图（图7-9～图7-17）需要明确以下内容：

① 结构形式、基础形式、地基处理方式。

② 砌筑砂浆种类、强度等级，各种钢筋混凝土结构构件（基础、梁、板、柱）强度等级。

③ 各种钢筋混凝土结构构件的尺寸、标高及构件间的关系（如基础与基础梁间的关系、门窗上是否单独设置过梁、框架梁的底标高是否即为过梁的底标高等）。

④ 钢筋保护层的厚度。

⑤ 基础、框架梁、框架柱、板的配筋情况，特别注意钢筋的锚固、搭接以及图纸中未标明但在施工中存在的钢筋，如：基础底板在施工时，需要支撑上下底板钢筋所用的架立筋（俗称马凳）；板中负弯矩筋下的分布筋等。

⑥ 梁平面整体表示方法制图规则和构造。

(3) 地质勘察报告 了解不同深度的土质情况、地下水位的高低等。

2. 分部分项工程量清单的编制

在进行分部分项工程工程量清单编制时，可按照“计量规范”中附录顺序编制。另外，关于分部分项工程量清单中的工程量计算问题，在单元3中叙述，该部分主要谈及的内容是项目编码的确定和项目名称的设置等。

(1) 土石方工程工程量清单 按照“计量规范”附录A清单项目设置规定，同时考虑招标文件的要求或招标人的意图（平整场地按未平整考虑，挖出的土方运至距施工现场3km处堆放）。根据单元7第一部分中提供的施工图设计文件，土方工程工程量清单与计价表见表2-7。

表2-7　分部分项工程量清单与计价表

工程名称：××办公楼建筑及装饰装修工程　　　　第　页共　页

序号	项目编码	项目名称	项目特征描述	计量单位	工程量	金额/元		
						综合单价	合价	其中：暂估价
土（石）方工程								
1	010101001001	平整场地	Ⅱ类土	m^2	略			
2	010101003001	挖一般土方	Ⅱ类土，大面积土方开挖，3∶7灰土换土垫层，底面积为600.85m^2，挖土深度2.3m，弃土运距3km	m^3	略			
3	010103001001	基底3∶7灰土填料碾压	（换土垫层）分层碾压，土方运距3km	m^3	略			
4	010103001001	基础土方回填	回填土分层夯填，土方运距3km	m^3	略			
5	010103001002	室内土方回填	回填土分层夯填，土方运距3km	m^3	略			

针对表2-7中所列工程量清单项目进行分析：

1）项目名称的设置。

① 招标文件中提出平整场地未进行，按照“计量规范”要求，平整场地项目单独编码列项。

② 挖基坑土方项目，“计量规范“中包括了土方开挖、基底钎探、土方运输等工作内容，因而在项目特征栏内，对其土壤类别、基础类型（考虑基础的开挖方法）、垫层底面积、弃土运距要进行仔细描述，以便于投标人准确报价。

③ 基础土方回填指室外设计地坪以下的土方回填，室内土方回填指室内外地坪之间主墙内的土方回填，因受作业面的限制后者较前者施工难度要大，故基础土方回填与室内土方回填分别编码列项。

2）项目编码的确定。表中的5个项目属于附录A中的A.1、A.3土方工程和回填清单项目，前四位编码为0101，5、6位编码分别为01、03，7、8、9位编码分别为001、003，清单编制人自行设置的编码从001始。表中的后3个项目是A.1.3土（石）方回填中的项目，因这3个项目施工工艺、操作难度上有所不同，故分别列项，项目编码从第5级上分开，前9位编码均为010103001，后3位分别为001、002、003。

砌筑工程、混凝土及钢筋混凝土工程、木结构工程、屋面及防水工程、保温工程略，详见单元7第二部分。

（2）楼地面装饰工程工程量清单　在“计量规范”附录L中关于整体面层和块料面层各清单项目的工程内容一栏内，包括了从基层清理、抹找平层到面层铺设等工序；项目特征一栏内，对相应项目的构造层的个体特征都要求进行仔细描述。规范中说明：“楼地面混凝土垫层按附录E.1垫层项目编码列项，除混凝土外的其他材料垫层按D.4垫层项目编码列项。

根据单元7第一部分中提供的施工图设计文件，楼地面装饰工程（包括面层下找平层、垫层、防水层）工程量清单与计价表见表2-8。

表2-8 分部分项工程量清单与计价表

工程名称：××办公楼建筑及装饰装修工程　　第　页共　页

序号	项目编码	项目名称	项目特征描述	计量单位	工程量	金额/元		
						综合单价	合价	其中：暂估价
			楼地面装饰工程					
1	011102001001	花岗岩地面（一层地面）	20mm厚芝麻白磨光花岗岩（600mm×600mm）铺面 撒素水泥面（洒适量水） 30mm厚1:4干硬性水泥砂浆结合层 刷素水泥浆一道	m^2	略			
2	010501001001	混凝土垫层（一层地面）	60mm厚C15混凝土	m^3	略			
3	010404001001	灰土垫层（一层地面）	150mm厚3:7灰土垫层	m^3	略			
4	011102003001	地砖地面（一层卫生间）	10mm厚瓷质耐磨地砖（300mm×300mm）楼面，干水泥擦缝 撒素水泥面（洒适量水） 20mm厚1:4干硬性水泥砂浆结合层 60mm厚C20细石混凝土找坡层，最薄处不小于30mm厚	m^2	略			
5	011102001002	花岗岩台阶平台（正立面）	20mm厚芝麻白磨光花岗（600mm×600mm）铺面 撒素水泥面（洒适量水） 30mm厚1:4干硬性水泥砂浆结合层刷素水泥浆一道	m^2	略			
6	010501001002	混凝土垫层（平台处）	60mm厚C15混凝土	m^3	略			
7	010404001002	灰土垫层（平台处）	150mm厚3:7灰土垫层 素土夯实	m^3	略			
8	010904003001	地面涂膜防水（一层卫生间）	聚氨酯涂膜防水层1.5~1.8mm，防水层周边卷起150mm	m^2	略			
9	011101006001	平面找平层（一层卫生间）	40mm厚C20细石混凝土随打随抹平	m^2	略			
10	010404001002	灰土垫层（一层卫生间）	150mm厚3:7灰土垫层	m^3	略			

（续）

序号	项目编码	项目名称	项目特征描述	计量单位	工程量	金额/元		
						综合单价	合价	其中：暂估价
			楼地面装饰工程					
11	011102003002	地砖楼面（+2.27m卫生间）	10mm厚瓷质耐磨地砖（300mm×300mm）楼面，干水泥擦缝 撒素水泥面（洒适量水） 20mm厚1:4干硬性水泥砂浆结合层 60mm厚C20细石混凝土找坡层，最薄处不小于30mm厚	m^2	略			
12	010904003002	楼面涂膜防水（+2.27m卫生间）	聚氨酯涂膜防水层1.5~1.8mm，防水层周边卷起150mm	m^2	略			
13	011101006002	平面砂浆找平层（+2.27m卫生间）	20mm厚1:3水泥砂浆找平层，四周抹八字角	m^2	略			
14	011102003002	全玻磁化砖楼面（二层地面）	8mm厚米黄全玻磁化砖（600mm×600mm）铺面，干水泥擦缝 撒素水泥面（洒适量水） 32mm厚1:4干硬性水泥砂浆结合层 刷素水浆结合层一道	m^2	略			
15	011101001001	水泥砂浆台阶面层（背立面台阶）	20mm厚1:2.5水泥砂浆抹面压实赶光 素水泥浆结合层一道	m^2	略			
16	010507004001	混凝土台阶（背立面台阶）	60mm厚C15混凝土（厚度不包括踏步三角部分）台阶面向外坡1%	m^2	略			
17	010404001003	灰土垫层（背立面台阶处）	150mm厚3:7灰土垫层，素土夯实	m^3	略			
18	011101001002	水泥砂浆面层（背立面台阶平台）	20mm厚1:2.5水泥砂浆抹面压实赶光 素水泥浆结合层一道	m^2	略			
19	010501001003	混凝土垫层（背立面台阶平台处）	60mm厚C15混凝土	m^3	略			
20	010404001004	灰土垫层（背立面台阶平台处）	150mm厚3:7灰土垫层，素土夯实	m^3	略			
21	011107001001	花岗岩台阶（正立面台阶）	30mm厚芝麻白机刨花岗岩（350mm×1200mm）铺面，稀水泥擦缝 撒素水泥面（洒适量水） 30mm厚1:4干硬性水泥砂浆结合层，向外坡1% 刷素水泥浆结合层一道	m^2	略			
22	010507004002	混凝土台阶（正立面）	60mm厚C15混凝土	m^3	略			

（续）

序号	项目编码	项目名称	项目特征描述	计量单位	工程量	金额/元		
						综合单价	合价	其中：暂估价
			楼地面装饰工程					
23	010404001005	灰土垫层（正立面台阶处）	150mm 厚 3:7 灰土垫层	m^3	略			
24	011105002001	花岗岩踢脚线（平直部分）	稀水泥擦缝 安装 12mm 厚高 120mm 花岗岩板 20mm 厚 1:2 水泥砂浆灌贴 刷界面处理剂一道	m^2	略			
25	011105002002	花岗岩踢脚线（锯齿形部分）	稀水泥擦缝 安装 12mm 厚高 120mm 花岗岩板 20mm 厚 1:2 水泥砂浆灌贴 刷界面处理剂一道	m^2	略			
26	011106001001	花岗岩楼梯面层	18mm 厚芝麻白磨光花岗岩（350mm × 1200mm）铺面 Z5 强力粘结剂 20mm 厚 1:3 水泥砂浆找平	m^2	略			

墙、柱面工程，天棚工程，门窗工程，油漆、涂料、裱糊工程，其他装饰工程略，详见单元7第二部分。

【注意事项】 在编制分部分项工程量清单时，列项问题即项目名称的确定要依据规范附录中相应清单项目的“工作内容”来确定，项目特征的描述，直接影响投标人的报价准确程度。如：带骨架幕墙清单项目中，“计量规范”的工作内容要求：骨架制作、运输、安装；面层安装；隔离带、框边封闭；嵌缝、塞口等包括在内，注意对骨架材料种类、规格、中距；面层材料品种、规格、颜色、固定方式；隔离带、框边封闭材料品种、规格等进行仔细描述。

【讨论】

1）分部分项工程量清单项目的设置依据是什么？和招标文件的要求（或招标人的意图）有无关系？

2）墙、柱面工程，天棚工程，门窗工程在项目特征栏内对项目哪些个体特征要进行仔细描述？

3）油漆工程是包括在相应的项目内（如门窗、金属等），还是要单独列项？

课题3　措施项目清单的编制

措施项目清单是指为完成工程项目施工，发生于该工程施工准备和施工过程中的技术、生活、安全、环境保护等方面的项目，如脚手架工程、模板工程、安全文明施工、冬雨季施工等。

一、措施项目清单的列项条件

表2-9　措施项目的列项条件

<table>
<tr><th>序号</th><th>项目名称</th><th>措施项目发生的条件</th></tr>
<tr><td>1</td><td>安全文明施工（包括：环境保护、文明施工、安全施工、临时设施）</td><td rowspan="7">正常情况下都要发生</td></tr>
<tr><td>2</td><td>脚手架工程</td></tr>
<tr><td>3</td><td>混凝土模板及支架</td></tr>
<tr><td>4</td><td>垂直运输</td></tr>
<tr><td>5</td><td>二次搬运</td></tr>
<tr><td>6</td><td>地上、地下设施、建筑物的临时保护设施</td></tr>
<tr><td>7</td><td>已完工程及设备保护</td></tr>
<tr><td>8</td><td>大型机械设备进出场及安拆</td><td>施工方案中有大型机具的使用方案，拟建工程必须使用大型机具</td></tr>
<tr><td>9</td><td>超高施工增加</td><td>单层建筑物檐口高度超过20m，多层建筑物超过6层时</td></tr>
<tr><td>10</td><td>施工排水、降水</td><td>依据水文地质资料，拟建工程的地下施工深度低于地下水位</td></tr>
<tr><td>11</td><td>夜间施工</td><td>拟建工程有必须连续施工的要求，或工期紧张有夜间施工的倾向</td></tr>
<tr><td>12</td><td>非夜间施工照明</td><td>在地下室等特殊施工部位施工时</td></tr>
<tr><td>13</td><td>二次搬运</td><td>施工场地条件限制所发生的材料、成品等二次或多次搬运</td></tr>
<tr><td>14</td><td>冬雨季施工</td><td>冬雨季施工时</td></tr>
</table>

“计量计价规范”规定：

1）措施项目清单应根据拟建工程的实际情况列项。

2）能计量的措施项目（即单价措施项目）其清单编制同分部分项工程量清单。

能计量的措施项目有：脚手架、混凝土模板及支架、垂直运输、超过施工增加、大型机械设备进出场及安拆、施工排水、降水。

3）不能计量的措施项目编制工程量清单时，按表2-10格式完成。

表2-10 总价措施项目清单与计价表

序号	项目编码	项目名称	计算基础	费率（%）	金额/元	调整费率（%）	调整金额/元	备注
1	011707001	安全文明施工						
2	011707002	夜间施工						
3	011707003	非夜间施工照明						
4	011707004	二次搬运						
5	011707005	冬雨季施工						
6	011707006	地上、地下设施、建筑物的临时保护设施						
7	011707007	已完工程及设备保护						

二、可以计算工程量的措施项目清单的编制

措施项目中，可以计算工程量的项目，典型的有模板工程、脚手架工程、垂直运输工程等。

如要求根据图2-2所示编制钢筋混凝土模板及支架措施项目清单，钢筋混凝土模板及支架属于可以计算工程量的项目，采用分部分项工程量清单的方式编制，见表2-11。

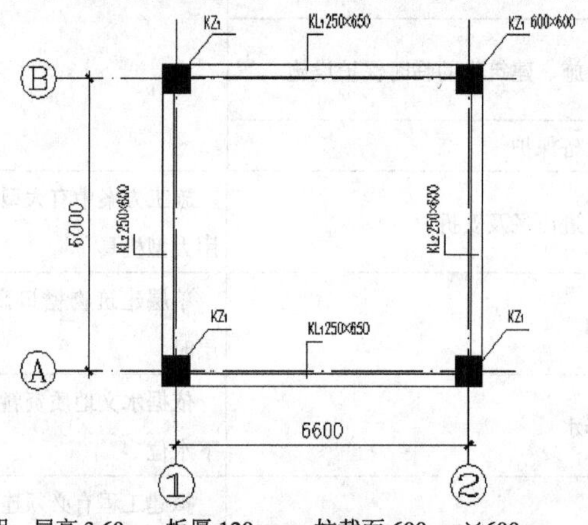

说明：层高3.60m，板厚120mm，柱截面600mm×600mm

图2-2 梁、板、柱平面布置图（局部）

表2-11 单价措施项目清单与计价表

工程名称： 第 页 共 页

序号	项目编码	项目名称	项目特征描述	计量单位	工程量	金额/元	
						综合单价	合价
1	011702002001	现浇钢筋混凝土矩形柱	截面600mm×600mm 支模高3.48m	m^2	略		
2	011702006001	现浇钢筋混凝土矩形梁	截面250mm×650mm、250mm×600mm 支模高3.48m	m^2	略		
3	011702016001	现浇钢筋混凝土平板	板厚120mm，支模高3.48m	m^2	略		

能力训练2-2　编制措施项目清单

【训练目的】 明确“计量计价规范”的有关规定，能根据招标文件的要求（或招标人的意图），在熟悉施工图设计文件及现场施工条件的情况下，正确的编制出措施项目清单。

【能力目标】 具有编制一般土建工程措施项目清单的能力。

【原始资料】 ××办公楼设计文件（见单元7第一部分）。

【训练步骤】

1. 准备工作

同分部分项工程量清单的编制。

2. 措施项目清单的编制

根据工程的特点，考虑现场施工的实际情况，结合招标文件的要求，措施项目在通常情况下所列的项目有：安全文明施工，二次搬运，工程定位复测、工程点交、场地清理；因地基处理采用换土垫层，从基础垫层往下深1m，并且每边扩出基础1m，因而挖土需采用机械大开挖的方式，选用履带式反铲挖掘机，应列大型机械设备进出场及安拆项目；为了保证施工质量，浇筑混凝土时会有夜间施工现象，故应列夜间施工项目；另外，考虑到地面工程中铺有花岗岩石材，墙面刷有涂料等，需对室内进行空气污染测试，再列上室内空气污染测试项目。以上这些项目不宜计算工程量，其措施项目清单与计价表详见表2-12。

表2-12　总价措施项目清单与计价表

工程名称：××办公楼建筑及装饰装修工程　　　　第　页共　页

序号	项目名称	计算基础	费　率（%）	金　额/元
1	安全文明施工			
2	二次搬运			
3	夜间施工			
4	大型机械设备进出场			
5	室内空气污染测试			
6	工程定位复测、工程点交、场地清理			
合　计				

因柱、梁、板全是现浇混凝土，应列混凝土、钢筋混凝土模板及支架项目，包括基础、柱、梁、板、楼梯等构件。本施工图设计文件是二层框架结构，其中一层层高4.8m，二层层高3.9m，施工时需要搭设脚手架，包括主体满堂脚手架、砌筑里脚手架、室内装饰满堂脚手架等。为解决垂直运输问题需要垂直运输机械，故垂直运输机械应列项，详见表2-13。

表2-13 单价措施项目清单与计价表

工程名称：××办公楼建筑及装饰装修工程　　　　第　页共　页

序号	项目编码	项目名称	项目特征描述	计量单位	工程量	金额/元	
						综合单价	合价
1	脚手架工程						
1.1	011701006001	主体施工满堂脚手架	钢管扣件式脚手架、一层层高4.80m、二层层高3.90m	m^2	略		
1.2	011701003001	砌筑里脚手架	承插式钢管支柱，一层层高4.80m、二层层高3.90m	m^2	略		
1.3	011701006002	室内装饰满堂脚手架	钢管扣件式脚手架、一层层高4.80m、二层层高3.90m	m^2	略		
1.4	011701004001	室外装饰悬空脚手架	手动吊篮脚手架，女儿墙上平据室外设计地坪10.80m	m^2	略		
2	模板工程				略		
2.1	011702001001	独立基础	独立基础，截面见结施2、3	m^2	略		
	其余略，详见单元4						
3	垂直运输机械						
3.1	011703001001	垂直运输	龙门架、框架结构、檐高10.8m	m^2	略		

【注意事项】

1）措施项目的发生，涉及多种因素，而影响各个具体的单位工程措施项目的因素又是各异的。因此，清单编制人必须熟悉施工图设计文件，并根据经验和有关规范的规定拟订合理的施工方案，为投标人提供较全面的措施项目清单。

2）措施项目中可以计算工程量的项目清单采用分部分项工程量清单的方式编制；不能计算工程量的项目清单，以“项”为计量单位。

课题4　其他项目清单的编制

其他项目清单是指除分部分项工程量清单、措施项目清单外的由于招标人的特殊要求而设置的项目清单。

“计价规范”规定

1）其他项目清单宜按照下列内容列项：

① 暂列金额。

② 暂估价：包括材料暂估价、专业工程暂估价。

③ 计日工。

④ 总承包服务费。

2）出现上述未列的项目，可根据工程实际情况补充。

一、暂列金额

暂列金额指招标人在工程量清单中暂定并包括在合同价款中的一笔款项。用于施工合同签订时尚未确定或者不可预见的所需材料、设备、服务的采购，施工中可能发生的工程变更、合同约定调整因素出现时的工程价款调整以及发生的索赔、现场签证确认等的费用。

“计价规范”要求招标人将暂列金额与拟用项目明细列出，但如确实不能详列也可只列暂定金额总额，投标人应将上述暂列金额计入投标总价中。暂列金额格式见表2-14。

二、暂估价

暂估价指招标人在工程量清单中提供的用于支付必然发生但暂时不能确定价格的材料的单价以及专业工程的金额。材料暂估价、专业工程暂估价格式见表2-15、2-16。

三、计日工

计日工指在施工过程中，完成发包人提出的施工图纸以外的零星项目或工作（所需的人工、材料、施工机械台班等），按合同中约定的综合单价计价。计日工格式见表2-17。

四、总承包服务费

总承包服务费指总承包人为配合协调发包人进行的工程分包自行采购的设备、材料等进行管理、服务以及施工现场管理、竣工资料汇总整理等服务所需的费用。总承包服务费格式见表2-18。

能力训练2-3　编制其他项目清单

【训练目的】　明确“计价规范”中的有关规定，能根据招标文件的要求（或招标人的意图），在熟悉施工图设计文件及现场施工条件的情况下，正确的编制出其他项目清单。

【能力目标】　具有编制一般土建工程其他项目清单的能力。

【原始资料】　××办公楼设计文件（见单元7第一部分）。

【训练步骤】

1. 准备工作

同分部分项工程量清单的编制。

2. 其他项目清单的编制

1）单元7第一部分中提供的施工图设计文件表达内容比较清楚、准确，考虑施工过程中可能发生的设计变更及清单有误等，暂定金额2.5万元；考虑政策性调整和材料价格风险，暂定金额2.5万元。暂列金额见表2-14。

表2-14 暂列金额明细表

工程名称：××办公楼建筑及装饰装修工程　　　　第　页共　页

序号	项目名称	计量单位	暂定金额/元	备注
1	工程量清单中工程量偏差和设计变更		25000	
2	政策性调整和材料价格风险		25000	
3				
4				
	合　计		50000	—

注：此表由招标人填写，如不能详列，也可只列暂定金额总额，投标人应将上述暂列金额计入投标总价中。

2）单元7第一部分的招标文件中，对外墙勒脚装饰及室内地面、墙面块料，提出均须为合格品，但市场上块料种类繁多，价格相差很大，为了确定招标控制价及便于投标人报价，为此暂估其价格，见表2-15。另按招标人的意图，将塑钢门窗进行分包，且要求为中档产品，暂估其价格10000元，见表2-16。

表2-15 材料暂估单价表

工程名称：××办公楼建筑及装饰装修工程　　　　第　页共　页

序号	材料名称、规格、型号	计量单位	数量		暂估/元		确认		差额±/元		备注
			暂估	确认	单价	合价	单价	合价	单价	合价	
1	600mm×600mm芝麻白花岗岩	m^2	331		150	49650					用在一层地面
2	300mm×300mm耐磨地砖	m^2	10		40	400					用在卫生间地面
3	600mm×600mm全玻磁化砖	m^2	302		90	27180					用在二层地面
4	350mm×1200mm芝麻白磨光花岗岩	m^2	77		170	13090					用在楼梯及台阶面层
5	25mm厚毛石花岗岩板	m^2	82		160	4920					用于外墙勒脚
6	5mm厚内墙釉面砖	m^2	38		60	2280					用于内墙面

注：1. 此表由招标人填写，并在备注栏说明暂估价的材料拟用在哪些清单项目上，投标人应将上述材料暂估单价计入工程量清单综合单价报价中。

2. 材料包括原材料、燃料、构配件以及按规定应计入建筑安装工程造价的设备。

表2-16 专业工程暂估价表

工程名称：××办公楼建筑及装饰装修工程　　　　第　页共　页

序号	工程名称	工程内容	暂估金额/元	结算金额/元	差额±/元	备注
1	塑钢窗	制作、安装	10000			用在该办公楼所有采用塑钢窗户的清单项目中
	合　计		10000			—

注：此表由招标人填写，投标人应将上述专业工程暂估价计入投标总价中。结算时按合同约定结算金额填写。

3）另考虑在施工过程中承包人完成发包人提出的施工图纸以外的零星项目或工作所需要的人工、材料、机械台班，为了便于工程结算，暂估其计日工，工程结算时，按实际发生计，见表2-17。

表2-17　计日工表

工程名称：　××办公楼建筑及装饰装修工程　　　　第　页共　页

编号	项目名称	单位	暂定数量	实际数量	综合单价/元	合价	
						暂定	实际
一	人　工						
1	（1）普工	工日	50				
2	（2）瓦工	工日	30				
3	（3）抹灰工	工日	30				
人工小计							
二	材　料						
1	（1）42.5级矿渣水泥	kg	300				
材料小计							
三	施工机械						
1	（1）载重汽车	台班	20				
2							
施工机械小计							
总计							

4）按招标人的意图，将塑钢门窗进行分包，因而在投标人部分考虑上总承包服务费项目，见表2-18。

表2-18　总承包服务费计价表

工程名称：××办公楼建筑及装饰装修工程　　　　第　页共　页

序号	工程名称	项目价值/元	服务内容	计算基础	费率（%）	金额/元
1	发包人发包专业工程	10000	1. 按专业工程承包人的要求提供施工工作面并对施工现场进行统一管理，对竣工资料进行统一整理汇总。 2. 为塑钢窗安装后进行补缝和找平并承担相应费用			
合计						

注：此表项目名称、服务内容由招标人填写，编制招标控制价时，费率及金额由招标人按有关计价规定确定；投标时，费率及金额由投标人自主报价，计入投标总价中。

5）其他项目清单与计价汇总，见表2-19。

表2-19 其他项目清单与计价汇总表

工程名称：××办公楼建筑及装饰装修工程 第 页 共 页

序号	项目名称	金 额/元	结算金额/元	备注
1	暂列金额	50000		明细详见表2-14
2	暂估价	10000		
2.1	材料暂估价	—		明细详见表2-15
2.2	专业工程暂估价	10000		明细详见表2-16
3	计日工			明细详见表2-17
4	总承包服务费			明细详见表2-18
5				
合 计				—

注：材料暂估单价进入清单项目综合单价，此处不汇总。

【讨论】

其他项目清单中暂列金额、计日工数量，清单编制人该如何预估？

课题5 规费项目清单的编制

规费项目清单是指根据省级政府或省级有关权力部门规定必须缴纳的，应计入建筑安装工程造价的费用项目明细清单。

“计价规范”规定，规费项目清单包括的内容有：社会保险费（包括养老保险费、失业保险费、医疗保险费、工伤保险费、生育保险费）；住房公积金；工程排污费；

当出现“计价规范”上述未列的项目，投标人应根据省级政府或省级有关权力部门的规定列项。其清单格式见本单元课题7。

课题6 税金项目清单的编制

税金项目清单是指按照国家税法规定的应计入建筑安装工程造价内的营业税、城市维护建设税以及教育费附加等项目清单。

“计价规范”规定，税金项目清单包括的内容有：营业税；城市维护建设税；教育费附加；地方教育附加。

当出现上述未列项目，投标人应根据税务部门的规定列项。其清单格式见本单元课题7。

课题7　工程量清单计价表格

一、工程量清单计价表格组成

按“计价规范”规定，计价表格的组成及表样如下（仅招标工程量清单和招标控制价、投标报价部分）：

1. 封面

1）招标工程量清单封面（表2-20）

2）招标控制价封面（表2-21）

3）投标总价封面（表2-22）

2. 扉页

1）招标工程量清单扉页（表2-23）

2）招标控制价扉页（表2-24）

3）投标总价扉页（表2-25）

3. 工程计价总说明（表2-26）

4. 工程计价汇总表

1）建设项目招标控制价/投标报价汇总表（表2-27）

2）单项工程招标控制价/投标报价汇总表（表2-28）

3）单位工程招标控制价/投标报价汇总表（表2-29）

5. 分部分项工程和措施项目计价表

1）分部分项工程和单价措施项目清单与计价表（表2-30）

2）综合单价分析表（表2-31）

3）总价措施项目清单与计价表（表2-32）

6. 其他项目计价表

1）其他项目清单与计价汇总表（表2-33）

2）暂列金额明细表（表2-34）

3）材料（工程设备）暂估单价及调整表（表2-35）

4）专业工程暂估价及结算价表（表2-36）

5）计日工表（表2-37）

6）总承包服务费计价表（表2-38）

7. 规费、税金项目计价表（表2-39）

表 2-20 招标工程量清单封面

____________________工程
招标工程量清单
招标人：____________________
（单位盖章）
造价咨询人：____________________
（单位盖章）
年 月 日

表 2-21 招标控制价封面

____________________工程
招标控制价
招标人：____________________
（单位盖章）
造价咨询人：____________________
（单位盖章）
年 月 日

表 2-22 投标总价封面

__________工程

投标总价

投标人：__________

（单位盖章）

年 月 日

表 2-23 招标工程量清单扉页

__________工程

招标工程量清单

招标人：__________ 造价咨询人：__________

（单位盖章） （单位资质专用章）

法定代表人 法定代表人

或其授权人：__________ 或其授权人：__________

（签字或盖章） （签字或盖章）

编 制 人：__________ 复 核 人：__________

（造价人员签字盖专用章） （造价工程师签字盖专用章）

编制时间： 年 月 日 复核时间： 年 月 日

表2-24 招标控制价扉页

<table>
<tr><td colspan="2">

______________工程

招标控制价

招标控制价（小写）：______________
（大写）：______________

</td></tr>
<tr><td>招标人：______________
（单位盖章）</td><td>造价咨询人：______________
（单位资质专用章）</td></tr>
<tr><td>法定代表人
或其授权人：______________
（签字或盖章）</td><td>法定代表人
或其授权人：______________
（签字或盖章）</td></tr>
<tr><td>编　制　人：______________
（造价人员签字盖专用章）</td><td>复　核　人：______________
（造价工程师签字盖专用章）</td></tr>
<tr><td>编制时间：　　年　　月　　日</td><td>复核时间：　　年　　月　　日</td></tr>
</table>

表2-25 投标总价扉页

<table>
<tr><td>

投标总价

招　标　人：______________

工 程 名 称：______________

投标总标（小写）：______________

（大写）：______________

投　标　人：______________
（单位盖章）

法定代表人
或其委托人：______________
（签字或盖章）

编　制　人：______________
（造价人员签字盖专用章）

时间：　　年　　月　　日

</td></tr>
</table>

表 2-26 工程计价总说明

工程名称： 第 页 共 页

表 2-27 建设项目招标控制价/投标报价汇总表

工程名称： 第 页 共 页

序号	单项工程名称	金额/元	其中：/元		
			暂估价	安全文明施工费	规费
合计					

注：本表适用于建设项目招标控制价或投标报价的汇总。

表 2-28 单项工程招标控制价/投标报价汇总表

工程名称： 第 页 共 页

序号	单位工程名称	金额/元	其中：/元		
			暂估价	安全文明施工费	规费
合计					

注：本表适用于单项工程招标控制价或投标报价的汇总。暂估价包括分部分项工程中的暂估价和专业工程暂估价。

表 2-29 单位工程招标控制价/投标报价汇总表

工程名称： 标段： 第 页 共 页

序号	汇 总 内 容	金额/元	其中：暂估价/元
1	分部分项工程		
1.1			
1.2			
2	措施项目		
2.1	其中：安全文明施工费		
3	其他项目		
3.1	其中：暂列金额		
3.2	其中：专业工程暂估价		
3.3	其中：计日工		
3.4	其中：总承包服务费		
4	规费		
5	税金		
招标控制价合计 =1 +2 +3 +4 +5			

注：本表适用于单位工程招标控制价或投标报价的汇总，如无单位工程划分，单项工程也使用本表汇总。

表 2-30 分部分项工程和单价措施项目清单与计价表

工程名称： 标段： 第 页 共 页

序号	项目编码	项目名称	项目特征描述	计量单位	工程量	金额/元		
						综合单价	合价	其中 暂估价
本页小计								
合 计								

注：为计取规费等的使用，可在表中增设其中：“定额人工费”。

表2-31 综合单价分析表

工程名称：　　　　　　　　　　　　标段：　　　　　　　　　　　　第　页共　页

项目编码		项目名称		计量单位		工程量	

清单综合单价组成明细											
定额编号	定额项目名称	定额单位	数量	单　价				合　价			
				人工费	材料费	机械费	管理费和利润	人工费	材料费	机械费	管理费和利润
人工单价		小　计									
元/工日		未计价材料费									
清单项目综合单价											

材料费明细	主要材料名称、规格、型号	单位	数量	单价/元	合价/元	暂估单价/元	暂估合价/元
	其他材料费			—		—	
	材料费小计			—		—	

注：1. 如不使用省级或行业建设主管部门发布的计价依据，可不填定额、编号、名称等。

2. 招标文件提供了暂估单价的材料，按暂估的单价填入表内“暂估单价”栏及“暂估合价”栏。

表2-32　总价措施项目清单与计价表

工程名称：　　　　　　　　　　　　标段：　　　　　　　　　　　　第　页共　页

序号	项目名称	计算基础	费　率（%）	金　额/元	调整费率（%）	调整后金额/元	备注
1	安全文明施工费						
2	夜间施工费						
3	二次搬运费						
4	冬雨季施工增加费						
5	已完工程及设备保护费						
6							
7							
	合　计						

编制人（造价人员）：　　　　　　　　　　　　　　　　　　　　复核人（造价工程师）：

注：1. “计算基础”中安全文明施工费可为“定额基价”、“定额人工费”或“定额人工费+定额机械费”，其他项目可为“定额人工费”或“定额人工费+定额机械费”。

2. 按施工方案计算的措施费，若无“计算基础“和”费率“的数值，也可只填“金额”数值，但应在备注栏说明施工方案出处或计算方法。

表2-33 其他项目清单与计价汇总表

工程名称： 标段： 第 页 共 页

序号	项目名称	计量单位	金 额/元	备注
1	暂列金额			明细详见表2-34
2	暂估价			
2.1	材料（工程设备）暂估价		—	明细详见表2-35
2.2	专业工程暂估价			明细详见表2-36
3	计日工			明细详见表2-37
4	总承包服务费			明细详见表2-38
5	索赔与现场签证			
	合 计			

注：材料（工程设备）暂估单价进入清单项目综合单价，此处不汇总。

表2-34 暂列金额明细表

工程名称： 标段： 第 页 共 页

序号	项 目 名 称	计量单位	暂定金额/元	备注
1				
2				
3				
4				
5				
6				
7				
8				
合 计				—

注：此表由招标人填写，如不能详列，也可只列暂定金额总额，投标人应将上述暂列金额计入投标总价中。

表2-35　材料（工程设备）暂估单价及调整表

工程名称：　　　　　　　　　　　　标段：　　　　　　　　　　　　第　页共　页

序号	材料（工程设备）名称、规格、型号	计量单位	数量		暂估/元		确认/元		差额±/元		备注
			暂估	确认	单价	合价	单价	合价	单价	合价	
合计											

注：1. 此表由招标人填写“暂估单价”，并在备注栏说明暂估价的材料、工程设备拟用在哪些清单项目上，投标人应将上述材料、工程设备暂估单价计人工程量清单综合单价报价中。

表2-36　专业工程暂估价及结算价表

工程名称：　　　　　　　　　　　　标段：　　　　　　　　　　　　第　页共　页

序号	工 程 名 称	工程内容	暂估金额/元	结算金额/元	差额±/元	备注
合　计						

注：此表“暂估金额”由招标人填写，投标人应将“暂估金额”计入投标总价中。结算时按合同约定结算金额填写。

表 2-37 计日工表

工程名称： 标段： 第 页共 页

编号	项目名称	单位	暂定数量	实际数量	综合单价/元	合价/元	
						暂定	实际
一	人工						
1							
2							
人工小计							
二	材料						
1							
2							
材料小计							
三	施工机械						
1							
2							
施工机械小计							
四	企业管理费和利润						
总计							

注：此表项目名称、暂定数量由招标人填写，编制招标控制价时，单价由招标人按有关计价规定确定；投标时，单价由投标人自主报价，按暂定数量计算合价计入投标总价中。结算时，按发承包双方确认的实际数量计算合价。

表 2-38 总承包服务费计价表

工程名称： 标段： 第 页共 页

序号	工程名称	项目价值/元	服务内容	计算基础	费率（%）	金额/元
1	发包人发包专业工程					
2	发包人供应材料					
	合计					

注：此表项目名称、服务内容由招标人填写，编制招标控制价时，费率及金额由招标人按有关计价规定确定；投标人投标时，费率及金额由投标人自主报价，计入投标总价中。

表2-39　规费、税金项目计价表

工程名称：　　　　　　　　　　　　标段：　　　　　　　　　　　　第　页共　页

序号	项目名称	计算基础	计算基数	费　率（%）	金额/元
1	规费	定额人工费			
1.1	社会保险费	定额人工费			
(1)	养老保险费	定额人工费			
(2)	失业保险费	定额人工费			
(3)	医疗保险费	定额人工费			
(4)	工伤保险费	定额人工费			
(5)	生育保险费	定额人工费			
1.2	住房公积金	定额人工费			
1.3	工程排污费	按工程所在地环境保护部门收取标准，按实计入			
2	税金	分部分项工程费 + 措施项目费 + 其他项目费 + 规费 - 按规定不计税的工程设备费			
		合　计			

编制人（造价人员）：　　　　　　　　　　　　复核人（造价工程师）：

思考与练习题

1. 实行工程量清单计价意义何在？
2. 《建设工程工程量清单计价规范》由几部分构成？
3. 编制分部分项工程量清单时应包括的五个要件是什么？
4. 分部分项工程工程量清单中的项目编码共由多少位数字组成？每级编码表示什么？
5. 清单编制人在自行设置第五级编码时，应注意什么？
6. 项目特征的描述在清单编制中起何作用？试举例说明。
7. 什么是措施项目清单？一般土建工程中的措施项目，正常情况下列哪几项？
8. 其他项目清单包括哪些内容？其含义是什么？

单元3　建筑工程工程量计算

【单元概述】

在分部分项工程量清单中，实体项目的工程数量是其核心内容，本单元在基础知识部分详细编写了建筑工程中土石方工程、砌筑工程、混凝土及钢筋混凝土工程等工程量清单项目工程量的计算方法，并强调了各清单项目所包含的工程内容及要描述的项目特征。在能力训练部分通过对一个完整工程实例的具体分析、计算、讨论，来进一步说明建筑工程中工程量清单项目的工程量计算方法。

【学习目标】

通过本单元的学习及综合训练，要求学生能较熟练地完成建筑工程工程量清单项目的工程量计算。

课题1　建筑面积的计算

本课题根据国家标准《建筑工程建筑面积计算规范》（GB/T 50353—2013）编制，适用于新建、扩建、改建的工业与民用建筑工程的面积计算。

一、建筑面积的概念及作用

建筑面积是指建筑物外墙勒脚以上各层结构外围水平投影面积的总和。建筑面积包括使用面积、辅助面积和结构面积三部分。使用面积是指建筑物各层平面布置中可直接为生产或生活使用的净面积总和。辅助面积是指建筑物各层平面布置中为生产或生活服务所占的净面积的总和，如楼梯间、走廊、电梯井等。结构面积是指建筑物各层平面布置中的墙体、柱、垃圾道、通风道等所占的面积的总和。建筑面积是衡量建筑技术经济效果的重要指标，它的作用主要表现在以下几个方面：

1）建筑面积是确定建筑工程经济技术指标的重要依据。如每平方米造价指标，每平方米人工、材料消耗量指标，都以建筑面积为依据。

$$建筑工程1m^2造价=\frac{建筑工程总造价}{建筑面积}$$

$$建筑工程1m^2人工消耗量=\frac{建筑工程人工总消耗量}{建筑面积}$$

$$建筑工程1m^2材料消耗量=\frac{建筑工程材料总消耗量}{建筑面积}$$

2）建筑面积是控制工程进度和竣工任务的重要指标。如“已完工面积”、“已竣工面积”和“在建面积”都是以建筑面积指标来表示的。

3）装饰工程单方造价是衡量装饰工程装饰标准的主要指标。

4）建筑面积是划分建筑工程类别的标准之一。例如某省的公共建筑划分标准如下：建筑面积≥20000m²的为特大型工程，建筑面积≥15000m²的为一类工程，建筑面积≥8000m²的为二类工程，建筑面积≥3000m²的为三类工程，面积<3000m²的为四类工程。

二、建筑面积计算规则

1. 计算建筑面积的规定

1）建筑物的建筑面积，应按自然层外墙结构外围水平面积计算，结构层高在2.20m及以上者应计算全面积；结构层高在2.20m以下的，应计算1/2面积。

说明：1）自然层指按楼地面结构分层的楼层。

2）结构层高指楼面或地面结构层上表面至上部结构层上表面之间的垂直距离。

2）建筑物内设有局部楼层时，对于局部楼层的二层及以上楼层，有围护结构（指围合建筑空间的墙体、门、窗）的应按其围护结构外围水平面积计算，无围护结构的应按其结构底板水平面积计算。结构层高在2.20m及以上的，应计算全面积；结构层高在2.20m以下的，应计算1/2面积。建筑物平面、断面示意图如图3-1、图3-2所示。

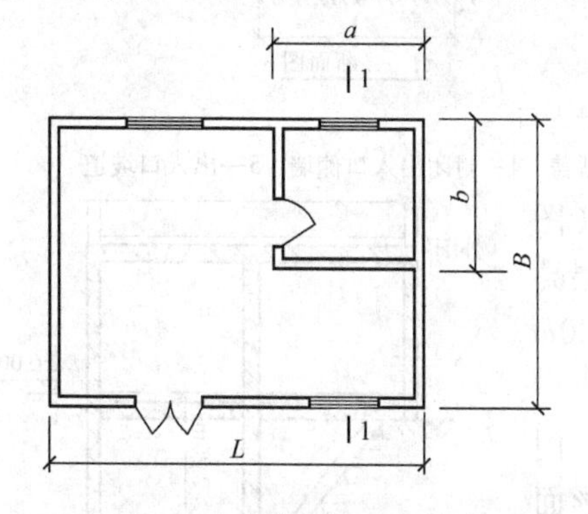

图3-1 建筑物平面示意图

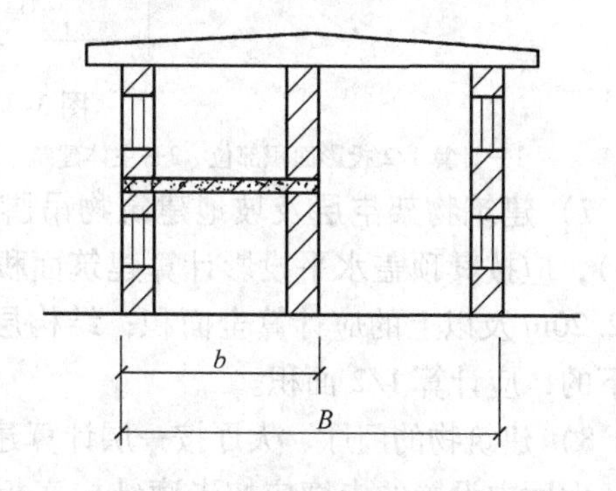

图3-2 建筑物断面示意图

其建筑面积可用下式表示

$$S = LB + ab$$

式中 S——部分带楼层的单层建筑物面积；

L——两端山墙勒脚以上结构外表面之间水平距离；

B——两纵墙勒脚以上结构外表面之间水平距离；

a、b——楼层部分结构外表面之间水平距离。

3）形成建筑空间的坡屋顶，结构净高在2.10m及以上的部位应计算全面积；结构净高在1.20m至2.10m以下的部位应计算1/2面积；结构净高在1.20m以下的部位不应计算建筑面积。

说明：结构净高指楼面或地面结构层上表面至上部结构层下表面之间的垂直距离。

4）场馆看台下的建筑空间，结构净高在2.10m及以上部位应计算全面积；结构净高在1.20m及以上至2.10m以下的部位应计算1/2面积；结构净高在1.20m以下的部位不应计算建筑面积。

室内单独设置的有围护设施的悬挑看台，应按看台结构底板水平投影面积计算建筑面积。有顶盖无围护结构的场馆看台应按其顶盖水平投影面积1/2计算面积。

说明：围护设施指为保障安全而设置的栏杆、栏板等围挡。

5）地下室、半地下室应按其结构外围水平面积计算。结构层高在2.20m及以上，应计算全面积；结构层高在2.20m以下的，应计算1/2面积。

说明：1）地下室是指室内地平面低于室外地平面的高度超过室内净高的1/2的房间。

2）半地下室是指室内地平面低于室外地平面的高度超过室内净高的1/3，且不超过1/2的房间。

6）出入口外墙外侧坡道有顶盖的部位（图3-3），应按其外墙结构外围水平面积的1/2计算面积。

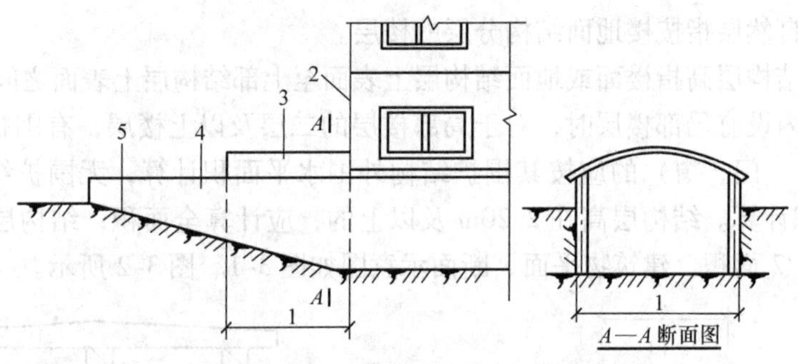

图3-3 地下室出入口

1—计算1/2投影面积部位 2—主体建筑 3—出入口顶盖 4—封闭出入口侧墙 5—出入口坡道

7）建筑物架空层及坡地建筑物吊脚架空层（图3-4），应按其顶盖水平投影计算建筑面积。结构层高在2.20m及以上的应计算全面积；结构层高在2.20m以下的，应计算1/2面积。

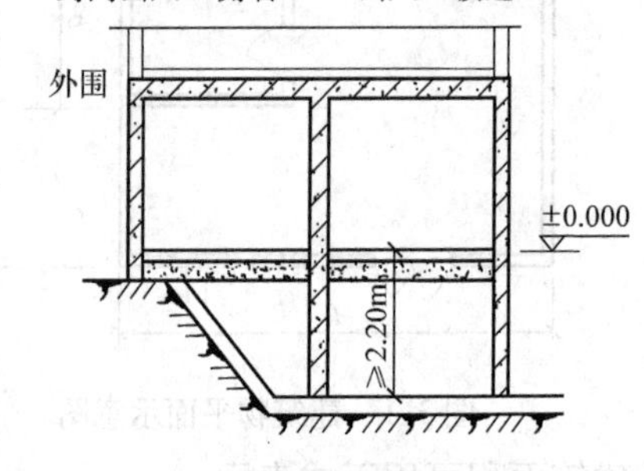

图3-4 吊脚架空层示意图

8）建筑物的门厅、大厅按一层计算建筑面积。门厅、大厅内设置的走廊应按走廊结构底板水平投影面积计算建筑面积。结构层高在2.20m及以上的，应计算全面积；结构层高在2.20m以下的，应计算1/2面积。

【例3-1】 某3层实验综合楼设有大厅带回廊，其平面和剖面示意图如图3-5所示。试计算其走廊建筑面积。

解：依据图3-5a、b所示，计算如下：

走廊部分建筑面积$[30\times12-(12-2.1\times2)\times(30-2.1\times2)]\times2=317.52\text{m}^2$

9）建筑物间的架空走廊，有顶盖和围护结构的，应按其围护结构外围水平面积计算全面积，如图3-6所示。无围护结构、有围护设施的，应按其结构底板水平投影面积计算1/2面积，如图3-7所示。

10）立体书库、立体仓库、立体车库，有围护结构的，应按其围护结构外围水平面积计算建筑面积：无围护结构、有围护设施的，应按其结构底板水平投影面积计算建筑面积。无结构层的应按一层计算，有结构层的应按其结构层面积分别计算。结构层高在2.20m及以上的，应计算全面积；结构层高在2.20m以下的，应计算1/2面积。

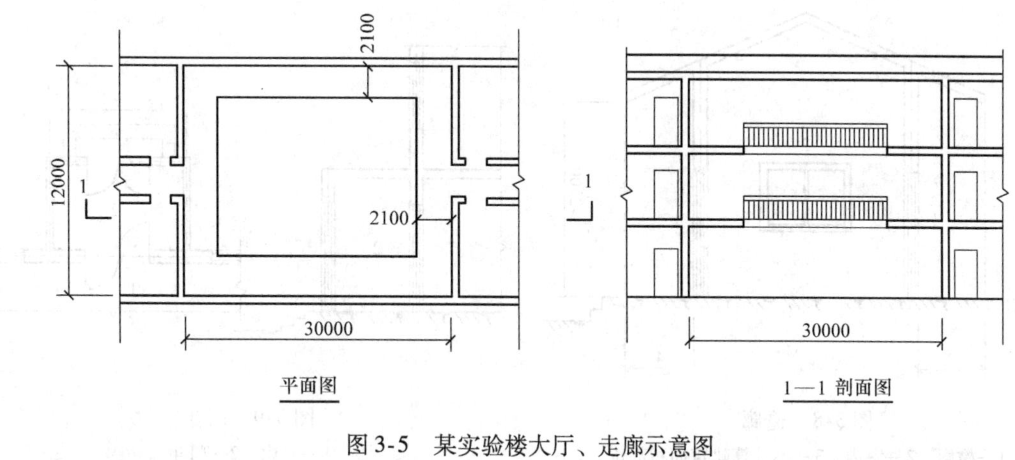

图 3-5 某实验楼大厅、走廊示意图

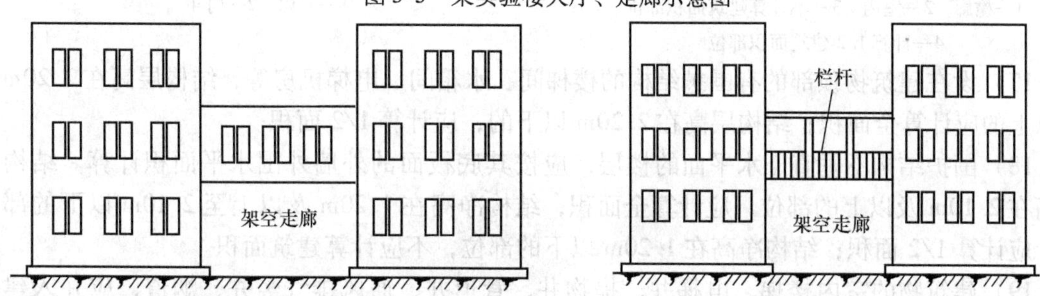

图 3-6 有围护结构的架空走廊

图 3-7 无围护结构的架空走廊

11）有围护结构的舞台灯光控制室，应按其围护结构外围水平面积计算。结构层高在 2.20m 及以上的，应计算全面积；结构层高在 2.20m 以下的，应计算 1/2 面积。

12）附属在建筑物外墙的落地橱窗，应按其围护结构外围水平面积计算。结构层高在 2.20m 及以上的，应计算全面积；结构层高在 2.20m 以下的，应计算 1/2 面积。

说明：落地橱窗是指在商业建筑临街面设置的下槛落地、可落在室外地坪也可落在室内首层地板，用来展览各种样品的玻璃窗。

13）窗台与室内楼地面高差在 0.45m 以下且结构净高在 2.10m 及以上的凸（飘）窗，应按其围护结构外围水平面积计算 1/2 面积。

说明：凸窗（飘窗）是指凸出建筑物外墙面的窗户。

14）有围护设施的室外走廊（挑廊），应按其结构底板水平投影面积的 1/2 计算，有围护设施（或柱）的檐廊，应按其围护设施（或柱）外围水平面积计算 1/2 面积。

说明：1）走廊是指建筑物中的水平交通空间。

2）挑廊是指挑出建筑物外墙的水平交通空间。

3）檐廊是指建筑物挑檐下的水平交通空间，如图 3-8 所示。

15）门斗应按其围护结构外围水平面积计算建筑面积。结构层高在 2.20m 及以上的，应计算全面积；结构层高在 2.20m 以下的，应计算 1/2 面积。

说明：门斗是指建筑物入口处两道门之间的空间，如图 3-9 所示。

16）门廊应按其顶板水平投影面积的 1/2 计算建筑面积；有柱雨篷应按其结构板水平投影面积的 1/2 计算建筑面积；无柱雨篷的结构外边线至外墙结构外边线的宽度在 2.1m 及以上的，应按雨篷结构板的水平投影面积的 1/2 计算建筑面积。

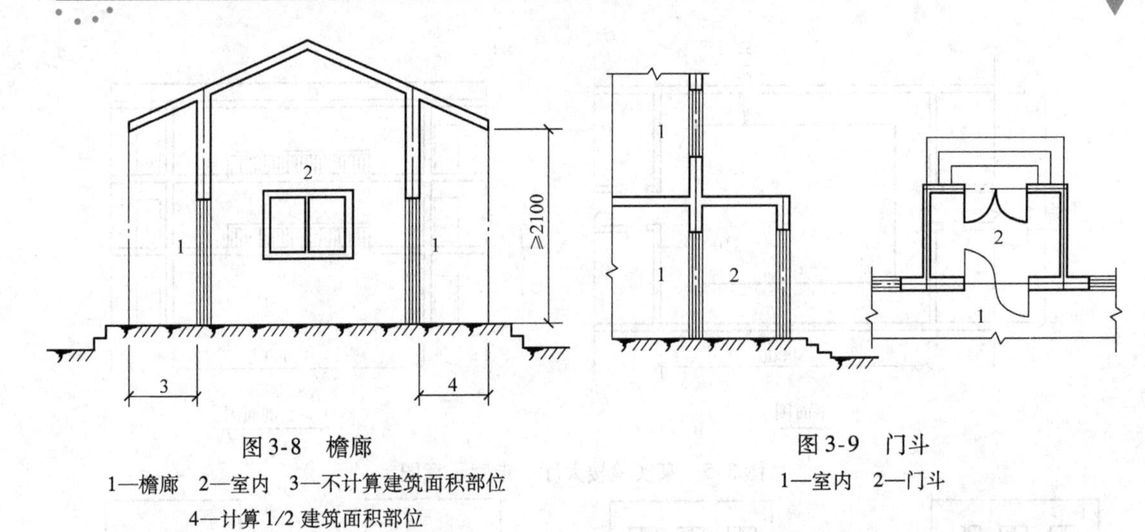

图 3-8 檐廊

1—檐廊 2—室内 3—不计算建筑面积部位
4—计算 1/2 建筑面积部位

图 3-9 门斗

1—室内 2—门斗

17）设在建筑物顶部的有围护结构的楼梯间、水箱间、电梯机房等，结构层高在 2. 20m 及以上的应计算全面积；结构层高在 2. 20m 以下的，应计算 1/2 面积。

18）围护结构不垂直于水平面的楼层，应按其底板面的外墙外围水平面积计算。结构净高在 2. 10m 及以上的部位，应计算全面积；结构净高在 1. 20m 及以上至 2. 10m 以下的部位，应计算 1/2 面积；结构净高在 1. 20m 以下的部位，不应计算建筑面积。

19）建筑物的室内楼梯、电梯井、提物井、管道井、通风排气竖井、烟道，应并入建筑物的自然层计算建筑面积。

有顶盖的采光井（图 3-10）应按一层计算面积，结构净高在 2. 10m 及以上的，应计算全面积，结构净高在 2. 10m 以下的，应计算 1/2 面积。

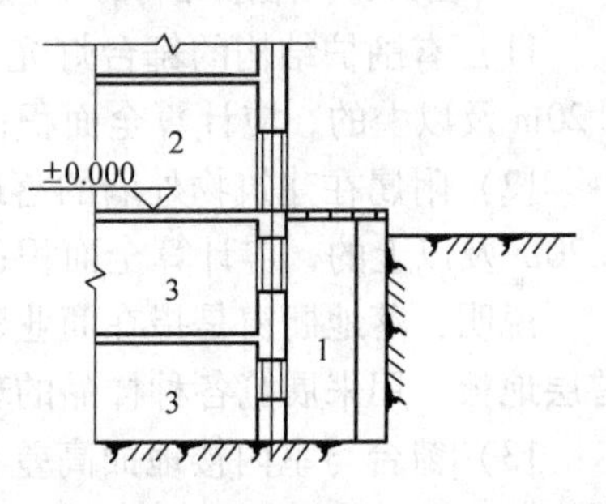

图 3-10 地下室采光井

1—采光井 2—室内 3—地下室

20）室外楼梯应并入所依附建筑物自然层，并应按其水平投影面积的 1/2 计算建筑面积。

21）在主体结构内的阳台，应按其结构外围水平面积计算全面积；在主体结构外的阳台，应按其结构底板水平投影面积计算 1/2 面积。

22）有顶盖无围护结构的车棚、货棚、站台、加油站、收费站等，应按其顶盖水平投影面积的 1/2 计算建筑面积。

23）以幕墙作为围护结构的建筑物，应按幕墙外边线计算建筑面积。

24）建筑物外墙外保温层，应按其保温材料的水平截面积计算，并计入自然层建筑面积。

25）与室内相通的变形缝，应按其自然层合并在建筑物建筑面积内计算。对于高低联跨的建筑物，当高低跨内部连通时，其变形缝应计算在低跨面积内。

26）对于建筑物内的设备层、管道层、避难层等有结构层的楼层，结构层高在 2. 20m 及以上的，应计算全面积；结构层高在 2. 20m 以下的，应计算 1/2 面积。

2. 下列项目不应计算面积：

1）与建筑物内不相连通的建筑部件。

2）骑楼（建筑物底层沿街面后退且留出公共人行空间的建筑物）、过街楼（跨越道路上空并与两边建筑相连接的建筑物）底层的开放公共空间和建筑物通道。

3）舞台及后台悬挂幕布和布景的天桥、挑台等。

4）露台、露天游泳池、花架、屋顶的水箱及装饰性结构构件。

5）建筑物内的操作平台、上料平台、安装箱和罐体的平台。

6）勒脚、附墙柱、垛、台阶、墙面抹灰、装饰面、镶贴块料面层、装饰性幕墙、主体结构外的空调室外机搁板（箱）、构件、配件、挑出宽度在 2.10m 以下的无柱雨篷和顶盖高度达到或超过两个楼层的无柱雨篷。

7）窗台与室内楼地面高差在 0.45m 以下且结构净高在 2.10m 以下的凸（飘）窗，窗台与室内楼地面高差在 0.45m 及以上的凸（飘）窗。

8）室外爬梯、室外专用消防钢楼梯。

9）无围护结构的观光电梯。

10）建筑物以外的地下人防通道，独立烟囱、烟道、地沟、油（水）罐、气柜、水塔、贮油（水）池、贮仓、栈桥等构筑物。

能力训练 3-1 建筑面积的计算

【训练目的】 通过能力训练，使学生进一步熟悉建筑面积的计算规则，掌握建筑面积的计算方法。

【能力目标】 能结合实际工程图纸准确计算各类工业与民用建筑工程的建筑面积。

【资料准备】 某二层办公楼设计图纸建筑、结构及详图（见单元 7 图 7-1 ~ 图 7-17）；建筑面积的计算规则。

【训练步骤】

1. 分析

首先应熟悉本图纸的建筑平面图、立面图、剖面图及详图。由图可知，此建筑物有两层，平面布局只是一个简单的矩形，所以单层的建筑面积就等于建筑物图示的外包长度乘以外包宽度；一层有一个弧形雨蓬有柱，雨蓬挑出外墙的宽度为 4.4m > 2.1m，应按雨篷结构板的水平投影面积的 1/2 计算建筑面积。

2. 工程量计算

（1）首层建筑面积

$$首层建筑面积 = (32.25 \times 11.25)\,\mathrm{m}^2 = 362.81\mathrm{m}^2$$

（2）雨篷建筑面积　按图 7-14 所示尺寸计算。

$$\begin{aligned}雨篷建筑面积 &= 雨篷顶盖的水平投影面积的一半\\ &= \frac{1}{2}\left[\frac{\pi r^2\theta}{360} - \frac{d(r-h)}{2}\right]\\ &= \frac{1}{2}\left[\frac{3.14 \times 10.215^2 \times 113.14}{360} - \frac{17.05(10.215-4.4)}{2}\right]\mathrm{m}^2\\ &= 26.70\mathrm{m}^2\end{aligned}$$

其中：$r = (10.09 + 0.125)\,\mathrm{m} = 10.215\mathrm{m}$

$d = (3.0 \times 3 + 3.9 \times 2 + 0.125 \times 2)\,\mathrm{m} = 17.05\mathrm{m}$

$h = (2.4 + 2.1 + 0.125 - 0.225)\text{m} = 4.4\text{m}$

$\theta = 2\arcsin(\sin\theta) = 2\arcsin(\frac{8.525}{10.215}) = 113.14°$

(3) 二层建筑面积

$$二层建筑面积 = (32.25 \times 11.25)\text{m}^2 = 362.81\text{m}^2$$

(4) 总建筑面积

$$总建筑面积 = 首层建筑面积 + 雨篷建筑面积 + 二层建筑面积$$
$$= (362.81 + 26.70 + 362.81)\text{m}^2 = 752.32\text{m}^2$$

【注意事项】

在本例中主要应注意弧形雨篷建筑面积的计算，从图7-14中可以看出，弧形半径R=10090mm为圆心至雨篷弧形梁中心线的长度，而雨篷面积应按结构板的外围水平投影面积的一半计算。所以，弧形雨篷的实际半径应为10215mm。

【讨论】

1）本例中如果雨篷挑出墙外的宽度为2.10m，雨篷是否计算建筑面积。雨篷无柱、独立柱或两根以上柱情况下，建筑面积计算方法是否一致？

2）封闭阳台与不封闭阳台建筑面积的计算方法是否相同？

3）设有维护结构不垂直于水平面而向建筑物内倾斜的墙体的建筑物，层高在2.2m以上，其建筑面积如何计算？

课题2 土石方工程

土石方工程适用于建筑物和构筑物的土石方开挖及回填工程，包括平整场地、挖一般土方、挖沟槽土方、挖基坑土方、回填等项目。

一、平整场地

“平整场地”项目适用于建筑场地厚度≤±300mm的挖、填、运、找平。

1. 工程量计算

平整场地工程量按设计图示尺寸以建筑物首层建筑面积计算。计算式为：S=建筑物首层建筑面积。

注意：当施工组织设计规定超面积平整场地时，清单工程量仍按建筑物首层建筑面积计算，只是投标人在报价或招标人确定招标控制价时，所确定的工程量要按超面积平整计算，且超出部分包含在平整场地清单项目价格中。

2. 项目特征

需描述土壤类别，弃土运距，取土运距。其中，土壤类别共分四类，详见“计算规范”附录A，如土壤类别不能准确划分时，招标人可注明为综合，由投标人根据地勘报告决定报价；弃土运距、取土运距是指在工程中，有时可能出现场地±30cm以内全部是挖方或填方，且需外运土方或回运土方，这时描述弃土运距或取土运距，并将此运输费用包含在报价中。弃、取土运距也可以不描述，但应注明由投标人根据施工现场实际情况自行考虑，决定报价。

3. 工程内容

包含土方挖填、场地找平、运输。

注意：厚度 > ±300mm 的竖向布置挖土或山坡切土应按“挖一般土方”清单项目编码列项。

二、挖一般土方、挖沟槽土方、挖基坑土方

“挖一般土方”项目适用于超出挖沟槽、挖基坑范围的挖土，“挖沟槽土方”项目适用于底宽≤7m 且底长 > 3 倍底宽的挖土，“挖基坑土方”项目适用于底长≤3 倍底宽且底面积≤150m^2的挖土，且项目中均包括指定范围内的土方运输。

1. 工程量计算

（1）挖沟槽土方、挖基坑土方　挖沟槽土方、挖基坑土方工程量按设计图示尺寸以基础垫层底面积乘以挖土深度计算，计算式如下：

$$V = 基础垫层底面积 \times 挖土深度$$

当基础为带形基础时，外墙基础垫层长取外墙中心线长，内墙基础垫层长取内墙基础垫层净长。挖土深度应按基础垫层底表面标高至交付施工场地标高确定，无交付施工场地标高时，应按自然地面标高确定。

注意：挖沟槽、基坑、一般土方因工作面和放坡增加的工程量是否并入土方工程量中，应按各省、自治区、直辖市或行业建设主管部门的规定实施，如并入土方工程量中，办理工程结算时，按经发包人认可的施工组织设计规定计算，编制工程量清单时，可按表 3-1、3-2规定计算。

表 3-1　基础施工所需工作面宽度计算表

基础材料	每边各增加工作面宽度/mm
砖基础	200
浆砌毛石、条石基础	150
混凝土基础垫层支模板	300
混凝土基础支模板	300
基础垂直面做防水层	1000（防水层面）

表 3-2　放坡系数表

土类别	放坡起点/m	人工挖土	机械挖土		
			在坑内作业	在坑上作业	顺沟槽在坑上作业
一、二类土	1.20	1:0.5	1:0.33	1:0.75	1:0.5
三类土	1.50	1:0.33	1:0.25	1:0.67	1:0.33
四类土	2.00	1:0.25	1:0.10	1:0.33	1:0.25

注：1. 沟槽、基坑中土类别不同时，分别按其放坡起点、放坡系数，依不同土类别厚度加权平均计算。

2. 计算放坡时，在交接处的重复工程量不予扣除，原槽、坑做基础垫层时，放坡自垫层上表面开始计算。

当工作面、放坡增加的工程量并入土方工程量时，挖沟槽、基坑如图 3-11、图 3-12所示。

$$挖沟槽土方工程量 = (a + 2c + KH)HL$$

$$挖基坑土方工程量 = (a + 2c + KH)(b + 2c + KH)H + \frac{1}{3}K^2H^3$$

式中 a——垫层长度；

b——垫层宽度；

c——工作面宽度，按表3-1计算；

L——沟槽长度；

H——挖土深度；

K——放坡系数，按表3-2计算。

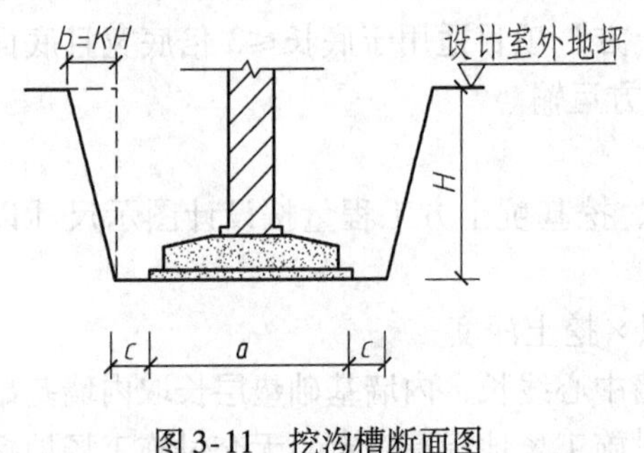

图3-11 挖沟槽断面图

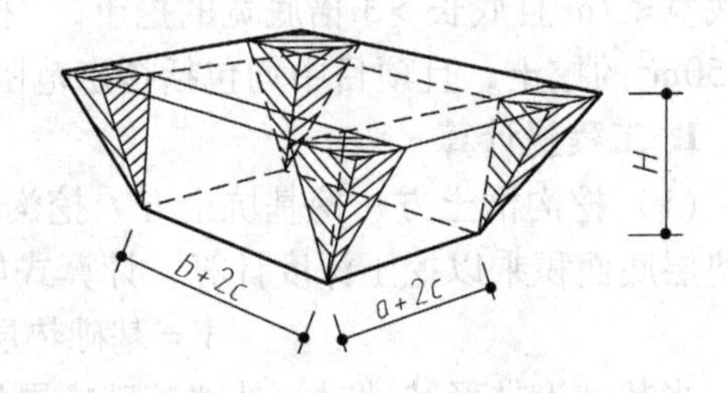

图3-12 挖基坑示意图

（2）挖一般土方 挖一般土方工程量按设计图示尺寸以体积计算。当工作面、放坡增加的工程量并入土方工程量时，工程量计算方法同挖基坑土方项目。

注意：

1）土方体积按挖掘前的天然密实体积计算。非天然密实土方应按表3-3折算。

2）指定范围内的土方运输是指由招标人指定的弃土地点或取土地点的运距。若招标文件规定由投标人确定弃土地点或取土地点时，此条件不必在工程量清单中描述，但其运输费用应包含在基础土方清单项目价格内。

3）桩间挖土不扣除桩的体积，并在项目特征中加以描述。

表3-3 土方体积折算系数表

天然密实度体积	虚方体积	夯实后体积	松填体积
0.77	1.00	0.67	0.83
1.00	1.30	0.87	1.08
1.15	1.50	1.00	1.25
0.92	1.20	0.80	1.00

注：1. 虚方指未经碾压、堆积时间≤1年的土壤。

2. 设计密实度超过规定的，填方体积按工程设计要求执行；无设计要求按各省、自治区、直辖市或行业建设主管部门规定的系数计算。

2. 项目特征

需描述土壤类别、挖土深度、弃土运距。弃土运距也可以不描述，但应注明由投标人根据施工现场实际情况自行考虑，决定报价。

从项目特征中可发现：挖沟槽、基坑、一般土方项目不考虑不同施工方法（即人挖或机挖及机械种类）对土方工程量的影响。投标人在报价时，应根据施工组织设计，结合本企业施工水平，考虑竞争需要进行报价。

3. 工程内容

包含排地表水、土方开挖、围护（挡土板）及拆除、基底钎探、运输。

从工程内容可以看出：本项目应包含指定范围内的土方一次或多次运输、装卸以及基底夯实、修理边坡、清理现场等全部施工工序。挖土方如需截桩头时，应按桩基工程相关项目列项。

【例3-3】 某建筑物基础平面及剖面如图3-13所示。已知土壤类别为Ⅲ类土，土方运距3km，条形基础下设C15素混凝土垫层。试计算其挖基础土方的清单工程量、定额工程量，并列出挖土方清单。

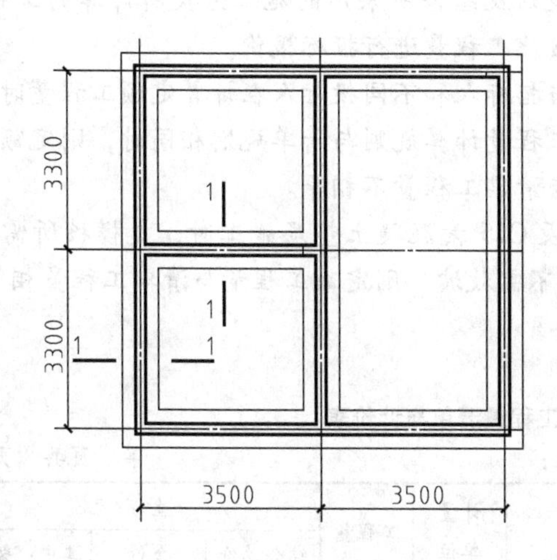

平面图

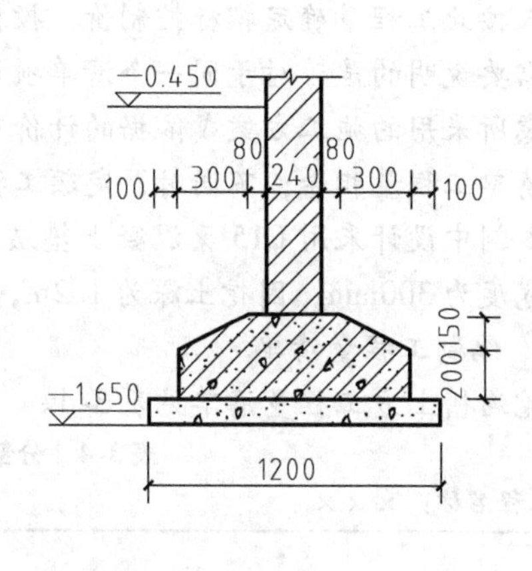

1—1断面图

图3-13 某建筑物基础平面及剖面图

【解】 1. 挖土方清单工程量

清单工程量是指按工程量清单计价规范由招标人计算的工程量。由图3-11可以看出，本工程带形基础下设100mm厚混凝土垫层：

情况1，某省规定：挖沟槽、基坑的工程量中不考虑因工作面、放坡增加的工作量，则挖土底宽 $=1.2\text{m}<7\text{m}$，应按“挖沟槽土方”编列清单项目。

挖沟槽土方工程量 = 基础垫层长 × 基础垫层宽 × 挖土深度

外墙基础垫层长取外墙中心线长，内墙基础垫层长取内墙下垫层间净长。其中，外墙中心线是指外墙中线至中线之间的距离。本例中，外墙墙厚240mm，其中线与定位轴线重合，则外墙中心线长即为定位轴线长。挖土深度 $=(1.65-0.45)\text{m}=1.2\text{m}<$ 放坡起点 1.5m，故挖沟槽土方工程量中不计算放坡。

外墙中心线长 $=(3.5\times2+3.3\times2)\text{m}\times2=13.6\text{m}\times2=27.2\text{m}$

内墙垫层间净长 $=(3.5-0.6\times2+3.3\times2-0.6\times2)\text{m}=7.7\text{m}$

挖沟槽土方清单工程量 $=[(27.2+7.7)\times1.2\times(1.65-0.45)]\text{m}^3$

$=(34.9\times1.2\times1.2)\text{m}^3=50.26\text{m}^3$

情况2，某省规定：挖沟槽、基坑的工程量中考虑因工作面、放坡增加的工作量，则挖土底宽中应增加工作面宽度，为$(1.2+0.3\times2)m=1.8m<7m$，应按“挖沟槽土方”编列清单项目。

挖沟槽土方工程量=挖沟槽长×挖沟槽层宽×挖土深度

外墙挖土长取外墙中心线长，内墙挖土长取内墙下沟槽底间净长。

内墙下沟槽底间净长$=(3.5-0.6\times2-0.3\times2+3.3\times2-0.6\times2-0.3\times2)m=6.5m$

挖沟槽土方清单工程量$=(27.2+6.5)\times1.8\times(1.65-0.45)m^3$

$=(33.7\times1.8\times1.2)m^3=72.79m^3$

2. 挖沟槽土方定额工程量

定额工程量是指按计价定额工程量计算规则及结合所采用的施工方案所计算的工程量。招标人按此工程量确定招标控制价，投标人按此工程量进行投标报价。

需要说明的是，对于同一个清单项目，当招标人和不同投标人在计算定额工程量时，施工考虑所采用的施工方案或依据的计价定额工程量计算规则与清单规则相同时，则定额工程量与清单工程量相等；不同时，定额工程量与清单工程量不相等。

本例中设计采用C15素混凝土垫层，假设C15素混凝土垫层施工时，支模板所需的工作面宽度为300mm，因挖土深为1.2m，所以不需放坡。则定额工程量与清单工程量相等。

3. 编制工程量清单

挖沟槽土方工程量清单见表3-4。

表3-4 分部分项工程量清单与计价表

工程名称：××× 标段： 第 页共 页

序号	项目编码	项目名称	项目特征描述	计量单位	工程量	金额/元		
						综合单价	合价	其中：暂估价
		A.1土（石）方工程						
1	010101003001	挖沟槽土方	土壤类别：Ⅲ类土 挖土深度：1.2m 弃土运距：3km	m^3	50.26 (72.79)			

三、挖淤泥、流砂

淤泥是一种稀软状，不易成型的灰黑色、有臭味，含有半腐朽的植物遗体（占60%以上），置于水中有动植物残体渣滓浮于水面，并常有气泡由水中冒出的泥土。流砂是指在坑内抽水时，坑底的土会成流动状态，随地下水涌出。

1. 工程量计算

按设计图示位置、界限以体积计算。

挖方出现淤泥、流砂时，如设计未明确，在编制工程量清单时，其工程数量可为暂估量，结算时应根据实际情况由发包人与承包人双方现场签证确认工程量。

2. 项目特征

需描述挖掘深度，弃淤泥、流砂距离。

3. 工程内容

包含开挖、运输。

四、管沟土方

“管沟土方”项目适用于管道（给排水、工业、电力、通讯）、光（电）缆沟［包括：人（手）孔、接口坑］及连接井（检查井）等。

1. 工程量计算

管沟土方以米计算，按设计图示以管道中心线长度计算；管沟土方以立方米计算，按设计图示管底垫层面积乘以挖土深度计算；无管底垫层按管外径的水平投影面积乘以挖土深度计算。不扣除各类井的长度，井的土方并入。

管沟因工作面和放增加的工程量是否并入土方工程量中，应按各省、自治区、直辖市或行业建设主管部门的规定实施，如并入土方工程量中，办理工程结算时，按经发包人认可的施工组织设计规定计算，编制工程量清单时，可按表3-5规定计算。

表3-5 管沟施工每侧所需工作面宽度计算表

管沟材料 \ 管道结构宽/mm	≤500	≤1000	≤2500	>2500
混凝土及钢筋混凝土管道/mm	400	500	600	700
其他材质管道/mm	300	400	500	600

注：管道结构宽：有管座的按基础外缘，无管座的按管道外径。

2. 项目特征

需描述土壤类别、管外经、挖沟深度、回填要求。

挖沟平均深度按以下规定计算：有管沟设计时，挖沟深度以沟垫层底表面标高至交付施工场地标高计算；无管沟设计时，直埋管（无沟盖板，管道安装好后，直接回填土）深度应按管底外表面标高至交付施工场地标高的平均高度计算。

3. 工程内容

包含排地表水、土方开挖、围护（挡土板）的支撑、运输、回填。

从工程内容可以看出，管沟土方项目内，除包含土方开挖外，还包含土方运输及土方回填，计价时应注意包含。另外，管沟的宽窄不同，施工费用就有所不同，计算时应注意区分。

五、回填方

“回填方”项目适用于场地回填、室内回填和基础回填，并包括指定范围内的土方运输以及借土回填的土方。

1. 工程量计算

按设计图示尺寸以体积计算。

（1）场地回填　　V = 回填面积 × 平均回填厚度

（2）室内回填　　V = 主墙间净面积 × 回填厚度

式中“主墙”是指结构厚度在120mm以上（不含120mm）的各类墙体。主墙间净面积可按下式计算：

主墙间净面积 = 底层建筑面积 − 内、外墙体所占水平平面面积

(3) 基础回填

V=挖方清单项目工程量-自然地坪以下埋设的基础体积(包括基础垫层及其他构筑物)

2. 项目特征

需描述密实度要求,填方材料品种,填方粒径要求,填方来源、运距。

填方密实度要求在无特殊要求情况下,项目特征可以描述为满足设计和规范要求;填方材料品种可以不描述,但应注明由投标人根据设计要求验方后方可填入,并符合相关工程的质量规范要求;填方粒径要求在无特殊要求情况下可以不描述;如需买土回填,应在填方来源中描述,并注明买土方数量。

3. 工程内容

包含运输,回填,压实。

因地质情况变化或设计变更引起的土方工程量的变更,由业主与承包人双方现场认证,依据合同条件进行调整。

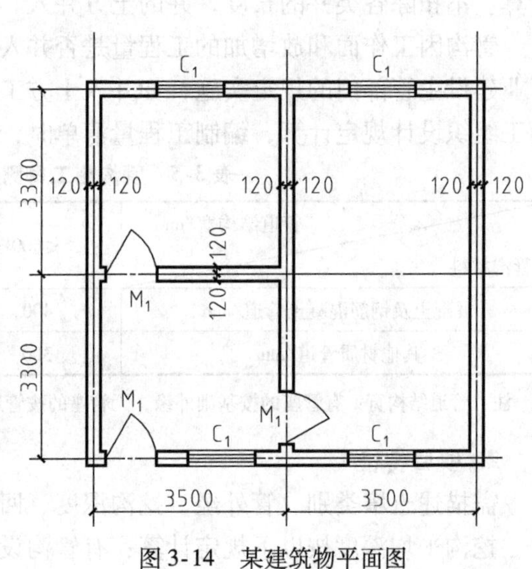

图3-14 某建筑物平面图

【例3-4】 (接例3-3)图3-14所示为某建筑物平面图。已知图3-13中室外地坪以下C10混凝土垫层体积为4.19m³、钢筋混凝土基础体积为10.83m³、砖基础体积6.63m³;室内地面标高为±0.000,地面厚220mm,试计算土方回填清单工程量、定额工程量,并列出土方回填清单。(M_1洞口尺寸为900mm×2100mm)

【解】 按例3-1中的情况1计算。

1. 土方回填清单工程量

基础土方回填工程量=挖土体积(清单工程量)-设计室外地坪以下埋设的基础、垫层体积

$=[50.26_{(\text{例3-1中的计算数据})}-10.83-6.63-4.19]\text{m}^3=28.61\text{m}^3$

室内土方回填工程量=主墙间净面积×回填厚度

$=[(3.5-0.24)\times(3.3-0.24)\times2+(3.5-0.24)\times(6.6-0.24)]\text{m}^2\times(0.45-0.22)\text{m}^2$

$=(40.68\times0.23)\text{m}^3=9.36\text{m}^3$

2. 土方回填定额工程量

由图3-12可知:

基础土方回填工程量=挖土体积(定额工程量)-设计室外地坪以下埋设的基础、垫层体积

$=[72.79_{(\text{例3-1中的计算数据})}-10.83-6.63-4.19]\text{m}^3=51.14\text{m}^3$

室内土方回填定额工程量同清单工程量,即9.36m³

3. 编制工程量清单

土方回填工程量清单见表3-6。

表3-6 分部分项工程量清单与计价表

工程名称：××× 标段： 第 页共 页

序号	项目编码	项目名称	项目特征描述	计量单位	工程量	金额/元		
						综合单价	合价	其中：暂估价
A.1土（石）方工程								
1	010103001001	基础土方回填	密实度要求：满足设计和规范要求 填方材料品种：素土夯填 土方来源：原土方回运，运距5km	m^3	28.61			
2	010103001002	室内土方回填	密实度要求：满足设计和规范要求 填方材料品种：素土夯填 土方来源：原土方回运，运距5km	m^3	9.36			

六、余方弃置

1. 工程量计算

按挖方清单项目工程量减利用回填方体积（正数）计算。计算式如下：

$$V=\text{挖方清单项目工程量}-\text{回填土体积}$$

2. 项目特征

需描述废弃料品种、运距。

3. 工程内容

包含余方点装料运输至弃置点。

能力训练3-2 计算土石方工程工程量

说明：单元3、4、5各课题能力训练部分清单项目工程量计算，都是为了编制工程量清单，故所计算的工程量皆为清单工程量。

【训练目的】 掌握土石方工程中各清单项目工程量的计算方法。

【能力目标】 能结合实际工程进行清单项目的列项及工程量的计算。

【原始资料】 ××办公楼设计图（见单元7第一部分）；土质Ⅱ类土；现场不留土，弃土运距3km。

【训练步骤】

1. 分析及列项

从单元2能力训练2-1中的讲述可以知道，本例应列清单项目有：平整场地、挖基础土方、基底3:7灰土填料碾压、基础土方回填、室内土方回填。

2. 工程量计算

为了方便各个清单项目工程量的计算，首先算出以下数据：首层建筑面积、外墙外边线长、外墙外边线长、内墙净长线长。其中，外墙外边线长是指外墙外侧与外侧之间的距离，内墙净长线长是指内墙与外墙（或内墙）交点之间的距离。

首层建筑面积 $=(32.25\times11.25)\text{m}^2=362.81\text{m}^2$

外墙外边线长 $=(32.25+11.25)\text{m}\times2=87\text{m}$

外墙中心线长 $=(87-\dfrac{0.25}{2}\times8)\text{m}=(87-1)\text{m}=86\text{m}$

200mm 内墙净长线长 $=(7.8+3-0.025\times2)\text{m}\times2=10.75\text{m}\times2=21.5\text{m}$

120mm 内墙净长线长 $=(3.6-0.025-0.1)\text{m}=3.475\text{m}$

（1）平整场地

平整场地工程量 = 建筑物首层建筑面积 $=362.81\text{m}^2$

（2）挖一般土方

挖土深度 $=(3.5-1.2)\text{m}=2.3\text{m}>1.2\text{m}$，故应放坡开挖。3∶7 灰土回填 1m 范围内垂直开挖，剩余 1.3m 部分放坡开挖。3∶7 灰土施工不留工作面，故 $C=0$。机械在坑上作业时，$K=0.75$。

V_1 = 3∶7 灰土垫层长 × 3∶7 灰土垫层宽 × 挖土深度

$=\{[(31.8+1.5\times2+1\times2)\times(10.8+1.2+1.5+1\times2)+2.1\times(9.0+1.75\times2+1\times2)]\times1.0\}\text{m}^3$

$=(600.85\times1.0)\text{m}^3=600.85\text{m}^3$

$V_2=(a+2c+KH)(b+2c+KH)H+\dfrac{1}{3}K^2H^3$ − 应扣除体积

$=\{[(31.8+1.5\times2+1\times2+0.75\times1.3)\times(13.2+1.2\times2+1\times2+0.75\times1.3)]\times1.3+\dfrac{1}{3}\times0.75^2\times1.3^3-(2.4+1.2-1.5)\times(3.6+3.9\times2+1.5-1.75)\times1.3\times2\}\text{m}^3$

$=(37.78\times18.58\times1.3+0.41-60.88)\text{m}^3=852.07\text{m}^3$

挖一般土方工程量 $=V_1+V_2=(600.85+852.07)\text{m}^3=1452.92\text{m}^3$

（3）基础土方回填

由图7-3、图7-8、图7-9、图7-11可知，室外地坪以下埋设有3∶7灰土填料、独立基础及其垫层、基础梁、暖沟垫层、散水下3∶7灰土，所以

基础土方回填工程量 = 挖土体积 − 设计室外地坪以下埋设的基础等体积

$=[1452.92-600.85_{(3:7\text{灰土填料})}-65.92_{(\text{基础})}-19.16_{(\text{垫层})}-27.05_{(\text{基础梁})}-4.17_{(\text{暖沟垫层})}-10.52_{(\text{散水下}3:7\text{灰土})}]\text{m}^3$

$=725.25\text{m}^3$

式中，基础、基础梁的体积计算见课题5能力训练部分，基础下垫层、暖沟垫层、散水下3∶7灰土垫层的体积计算如下：

基础下垫层体积 $V=[2.6\times2.6\times0.1\times4(\text{J}-1)+3.2\times3.2\times0.1\times8(\text{J}-2)+3.9\times3.2\times0.1\times2(\text{J}-3)+3.2\times2.6\times0.1\times2(\text{J}-4)+3.7\times5.55\times0.1\times2(\text{J}-5)]\text{m}^3$

$=19.16\text{m}^3$

暖沟垫层体积 $V=[(31.8-0.145\times2)+(10.8-1.49-0.145\times2)+(7.8-0.1)\times2]\text{m}\times$

$1.49\text{m}\times0.1\text{m}$

$=8.33\text{m}^3$

因暖沟垫层底标高为 -1.25m，设计室外地坪为 -1.2m，所以基础土方回填体积中应扣除暖沟垫层体积的一半 4.17m^3。

散水下3∶7灰土垫层体积 V = 散水面积 × 散水厚

$=[70.15_{(\text{见课题5能力训练部分})}\times0.15]\text{m}^3=10.52\text{m}^3$

（4）室内土方回填

由图7-1可知，本工程中一层卫生间地面厚0.265m，卫生间以外其他地面厚0.26m；由图7-6可知，室内外高差为1.2m，则卫生间土方回填厚度 = $(1.2-0.265)\text{m}=0.935\text{m}$，卫生间以外其他房间土方回填厚度 = $(1.2-0.26)\text{m}=0.94\text{m}$。由图7-3可知，卫生间 M_3 处墙厚120mm，不是主墙，故其土方回填取至120mm厚墙的中线。

卫生间土方回填工程量 = 主墙间净面积 × 回填厚度

$=[(3.6-0.025-0.1)\times(1.5-0.025)\times0.935]\text{m}^3$

$=(3.475\times1.475\times0.935)\text{m}^3$

$=(5.13\times0.935)\text{m}^3=4.8\text{m}^3$

卫生间以外土方回填工程量 = 主墙间净面积 × 回填厚度

=（首层建筑面积 − 主墙、卫生间所占面积）× 回填厚度 − 暖沟及其垫层所占体积

$=[362.81-(0.37\times86+0.37\times21.5)_{(\text{主墙})}-5.13]\text{m}^2\times0.94\text{m}-[(31.8-0.145\times2+10.8-0.145\times2-1.39+7.8\times2)\times1.39\times(0.94-0.05)]\text{m}^3_{(\text{暖沟})}-4.17\text{m}^3_{(\text{暖沟垫层})}$

$=[(362.81-39.78-5.13)\times0.94-69.56-4.17]\text{m}^3$

$=229.92\text{m}^3$

室内土方回填工程量 = 卫生间土方回填工程量 + 卫生间以外土方回填工程量

$=(4.8+229.92)\text{m}^3=234.72\text{m}^3$

【注意事项】 土石方工程的列项及工程量计算与现场施工情况息息相关，进行工程计价时，应详细了解有关资料，如施工现场周边环境、场地大小、施工组织设计等。

【讨论】

1）现若有一住宅楼工程，且首层设计有阳台，其平整场地工程量的计算与阳台是否有关？

2）挖一般土方项目的工程量是按3∶7灰土垫层底面积乘以挖土深并考虑放坡增加工程量计算的。当工程中不进行地基处理时，条形基础、独立基础、满堂基础的土方工程量分别应如何计算？计算方法与本例相同吗？

3）若设计要求基槽内回填3∶7灰土，其工程量与本例回填素土相等，所列项目是否有所变化？

4）某工程设计有地下室，则该工程进行计价时，回填土部分的列项与本例相同吗？其工程量的计算又有何变化？

课题3 地基处理与边坡支护工程

地基处理与边坡支护工程适用于地基与边坡的处理、加固，包括地基处理、基坑与边坡支护等项目。

一、地基处理

1. 换填垫层

地基处理的方法之一就是换土垫层法。“换填垫层”项目适用于换填砂石、碎石、三合土、矿渣、素土等。

（1）工程量计算 按设计图示尺寸以体积计算。

（2）项目特征 需描述材料种类及配比，压实系数，掺加剂品种。

（3）工程内容 包含分层铺填，碾压、振密或夯实，材料运输。

2. 强夯地基

“强夯地基”项目适用于各种夯击能量的地基夯击工程。

（1）工程量计算 按设计图示处理范围以面积计算，即根据每个点位所代表的范围乘以点数计算。如图3-15所示，工程量 $=4A\times5B$。

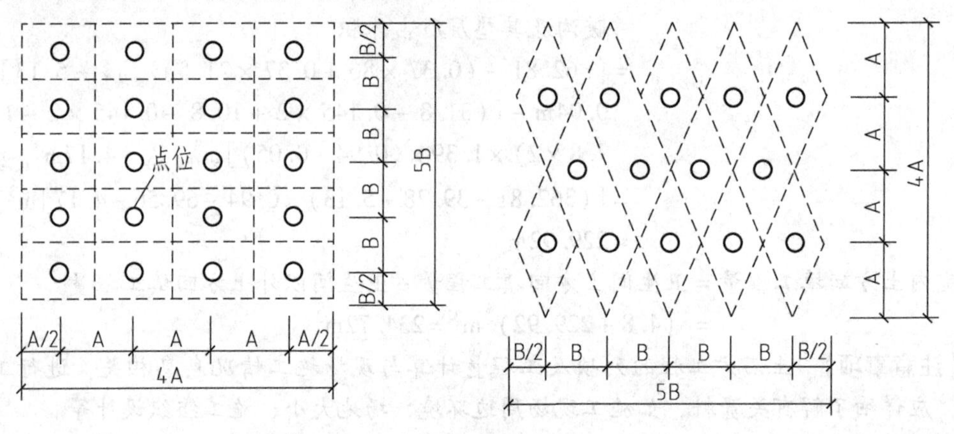

图3-15 强夯地基工程量计算示意图

（2）项目特征 需描述夯击能量，夯击遍数，夯击点布置形式、间距，地耐力要求，夯填材料种类。

（3）工程内容 包含铺设夯填材料，强夯，夯填材料运输。

3. 振冲桩（填料）

“振冲桩”项目适用于振冲法成孔，灌注填料加以振密所形成的桩体。

（1）工程量计算 以米计量，按设计图示尺寸以桩长（包括桩尖）计算；以立方米计量，按设计桩截面乘以桩长（包括桩尖）以体积计算。

（2）项目特征 需描述地层情况，空桩长度、桩长，桩径，填充材料种类。

地层情况按“计算规范”附录A中土壤分类表、岩石分类表的规定，并根据工程勘察报告按单位工程各地层所占比例（包括范围值）进行描述，对无法准确描述的地层情况，可注明由投标人根据岩土工程勘察报告自行决定报价；桩长包括桩尖，空桩长度＝孔深－桩长，孔深为自然地面至设计桩底的深度。下同。

注意：

1）为避免地层情况描述内容与实际地质情况有差异而造成重新组价，可采用以下方法进行处理：第一种方法是描述各类土石的比例及范围值；第二种方法是分不同土石类别分别列项；第三种方法是直接描述"详勘察报告"。

2）为避免"空桩长度、桩长"的描述引起重新组价，可采用以下方法进行处理：第一种方法是描述"空桩长度、桩长"的范围值，或描述"空桩长度、桩长"的比例及范围值；第二种方法是空桩部分单独列项。

（3）工程内容　包含振冲成孔、填料、振实，材料运输，泥浆运输。

从工程内容可以看出，振冲桩项目内，除包含振冲桩外，还包含泥浆运输，计价时应注意包含。

4. 砂石桩

"砂石桩"项目适用于各种成孔方式（振动沉管、锤击沉管）的砂石灌注桩。

（1）工程量计算　以米计量，按设计图示尺寸以桩长（包括桩尖）计算；以立方米计量，按设计桩截面乘以桩长（包括桩尖）以体积计算。

（2）项目特征　需描述地层情况，空桩长度、桩长，桩径，成孔方法，材料种类、级配。

（3）工程内容　包含成孔，填充、振实，材料运输。

5. 深层搅拌桩

（1）工程量计算　按设计图示尺寸以桩长计算。

（2）项目特征　需描述地层情况，空桩长度、桩长，桩截面尺寸，水泥强度等级、掺量。

（3）工程内容　包含预搅下钻、水泥浆制作、喷浆搅拌提升成桩，材料运输。

6. 粉喷桩

"粉喷桩"项目适用于水泥、生石灰粉等粉喷桩。

（1）工程量计算　按设计图示尺寸以桩长计算。

（2）项目特征　需描述地层情况，空桩长度、桩长，桩径，粉体种类、掺量，水泥强度等级、石灰粉要求。

（3）工程内容　包含预搅下钻、喷粉搅拌提升成桩，材料运输。

7. 灰土（土）挤密桩

"灰土（土）挤密桩"项目适用于各种成孔方式的灰土（土）、石灰、水泥粉、煤灰等挤密桩。

（1）工程量计算　按设计图示尺寸以桩长（包括桩尖）计算。

（2）项目特征　需描述地层情况，空桩长度、桩长，桩径，成孔方法，灰土级配。

（3）工程内容　包含成孔，灰土拌和、运输、填充、夯实。

注意：

1）采用泥浆护壁成孔时，工程内容还包含土方、废泥浆外运。

2）采用沉管灌注成孔时，工程内容还包含桩尖制作、安装。

二、基坑与边坡支护

1. 地下连续墙

“地下连续墙”项目适用于各种导墙施工的复合型地下连续墙工程。

(1) 工程量计算　按设计图示墙中心线长乘以厚度乘以槽深以体积计算，计算式如下：

$$V=墙中心线长\times厚度\times槽深$$

(2) 项目特征　需描述地层情况，导墙类型、截面，墙体厚度，成槽深度，混凝土种类、强度等级，接头形式。

混凝土种类是指清水混凝土、彩色混凝土等。如在同一地区既使用预拌（商品）混凝土，又允许现场搅拌混凝土时，应同时注明。

(3) 工程内容　包含导墙挖填、制作、安装、拆除，挖土成槽、固壁、清底置换，混凝土制作、运输、灌注、养护，接头处理，土方、废泥浆外运，打桩场地硬化及泥浆池、泥浆沟。

从工程内容可以看出，地下连续墙项目内，除包含地下连续墙外，还包含导墙的挖槽、固壁，回填，土方、废泥浆外运及打桩场地硬化及泥浆池、泥浆沟，计价时应注意包含。

注意：地下连续墙中钢筋的制作、安装，按混凝土与钢筋混凝土工程中相关项目列项。

2. 锚杆（锚索）

“锚杆”项目是指在需要加固的土体中设置锚杆（钢管或粗钢筋、钢丝束、钢绞线）并灌浆，之后进行锚杆张拉并固定后所形成的支护。

(1) 工程量计算　以米计量，按设计图示尺寸以钻孔深度计算；以根计量，按设计图示数量计算。

(2) 项目特征　需描述地层情况，锚杆（索）类型、部位，钻孔深度，钻孔直径，杆体材料种类、规格、数量，预应力，浆液种类、强度等级。

(3) 工程内容　包含钻孔、浆液制作、运输、压浆，锚杆（锚索）制作、安装，张拉锚固，锚杆（锚索）施工平台搭设、拆除。

3. 土钉

“土钉”项目是指在需要加固的土体中设置一排土钉（变形钢筋或钢管、角钢等）并灌浆，在加固的土体面层上固定钢丝网后，喷射混凝土面层后所形成的支护。

(1) 工程量计算　同锚杆（锚索）。

(2) 项目特征　需描述地层情况，钻孔深度，钻孔直径，置入方法；杆体材料品种、规格、数量，浆液种类、强度等级。其中，土钉置入方法包括钻孔置入、打入或射入等。

(3) 工程内容　包含钻孔、浆液制作、运输、压浆，土钉制作、安装，土钉施工平台搭设、拆除。

注意：

1) 本课题各项目适用于工程实体，如：地下连续墙适用于构成建筑物、构筑物地下结构永久性的复合型地下连续墙（即复合型地下连续墙应列在分部分项工程量清单项目中）。作为深基础支护结构，应列入措施项目清单费内，在分部分项工程量清单中不反映其项目。

2) 锚杆、土钉支护项目中的钻孔、布筋、锚杆安装、灌浆、张拉等需要搭设的脚手架，应列入措施项目清单费内。

3）地下连续墙、锚杆支护及土钉支护的钢筋网制作、安装，应按钢筋工程项目编码列项。

能力训练3-3　计算地基处理与边坡支护工程工程量

【训练目的】 掌握地基处理与边坡支护工程中各清单项目工程量的计算方法。

【能力目标】 能结合实际工程进行清单项目的列项及工程量的计算。

【原始资料】 ××办公楼设计图（见单元7第一部分）。

【训练步骤】

1. 分析及列项

从单元2能力训练2-1中的讲述可以知道，本例应列清单项目有：换填垫层（基底3:7灰土填料碾压）。

2. 工程量计算

基底3:7灰土填料碾压工程量＝回填面积×回填厚度

$$=(600.85\times1)\mathrm{m}^3=600.85\mathrm{m}^3$$

【讨论】若本例采用深层搅拌桩来进行地基处理，其清单项目应如何编列？

课题4　桩基工程

桩基工程包括打桩、灌注桩等项目。

一、打桩

1. 预制钢筋混凝土方桩、预制钢筋混凝土管桩

（1）工程量计算　以米计量，按设计图示尺寸以桩长（包括桩尖）计算；以立方米计量，按设计图示截面积乘以桩长（包括桩尖）以实体积计算；以根计量，按设计图示数量计算。

（2）项目特征

1）预制钢筋混凝土方桩。需描述地层情况，送桩深度、桩长，桩截面，桩倾斜度，沉桩方法，接桩方式，混凝土强度等级。其中，桩截面、混凝土强度等级可直接用标准图代号进行描述。

2）预制钢筋混凝土管桩。需描述地层情况，送桩深度、桩长，桩外径、壁厚，桩倾斜度，沉桩方法，桩尖类型，混凝土强度等级，填充材料种类，保护材料种类。其中，桩截面、混凝土强度等级可直接用标准图代号进行描述。

（3）工程内容　包含工作平台搭拆，桩机竖拆、移位，沉桩，接桩，送桩。预制钢筋混凝土管桩还包含桩尖制作、安装，填充材料、刷防护材料。

从工程内容可以看出，预制钢筋混凝土方桩、预制钢筋混凝土管桩项目内，除包含预制钢筋混凝土方桩、预制钢筋混凝土管桩外，还包含接桩、送桩及管桩的桩尖，计价时应注意包含。

注意：

1）预制钢筋混凝土方桩、预制钢筋混凝土管桩项目是以成品桩编制的，应包括成品桩

的购置费，如果用现场预制，应包括现场预制桩的所有费用。

2）打试验桩和打斜桩应按相应项目单独列项，并应在项目特征中注明试验桩或斜桩（斜率）。

3）试桩与打桩之间间歇时间，机械在现场的停滞，应包括在打试桩项目价格内。

4）预制钢筋混凝土管桩桩顶与承台的连接构造按混凝土与钢筋混凝土工程中相关项目列项。

5）预制桩刷防护材料应包含在该项目价格内。

2. 钢管桩

（1）工程量计算　以吨计量，按设计图示尺寸以质量计算；以根计量，按设计图示数量计算。

（2）项目特征　需描述地层情况；送桩深度、桩长；材质；管径、壁厚；桩倾斜度；沉桩方法；填充材料种类；保护材料种类。

（3）工程内容　包含工作平台搭拆；桩机竖拆、移位；沉桩；接桩；送桩；切割钢管、精割盖帽；管内取土；填充材料、刷防护材料。

3. 截（凿）桩头

截（凿）桩头项目适用于课题3、课题4所列桩的桩头截（凿）。

（1）工程量计算　以立方米计量，按设计桩截面乘以桩头长度以体积计算；以根计量，按设计图示数量计算。

（2）项目特征　需描述桩类型，桩头截面、高度，混凝土强度等级，有无钢筋。其中，桩类型可直接用设计桩型进行描述。

（3）工程内容　包含截（切割）桩头，凿平，废料外运。

从工程内容可以看出，截（凿）桩头项目内，除包含截（凿）桩头项目外，还包含废料外运，计价时应注意包含。

二、灌注桩

1. 泥浆护壁成孔灌注桩

泥浆护壁成孔灌注桩是指在泥浆护壁条件下成孔，采用水下灌注混凝土的桩。

（1）工程量计算　以米计量，按设计图示尺寸以桩长（包括桩尖）计算；以立方米计量，按不同截面在桩上范围内以体积计算；以根计量，按设计图示数量计算。

（2）项目特征　需描述地层情况，空桩长度、桩长，桩径，成孔方法，护筒类型、长度，混凝土种类、强度等级。其中，成孔方法包括冲击钻成孔、冲抓锥成孔、回旋钻成孔、潜水钻成孔、泥浆护壁的旋挖成孔。

（3）工程内容　包含护筒埋设，成孔、固壁，混凝土制作、运输、灌注、养护，土方、废泥浆外运，打桩场地硬化及泥浆池、泥浆沟。

注意：

1）钻孔固壁泥浆的搅拌运输，土方、废泥浆外运，打桩场地硬化及泥浆池、泥浆沟，应包含在该项目价格内。

2）桩钢筋的制作、安装，应按混凝土与钢筋混凝土工程中相关项目编码列项。

2. 沉管灌注桩

（1）工程量计算　同泥浆护壁成孔灌注桩。

（2）项目特征　需描述地层情况，空桩长度、桩长，复打长度，桩径，沉管方法，桩尖类型，混凝土种类、混凝土强度等级。其中，沉管方法包括锤击沉管法、振动沉管法、振动冲击沉管法、内夯沉管法等。

（3）工程内容　包含打（沉）拔钢管，桩尖制作、安装，混凝土制作、运输、灌注、养护。

3. 挖孔桩土（石）方

（1）工程量计算　按设计图示尺寸（含护壁）截面积乘以挖孔深度以立方米计算。

（2）项目特征　需描述地层情况，挖孔深度，弃土（石）的运距。

（3）工程内容　包含排地表水，挖土、凿石，基底钎探，运输。

从工程内容可以看出，挖孔桩土（石）方项目项目内，除包含挖土（石）方项目外，还包含排地表水、基底钎探及土（石）方外运，计价时应注意包含。

4. 灌注桩后压浆

（1）工程量计算　按设计图示以注浆孔数计算。

（2）项目特征　需描述注浆导管材料、规格，注浆导管长度，单孔注浆量，水泥强度等级。

（3）工程内容　包含注浆导管制作、安装，浆液制作、运输、压浆。

课题5　砌筑工程

砌筑工程适用于建筑物、构筑物的砌筑工程，包含砖砌体、砌块砌体、石砌体、垫层等项目。

一、基础与墙（柱）身的划分

基础与墙（柱）身按表3-7划分。

表3-7　基础与墙（柱）身划分

砖	基础与墙身	基础与墙（柱）身使用同一种材料	设计室内地坪为界（有地下室的按地下室室内设计地坪为界），以下为基础，以上为墙（柱）身
		基础与墙身使用不同材料	材料分界线位于设计室内地面高度≤±300mm时，以不同材料为分界线；高度>±300mm时，以设计室内地面为分界线，以下为基础，以上为墙身
	基础与围墙		设计室外地坪为界，以下为基础，以上为墙身
石	基础与勒脚		设计室外地坪为界，以下为基础，以上为勒脚
	勒脚与墙身		设计室内地坪为界，以下为勒脚，以上为墙身
	基础与围墙		围墙内外地坪标高不同时，应以较低地坪标高为界，以下为基础；围墙内外标高之差为挡土墙时，挡土墙以上为墙身

二、砖基础

“砖基础”项目适用于各种类型砖基础，包括柱基础、墙基础、管道基础等。

1. 工程量计算

按设计图示尺寸以体积计算，计算式如下：

$$V=\text{基础长度}\times\text{基础断面面积}+\text{应增加体积}-\text{应扣除体积}$$

式中，基础长度以外墙按中心线长计算，内墙按内墙净长线长计算；砖基础及折加高度如图3-16所示，其断面面积计算方法如下式：

$$\text{砖基础断面积}=\text{基础墙墙厚}\times\text{基础高度}+\text{大放脚增加面积}$$

或

$$\text{砖基础断面积}=\text{基础墙墙厚}\times(\text{基础高度}+\text{折加高度})$$

$$\text{折加高度}=\frac{\text{大放脚增加面积}}{\text{基础墙墙厚}}$$

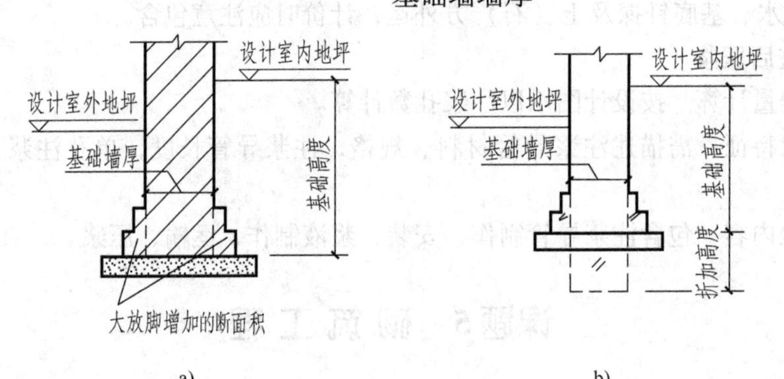

图3-16 砖基础及折加高度示意图

a）等高式大放脚 b）折加高度示意图

大放脚增加面积及折加高度见表3-8，砖基础应增加或扣除或不加、不扣的体积见表3-9。

表3-8 等高不等高砖墙基大放脚折加高度和大放脚增加断面积

放脚层高	折加高度/m												增加断面积/m²	
	$\frac{1}{2}$砖（0.115）		1砖（0.24）		$1\frac{1}{2}$砖（0.365）		2砖（0.49）		$2\frac{1}{2}$砖（0.615）		3砖（0.74）			
	等高	间隔式	等高	间隔式	等高	间隔式	等高	间隔式	等高	间隔式	等高	间隔式	等高	间隔式
一	0.137	0.137	0.066	0.066	0.043	0.043	0.032	0.032	0.026	0.026	0.021	0.021	0.01575	0.01575
二	0.411	0.342	0.197	0.164	0.129	0.108	0.096	0.080	0.077	0.064	0.064	0.053	0.04725	0.03938
三			0.394	0.328	0.259	0.216	0.193	0.161	0.154	0.128	0.128	0.106	0.0945	0.07875
四			0.656	0.525	0.432	0.345	0.321	0.253	0.256	0.205	0.213	0.170	0.1575	0.126
五			0.984	0.788	0.647	0.518	0.482	0.380	0.384	0.307	0.319	0.255	0.2363	0.189
六			1.378	1.083	0.906	0.712	0.672	0.530	0.538	0.419	0.447	0.351	0.3308	0.2599
七			1.838	1.444	1.208	0.949	0.900	0.707	0.717	0.563	0.596	0.468	0.441	0.3465
八			2.363	1.838	1.553	1.208	1.157	0.900	0.922	0.717	0.766	0.596	0.567	0.4411
九			2.953	2.297	1.942	1.510	1.447	1.125	1.153	0.896	0.958	0.745	0.7088	0.5513
十			3.610	2.789	2.372	1.834	1.768	1.366	1.409	1.088	1.171	0.905	0.8663	0.6694

表3-9 砖基础工程量中应增加或扣除内容

增加的体积	附墙垛基础宽出部分体积
扣除的体积	地梁（圈梁）、构造柱所占体积
不增加的体积	靠墙暖气沟的挑檐
不扣除的体积	基础大放脚T形接头处的重叠部分，嵌入基础内的钢筋、铁件、管道、基础砂浆防潮层和单个面积0.3m²以内的孔洞所占体积

2. 项目特征

需描述砖品种、规格、强度等级，基础类型，砂浆强度等级，防潮层材料种类。

3. 工程内容

包含砂浆制作、运输，砌砖，防潮层铺设，材料运输。

【例3-5】 某房屋平面及基础剖面如图3-17所示。内、外墙基础上均设圈梁，体积为1.96m³。试计算其砖基础工程量。

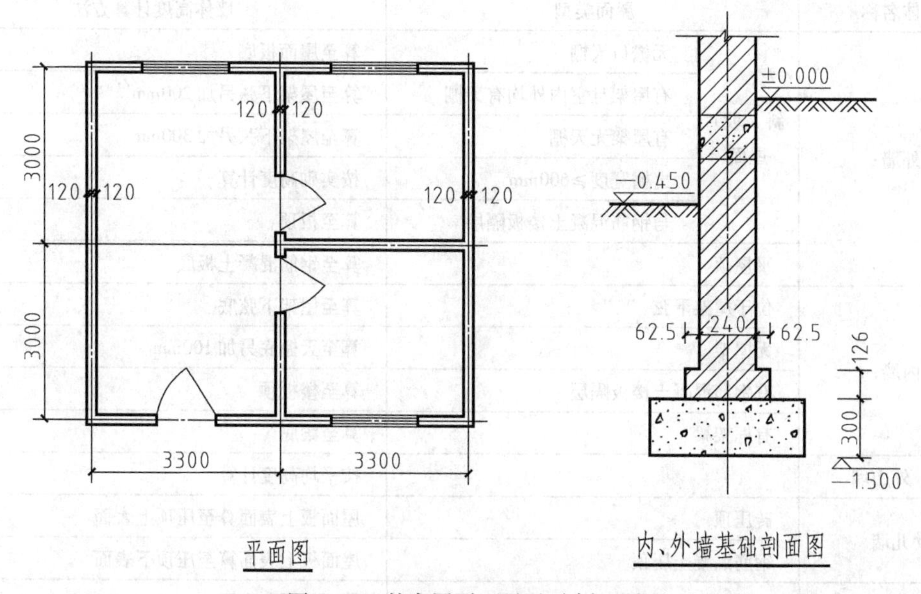

图3-17 某房屋平面及基础剖面图

【解】 由图3-17可知：本例内、外墙厚均为240mm；基础上设有圈梁，其体积应从基础体积中扣除。

外墙中心线长 = (3.3×2+3×2)m×2 = 25.2m

内墙净长线长 = (6−0.24+3.3−0.24)m = 8.82m

砖基础断面面积 = 基础墙墙厚×基础高度+大放脚增加面积

$= [0.24\times(1.5-0.3)+0.01575]\,\mathrm{m}^2 = 0.30\mathrm{m}^2$

砖基础工程量 = 基础长度×基础断面面积+应增加体积−应扣除体积

$= [(25.2+8.82)\times0.30-1.96]\,\mathrm{m}^3$

$= (34.02\times0.30-1.96)\,\mathrm{m}^3 = 8.25\mathrm{m}^3$

三、实心砖墙、空心砖墙

“实心砖墙”项目适用于各种类型的实心砖墙，包括外墙、内墙、围墙、弧形墙等；

“空心砖墙”项目适用于各种规格的空心砖砌筑的各种类型的墙体。

1. 工程量计算

按设计图示尺寸以体积计算，计算式如下：

$$V=\text{墙长}\times\text{墙厚}\times\text{墙高}-\text{应扣除体积}+\text{应增加体积}$$

式中，墙长以外墙按外墙中心线长、内墙按内墙净长线长、女儿墙按女儿墙中心线长计算；墙厚按表3-10计算；墙高取值见表3-11；应扣除、不扣除、应增加或不增加体积按表3-12规定执行。框架间墙不分内外墙，按墙体净尺寸以体积计算。

表3-10 标准墙计算厚度

砖数（厚度）	1/4	1/2	3/4	1	1.5	2	2.5	3
计算厚度/mm	53	115	180	240	365	490	615	740

表3-11 墙体高度计算规定

墙体名称	屋面类型		墙体高度计算方法
外墙	斜（坡）屋面	无檐口天棚	算至屋面板底
		有屋架且室内外均有天棚	算至屋架下弦另加200mm
		有屋架无天棚	算至屋架下弦另加300mm
		出檐宽度≥600mm	按实砌高度计算
		与钢筋混凝土楼板隔层	算至板顶
	平屋顶		算至钢筋混凝土板底
内墙	位于屋架下弦		算至屋架下弦底
	无屋架		算至天棚底另加100mm
	有钢筋混凝土楼板隔层		算至楼板顶
	有框架梁		算至梁底
内、外山墙			按平均高度计算
女儿墙	砖压顶		屋面板上表面算至压顶上表面
	钢筋混凝土压顶		屋面板上表面算至压顶下表面
围墙	砖压顶		算至压顶上表面
	钢筋混凝土压顶		算至压顶下表面

表3-12 墙体体积计算中的有关规定

增加体积	凸出墙面的砖垛及附墙烟囱、通风道、垃圾道（扣除孔洞所占体积）的体积
扣除体积	门窗、洞口、嵌入墙内的钢筋混凝土柱、梁、圈梁、挑梁、过梁及凹进墙内的壁龛、管槽、暖气槽、消火栓箱所占体积
不增加体积	凸出墙面的腰线、挑檐、压顶、窗台线、虎头砖、门窗套的体积
不扣除体积	梁头、板头、檩头、垫木、木楞头、沿缘木、木砖、门窗走头、砖墙内的加固钢筋、木筋、铁件、钢管及单个面积≤0.3m² 的孔洞所占体积

注：1. 附墙烟囱、通风道、垃圾道的孔洞内，当设计规定需抹灰时，应单独按装饰工程清单项目编码列项。

2. 不论三皮砖以上或以下的腰线、挑檐，其体积都不计算；压顶突出墙面部分不计算体积，凹进墙面部分也不扣除。

3. 砌体内加筋的制作、安装，应按混凝土及钢筋混凝土工程中相关项目编码列项。

4. 墙内砖过梁体积不扣除，其费用包含在墙体报价中。

2. 项目特征

需描述砖品种、规格、强度等级，墙体类型，砂浆强度等级、配合比要求。

注意：当实心砖墙类型不同时，其价格就不同，因而清单编制人在描述项目特征时必须详细，以便投标人准确报价。例如，应描述它是外墙还是内墙，砌筑砂浆的种类及强度等级等。

3. 工程内容

包含砂浆制作、运输；砌砖；刮缝；砖压顶砌筑；材料运输。

注意：砖砌体的勾缝按墙、柱面装饰与隔断、幕墙工程中相关项目编码列项。

【例3-6】 图3-18所示为某房屋平面图。已知墙体计算高度为3m，M5混合砂浆砌筑，墙体内埋件及门窗洞口尺寸见表3-13。试列出墙体的工程量清单项目并计算其工程量。

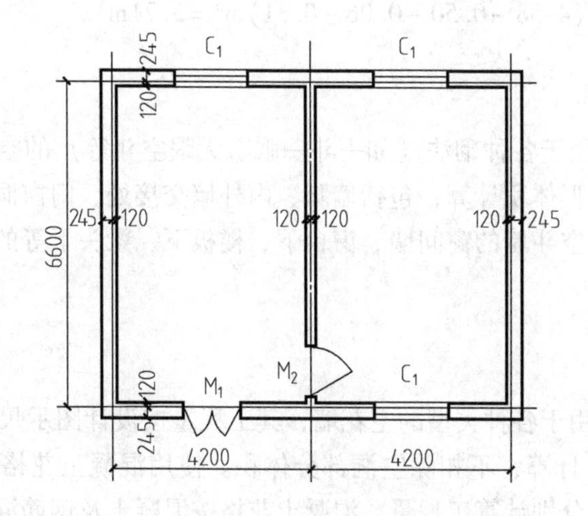

图3-18　某房屋平面图

表3-13　门窗洞口尺寸及墙体埋件体积表

门窗名称	洞口尺寸 $(\frac{宽}{mm}\times\frac{高}{mm})$	构件名称		构件体积/m^3
M_1	1200×2100	过梁	外墙	0.51
M_2	1000×2100		内墙	0.06
C_1	1500×1500	圈梁	外墙	2.23
			内墙	0.31

【解】 1. 列项

由图3-18可知，本例设计有外墙和内墙，其墙厚分别为365mm、240mm，故应列清单项目见表3-14。

表3-14　应列清单项目

序号	项目编码	项目名称	项目特征
1	010401003001	实心砖墙	M10标准砖，365mm厚外墙，M5混合砂浆砌筑
2	010401003002	实心砖墙	M10标准砖，240mm厚内墙，M5混合砂浆砌筑

2. 工程量计算

外墙中心线长 = (4.2×2+0.0625×2+6.6+0.0625×2)m×2=30.5m

内墙净长线长 = (6.6−0.24)m=6.36m

外墙墙体工程量 = 墙长×墙厚×墙高−应扣除体积+应增加体积

= 墙长×墙厚×墙高−门窗洞口及埋件所占体积

= [30.5×0.365×3−(1.2×2.1+1.5×1.5×3)×0.365−0.51−2.23

= 33.40−3.38−0.51−2.23]m^3 = 27.28m^3

内墙墙体工程量 = 墙长×墙厚×墙高−应扣除体积+应增加体积

= 墙长×墙厚×墙高−门窗洞口及埋件所占体积

= (6.36×0.24×3−1×2.1×0.24−0.06−0.31)m^3

= (4.58−0.50−0.06−0.31)m^3 = 3.71m^3

四、空斗墙

“空斗墙”项目适用于各种砌法（如一斗一眠、无眠空斗等）的空斗墙，其工程量按设计图示尺寸以空斗墙外形体积计算，包括墙脚、内外墙交接处、门窗洞口立边、窗台砖、屋檐处的实砌部分体积。空斗墙的窗间墙、窗台下、楼板下、梁头下等的实砌部分，按零星砌砖项目编码列项。

五、空花墙

“空花墙”项目适用于各种类型的空花墙，其工程量按设计图示尺寸以空花部分外形体积（包括空花的外框）计算，不扣除空洞部分体积。使用混凝土花格砌筑的空花墙，应分实砌墙体和混凝土花格分别计算工程量，混凝土花格按混凝土及钢筋混凝土预制零星构件编码列项。

六、填充墙

“填充墙”项目适用于粘土砖砌筑，墙体中形成空腔，填充以轻质材料的墙体。其工程量按设计图示尺寸以填充墙外形体积计算。

七、零星砌砖

“零星砌砖”项目适用于砖砌的台阶、台阶挡墙、梯带、锅台、炉灶、蹲台、池槽、池槽腿、砖胎膜、花台、花池、楼梯栏板、阳台栏板、地垄墙、小于等于0.3m^2的孔洞填塞等。

1. 工程量计算

（1）台阶　按水平投影面积计算，不包括梯带或台阶挡墙，如图3-19所示。

（2）小型池槽、锅台、炉灶　按数量以个计算，并以“长×宽×高”的顺序标明其外形尺寸。

（3）小便槽、地垄墙　按长度计算。

（4）其他零星项目　按图示尺寸以体积计算，如梯带、台阶挡墙。

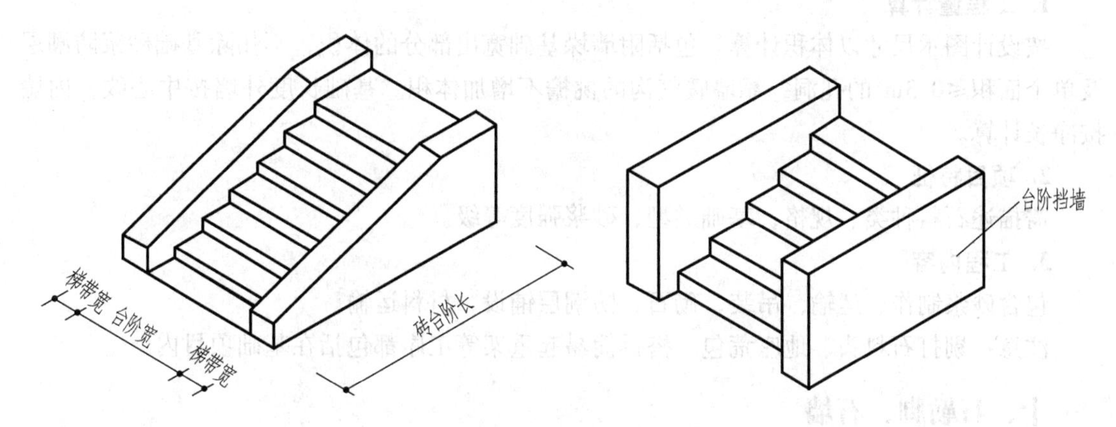

图 3-19　台阶示意图

2. 项目特征

需描述零星砌砖名称、部位，砖品种、规格、强度等级，砂浆强度等级、配合比。

3. 工程内容

包含砂浆制作、运输，砌砖，刮缝，材料运输。

八、砌块墙

“砌块墙”项目适用于各种规格的砌块砌筑的各种类型的墙体。

（1）工程量计算　按设计图示尺寸以体积计算，计算式如下：

$$V = 墙长 \times 墙厚 \times 墙高 - 应扣除体积 + 应增加体积$$

式中，墙厚按设计尺寸计算；墙长、墙高及墙体中应扣除体积或应增加体积的规定同实心砖墙；嵌入砌块墙中的实心砖不扣除。

（2）项目特征　需描述砌块品种、规格、强度等级，墙体类型，砂浆强度等级。

（3）工程内容

包含砂浆制作、运输，砌砖、砌块，沟缝，材料运输。

注意：

1）砌体内加筋，墙体拉结的制作、安装，应按混凝土及钢筋混凝土工程中相关项目编码列项。

2）砌块排列应上、下错缝搭砌，如果搭错缝长度满足不了规定的压搭要求，应采取压砌钢筋网片的措施，具体构造要求按设计规定。若设计无规定时，应注明由投标人根据工程实际情况自行考虑；钢筋网片按金属结构工程中相应编码列项。

3）砌体垂直灰缝 >30mm 时，采用 C20 细石混凝土灌实，灌注的混凝土应按混凝土与钢筋混凝土工程相关项目编码列项。

九、石基础

“石基础”项目适用于各种规格（条石、块石等）、各种材质（砂石、青石等）和各种类型（柱基、墙基、直形、弧形等）基础。

1. 工程量计算

按设计图示尺寸以体积计算。包括附墙垛基础宽出部分的体积，不扣除基础砂浆防潮层及单个面积≤0.3m^{2}的孔洞，靠墙暖气沟的挑檐不增加体积。基础长度外墙按中心线，内墙按净长计算。

2. 项目特征

需描述石料种类、规格，基础类型，砂浆强度等级。

3. 工程内容

包含砂浆制作、运输，吊装，砌石，防潮层铺设，材料运输。

注意：剔打石料头、地座荒包、搭拆简易起重架等工序都包括在基础项目内。

十、石勒脚、石墙

“石勒脚”、“石墙”项目适用于各种规格（条石、块石等）、各种材质（砂石、青石、大理石、花岗石等）和各种类型（直形、弧形等）的勒脚和墙体。

1. 工程量计算

（1）石勒脚　按设计图示尺寸以体积计算，扣除单个面积>0.3m^{2}的孔洞所占的体积。

（2）石墙　同实心砖墙。

2. 项目特征

需描述石料种类、规格，石表面加工要求，勾缝要求，砂浆强度等级、配合比。

3. 工程内容

包含砂浆制作、运输，吊装，砌石，石表面加工，勾缝，材料运输。

十一、砖散水、地坪

1. 工程量计算

按设计图示尺寸以面积计算。

2. 项目特征

需描述砖品种、规格、强度等级，垫层材料种类、厚度，散水、地坪厚度，面层种类、厚度，砂浆强度等级。

3. 工程内容

包含土方挖、运、填，地基找平、夯实，铺设垫层，砌砖散水、地坪，抹砂浆面层。

注意：砖散水、地坪的工程量清单项目应包括土方挖、运、填，垫层，结合层，面层等工序的费用。

十二、砖地沟、明沟

1. 工程量计算

以米计量，按设计图示以中心线长度计算。

2. 项目特征

需描述砖品种、规格、强度等级，沟截面尺寸，垫层材料种类、厚度，混凝土强度等级，砂浆强度等级。

3. 工程内容

包含土方挖、运、填，铺设垫层，底板混凝土制作、运输、浇筑、振捣、养护，砌砖；刮缝、抹灰，材料运输。

十三、垫层

除混凝土垫层项目按混凝土及钢筋混凝土工程相关项目编码列项外，没有包括垫层要求的清单项目应按本垫层项目编码列项，如楼地面工程中的3∶7 灰土垫层。

1. 工程量计算

按设计图示以立方米计算。计算方法同混凝土垫层。

2. 项目特征

需描述垫层材料种类、配合比、厚度。

3. 工程内容

包含垫层材料的拌制，垫层铺设，材料运输。

能力训练3-4 计算砌筑工程工程量

【训练目的】 掌握砌筑工程中各清单项目工程量的计算方法。

【能力目标】 能结合实际工程进行各清单项目的列项及工程量的计算。

【原始资料】 ××办公楼设计图（见单元7第一部分）

【训练步骤】

1. 分析及列项

由图7-9中结构设计说明可以看出，本工程地面以下墙体使用MU10普通烧结粘土砖及M7.5水泥砂浆砌筑，地面以上墙体使用A3.5加气混凝土砌块及M7.5混合砂浆砌筑，且未设地下室，故基础与墙身分界线取自材料分界处，即标高-0.06m；由图7-3可以看出本工程设计有砖地沟。应列项目见表3-15。

表3-15 砌筑工程应列清单项目

序号	项目编码	项目名称	项目特征
1	010401001001	砖基础	M7.5水泥砂浆、M10标准砖砌筑
2	010401003001	女儿墙	M7.5混合砂浆砌筑标准砖，厚240mm
3	010402001001	加气混凝土砌块墙	M7.5混合砂浆砌筑A3.5加气混凝土砌块，外墙厚250mm
4		加气混凝土砌块墙	M7.5混合砂浆砌筑A3.5加气混凝土砌块，内墙厚200mm
5		加气混凝土砌块墙	M7.5混合砂浆砌筑A3.5加气混凝土砌块，内墙厚120mm
6	010401014001	砖地沟	地沟净宽1m、净高1m，C10素混凝土垫层，M5混合砂浆砌筑
7	010401012001	零星砌砖	M5混合砂浆砌筑台阶挡墙

2. 工程量计算

由图7-9可以看出，本工程基础及墙体中埋设有门窗洞口、预制GL、GZ、TZ，详见表3-16、表3-17。

表3-16 门窗洞口面积计算 （单位：m^2）

门窗名称	洞口尺寸（$\frac{长}{mm}\times\frac{宽}{mm}$）	数量	洞口所在部位				
			一层			二层	
			250mm 外墙	200mm 内墙	120mm 内墙	250mm 外墙	200mm 内墙
C_1	2100×900	4	7.56				
C_2	1500×1800	4	5.4			5.4	
C_3	1200×1200	4	5.76				
C_5	2100×1800	9	3.78			30.24	
C_6	1200×1500	2				3.6	
M_2	1000×2100	7		6.3			8.4
M_3	750×2000	2			3		
M_4	1500×2400	1	3.6				
M_5	1500×2100	2					6.3
小计			26.1	6.3	3	39.24	14.7

表3-17 砖基础、墙体埋件体积计算 （单位：m^3）

构件名称	构件所在部位					
	砖基础	一层		二层		女儿墙
		250mm 外墙	200mm 内墙	250mm 外墙	200mm 内墙	
预制 GL		0.92	0.11	1.24	0.23	
GZ	0.42	1.46	0.25	1.48	0.65	1.65
TZ	0.15	0.24	0.33			
小计	0.57	2.62	0.69	2.72	0.88	1.65

注：表中预制GL、GZ、TZ的计算方法见课题5能力训练部分。

（1）砖基础

由图7-9中结构设计说明可知，砖基础中设有构造柱GZ和TZ，则

砖基础工程量＝基础长度×基础断面面积－GZ、TZ所占体积

由图7-10、表3-17可知：

Ⓑ、Ⓓ轴线：$[(31.8-0.45\times5)+(31.8-0.45\times3-0.5\times2)]m\times0.37m\times(0.99-0.18)m=17.68m^3$

①、②、⑦、⑧轴线：$[(10.8-0.45\times2)\times0.37\times(1.09-0.18)\times4]m^3=13.34m^3$

砖基础工程量＝$(17.68+13.34-0.57)m^3=30.45m^3$

（2）240mm砖砌女儿墙

由图7-5、图7-8可知：

女儿墙中心线长＝$[32.25-0.12\times2+(7.8+3+0.225\times2-0.12\times2)]m\times2=86.04m$

女儿墙工程量＝女儿墙中心线长×墙高×墙厚－构造柱所占体积

$=[86.04\times(0.9-0.06)\times0.24-1.65]\text{m}^3=15.7\text{m}^3$

(3) 250mm 加气混凝土砌块外墙

由图 7-3、图 7-4、图 7-12、图 7-13 可知，本工程外墙上设有门窗洞口、预制 GL、GZ、TZ，具体数据见表 3-16、表 3-17，则

砌块外墙墙体工程量 = 框架间净空面积 × 墙厚 − 门窗洞口及预制 GL、GZ、TZ 所占体积

$=[(3.6-0.45)\times2\times(8.7-0.45\times2)+(24.6-0.45\times3)\times(8.7-0.75\times2)+(3.6-0.45)\times2\times(8.7-0.4\times2)+(7.8-0.45)\times2\times(8.7-0.65\times2)]\text{m}^2\times0.25\text{m}-(2.61+39.24)\text{m}^2\times0.25\text{m}-(2.62+2.72)\text{m}^3$

$=82.17\text{m}^3$

(4) 200mm 加气混凝土砌块内墙

由图 7-3、图 7-4、图 7-12、图 7-13 可知，本工程 200mm 内墙上设有门洞口、预制 GL、GZ、TZ，则砌块内墙墙体工程量 = 框架间净空面积 × 墙厚 − 门洞口及预制 GL、GZ、TZ 所占体积

由表 3-16、3-17 可知

一层：$[(3-0.45)\times2\times(4.76-0.4)+(7.8-0.45)\times2\times(4.76-0.65)]\text{m}^2\times0.2\text{m}-(6.3\times0.2)\text{m}^3-0.69\text{m}^3=14.58\text{m}^3$

二层：$[(32.25-0.225\times2-3.6\times2-0.45\times3)\times(8.7-4.76-0.75)+(7.8-0.45)\times2\times(8.7-4.76-0.65)+(7.8-0.1-0.025)\times2\times(8.7-4.76-0.65)+(3-0.45)\times(8.7-4.76-0.4)]\text{m}^2\times0.2\text{m}-(14.7\times0.2)\text{m}^3-0.88\text{m}^3=32.6\text{m}^3$

砌块内墙墙体工程量 $=(14.58+32.6)\text{m}^3=47.18\text{m}^3$

(5) 120mm 加气混凝土砌块内墙

由图 7-3、图 7-4、图 7-12、图 7-13 可知，本工程 120mm 内墙上设有门洞口，由表 3-16 可知：

砌块内墙墙体工程量 = 墙长 × 墙高 × 墙厚 − 门洞口所占体积

$=[(3.6-0.025-0.1)\times(4.76-0.35-0.4)\times0.12-3\times0.12]\text{m}^3$

$=1.31\text{m}^3$

(6) 砖地沟

由图 7-4、图 7-8 可知地沟设置的位置及立面尺寸，则

砖地沟工程量 = 砖地沟长

$=(31.8-0.3-0.3-0.5)\text{m}+(10.8-0.3-0.3-0.5)\text{m}+(7.8+0.5)\text{m}\times2$

$=57.00\text{m}$

(7) 零星砌砖

由图 7-8 的台阶平面及剖面图可以看出，本工程台阶设有台阶挡墙，其应列项目为零星砌砖。

零星砌砖工程量 = 台阶挡墙长 × 厚 × 高

$=[(2.1+0.9)\times0.37\times(1.12+0.5)]\text{m}^3\times2=3.6\text{m}^3$

【注意事项】 多层房屋设计中，不同层的砌体，砌筑砂浆强度等级往往不同，工程计

价时，应注意区分。

【讨论】

1）当某房屋设计为砖混结构时，其墙体工程量的计算与本例框架结构的计算方法有无区别？长度、高度如何计取比较简便？

2）门窗洞口若采用钢筋砖过梁时，其体积是否从所在墙体工程量中扣除？钢筋砖过梁需要单独列项吗？

课题6 混凝土及钢筋混凝土工程

混凝土及钢筋混凝土工程适用于建筑物和构筑物的混凝土工程，包括各种现浇混凝土构件、预制混凝土构件及钢筋工程、螺栓铁件等项目，即均是以实体来命名的项目。而钢筋混凝土构件在施工中所需的模板，因是非实体项目，所以应在措施项目清单中列出。

一、现浇混凝土基础

现浇混凝土基础分为垫层、带形基础、独立基础、满堂基础、桩承台基础、设备基础。其中，垫层项目适用于各种基础下的混凝土垫层，楼地面垫层等；带形基础项目适用于各种带形基础，墙下的板式基础包括浇筑在一字排桩上面的带形基础；独立基础项目适用于块体柱基、杯基、无筋倒圆台基础、壳体基础、电梯井基础等；满堂基础项目适用于地下室的箱式基础、筏片基础等；桩承台基础项目适用于浇筑在组桩（如梅花桩）上的承台；设备基础项目适用于设备的块体基础、框架式基础等。

1. 工程量计算

按设计图示尺寸以体积计算。不扣除伸入承台基础的桩头所占体积。

注意：所有现浇混凝土和钢筋混凝土构件体积中均不扣除构件内钢筋、螺栓、预埋铁件、、张拉孔道所占体积，但应扣除劲性骨架的型钢所占体积。

（1）垫层 按设计图示尺寸以体积计算。其工程量计算式可表示为：

$$垫层工程量 = 垫层长 \times 垫层宽 \times 垫层厚$$

当为带形基础时，其中外墙基础下垫层长取外墙中心线长，内墙基础下垫层长取内墙基础下垫层净长。

（2）带形基础 带形基础按其形式不同可分为无梁式和有梁式两种，如图3-20所示。其工程量计算式如下：

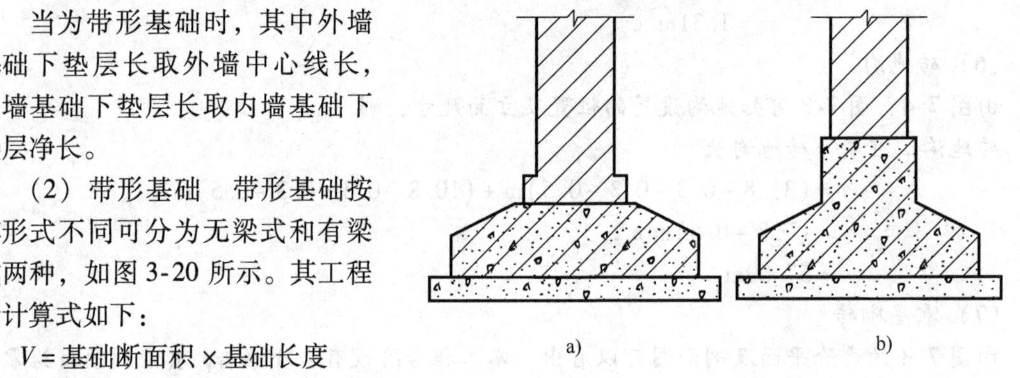

图3-20 带形基础

a）无梁式 b）有梁式

$$V = 基础断面积 \times 基础长度$$

式中，基础长度的取值：外墙基础按外墙中心线长度计算，内墙基础按基础间净长线计算，如图3-21所示。

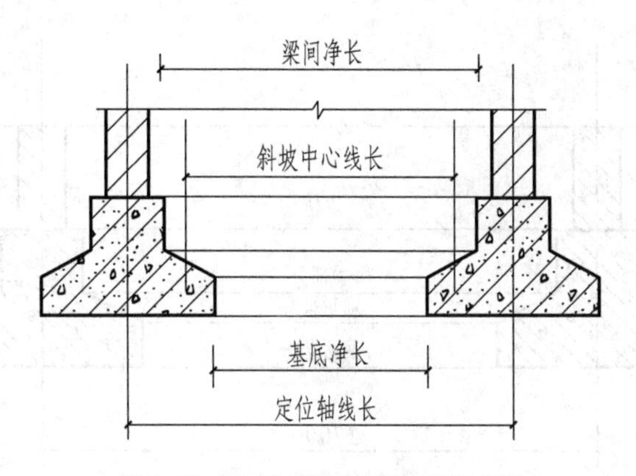

图 3-21　内墙基础计算长度示意图

【例 3-7】　图 3-22 所示为某房屋基础平面及剖面图，计算基础工程量。

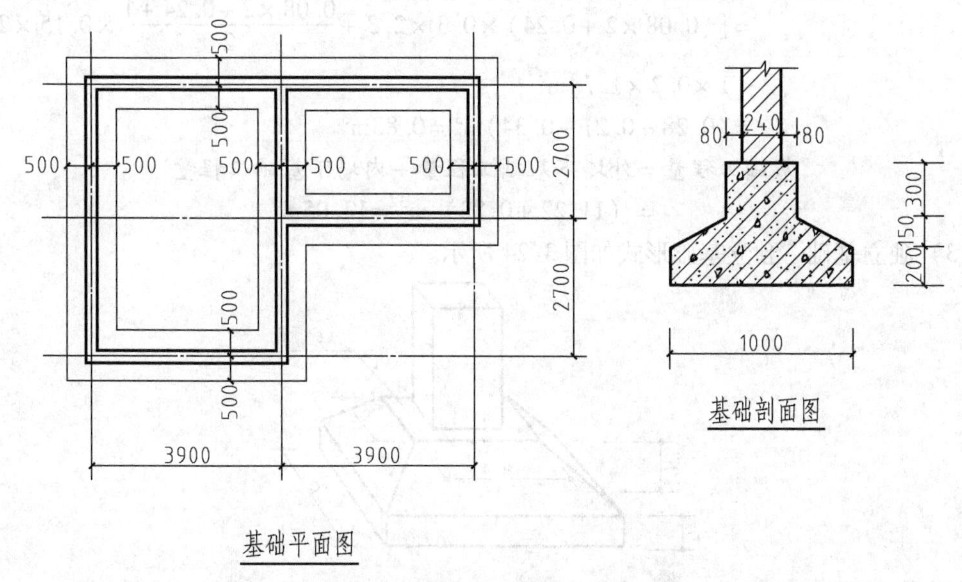

图 3-22　某房屋基础平面及剖面图

【解】　基础工程量 = 基础断面积 × 基础长度

外墙下基础工程量 $= [(0.08\times2+0.24)\times0.3+\frac{0.08\times2+0.24+1}{2}\times0.15+1\times0.2]\text{m}\times(3.9\times2+2.7\times2)\text{m}\times2$

$= [(0.12+0.105+0.2)\times26.4]\text{m}^3 = 11.22\text{m}^3$

图 3-23 所示为内、外墙基础交接示意图。

从图中可以看出，内墙下基础：

$$梁间净长 = [2.7-(0.12+0.08)\times2]\text{m} = 2.3\text{m}$$

$$斜坡中心线长 = [2.7-(0.2+\frac{0.3}{2})\times2]\text{m} = 2.0\text{m}$$

$$基底净长 = (2.7-0.5\times2)\text{m} = 1.7\text{m}$$

内墙下基础工程量 = $\sum$(内墙下基础各部分 × 相应计算长度)

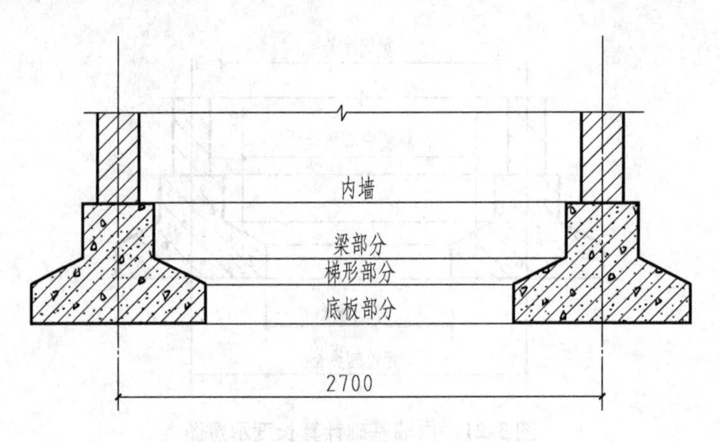

图 3-23 内、外墙基础交接示意图

$$=\left[(0.08\times2+0.24)\times0.3\times2.3+\frac{0.08\times2+0.24+1}{2}\times0.15\times2.0+1\times0.2\times1.7\right]\mathrm{m}^3$$

$$=(0.28+0.21+0.34)\mathrm{m}^3=0.83\mathrm{m}^3$$

基础工程量 = 外墙下基础工程量 + 内墙下基础工程量

$$=(11.22+0.83)\ \mathrm{m}^3=12.05\mathrm{m}^3$$

（3）独立基础 独立基础形式如图 3-24 所示。

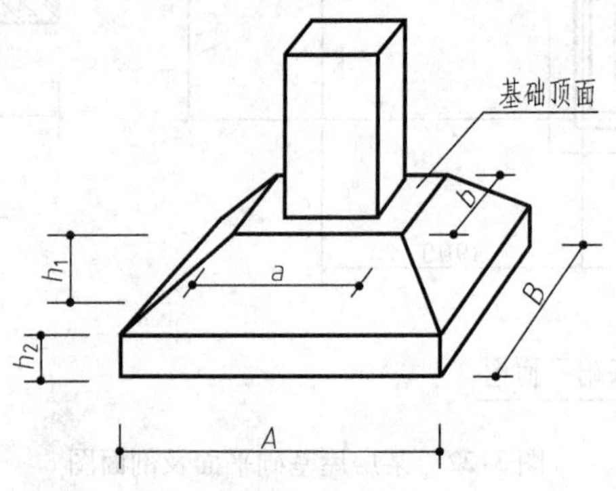

图 3-24 独立基础示意图

计算式如下：
$$V=\frac{h_1}{6}[AB+ab+(A+a)(B+b)]+ABh_2$$

（4）满堂基础 满堂基础按其形式不同可分为无梁式和有梁式两种，如图 3-25 所示。

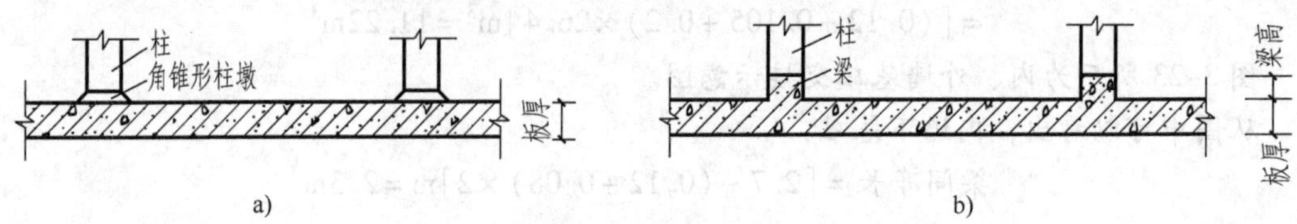

图 3-25 满堂基础

a）无梁式 b）有梁式

其工程量计算式如下：

无梁式满堂基础工程量＝基础底板体积＋柱墩体积

式中，柱墩体积的计算与角锥形独立基础的体积计算方法相同。

有梁式满堂基础工程量＝基础底板体积＋梁体积

2. 项目特征

需描述混凝土种类（预拌混凝土、现场搅拌混凝土等），砂浆强度等级。

混凝土种类是指清水混凝土、彩色混凝土等。如在同一地区既使用预拌（商品）混凝土，又允许现场搅拌混凝土时，应同时注明。如为毛石混凝土基础，应描述毛石所占比例。下同。

3. 工程内容

包含模板及支撑制作、安装、拆除、堆放、运输及清理模内杂物、刷隔离剂等，混凝土制作、运输、浇筑、振捣、养护。

本课题的现浇构件工程内容中，均叙述了模板及支撑制作、安装、拆除、堆放、运输及清理模内杂物、刷隔离剂等内容。模板及支架费用是否包含在混凝土构件的报价中按以下两种情况考虑：第一种情况，当招标人在措施项目清单中未编列现浇混凝土模板清单项目，模板及支架工程不再单列，按混凝土及钢筋混凝土实体项目执行，综合单价中应包含模板及支架等相关费用；第二种情况，当招标人在措施项目清单中单独编列现浇混凝土模板清单项目，模板及支架工程费用单独计算，混凝土及钢筋混凝土实体项目的综合单价中不包含模板及支架费用。

注意：

1）有肋带形基础、无肋带形基础应分别编码列项，并注明肋高。

2）箱式满堂基础可按满堂基础、柱、梁、墙、板分别编码列项，计算工程量。

3）框架式设备基础可按设备基础、柱、梁、墙、板分别编码列项，计算工程量。

二、现浇混凝土柱

本节将现浇混凝土柱分矩形柱、构造柱、异形柱，该项目适用于各种结构形式下的柱。

1. 工程量计算

按设计图示尺寸以体积计算，其工程量计算式如下：

$$V=\text{柱断面面积}\times\text{柱高}$$

式中，柱高可按表3-18规定计算。

表3-18　柱高取值

名称	柱高取值
有梁板柱高	自柱基上表面（或楼板上表面）至上一层楼板上表面之间的高度
无梁板柱高	自柱基上表面（或楼板上表面）至柱帽下表面之间的高度
框架柱高	自柱基上表面至柱顶高度
构造柱高	全高

注：1. 有梁板是指现浇密肋板、井字梁板（即由同一平面内相互正交或斜交的梁与板所组成的结构构件）。

2. 无梁板是指没有梁、直接支撑在柱上的板。柱帽体积计入板工程量内。

2. 项目特征

需描述混凝土种类，混凝土强度等级。异形柱还需描述柱形状。

3. 工程内容

包含模板及支架（撑）制作、安装、拆除、堆放、运输及清理模内杂物、刷隔离剂等，混凝土制作、运输、浇筑、振捣、养护。

注意：

1）构造柱嵌接墙体部分（马牙槎）并入柱身体积计算。

2）薄壁柱也称为隐壁柱，指在框剪结构中，隐藏在墙体中的钢筋混凝土柱。单独的薄壁柱根据其截面形状，确定以矩形柱或异形柱编码列项。

3）依附柱上的牛腿和升板的柱帽，并入柱身体积计算。其中，升板建筑是指利用房屋自身网状排列的承重柱作为导杆，将就地叠层生产的大面积楼板由下而上逐层提升、就位固定的一种方法。升板的柱帽是指升板建筑中联结板与柱之间的构件。

4）混凝土柱上的钢牛腿按课题7金属结构工程中的零星钢构件编码列项。

【例3-8】 图3-26显示了某房屋所设构造柱的位置。已知该房屋二层板面至三层板面高为3.0m，圈梁高300mm，圈梁与板平齐，墙厚240mm，构造柱尺寸240mm×240mm。试计算标准层构造柱工程量。

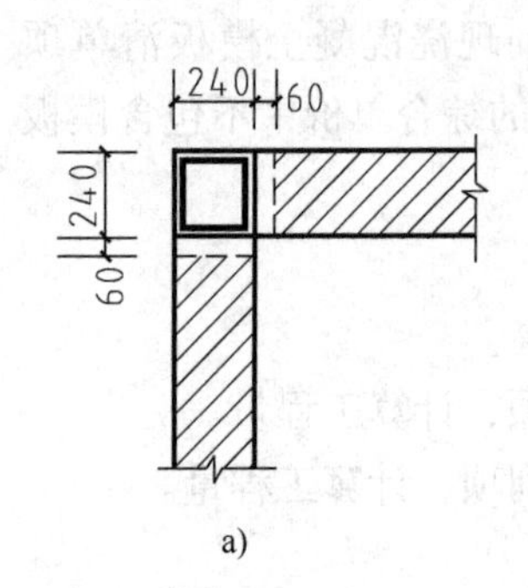

a)

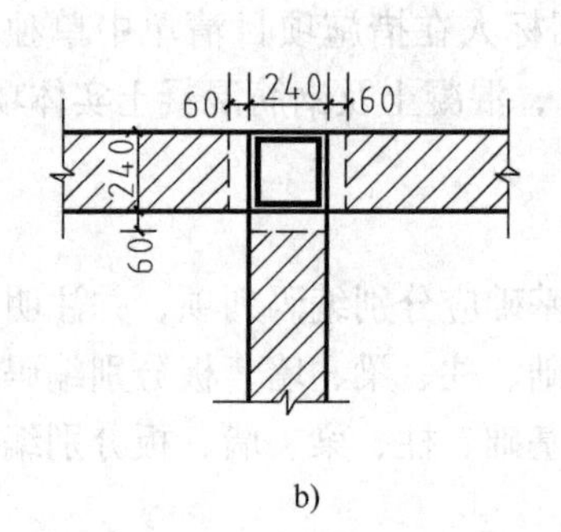

b)

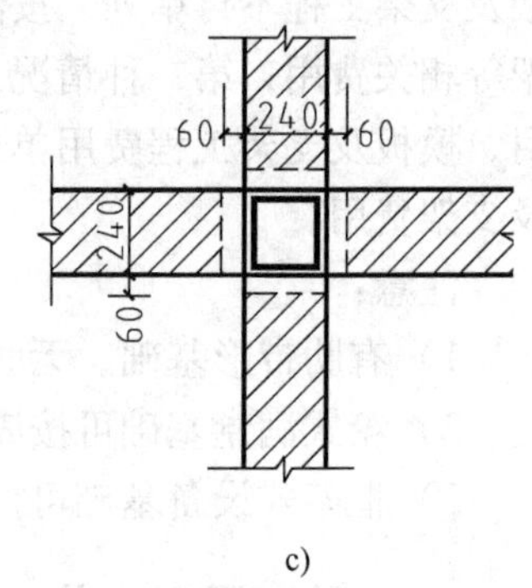

c)

图3-26 构造柱设置示意图

a）转角处 b）T形接头处 c）十字形接头处

【解】

1）图3-26所示的虚线表示构造柱与墙连接时，砖墙砌筑为马牙槎。其立面形式如图3-27所示。这就使构造柱的断面尺寸发生了变化。为了简化工程量的计算过程，构造柱的断面计算尺寸取至马牙槎的中心线，即图3-27所示的虚线位置。则

构造柱断面积＝构造柱的矩形断面积＋马牙槎面积

构造柱工程量＝构造柱断面积×构造柱高

2）构造柱的计算高度取全高。即层高。马牙槎只留设至圈梁底，故马牙槎的计算高度取至圈梁底。

图3-26a)：$[0.24\times0.24\times3+\frac{1}{2}\times0.06\times0.24\times2\times(3-0.3)]\mathrm{m}^3=0.21\mathrm{m}^3$

图3-26b)：$[0.24\times0.24\times3+\frac{1}{2}\times0.06\times0.24\times3\times(3-0.3)]\mathrm{m}^3=0.23\mathrm{m}^3$

图 3-26c)：$\left[0.24\times0.24\times3+\frac{1}{2}\times0.06\times0.24\times4\times(3-0.3)\right]m^3=0.25m^3$

$$构造柱工程量=(0.21+0.23+0.25)\ m^3=0.69m^3$$

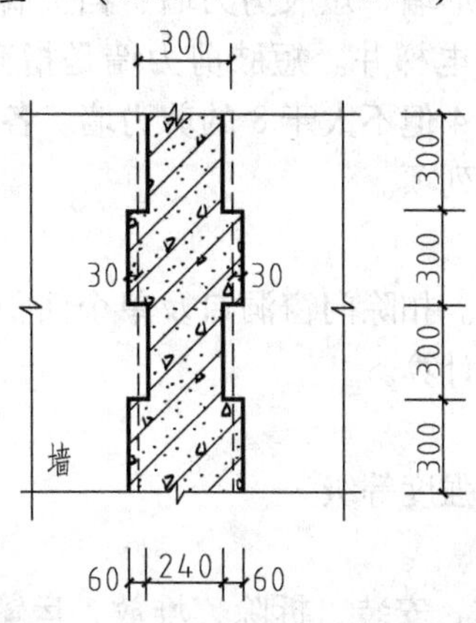

图 3-27 构造柱计算尺寸示意图

三、现浇混凝土梁

现浇混凝土梁分为基础梁、矩形梁、异形梁、圈梁、过梁及弧形、拱形梁。其中，基础梁项目适用于独立基础间架设的，承受上部墙传来荷载的梁；圈梁项目适用于为了加强结构整体性，构造上要求设置的封闭型的水平梁；过梁项目适用于建筑物门窗洞口上所设置的梁；矩形梁，异形梁，弧形、拱形梁项目，适用于除了以上三种梁外的截面为矩形、异形及形状为弧形、拱形的梁。

1. 工程量计算

按设计图示尺寸以体积计算。伸入墙内（砌筑墙）梁头、梁垫并入梁体积内。其工程量计算式如下：

$$V=梁断面面积\times梁长$$

式中，梁长可按表 3-19 规定计算。

表 3-19 梁长取值

名称	梁长取值
梁与柱连接	算至柱侧面
主梁与次梁连接	次梁算至主梁侧面（即截面小的梁长算至截面大的梁侧面）
圈梁	外墙圈梁长取外墙中心线长（当圈梁截面宽同外墙宽时），内墙圈梁长取内墙净长线

2. 项目特征

需描述混凝土种类，混凝土强度等级。

3. 工程内容

包含模板及支架（撑）制作、安装、拆除、堆放、运输及清理模内杂物、刷隔离剂等，混凝土制作、运输、浇筑、振捣、养护。

四、现浇混凝土墙

现浇混凝土墙分直形墙、弧形墙、短肢剪力墙、挡土墙。其中，直形墙、弧形墙两个项目除了适用墙项目外，也适用于电梯井。短肢剪力墙是指截面厚度不大于300mm、各肢截面高度与厚度之比的最大值大于4但不大于8的剪力墙。各肢截面高度与厚度之比的最大值不大于4的剪力墙按柱项目编码列项。

1. 工程量计算

按设计图示尺寸以体积计算。扣除门窗洞口及单个面积 $>0.3m^2$ 的孔洞所占体积，墙垛及突出墙面部分并入墙体体积内计算。

2. 项目特征

需描述混凝土种类，混凝土强度等级。

3. 工程内容

包含模板及支架（撑）制作、安装、拆除、堆放、运输及清理模内杂物、刷隔离剂等，混凝土制作、运输、浇筑、振捣、养护。

注意：与墙相连接的薄壁柱按墙项目编码列项。

五、现浇混凝土板

现浇混凝土板分为有梁板，无梁板，平板，拱板，薄壳板，栏板，天沟（檐沟）、挑檐板，雨篷、悬挑板、阳台板，空心板，其他板等。其中，有梁板项目适用于密肋板、井字梁板；无梁板项目适用于接支撑在柱上的板；平板项目适用于直接支撑在墙上（或圈梁上）的板；栏板项目适用于楼梯或阳台上所设的安全防护板；其他板项目适用于除了以上各种板外的其他板。

1. 工程量计算

按设计图示尺寸以体积计算。不扣除单个面积 $\leqslant 0.3m^2$ 的柱、垛以及孔洞所占体积。

1）有梁板（包括主、次梁和板）按梁、板体积之和计算。

2）无梁板按板和柱帽体积之和计算。

$$V=\text{板体积}+\text{柱帽体积}$$

因柱帽形状为倒置的四棱台，所以其体积计算方法同独立基础计算方法。

3）薄壳板按板、肋和基梁体积之和计算。

4）各类伸入墙内的板称平板，其板头并入板体积内计算。

$$V=\text{板长}\times\text{板宽}\times\text{板厚}$$

式中，板长取全长，板宽取全宽。

5）天沟、挑檐板按设计图示尺寸以体积计算。当天沟、挑檐板与板（屋面板）连接时，以外墙外边线为界，与圈梁（包括其他梁）连接时，以梁外边线为界，外边线以外为天沟、挑檐。

6）雨篷和阳台板按设计图示尺寸以墙外部分体积计算（包括伸出墙外的牛腿和雨篷反挑檐的体积）。雨篷、阳台与板（楼板、屋面板）连接时，以外墙外边线为界，与圈梁（包括其他梁）连接时，以梁外边线为界，外边线以外为雨篷、阳台。

7）其他板按设计图示尺寸以体积计算。

注意：混凝土板采用浇筑复合高强薄型空心管时，其工程量应扣除管所占体积，复合高强薄型空心管应包括在混凝土板项目内。采用轻质材料浇筑在有梁板内，轻质材料应包括在内。压型钢板混凝土楼板扣除构件内压型钢板所占体积。

2. 项目特征

需描述混凝土种类，混凝土强度等级。

3. 工程内容

包含模板及支架（撑）制作、安装、拆除、堆放、运输及清理模内杂物、刷隔离剂等，混凝土制作、运输、浇筑、振捣、养护。

【例3-9】 某房屋二层结构平面图如图3-28所示。已知一层板顶标高为3.0m。二层板顶标高为6.0m，现浇板厚100mm，各构件混凝土强度等级为C25，断面尺寸见表3-20。试计算二层各钢筋混凝土构件工程量。

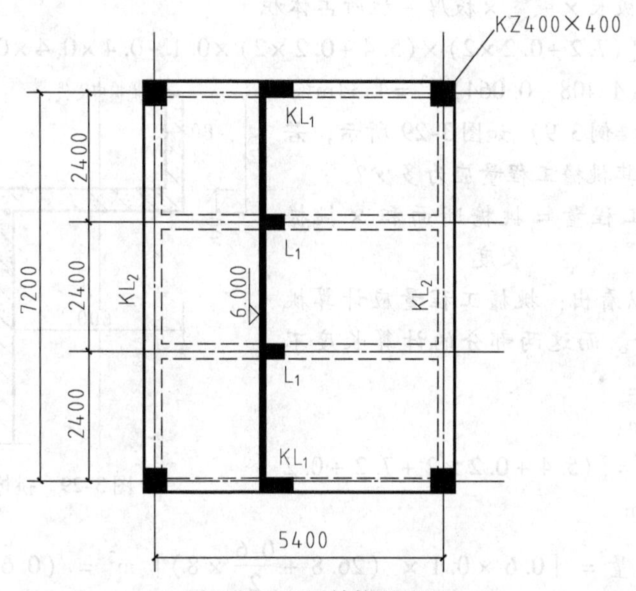

图3-28 二层结构平面图

表3-20 构件尺寸

构件名称	构件尺寸
KZ	400mm×400mm
KL_1	250mm×500mm（宽×高）
KL_2	300mm×650mm（宽×高）
L_1	250mm×400mm（宽×高）

【解】 1. 列清单项目（表3-21）

表3-21 应列清单项目表

序号	项目编码	项目名称	项目特征
1	010502001001	现浇混凝土矩形柱	C25，商品混凝土
2	010503002001	现浇混凝土矩形梁	C25，商品混凝土
3	010505003001	现浇混凝土平板	C25，商品混凝土

2. 工程量计算

(1) 矩形柱（KZ）

矩形柱工程量 = 柱断面面积 × 柱高 × 根数 = $[0.4\times0.4\times(6-3)\times4]\text{m}^3=1.92\text{m}^3$

(2) 矩形梁（KL_1、KL_2、L_1）

矩形梁工程量 = 梁断面面积 × 梁长 × 根数

KL_1 工程量 = $[0.25\times(0.5-0.1)\times(5.4-0.2\times2)\times2]\text{m}^3=1.0\text{m}^3$

KL_2 工程量 = $[0.3\times(0.65-0.1)\times(7.2-0.2\times2)\times2]\text{m}^3=2.24\text{m}^3$

L_1 工程量 = $[0.25\times(0.4-0.1)\times(5.4+0.2\times2-0.3\times2)\times2]\text{m}^3=0.78\text{m}^3$

矩形梁工程量 = KL_1、KL_2、L_1 工程量之和 = $(1.0+2.24+0.78)\text{m}^3=4.02\text{m}^3$

(3) 平板

平板工程量 = 板长 × 板宽 × 板厚 − 柱所占体积

$=[(7.2+0.2\times2)\times(5.4+0.2\times2)\times0.1-0.4\times0.4\times0.1\times4]\text{m}^3$

$=(4.408-0.064)\text{m}^3=4.34\text{m}^3$

【例3-10】（接例3-9）如图3-29所示，若屋面设计为挑檐，其挑檐工程量应为多少？

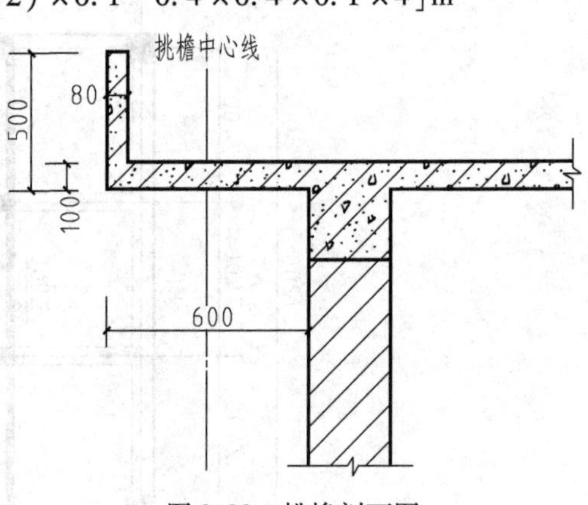

图3-29 挑檐剖面图

【解】 挑檐工程量 = 挑檐断面积 × 挑檐长度

从图3-29可以看出：挑檐工程量应计算挑檐平板及立板部分。而这两部分的计算长度不同，故应分别计算。

由图3-28可知：

外墙外边线长 = $[(5.4+0.2\times2+7.2+0.2\times2)\times2]\text{m}=26.8\text{m}$

挑檐平板工程量 = $\left[0.6\times0.1\times\left(26.8+\dfrac{0.6}{2}\times8\right)\right]\text{m}^3=(0.6\times0.1\times29.2)\text{m}^3=1.75\text{m}^3$

挑檐立板工程量 = $(0.5-0.1)\text{m}\times0.08\text{m}\times\left[26.8+\left(0.6-\dfrac{0.08}{2}\right)\times8\right]\text{m}$

$=(0.4\times0.08\times31.28)\text{m}^3=1.0\text{m}^3$

挑檐工程量 = 挑檐平板工程量 + 挑檐立板工程量 = $(1.75+1.0)\text{m}^3=2.75\text{m}^3$

六、现浇混凝土楼梯

现浇混凝土楼梯分为直形楼梯和弧形楼梯。

1. 工程量计算

按设计图示尺寸以水平投影面积计算。不扣除宽度≤500mm的楼梯井，伸入墙内部分不计算。

注意：其水平投影面积包括休息平台、平台梁、斜梁以及楼梯与楼板连接的梁。当整体楼梯与现浇楼板无梯梁连接时，以楼梯的最后一个踏步边缘加300mm为界，如图3-30所示。其计算式如下：

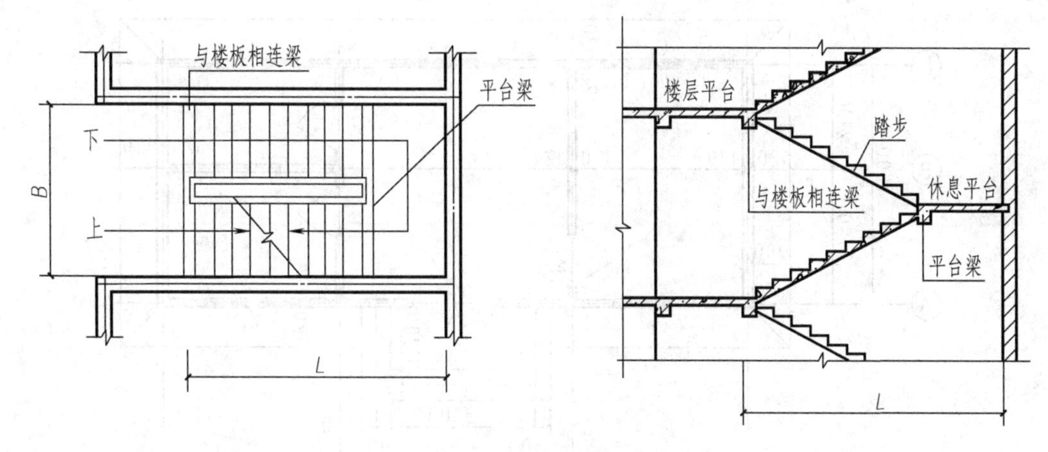

图3-30　楼梯示意图

$$楼梯工程量 = \sum_{i=1}^{n} L_i \times B_i - 各层梯井所占面积(梯井宽 > 500\text{mm} 时)$$

式中，i 指楼梯层数。

当楼梯各层水平投影面积相等时

$$楼梯工程量 = L \times B \times 楼梯层数 - 各层梯井所占面积（梯井宽 > 500\text{mm} 时）$$

2. 项目特征

需描述混凝土种类，混凝土强度等级。

3. 工程内容

包含模板及支架（撑）制作、安装、拆除、堆放、运输及清理模内杂物、刷隔离剂等，混凝土制作、运输、浇筑、振捣、养护。

七、现浇混凝土其他构件

现浇混凝土其他构件分为散水、坡道，室外地坪，电缆沟、地沟，台阶，扶手、压顶，化粪池、检查井，其他构件。其中，散水、坡道项目适用于结构层为混凝土的散水、坡道；电缆沟、地沟项目适用于沟壁为混凝土的地沟项目；扶手是指依附之用的附握构件，较窄；压顶是指加强稳定封顶的构件，较宽；其他构件项目适用于小型池槽、垫块、门框等。

1. 工程量计算

1）散水、坡道，室外地坪工程量按设计图示尺寸以面积计算，不扣除单个面积 $\leqslant 0.3\text{m}^2$ 的孔洞所占面积。

2）电缆沟、地沟工程量：按设计图示尺寸以中心线长度计算。

3）台阶工程量以平方米计量，按设计图示尺寸水平投影面积计算；以立方米计量，按设计图示尺寸以体积计算。台阶与平台连接时，其分界线以最上层踏步外沿加300mm计算。

4）扶手、压顶工程量以米计量，按设计图示的中心线延长米计算；以立方米计量，按设计图示尺寸以体积计算。

5）其他构件等工程量按设计图示尺寸以体积计算，不扣除构件内钢筋、预埋铁件等所占体积；以座计量，按设计图示数量计算。

【例3-11】　图3-31a所示为某房屋平面图，试计算其台阶和散水工程量。

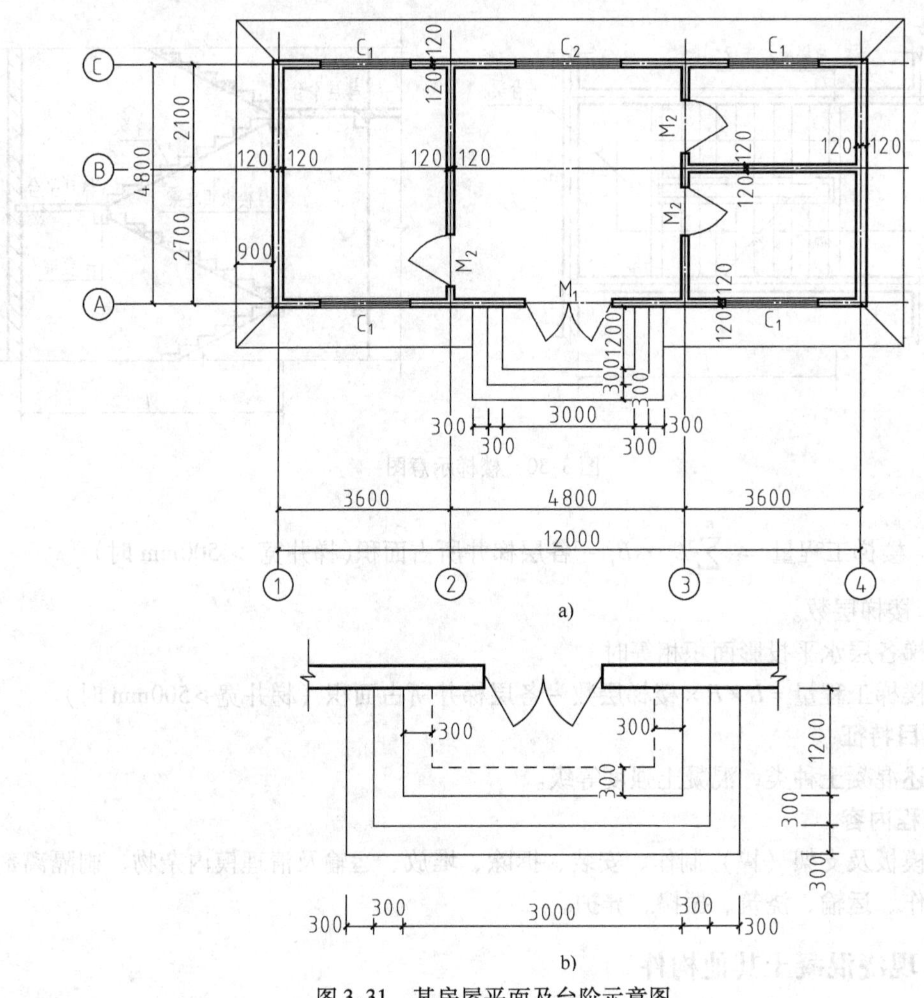

图3-31 某房屋平面及台阶示意图

a）房屋平面图 b）台阶示意图

【解】 1. 台阶工程量

由图3-31a可以看出，本例台阶与平台相连，故台阶应算至最上一层踏步外沿300mm，如图3-31b所示。

台阶工程量 = 水平投影面积

$= [(3.0+0.3\times4)\times(1.2+0.3\times2)-(3.0-0.3\times2)\times(1.2-0.3)]\mathrm{m}^2$

$= (7.56-2.16)\mathrm{m}^2 = 5.4\mathrm{m}^2$

2. 散水工程量

散水工程量 = 图示面积

= 散水中心线长 × 散水宽 − 台阶所占面积

$= [(12+0.24+0.45\times2+4.8+0.24+0.45\times2)\times2\times0.9-(3+0.3\times4)\times0.9]\mathrm{m}^2$

$= (38.16\times0.9-4.2\times0.9)\mathrm{m}^2 = 30.56\mathrm{m}^2$

2. 项目特征

1）散水、坡道需描述：垫层材料种类、厚度，面层厚度，混凝土种类，混凝土强度等级，变形缝填塞材料种类。

2）室外地坪需描述，地坪厚度，混凝土强度等级。

3）电缆沟、地沟需描述：土壤类别，沟截面净空尺寸，垫层材料种类、厚度，混凝土种类，混凝土强度等级，防护材料种类。

4）台阶需描述：踏步高、宽，混凝土种类，混凝土强度等级。

5）扶手、压顶需描述：断面尺寸，混凝土种类，混凝土强度等级。

6）其他构件需描述：构件的类型，构件规格，部位，混凝土种类，混凝土强度等级。

3. 工程内容

1）散水、坡道、室外地坪包含：地基夯实，铺设垫层，模板及支撑制作、安装、拆除、堆放、运输及清理模内杂物、刷隔离剂等，混凝土制作、运输、浇筑、振捣、养护，变形缝填塞。

2）电缆沟、地沟包含：挖填、运土石方，铺设垫层，模板及支撑制作、安装、拆除、堆放、运输及清理模内杂物、刷隔离剂等，混凝土制作、运输、浇筑、振捣、养护，刷防护材料。

3）台阶包含：模板及支撑制作、安装、拆除、堆放、运输及清理模内杂物、刷隔离剂等，混凝土制作、运输、浇筑、振捣、养护。

4）扶手、压顶，其他构件同台阶。

注意：

1）散水、坡道项目内包括垫层、结构层、面层及变形缝的填塞等内容。

2）电缆沟、地沟项目内包括挖运土石方、铺设垫层、混凝土浇筑等内容。若电缆沟、地沟的挖运土石方按管沟土方编码列项，则此项目不能再考虑挖运土石方。

3）散水、坡道、电缆沟、地沟需抹灰时，其费用应包含在报价内。

4）架空式混凝土台阶按现浇楼梯计算。

八、后浇带

后浇带是一种刚性变形缝，适用于不允许留设柔性变形缝的部位。后浇带的浇筑应待两侧结构主体混凝土干缩变形稳定后进行，一般宽在700～1000mm之间。后浇带项目适用于基础（满堂式）、梁、墙、板的后浇带。

1. 工程量计算

按设计图示尺寸以体积计算。

2. 项目特征

需描述混凝土种类，混凝土强度等级。

3. 工程内容

包含模板及支撑制作、安装、拆除、堆放、运输及清理模内杂物、刷隔离剂等，混凝土制作、运输、浇筑、振捣、养护及混凝土交接面、钢筋等的清理。

九、预制混凝土柱

预制混凝土柱分为矩形柱和异形柱。

1. 工程量计算

以立方米计量，按设计图示尺寸以体积计算；以根计量，按设计图示尺寸以数量计算。

注意：所有预制混凝土和钢筋混凝土构件体积中均不扣除构件内钢筋、螺栓、预埋铁件、张拉孔道所占体积，但应扣除劲性骨架的型钢所占体积。

2. 项目特征

需描述图代号，单件体积，安装高度，混凝土强度等级，砂浆（细石混凝土）强度等级、配合比。

注意：

1）预制混凝土构件或预制钢筋混凝土构件，如施工图设计标注做法见标准图集时，项目特征描述时注明标准图集的编码、页号及节点大样即可。

2）以根计量时，必须描述单件体积。

3. 工程内容

包含模板及支撑制作、安装、拆除、堆放、运输及清理模内杂物、刷隔离剂等，混凝土制作、运输、浇筑、振捣、养护，构件运输、安装，砂浆制作、运输，接头灌缝、养护。

注意：

1）预制构件的制作、运输、安装、接头灌缝等工序都应包括在相应项目内，不需分别编码列项。但其吊装机械（如履带式起重机、塔式起重机等）不包含在内，应列入措施项目费。

2）预制混凝土及钢筋混凝土构件是按现场制作编制的项目，工作内容中均包括了模板的制作、安装、拆除等，编制工程量清单时不再单列。钢筋按预制构件钢筋项目编码列项。若是成品构件，钢筋和模板工程均不再单独列项，构件的综合单价中应包含钢筋和模板的费用。下同。

十、预制混凝土梁

预制混凝土梁分为矩形梁、异形梁、拱形梁等六个清单项目，其工程量计算、项目特征及工程内容同预制混凝土柱。

十一、预制混凝土屋架

预制混凝土屋架分为折线型屋架、组合式屋架、薄腹型屋架等。

1. 工程量计算

以立方米计量，按设计图示尺寸以体积计算；以榀计量，按设计图示尺寸以数量计算。

2. 项目特征

同预制混凝土柱。

3. 工程内容

同预制混凝土柱。

注意：

1）组合屋架中钢杆件应按金属结构工程中相应项目编码列项，工程量按重量以吨计算。

2）三角形屋架按折线型屋架项目编码列项。

十二、预制混凝土板

预制混凝土板分为平板、空心板、网架板、沟盖板、井圈等项目。

1. 工程量计算

以立方米计量，按设计图示尺寸以体积计算，不扣除单个面积≤300mm×300mm 的孔洞所占体积，扣除空心板空洞体积；以块计量，按设计图示尺寸以数量计算。

2. 项目特征

（1）平板、空心板、网架板　同预制混凝土柱。

（2）沟盖板、井圈　需描述单件体积，安装高度，混凝土强度等级，砂浆强度等级、配合比。

3. 工程内容

同预制混凝土柱。升板建筑要考虑升板提升。

注意：

1）不带肋的预制遮阳板、雨篷板、挑檐板、栏板等按平板项目编码列项。

2）预制 F 形板、双 T 形板、单肋板和带反挑檐的雨篷板、挑檐板、遮阳板等，应按带肋板项目编码列项。

3）预制大型墙板、大型楼板、大型屋面板等按大型板项目编码列项。

十三、预制混凝土楼梯

1. 工程量计算

以立方米计量，按设计图示尺寸以体积计算，扣除空心踏步板空洞体积；以段计量，按设计图示数量计算。

2. 项目特征

需描述楼梯类型，单件体积，混凝土强度等级，砂浆（细石混凝土）强度等级。

3. 工程内容

同预制混凝土柱。

十四、其他预制构件

其他预制构件分为烟道、垃圾道、通风道，其他构件两个项目。其中“其他构件”指的是预制小型池槽、压顶、扶手、垫块、隔热板、花格等构件。

1. 工程量计算

以立方米计量，按设计图示尺寸以体积计算，不扣除单个面积≤300mm×300mm 的孔洞所占体积，扣除烟道、垃圾道、通风道的孔洞所占体积；以平方米计量，按设计图示尺寸以面积计算，不扣除单个面积≤300mm×300mm 的孔洞所占面积；以根计量，按设计图示尺寸以数量计算。

2. 项目特征

需描述单件体积，混凝土强度等级，砂浆强度等级。其他构件还需描述构件的类型。

3. 工程内容

同预制混凝土柱。

十五、钢筋工程

钢筋工程分为现浇构件钢筋，预制构件钢筋，预应力钢筋、钢丝、钢绞线、支撑钢筋、声测管等十个项目。

1. 现浇及预制构件钢筋

(1) 工程量计算 按设计图示钢筋（网）长度（面积）乘以单位理论质量以吨计算，计算式如下：

钢筋工程量=钢筋长度×钢筋每米长质量

式中，钢筋长度的计算方法与不同构件及不同钢筋类型有关；钢筋每米长质量见表3-22。

表3-22 每米钢筋质量表

直径/mm	断面积/cm^2	每米重量/kg	直径/mm	断面积/cm^2	每米重量/kg
4	0.126	0.099	18	2.545	2.00
5	0.196	0.154	19	2.835	2.23
6	0.283	0.222	20	3.142	2.47
8	0.503	0.395	22	3.801	2.98
9	0.636	0.499	25	4.909	3.85
10	0.785	0.617	28	6.158	4.83
12	1.131	0.888	30	7.069	5.55
14	1.539	0.210	32	8.042	6.31
16	2.011	0.580			

注意：现浇构件中伸出构件的锚固钢筋（锚固长度见表3-23、3－24）、设计（包括规范规定）标明的钢筋连接时的搭接长度（搭接长度见表3-26）、预制构件的吊钩等，应并入钢筋工程量内。

表3-23 受拉钢筋基本锚固长度 l_{ab}、l_{abE}

钢筋种类	抗震等级	混凝土强度等级								
		C20	C25	C30	C35	C40	C45	C50	C55	≥C60
HPB300	一、二级（l_{abE}）	45d	39d	35d	32d	29d	28d	26d	25d	24d
	三级（l_{abE}）	41d	36d	32d	29d	26d	25d	24d	23d	22d
	四级（l_{abE}） 非抗震（l_{ab}）	39d	34d	30d	28d	25d	24d	23d	22d	21d
HRB335 HRBF335	一、二级（l_{abE}）	44d	38d	33d	31d	29d	26d	25d	24d	24d
	三级（l_{abE}）	40d	35d	31d	28d	26d	24d	23d	22d	22d
	四级（l_{abE}） 非抗震（l_{ab}）	39d	34d	29d	28d	25d	24d	23d	22d	21d
HRB400 HRBF400 RRB400	一、二级（l_{abE}）	—	46d	40d	37d	33d	32d	31d	30d	29d
	三级（l_{abE}）	—	42d	37d	34d	30d	29d	28d	27d	26d
	四级（l_{abE}） 非抗震（l_{ab}）	—	40d	35d	32d	29d	28d	27d	26d	25d
HRB500 HRBF500	一、二级（l_{abE}）	—	55d	49d	45d	41d	39d	37d	36d	35d
	三级（l_{abE}）	—	50d	45d	41d	38d	36d	34d	33d	32d
	四级（l_{abE}） 非抗震（l_{ab}）	—	48d	43d	39d	36d	34d	32d	31d	30d

注：1. HPB300级钢筋末端应做180°弯钩，弯后平直段长度不应小于3d，但做受压钢筋时可不做弯钩。

2. 当锚固钢筋的保护层厚度不大于5d时，锚固钢筋长度范围内应设置横向构造钢筋，其直径不应小于d/4（d为锚固钢筋的最大直径）；对梁、柱等构件间距不应大于5d，对板、墙等构件间距不应大于10d，且均不应大于100d（d为锚固钢筋的最小直径）。

表3-24 受拉钢筋锚固长度 l_a、抗震锚固长度 l_{aE}

非抗震	抗震	注：
$l_a=\zeta_a l_{ab}$	$l_{aE}=\zeta_{aE} l_a$	1. l_a不应小于200 2. 锚固长度修正系数ζ_a按表3-25取用，当多于一项时，可按连乘计算，但不应小于0.6 2. ζ_{aE}为抗震锚固长度修正系数，对一、二级抗震等级取1.15，对三级抗震等级取1.05，对四级抗震等级取1.00

表3-25 受拉钢筋锚固长度修正系数 ζ_a

锚固条件		ζ_a	
带肋钢筋的公称直径大于25		1.10	—
环氧树脂涂层带肋钢筋		1.25	
施工过程中易受扰动的钢筋		1.10	
锚固区保护层厚度	$3d$	0.80	注：中间时按内插值。 d为锚固钢筋的直径。
	$5d$	0.70	

表3-26 纵向受拉钢筋绑扎搭接长度 l_{lE}、l_l

抗震	非抗震			注：
$l_{lE}=\zeta_l l_{aE}$	$l_l=\zeta_l l_a$			1. 当直径不同的钢筋搭接时，l_l、l_{lE}按直径较小的钢筋计算 2. 任何情况下不应小于300mm 3. 式中ζ_l为纵向受拉钢筋搭接长度修正系数。当纵向钢筋搭接接头面积百分率为表的中间值时，可按内插取值。
纵向受拉钢筋搭接长度修正系数ζ_l				
纵向受拉钢筋绑扎搭接接头面积百分率（%）	≤25	50	100	
ζ_l	1.2	1.4	1.6	

（2）项目特征 需描述钢筋种类、规格。

（3）工程内容 包含钢筋制作、运输，安装，焊接（绑扎）。

【例3-12】 图3-32所示为某房屋标准层结构平面图。已知板的混凝土强度等级为C25，板厚100mm，一类环境下使用。试计算板内钢筋工程量。（板中未注明分布钢筋按Φ6@200计算）

【解】 1. 分析

通过对图3-32的分析可以知道，板中共需配置4种钢筋：X方向、Y方向受力钢筋、支座处负弯矩筋，按构造要求在支座负弯矩筋下设置的分布钢筋。

2. 计算钢筋长度

（1）X方向钢筋（Φ10@200）、Y方向钢筋（Φ8@200）

从图3-32中可以看出：

X方向钢筋（Φ10）每根钢筋长度＝轴线长＋两个弯钩长

本例弯钩长的取值如图3-33a所示，其他形式的弯钩长如图3-33b、c所示。

即

180°弯钩每个长＝$6.25d$

90°弯钩每个长＝$3.5d$

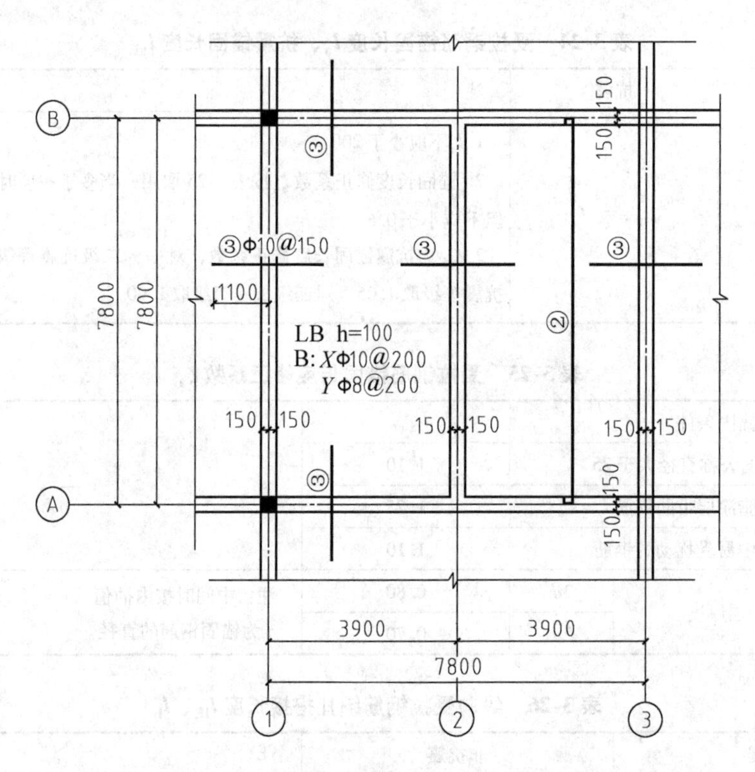

图 3-32 某标准层结构平面图

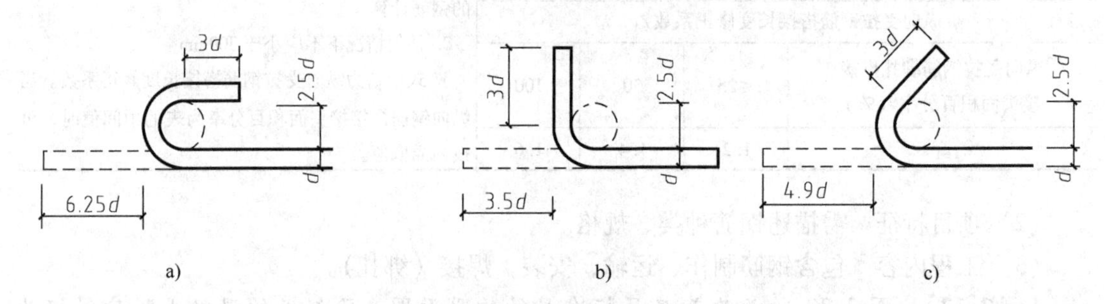

图 3-33 钢筋弯钩示意图

a）180°半圆弯钩 b）90°直弯钩 c）135°斜弯钩

$$135°\text{弯钩每个长} = 4.9d$$

则 X 方向钢筋（Φ10）每根长度 = $(3.9\times2+2\times6.25\times0.01)$ m = 7.93m

X 方向钢筋（Φ10）的根数与钢筋的设置区域和钢筋间距有关。11G101－1 中描述板内纵筋是从距梁边$\frac{1}{2}$板筋间距起布置，则

$$X\text{方向钢筋（Φ10）的根数} = \frac{\text{钢筋设置区域长}}{\text{钢筋设置间距}} + 1$$

$$= \left(\frac{7.8-0.15\times2-0.1\times2}{0.2}+1\right)\text{根} = (37+1)\text{根} = 38\text{ 根}$$

X 方向钢筋（Φ10）总长 = X 方向钢筋每根长度 × 根数 = (7.93×38) m = 301.34m

同理

$$Y\text{方向钢筋}(\Phi 8)\text{总长}=\left[(7.8+2\times 6.25\times 0.008)\times\left(\frac{3.9-0.15\times 2-0.1\times 2}{0.2}+1\right)\times 2\right]\text{m}\approx[7.9\times(17+1)\times 2]\text{m}=284.4\text{m}$$

（2）支座负弯矩钢筋（Φ10@150）

支座负弯矩钢筋（Φ10）每根长度 = 直长度 + 两个弯折长度

式中，弯折长度 = 板厚 − 板上部混凝土保护层厚度。混凝土保护层厚度按国家《混凝土结构设计规范》（GB 50010—2002）确定。规范规定：纵向受力的普通钢筋、预应力钢筋，其混凝土保护层厚度（钢筋外边缘至混凝土表面的距离）不应小于钢筋的公称直径，且应符合表的3-27规定。

表3-27 混凝土保护层最小厚度 （单位：mm）

环境类别		板、墙	梁、柱
一		15	20
二	a	20	25
	b	25	35
三	a	30	40
	b	40	50

注：1. 表中混凝土保护层厚度指最外层钢筋外边缘至混凝土表面的距离，适用于设计使用年限为50年的混凝土结构。

2. 构件中受力钢筋的保护层厚度不应小于钢筋的公称直径。

3. 设计使用年限为100年的混凝土结构，一类环境中，最外层钢筋的保护层厚度不应小于表中数值的1.4倍；二、三类环境中，应采取专门的有效措施。

4. 混凝土强度等级不大于C25时，表中保护层厚度数值应增加5mm。

5. 基础底面钢筋的保护层厚度，有混凝土垫层时应从垫层顶面算起且不小于40mm。

环境类别划分见表3-28。

表3-28 混凝土结构的环境类别

环境类别	条 件
一	室内干燥环境 无侵蚀性净水浸没环境
二a	室内潮湿环境 非严寒和非寒冷地区的露天环境 非严寒和非寒冷地区与无侵蚀性的水或土壤直接接触的环境 严寒和寒冷地区的冰冻线以下与无侵蚀性的水或土壤直接接触的环境
二b	干湿交替环境 水位频繁变动环境 严寒和寒冷地区的露天环境 严寒和寒冷地区冰冻线以下与无侵蚀性的水或土壤直接接触的环境
三a	严寒和寒冷地区冬季水位变动区环境 受除冰盐影响环境 海风环境
三b	盐渍土环境 受除冰盐作用环境 海岸环境

（续）

环境类别	条　　件
四	海水环境
五	受人为或自然的侵蚀性物质影响的环境

注：1. 室内潮湿环境是指构件表面经常处于结露或湿润状态的环境。

2. 严寒和寒冷地区的划分应符合现行国家标准《民用建筑热工设计规范》GB 50176的有关规定。

3. 海岸环境和海风环境宜根据当地情况，考虑主导风向及结构所处迎风、背风部位等因素的影响，由调查研究和工程经验确定。

4. 受除冰盐影响环境是指受到除冰盐盐雾影响的环境；受除冰盐作用环境是指被除冰盐溶解溅射的环境以及使用除冰盐地区的洗车房、停车楼等建筑。

5. 暴露的环境是指混凝土结构表面所处的环境。

支座负弯矩钢筋(Φ10)每根长度 $=[1.1\times2+2\times(0.1-0.015)]\text{m}=(2.2+0.17)\text{m}=2.37\text{m}$

支座负弯矩钢筋根数 $=[(\dfrac{7.8-0.15\times2-0.075\times2}{0.15}+1)\times3+(\dfrac{3.9-0.15\times2-0.075\times2}{0.15}+1)\times2\times2]$根

$\approx[(49+1)\times3+(23+1)\times2\times2]$根

$=246$根

③号钢筋(Φ10)总长 $=(2.37\times246)\text{m}=583.02\text{m}$

（3）分布钢筋（Φ6@200）

分布钢筋不设弯钩，所以

分布钢筋（Φ6）每根长度 $=7.8\text{m}$

分布钢筋根数 $=[(\dfrac{1.1\times2}{0.2}+1)\times5]$根 $=[(11+1)\times5]$根 $=60$根

分布钢筋（Φ6）总长 $=(7.8\times60)\text{m}=468\text{m}$

3. 计算钢筋重量

钢筋重量 = 钢筋总长 × 钢筋每米长质量

Φ10钢筋重量 $=[(301.34+583.02)\times0.617]\text{kg}=(884.36\times0.617)\text{kg}=545.65\text{kg}$

Φ8钢筋重量 $=(284.4\times0.395)\text{kg}=112.34\text{kg}$

Φ6钢筋重量 $=(468\times0.222)\text{kg}=103.90\text{kg}$

【例3-13】 图3-34所示为某房屋标准层框架梁配筋图。已知该房屋抗震等级为二级，梁的混凝土强度等级为C30，框架柱的断面尺寸为450mm×450mm，其配筋为12Φ20，在一类环境下使用。试计算梁内的钢筋工程量。

【解】 1. 分析

图3-34所示是梁配筋的平法施工图表示方法。其含义为：

（1）KL_1（2）300×650：KL_1 共设两跨，截面宽度300mm，截面高度650mm。

2Φ20：梁的上部贯通筋为2根Φ20。

G4Φ16：按构造要求配置了4根Φ16的侧面纵向钢筋（即腰筋）。

4Φ20：梁的下部贯通筋为4根Φ20。

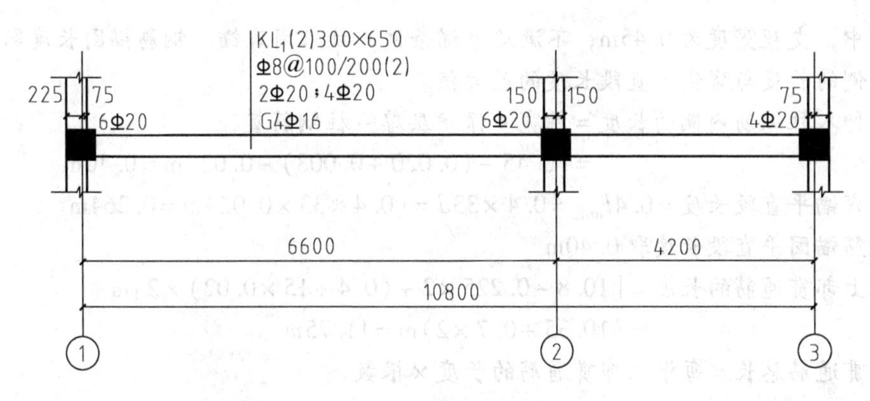

图3-34　某标准层框架梁配筋图

Φ8－100/200（2）：箍筋直径Φ8，加密区间距100mm，非加密区间距200mm，均为两肢箍。

（2）①轴支座处的6Φ20：支座负弯矩筋共为6Φ20，其中2根为上部贯通筋。

②、③轴支座处的6Φ20、4Φ20的配筋含义与①轴相同。

以上各种钢筋的配置情况如图3-35所示。

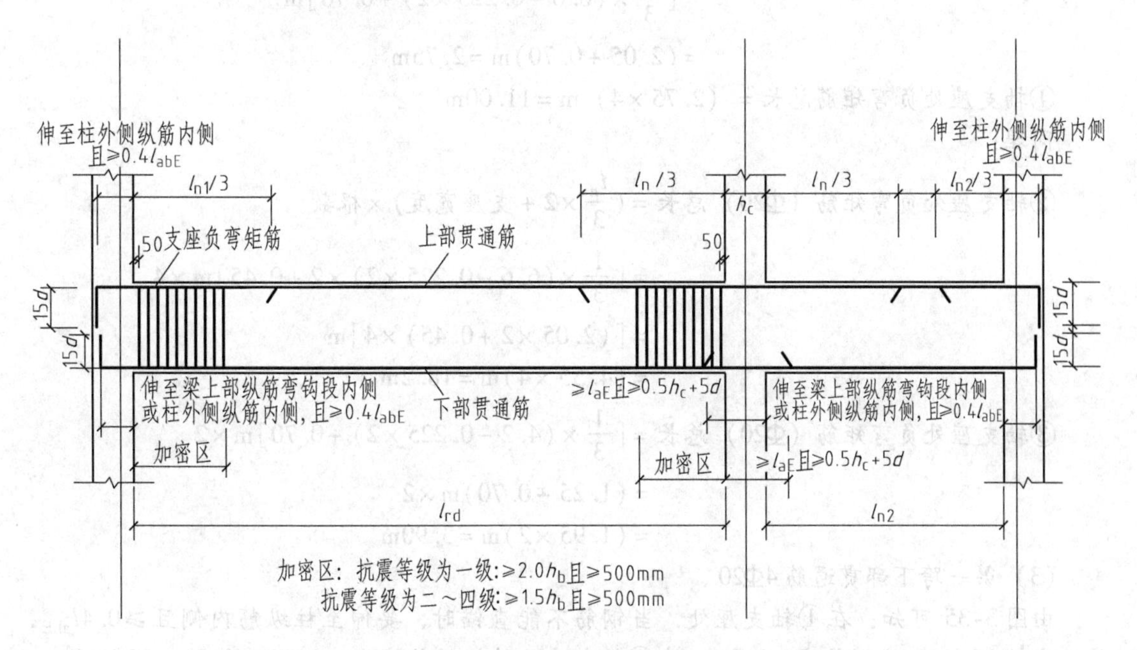

图3-35　一、二级抗震等级楼层框架梁配筋示意图

l_n——相邻两跨的最大值　h_b——梁的高度

注：当楼层框架梁的纵向钢筋直锚长度≥L_{aE}且≥0.5h_c＋5d时，可以直锚。

2. 计算钢筋长度

由图3-35可知：

（1）上部贯通筋2Φ20

每根上部贯通筋的长度＝两端柱间净长度＋钢筋锚固长度×2

本例中，支座宽度为0.45m，不满足直锚条件，故采用弯锚。钢筋锚固长度取钢筋伸入柱纵筋内侧的长度与弯锚平直段长度的最大值。

钢筋伸入柱纵筋内侧的长度＝柱宽－保护层厚－柱钢筋直径

$=[0.45-(0.020+0.008)-0.02]\text{m}=0.40\text{m}$

钢筋弯锚平直段长度$=0.4l_{abE}=0.4\times33d=(0.4\times33\times0.02)\text{m}=0.264\text{m}$

梁钢筋锚固平直段长度取0.40m

每根上部贯通筋的长度$=[10.8-0.225\times2+(0.4+15\times0.02)\times2]\text{m}$

$=(10.35+0.7\times2)\text{m}=11.75\text{m}$

上部贯通筋总长＝每根上部贯通筋的长度×根数

$=(11.75\times2)\text{m}=23.5\text{m}$

(2) ①轴支座处负弯矩筋6Φ20

①轴支座处负弯矩筋共6Φ20。其中，2Φ20的上部贯通筋已在（1）中算出，在此只需计算4Φ20。

①轴支座处每根负弯矩筋长度$=\frac{l_{n1}}{3}+0.4l_{abE}+15d$

$=[\frac{1}{3}\times(6.6-0.225\times2)+0.70]\text{m}$

$=(2.05+0.70)\text{m}=2.75\text{m}$

①轴支座处负弯矩筋总长＝$(2.75\times4)\ \text{m}=11.00\text{m}$

同理：

②轴支座处负弯矩筋（Φ20）总长$=(\frac{l_n}{3}\times2+\text{支座宽度})\times\text{根数}$

$=[\frac{1}{3}\times(6.6-0.225\times2)\times2+0.45]\text{m}\times4$

$=[(2.05\times2+0.45)\times4]\text{m}$

$=(4.55\times4)\text{m}=18.2\text{m}$

③轴支座处负弯矩筋（Φ20）总长$=[\frac{1}{3}\times(4.2-0.225\times2)+0.70]\text{m}\times2$

$=(1.25+0.70)\text{m}\times2$

$=(1.95\times2)\text{m}=3.90\text{m}$

(3) 第一跨下部贯通筋4Φ20

由图3-35可知：在①轴支座处，当钢筋不能直锚时，要伸至柱纵筋内侧且$\geqslant0.4l_{abE}$，然后弯折$15d$，即弯锚长度＝0.7m。在②轴支座处的锚固长度应$\geqslant l_{aE}$且$\geqslant0.5h_c+5d$。$l_{aE}=\zeta_{aE}l_a=\zeta_{aE}\zeta_a l_{ab}=(1.15\times1.10\times29\times0.02)\ \text{m}=0.734\text{m}>0.5h_c+5d=(0.5\times0.45+5\times0.02)\ \text{m}=0.33\text{m}$，则

每根下部贯通筋的长度＝本跨净长度＋两端支座锚固长度

$=(6.6-0.225\times2+0.70+0.734)\text{m}$

$=(6.15+1.434)\text{m}=7.58\text{m}$

第1跨下部贯通筋总长$=(7.58\times4)\text{m}=30.32\text{m}$

同理：

第2跨下部贯通筋总长 $=(4.2-0.225\times2+1.434)\text{m}\times4$

$=(3.75+1.434)\text{m}\times4=5.18\text{m}\times4=20.72\text{m}$

（4）箍筋（Φ8）

$$箍筋长度=每根箍筋长度\times箍筋个数$$

式中，每根箍筋长度的计算与箍筋的设置形式有关。常见的箍筋形式有双肢箍、四肢箍及螺旋箍，如图3-36所示。

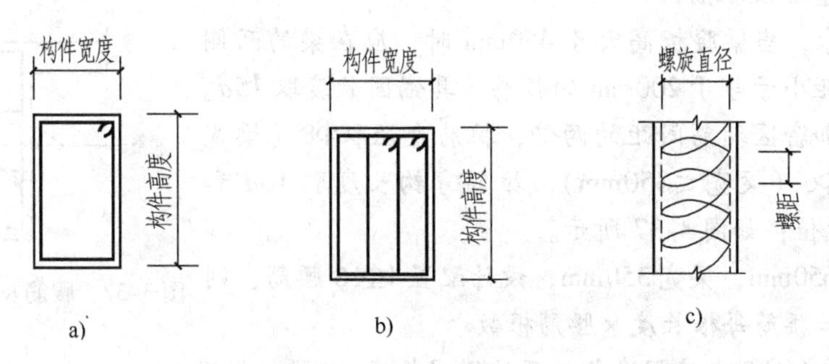

图3-36　箍筋形式示意图

a）双肢箍　b）四肢箍　c）螺旋箍

$$双肢箍长度=构件周长-8\times混凝土保护层厚度+箍筋弯钩增加长度+8d$$

四肢箍长度 $=1$ 个双肢箍长度 $\times2$

$$=\{[(构件宽度-两端保护层厚度)\times\frac{2}{3}+构件高度-两端保护层厚度]\times2+箍筋弯钩增加长度+8d\}\times2$$

$$螺旋箍长度=\sqrt{(螺距)^2+(3.14\times螺距直径)^2}\times螺旋圈数$$

式中，箍筋每个弯钩增加长度见表3-29。

表3-29　箍筋每个弯钩增加长度计算表

弯钩形式		180°	90°	135°
弯钩增加值	一般结构	$8.25d$	$5.5d$	$6.87d$
	有抗震等要求结构	—	—	$11.87d$

本例箍筋形式为双肢箍，则

每根箍筋长度 $=$ 梁周长 $-8\times$ 混凝土保护层厚度 $+$ 箍筋弯钩增加长度

$=[(0.3+0.65)\times2-8\times0.02+11.87\times0.008\times2]\text{m}$

$=(1.9-0.16+0.19)\text{m}=1.93\text{m}$

由图3-33可知：框架梁中箍筋配置有加密区，加密区长度应 $\geqslant1.5h_b$ 且 $\geqslant500\text{mm}$。因 $1.5h_b=(1.5\times650)\text{ mm}=975\text{mm}>500\text{mm}$，所以加密区长度取975mm。又因端部箍筋应距支座50mm，则

$$第1跨箍筋个数=\frac{箍筋设置区域长}{箍筋间距}+1$$

$$=(\frac{0.975-0.05}{0.1}\times2+\frac{6.6-0.225\times2-0.975\times2}{0.2}+1)根$$

$\approx(9\times2+21+1)$根$=40$根

第2跨箍筋个数$=(\frac{0.975-0.05}{0.1}\times2+\frac{4.2-0.225\times2-0.975\times2}{0.2}+1)$根

$\approx(9\times2+9+1)$根$=28$根

箍筋总长度=每根箍筋长度×(第1跨箍筋个数+第2跨箍筋个数)

$=[1.93\times(40+28)]\text{m}=131.24\text{m}$

(5) 腰筋Φ16及拉筋

按构造要求，当梁腹板高大于450mm时，应在梁的两侧沿梁高配置间距小于等于200mm的腰筋，其锚固长度取15d。拉筋间距为非加密区箍筋间距的两倍，拉筋直径取Φ8（梁宽>350mm）或Φ6（梁宽≤350mm），拉筋弯钩长度取10d和75mm中的最大值，如图3-37所示。

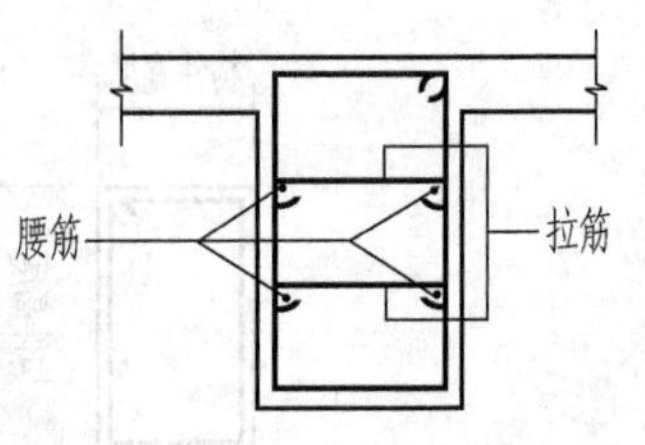

图3-37 腰筋及拉筋设置示意图

本例梁高650mm，梁宽350mm，设计配置4Φ16腰筋，则

腰筋长度=腰筋每根长度×腰筋根数

=(①③支座间净长+两端锚固长度)×腰筋根数

$=(10.8-0.225\times2+15\times0.016\times2)\text{m}\times4$

$=(10.83\times4)\text{m}=43.32\text{m}$

拉筋弯钩长取75mm且$>10d=(10\times6)\text{mm}=60\text{mm}$

拉筋(Φ6)长度=拉筋每根长度×腰筋根数

$=(梁宽-两端保护层+两个弯钩长)\times(\frac{腰筋长度}{拉筋间距}+1)\times梁每侧腰筋根数$

$=[(0.35-0.025\times2+0.075\times2)\times(\frac{10.83}{0.4}+1)]\text{m}\times2$

$\approx(0.45\times28\times2)\text{m}=25.2\text{m}$

3. 计算钢筋工程量

钢筋工程量=钢筋长度×钢筋每米长质量

由表3-22可知：

Φ20钢筋工程量$=[(23.5+11.00+18.2+3.9+30.32+20.72)\times2.47]\text{kg}$

$=(107.64\times2.47)\text{kg}=265.87\text{kg}$

Φ16钢筋工程量$=(43.32\times1.58)\text{kg}=68.45\text{kg}$

Φ8钢筋工程量$=(131.24\times0.395)\text{kg}=51.84\text{kg}$

Φ6钢筋工程量$=(25.2\times0.222)\text{kg}=5.59\text{kg}$

【例3-14】 已知某工程为四层框架结构办公楼，各层层高3.6m，屋面板顶标高为14.4m，屋面框架梁截面尺寸为300mm×650mm。钢筋混凝土筏片基础底板厚450mm，内配Φ18的钢筋，基础底标高为-2.0m。KZ_1（C30）的截面尺寸为450mm×450mm，内配纵筋12Φ20、箍筋Φ8@200。试计算KZ_1的钢筋工程量。

【解】 1. 分析

抗震框架角柱钢筋上部伸入屋面框架梁锚固，下部伸入基础锚固。其形式如图3-38a、b所示。层与层之间钢筋采用电渣压力焊连接。

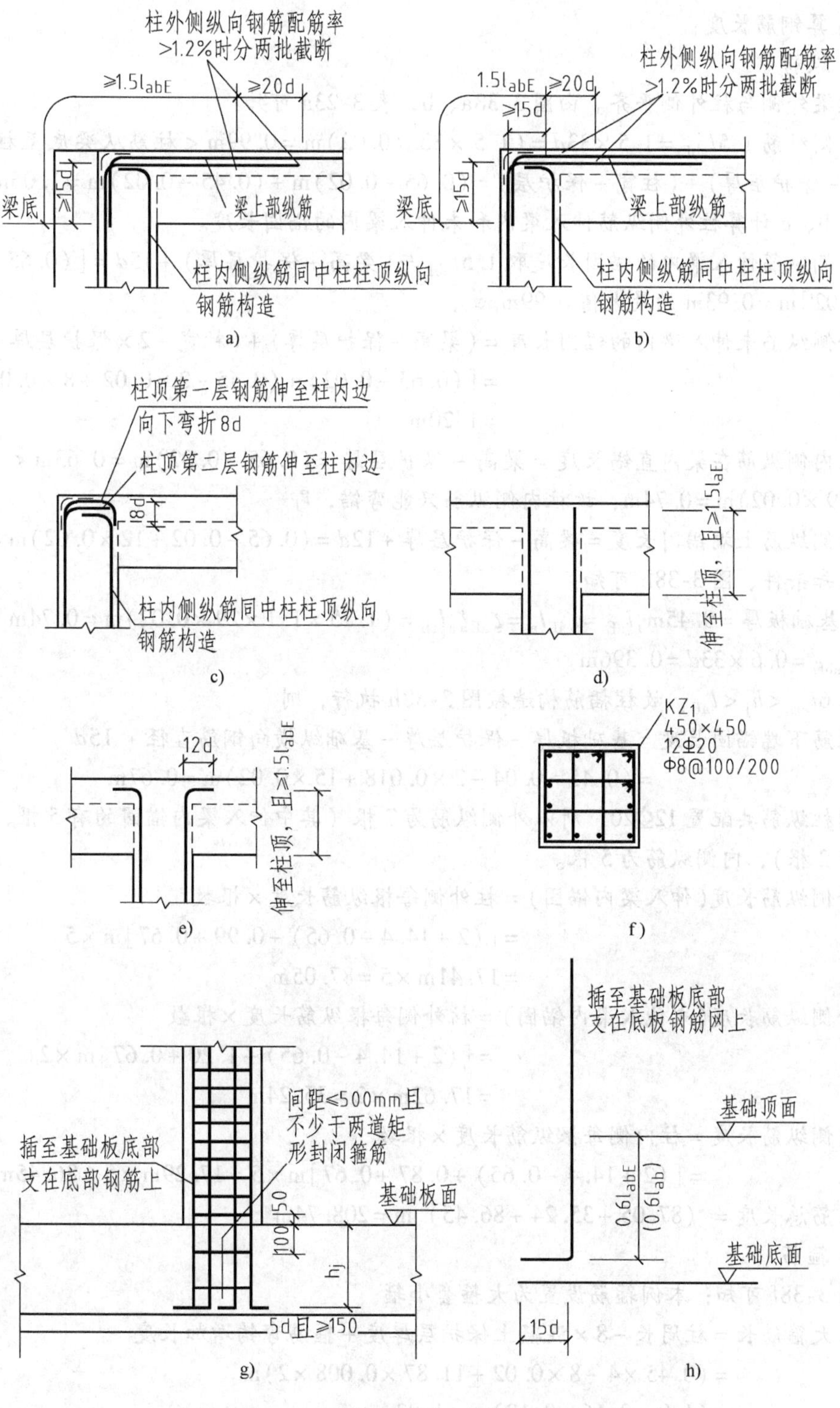

图 3-38 柱钢筋锚固、箍筋设置示意图

a）从梁底算起 $1.5l_{abE}$ 超过柱内侧边沿 b）从梁底算起 $1.5l_{abE}$ 未超过柱内侧边沿

c）用于 b 节点未伸入梁内柱外侧纵筋锚固 d）直锚长度 $\geqslant l_{aE}$

e）柱顶有不小于100mm 厚的现浇板 f）柱配筋图 g）柱插筋构造（一） h）柱插筋构造（二）

2. 计算钢筋长度

(1) 纵筋

假设梁外侧与柱外侧平齐。由图3-38a、b，表3-23a可知：

柱外侧纵筋 $1.5l_{abE}=1.5\times33d=(1.5\times33\times0.02)m=0.99m<$ 柱筋从梁底至柱内侧长 $=$(梁高 $-$ 保护层厚) $+$ (柱宽 $-$ 保护层) $=(0.65-0.02)m+(0.45-0.02)m=1.06m$，故应按图3-38b、c计算柱外侧纵筋伸入梁内和未伸入梁内的锚固长度。

柱外侧纵筋伸入梁内的锚固长度取 $1.5l_{abE}$ 与(梁高 $-$ 保护层厚) $+15d=[(0.65-0.02)+15\times0.02]m=0.93m$ 的最大值0.99m。

柱外侧纵筋未伸入梁内的锚固长度 $=$ (梁高 $-$ 保护层厚) $+$ (柱宽 $-2\times$ 保护层厚 $+8d$)

$=[(0.65-0.02)+(0.45-2\times0.02+8\times0.02)]m$

$=1.20m$

因柱内侧纵筋在梁内直锚长度 $=$ 梁高 $-$ 保护层厚 $=(0.65-0.02)m=0.63m<=(1.15\times1.1\times29\times0.02)m=0.74m$，故柱内侧纵筋只能弯锚，即

柱内侧纵筋上端锚固长度 $=$ 梁高 $-$ 保护层厚 $+12d=(0.65-0.02+12\times0.02)m=0.87m$

由已知条件、图3-38h可知：

$h_j=$ 基础板厚 $=0.45m$, $l_{aE}=\zeta_{aE}l_a=\zeta_{aE}\zeta_a l_{ab}=(1.15\times1.1\times29\times0.02)m=0.74m$

$0.6l_{abE}=0.6\times33d=0.396m$

因 $0.6l_{aE}<h_j<l_{aE}$，故柱插筋构造按图3-38h执行，则

柱纵筋下端锚固长度 $=$ 基础板厚 $-$ 保护层厚 $-$ 基础纵横向钢筋直径 $+15d$

$=(0.45-0.04-2\times0.018+15\times0.02)m=0.67m$

本例柱纵筋共配置12Φ20，所以外侧纵筋为7根（其中伸入梁内锚固的有5根、未锚入梁内的有2根），内侧纵筋为5根。

柱外侧纵筋长度(伸入梁内锚固) $=$ 柱外侧每根纵筋长度 $\times$ 根数

$=[(2+14.4-0.65)+0.99+0.67]m\times5$

$=17.41m\times5=87.05m$

柱外侧纵筋长度(未伸入梁内锚固) $=$ 柱外侧每根纵筋长度 $\times$ 根数

$=[(2+14.4-0.65)+1.20+0.67]m\times2$

$=17.62m\times2=35.24m$

柱内侧纵筋长度 $=$ 柱内侧每根纵筋长度 $\times$ 根数

$=[(2+14.4-0.65)+0.87+0.67]m\times5=17.29m\times5=86.45m$

柱纵筋总长度 $=(87.05+35.24+86.45)m=208.74m$

(2) 箍筋

由图3-38f可知：本例箍筋设置为大箍套小箍。

每根大箍筋长 $=$ 柱周长 $-8\times$ 混凝土保护层厚度 $+$ 箍筋弯钩增加长度

$=(0.45\times4-8\times0.02+11.87\times0.008\times2)m$

$=(1.8-0.16+0.19)m=1.83m$

每根小箍筋长 $=[(\frac{0.45-0.02\times2}{3}+0.45-0.02\times2)\times2+11.87\times0.008\times2]m$

$=(1.10+0.19)m=1.29m$

箍筋的设置有加密区和非加密区。其中，加密区长度规定为：

1）自基础顶面，底层柱根加密$\geqslant\frac{H_n}{3}$（H_n为基础顶面至一层梁底间的高度）；

2）其他各层梁柱交接处及上下均加密，上下加密范围≥柱长边尺寸且$\geqslant\frac{H_n}{6}$（H_n为各楼层柱净高）且≥500mm。首层柱 $H_n=(3.6-0.65+2-0.45)\text{m}=4.5\text{m}$，首层柱边长 $450\text{mm}<\frac{H_n}{6}=\frac{4.5}{6}=750\text{mm}>500\text{mm}$，则梁上下加密区长应取750mm。2～4层柱边长450mm $<\frac{H_n}{6}=\frac{3.6-0.65}{6}\text{m}=492\text{mm}<500\text{mm}$，则2～4层梁上下加密区长应取500mm。

加密区长 $=[\frac{4.5}{3}+0.75+(0.65+0.5)\times3+0.5]\text{m}=6.2\text{m}$

非加密区长 $=(14.4+2-0.45-6.2)\text{m}=9.75\text{m}$

箍筋设置个数 $=[\frac{6.2}{0.1}+\frac{9.75}{0.2}+1+2_{(\text{插入基础底板})}]$个

$\approx(62+49+1+2)$个$=114$个

箍筋长度 $=(1.83\times114+1.29\times121\times2)\text{m}=(208.62+294.12)\text{m}=502.74\text{m}$

3. 计算钢筋工程量

Φ20 钢筋工程量 $=(208.74\times2.466)\text{kg}=514.75\text{kg}$

Φ8 钢筋工程量 $=(502.74\times0.395)\text{kg}=198.58\text{kg}$

【例3-15】 已知某多层砖混结构房屋的标准层层高为3.2m，每层均设圈梁，圈梁高300mm，其顶部与楼板平齐。在房屋的转角及纵横墙交接处均设置了构造柱，墙厚240mm。试计算标准层拉结钢筋工程量。

【解】 1. 分析

为加强房屋的整体性，在砌体中设置了拉结钢筋。规范规定其设置情况为：

1）砖墙的纵横交接处。

2）隔墙与墙（柱）不能同时砌筑且也不能留斜槎时，可留直槎，但必须是阳槎，并加设拉结筋。要求拉结筋应不少于2Φ6，间距500mm，伸入墙内不少于500mm。

3）设有钢筋混凝土构造柱的抗震多层砖混结构房屋，墙与柱沿高度每隔500mm设2Φ6钢筋，伸入墙内不少于1000mm。如图3-39所示。本例为第三种情况。

2. 计算拉结钢筋工程量

通过对拉结钢筋的作用进行分析，我们可以知道：拉结钢筋应在圈梁间设置。由图3-39a可知：

每道拉结钢筋的长度 $=[(1+0.24-0.06+0.04)\times2\times2]\text{m}=(1.22\times2\times2)\text{m}$

$=4.88\text{m}$

拉结钢筋设置道数 $=\frac{\text{拉结钢筋设置区域的长度}}{\text{拉结钢筋间距}}-1=(\frac{3.2-0.3}{0.5}-1)$道$\approx5$道

拉结钢筋总长度 $=4.88\text{m}\times5=24.4\text{m}$

拉结钢筋重量 = 拉结钢筋总长度×每米长重量 $=(24.4\times0.222)\text{kg}=5.42\text{kg}$

同理可以计算出其他位置拉结钢筋的工程量。

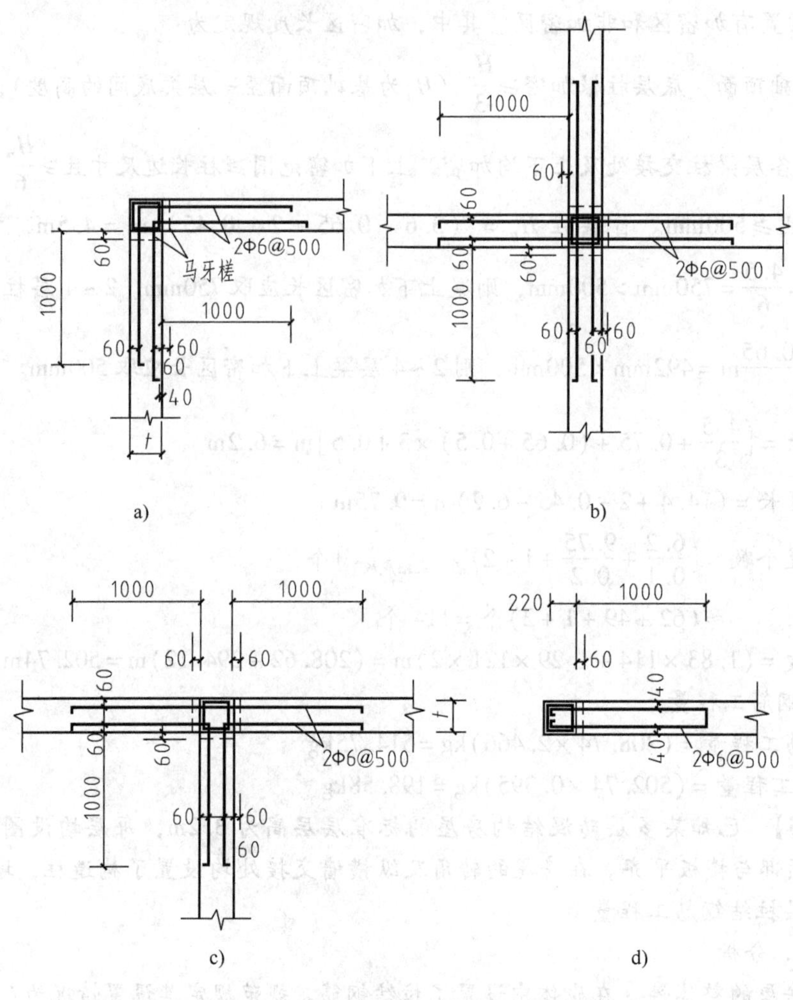

图3-39 砌体中拉结钢筋示意图

2. 先张法预应力钢筋

（1）工程量计算 工程量按设计图示钢筋长度乘以单位理论质量以吨计算。

（2）项目特征 需描述钢筋种类、规格，锚具种类。

（3）工程内容 包含钢筋制作、运输，钢筋张拉。

3. 后张法预应力钢筋、钢丝、钢绞线

（1）工程量计算 工程量按设计图示钢筋（钢丝束、钢绞线）长度乘以单位理论质量以吨计算。

1）低合金钢筋两端均采用螺杆锚具时，钢筋长度按孔道长度减0.35m计算，螺杆另行计算。

2）低合金钢筋一端采用墩头插片、另一端采用螺杆锚具时，钢筋长度按孔道长度计算，螺杆另行计算。

3）低合金钢筋一端采用墩头插片、另一端采用帮条锚具时，钢筋增加0.15m计算；两端均采用帮条锚具时，钢筋长度按孔道长度增加0.3m计算。

4）低合金钢筋采用后张混凝土自锚时，钢筋长度按孔道长度增加0.35m计算。

5）低合金钢筋（钢绞线）采用JM、XM、QM型锚具，孔道长度≤20m时，钢筋长度按孔道长度增加1m计算；孔道长度>20m时，钢筋长度按孔道长度增加1.8m计算。

6）碳素钢丝采用锥形锚具，孔道长度≤20m时，钢丝束长度按孔道长度增加1m计算；孔道长度>20m时，钢丝束长度按孔道长度增加1.8m计算。

7）碳素钢丝束采用墩头锚具时，钢丝束长度按孔道长度增加0.35m计算。

（2）项目特征　需描述钢筋种类、规格，钢丝种类、规格，钢绞线种类、规格，锚具种类，砂浆强度等级。

（3）工程内容　包含钢筋、钢丝、钢绞线制作、运输，钢筋、钢丝、钢绞线安装，预埋管孔道铺设，锚具安装，砂浆制作、运输，孔道压浆、养护。

4. 支撑钢筋（铁马）

1. 工程量计算

按钢筋长度乘以单位理论质量（吨）计算。如果设计未明确数量，其工程量可为暂估量，结算时按现场签证数量计算。

2. 项目特征

需描述钢材种类，规格。

3. 工程内容

包含钢筋制作、焊接、安装。

十六、螺栓、铁件

本节分螺栓、预埋铁件、机械连接三个清单项目。

1. 工程量计算

螺栓、预埋铁件按设计图示尺寸以质量（吨）计算；机械连接按数量计算。

2. 项目特征

（1）螺栓　需描述螺栓种类，规格。

（2）预埋铁件　需描述钢材种类，规格，铁件尺寸。

（3）机械连接　需描述连接方式，螺纹套筒种类，规格。

3. 工程内容

（1）螺栓、预埋铁件　包含螺栓、铁件制作、运输，螺栓、铁件安装。

（2）机械连接　包含钢筋套丝，套筒连接。

能力训练3-5　计算混凝土及钢筋混凝土工程工程量

【训练目的】　掌握混凝土及钢筋混凝土工程中各清单项目工程量的计算方法。

【能力目标】　能结合实际工程进行各清单项目的列项及工程量的计算。

【原始资料】　××办公楼设计图（见单元7第一部分）。

【训练步骤】

1. 分析及列项

由图7-9～图7-17可以看出，本工程应列清单项目见表3-30。

表3-30 混凝土及钢筋混凝土工程应列清单项目

	项目编码	项目名称	项目特征
1	010501003001	独立基础	C20 商品混凝土
2	010501001001	混凝土垫层	C15 商品混凝土
3	010502001001	矩形柱（框架柱）	C25 商品混凝土
4		矩形柱（TZ）	C25 商品混凝土
5	010202002001	构造柱	C20 商品混凝土
6	010502003001	圆形柱	C25 商品混凝土
7	010503001001	基础梁	C20 商品混凝土
8	010503002001	矩形梁	C25 商品混凝土
9	010503004001	圈梁	C20 商品混凝土
10	010503006001	弧形梁	C25 商品混凝土
11	010505003001	平板	C25 商品混凝土
12		雨篷板	弧形，C25 商品混凝土
13	010505006001	栏板（弧形雨篷处）	C25 商品混凝土
14	010505008001	雨篷板	矩形，C25 商品混凝土
15	010506001001	直形混凝土楼梯	C25 商品混凝土
16	010507005001	女儿墙压顶	C25 商品混凝土
17		栏板处压顶	C25 商品混凝土
18	010507004001	混凝土台阶	C15 商品混凝土
19	010507001001	细石混凝土散水	40mm 厚 C20 细石混凝土撒 1:1 水泥砂子压实赶光，150mm 厚 3:7 灰土垫层，素土夯实，向外坡 4%，沥青砂浆嵌缝
20	010510003001	预制过梁	C20 混凝土
21	010512008001	预制沟盖板	C20 混凝土
22	010515001001	现浇构件钢筋	圆钢筋
23	010515001002	现浇构件钢筋	螺纹钢筋
24	010515001003	砌体拉结筋	圆钢筋
25	010515002001	预制构件钢筋	圆钢筋
26	010515002002	预制构件钢筋	螺纹钢筋

2．工程量计算

(1) 独立基础

由图 7-10、图 7-11 可以看出，本工程基础设计为台阶式独立基础，其计算方法为

独立基础工程量 = 基础长 × 基础宽 × 基础厚 × 基础个数

J-1：$[(2.4\times2.4\times0.3+1.4\times1.4\times0.3)\times4]\text{m}^3=9.26\text{m}^3$

J-2：$[(3\times3\times0.3+1.7\times1.7\times0.3)\times8]\text{m}^3=28.54\text{m}^3$

J-3：$[(3.7\times3\times0.3+2.1\times1.7\times0.3)\times2]\text{m}^3=8.802\text{m}^3$

J-4：$[(3\times2.4\times0.3+1.7\times1.4\times0.3)\times2]\text{m}^3=5.75\text{m}^3$

J-5：$[(3.5\times5.35\times0.25+\dfrac{0.4+3.5}{2}\times0.15\times5.35+0.4\times5.35\times0.2+0.7\times0.2\times0.2\times4)\times2]\text{m}^3=13.57\text{m}^3$

独立基础工程量 = 各独立基础工程量之和

$=(9.26+28.54+8.80+5.75+13.57)\text{m}^3=65.92\text{m}^3$

(2) 基础垫层

基础垫层工程量 = 基础垫层长 × 基础垫层宽 × 基础垫层厚

由图 7-10、图 7-11 可知：

J-1 下的垫层：$(2.6\times2.6\times0.1\times4)\ m^3=2.70m^3$

J-2 下的垫层：$(3.2\times3.2\times0.1\times8)\ m^3=8.19m^3$

J-3 下的垫层：$(3.9\times3.2\times0.1\times2)\ m^3=2.50m^3$

J-4 下的垫层：$(3.2\times2.6\times0.1\times2)\ m^3=1.66m^3$

J-5 下的垫层：$(3.7\times5.55\times0.1\times2)\ m^3=4.11m^3$

独立基础垫层工程量＝各独立基础垫层工程量之和

$$=(2.70+8.19+2.50+1.66+4.11)m^3=19.16m^3$$

（3）框架柱（Z_1）

框架柱＝柱断面面积×柱高×根数

由图7-9～图7-12、图7-14、图7-16可知框架柱的设计尺寸及设计位置；柱高由基础上表面取至柱顶面。

框架柱（Z_1）工程量＝室外地坪以下部分体积＋室外地坪以上部分体积

$$=[0.55\times0.55\times0.6\times16+0.45\times0.45\times(8.7+1.2)\times16]m^3$$

$$=(2.90+32.08)m^3=34.98m^3$$

（4）TZ　　TZ＝柱断面面积×柱高×根数

由图7-9、图7-12可知TZ的设计尺寸及设计位置，其高度取基础梁与框架梁之间净高。为方便砌筑工程中有关工程量的计算，故TZ工程量以-0.06为界分别计算。

-0.06m以下：TZ_1　$(0.24^2\times1.09)m^3=0.06m^3$

TZ_2　$(0.2^2\times1.09\times2)m^3=0.09m^3$

-0.06m以上：TZ_1　$[0.24^2\times(4.76-0.65+0.06)]m^3=0.24m^3$

TZ_2　$[0.2^2\times(4.76-0.65+0.06)\times2]m^3=0.33m^3$

TZ工程量＝-0.06m以下工程量＋-0.06m以上工程量

$$=(0.06+0.09+0.24+0.33)\ m^3=(0.15+0.57)\ m^3=0.72m^3$$

（5）构造柱

构造柱工程量＝构造柱断面积×构造柱高×根数

由图7-9～图7-13可知构造柱的设计尺寸及设计位置，其高度取基础梁与框架梁之间净高。需注意的是：计算构造柱工程量时，应包含马牙槎部分的体积。另外，女儿墙上构造柱间距按2.5m计算。则

-0.06m以下：

A-A处　$[(0.24+0.06)\times0.24\times0.99\times3]m^3=0.21m^3$

B-B处　$[(0.24+0.06)\times0.24\times1.09\times2+(0.2+0.06)\times0.2\times1.09]m^3=0.21m^3$

-0.06m以上：

GZ_1　$[(0.24+0.06)\times0.24\times(8.7+0.06-0.75\times2)\times3+(0.24+0.06)\times0.24\times(8.7+0.06-0.65\times2)]m^3=2.64m^3$（一层$1.46m^3$，二层$1.18m^3$）

GZ_2　外墙上$[(0.2+0.03)\times0.2\times(8.7-4.76-0.75)\times2]m^3=0.3m^3$

内墙上$[(0.2+0.06)\times0.2\times(8.7-4.76-0.65)\times3]m^3=0.51m^3$

GZ_3　$[(0.2+0.06)\times0.2\times(8.7+0.06-0.65\times2)]m^3=0.39m^3$

女儿墙上　$[0.24\times0.24\times(0.9-0.06)\times34]m^3=1.65m^3$

构造柱工程量 = 各构造柱工程量之和

$= (0.21 + 0.21 + 2.64 + 0.3 + 0.51 + 0.39 + 1.65)\text{m}^3 = 5.91\text{m}^3$

(6) 圆形柱

由图7-9～图7-12、图7-14 可知：

圆形柱工程量 = 柱断面积 × 柱高 × 根数

$= [3.14 \times 0.3^2 \times 0.6 \times 4 + 3.14 \times 0.25^2 \times (4.76 + 1.2) \times 4 + 3.14 \times 0.25^2 \times (8.7 - 4.76) \times 2]\ \text{m}^2 = (0.678 + 4.679 + 1.546)\ \text{m}^2$

$= 6.9\text{m}^3$

(7) 基础梁

由图7-10、图7-11 可知基础梁的设计位置及尺寸。

基础梁工程量 = 梁长 × 梁断面积

Ⓑ、Ⓓ轴线：(室外地坪以下 12.92m^3)

$[(31.8 - 0.53 \times 5) + (31.8 - 0.53 \times 3 - 0.58 \times 2)]\text{m} \times 0.37\text{m} \times 0.75\text{m} = 16.15\text{m}^3$

式中：$0.53 = (0.55 \times 0.6 + 0.45 \times 0.15)/0.75$

$0.58 = (0.6 \times 0.6 + 0.5 \times 0.15)/0.75$

①、⑧轴线：(室外地坪以下 4.32m^3)

$[(10.8 - 0.54 \times 2) \times 0.37 \times 0.65 \times 2]\text{m}^3 = 4.68\text{m}^3$

式中：$0.54 = (0.55 \times 0.6 + 0.45 \times 0.05)/0.65$

②、⑦轴线同①、⑧轴线

④、⑤轴线：(室外地坪以下 5.49m^3)

$[(13.2 + 1.2 - 0.55 \times 1.5 - 0.6 \times 2) \times 0.37 \times 0.65 \times 2]\text{m}^3 = 5.95\text{m}^3$

基础梁工程量 = 各基础梁工程量之和

$= (16.15 + 4.68 + 4.68 + 5.95)\text{m}^3 = 31.46\text{m}^3$

(8) 矩形梁

由图7-14 可知，本例中设计的矩形梁有框架梁及框架梁以外的现浇梁。其计算方法为

矩形梁工程量 = 梁长 × 梁断面积 × 根数

式中，梁高取至现浇板底。则

$1KL_1$ 工程量为：

①轴线：$[(3 - 0.45) \times 0.3 \times (0.4 - 0.12) + (7.8 - 1.5 - 0.225 - 0.125) \times 0.3 \times 0.65 + (1.5 + 0.125 - 0.225) \times 0.3 \times (0.65 - 0.08)]\text{m}^3 = 1.64\text{m}^3$

②、⑦、⑧轴线：$[(3 - 0.45) \times 0.3 \times (0.4 - 0.12) + (7.8 - 0.45) \times 0.3 \times (0.65 - 0.12)]\text{m}^3 \times 3$

$= 4.15\text{m}^3$

$1L_1$ 工程量 $= [(7.8 - 0.15 - 0.075) \times 0.25 \times (0.65 - 0.12)]\text{m}^3 \times 2 = 2.0\text{m}^3$

同理可以计算出其他矩形梁的工程量。

矩形梁工程量 = 各矩形梁工程量之和 $= 58.08\text{m}^3$

(9) 圈梁

由图7-10、图7-11 可知，本例中圈梁设置在砖基础上、标高 −0.06m 处，并与相应部位的构造柱相交。

圈梁工程量＝梁长×梁断面积－构造柱所占体积

$=[(31.8-0.45\times5)+(31.8-0.45\times3-0.5\times2)+(10.8-0.45\times2)\times4]\text{m}\times0.37\text{m}\times0.18\text{m}-0.08_{(GZ)}\text{m}^3=6.49\text{m}^3$

（10）弧形梁

由图7-14可知：在弧形雨篷处设计了弧形梁$1L_3$。

$$弧形梁中心线长=[10.09_{(半径)}\times113.14°_{(圆心角)}\times\frac{3.14}{180°}]\text{m}=19.91\text{m}$$

弧形梁工程量＝弧形梁中心线长×梁断面积

$=(19.91\times0.25\times0.32)\text{m}^3=1.59\text{m}^3$

（11）平板

由图7-12、图7-13可知，本工程中楼板均设计为现浇钢筋混凝土楼板。因为楼板与框架柱相交，而框架柱计算高度已取至板顶，所以

平板工程量＝板长×板宽×板厚－框架柱所占体积

$$一层平板工程量=[32.25\times11.25\times0.12-(0.45^2\times0.12\times16+3.14\times0.25^2\times2\times0.12)_{(柱)}-(3.6-0.075-0.15)\times(7.8-1.5-0.15-0.125)\times0.12_{(楼梯间)}]\text{m}^3=40.66\text{m}^3$$

同理可计算出其他层工程量。

平板工程量＝各层平板工程量之和＝84.13m^3

（12）雨篷板（弧形）

见图7-12，此雨篷板下部梁较多，虽为雨篷但施工接近板，故按平板考虑。

雨篷板(弧形)工程量＝弧形板面积×板厚

$$=[\frac{113.14°}{360°}\times3.14\times(10.09+0.125+0.22)_{(扇形面积)}-50.73_{(三角形面积)}]\text{m}^3\times0.08=4.51\text{m}^3$$

（13）栏板

由图7-12、图7-16可知：弧形雨篷处

$$弧形栏板中心线长=[(10.09+0.125-0.06)\times113.14°\times\frac{3.14}{180°}]\text{m}=20.04\text{m}$$

弧形栏板工程量＝弧形栏板中心线长×栏板高×栏板厚

$=(20.04\times0.8\times0.12)\text{m}^3=1.92\text{m}^3$

（14）雨篷（矩形）

由图7-4、图7-12可知：

雨篷(矩形)工程量＝雨篷板体积＋梁体积

$$=[(3.6+0.225+0.125)\times(1.725-0.225)\times0.08+0.25\times(0.4-0.08)\times(1.75-0.225)\times2+0.2\times(0.4-0.08)\times(3.6+0.45-0.25\times2)]\text{m}^3=0.94\text{m}^3$$

（15）楼梯

由图7-16可知，本工程设计采用现浇钢筋混凝土楼梯。由图7-12可知

楼梯工程量 = 楼梯水平投影面积

$$= [(3.6-0.075-0.15)\times(7.8-1.5-0.15-0.125)]\text{m}^2 = 20.33\text{m}^2$$

(16) 女儿墙压顶

由图7-5、图7-8可知女儿墙的设置位置及其上压顶的断面形式，则

女儿墙压顶工程量 = 女儿墙压顶中心线长

$$= [(32.25+11.25-0.15\times4)\times2]\text{m} = 85.8\text{m}$$

(17) 栏板处压顶

栏板处压顶工程量 = 栏板处压顶中心线长

$$= [(10.09+0.125+0.2-0.16)\times113.14^\circ\times\frac{3.14}{180^\circ}]\text{m}$$

$$= 20.24\text{m}$$

(18) 台阶

由图7-3可知本工程共设计了2个台阶，背面台阶尺寸如图7-8所示。按计算规则，台阶与平台的分界取至台阶最上一层踏步外沿300mm。

台阶工程量 = 台阶水平投影面积

正面台阶工程量 $= [16.8\times(3.3+2.4-0.225)-(16.8-2.4\times2)\times(3.3+2.4-0.225-2.4)]\text{m}^2$

$$= 55.08\text{m}^2$$

背面台阶工程量 $= [3.31\times(2.1+0.3)]\text{m}^2 = 7.94\text{m}^2$

台阶工程量 = 正面台阶工程量 + 背面台阶工程量

$$= (55.08+7.94)\text{m}^2 = 63.02\text{m}^2$$

(19) 散水

本例中设计有散水和台阶，所以

散水工程量 = （散水中心线长 - 台阶所占长度） × 散水宽

由图7-1、图7-3：

$$= [(32.25+11.25)\times2+4\times1-(3.9\times2+9+3.31+0.37\times2)_{(台阶)}]\text{m}\times1\text{m}$$

$$= [(91-20.85)\times1]\text{m}^2 = 70.15\text{m}^2$$

(20) 预制过梁

由图7-9可知本工程设计采用预制过梁。

预制过梁工程量 = 过梁长 × 过梁宽 × 过梁高

C_1 过梁工程量 $= [(2.1+0.37\times2)\times0.18\times0.25\times4]\text{m}^3 = 0.51\text{m}^3$

同理可计算出其他过梁工程量。

预制过梁工程量 = 各过梁工程量之和 $= 2.5\text{m}^3$

(21) 预制沟盖板

由图7-3可知本工程设计有暖沟，沟盖板尺寸如图7-8所示。

每块沟盖板体积 $= (1.24\times0.495\times0.08)\text{m}^3 = 0.049\text{m}^3$

沟盖板块数：$\{[(31.8-0.145\times2)+(10.8-1.27-0.145\times2)+7.8\times2]/0.495\}$ 块

= 114块

沟盖板工程量 = $(0.049 \times 114)\mathrm{m}^3 = 5.59\mathrm{m}^3$

(22) 钢筋

钢筋工程量的计算分两步：第一步以各构件为计算单位，计算各构件的钢筋工程量；第二步按照构件的施工方法（现浇、预制）、钢筋等级、钢筋直径分别汇总钢筋工程量。本书在例 3-10 ~ 例 3-13 中已详细介绍了各构件钢筋工程量的计算方法，此处不再赘述，其钢筋工程量见本单元后所附分部分项工程量清单。

【注意事项】　在多层及高层房屋设计中不同层的钢筋混凝土构件，其混凝土强度等级往往不同，进行工程计价时，应注意区分。

【讨论】

1) 砖混结构与框架结构在计算构造柱工程量时，柱高度的取值有何不同?

2) 当设计采用圈梁代过梁时，应如何列项？相应工程量如何计算?

3) 某工程设计采用井字梁板，进行工程计价时，所列项目与本例是否相同？若不同，应如何列项?

4) 砖混结构中板工程量的计算与本例有何相同与不同之处?

5) 目前在工程设计中，有时采用现浇空心楼板，其工程量如何计算?

6) 构造柱钢筋的接长采用搭接，其钢筋工程量的计算与框架柱有何不同?

7) 框架结构中，中柱钢筋工程量的计算与边柱不同，区别是什么?

8) 基础中钢筋工程量如何计算?

课题7　金属结构工程

金属结构工程适用于建筑物和构筑物的钢结构工程，包括钢网架，钢屋架、钢托架、钢桁架、钢架桥，钢柱，钢梁，钢板楼板、墙板，钢构件，金属制品项目。

一、钢网架

钢网架项目适用于一般钢网架和不锈钢网架。不论节点形式（球形节点、板式节点等）和节点连接方式（焊结、丝结）等均使用本项目。

1. 工程量计算

按设计图示尺寸以质量计算。不扣除孔眼的质量，焊条、铆钉等不另增加质量。

注意：

1) 螺栓的质量要计算。

2) 金属构件中的不规则及多边形钢板按设计图示实际面积乘以厚度以单位理论质量计算，金属构件的切边、切肢，不规则及多边形钢板发生的损耗不计入工程量，在综合单价中考虑。下同。

2. 项目特征

钢网架项目需描述钢材品种、规格，网架节点形式、连接方式，网架跨度、安装高度，探伤要求，防火要求。期中，防火要求指耐火极限。

3. 工程内容

包含拼装，安装，探伤，补刷油漆。

注意：

1）钢网架、钢屋架、刚托架、钢桁架、钢架桥、钢柱、钢梁、楼板、墙板、钢支撑、檩条等项目按成品编制，购置成品价格或现场制作的所有费用应计入综合单价中。购置成品价格中不含油漆费用的，钢构件的刷油漆应按油漆、涂料、裱糊工程单独编码列项；购置成品价格中含油漆费用的，相应项目中含补刷油漆的费用。

2）钢构件的除锈费用应包含在钢构件项目内。

3）钢构件的拼装台的搭拆费用和材料摊销费用应列入措施项目费。

4）钢构件需探伤（射线探伤、超声波探伤、磁粉探伤、金相探伤、着色探伤、荧光探伤等）的费用应包含在钢构件项目内。

二、钢屋架

钢屋架项目适用于一般钢屋架和轻钢屋架及冷弯薄壁型钢屋架。其中，轻钢屋架是指采用圆钢筋、小角钢（小于∟ 45 ×4 等肢角钢、小于∟ 56 ×36 ×4 不等肢角钢）和薄钢板（其厚度一般不大于 4mm）等材料组成的轻型钢屋架；冷弯薄壁型钢屋架是指厚度在 2 ~ 6mm 的钢板或带钢经冷弯或冷拔等方式弯曲而成的型钢组成的屋架。

1. 工程量计算

以榀计量，按设计图示数量计算；以吨计量，按设计图示尺寸以质量计算。不扣除孔眼的质量，焊条、铆钉、螺栓等不另增加质量。

2. 项目特征

钢屋架项目需描述钢材品种、规格，单榀质量，屋架跨度、安装高度，螺栓种类，探伤要求，防火要求。以榀计量时，按标准图设计的应注明标准图代号；按非标准图设计的，必须描述单榀屋架的质量。

3. 工程内容

包含拼装，安装，探伤，补刷油漆。

三、钢柱

钢柱包含实腹钢柱、空腹钢柱及钢管柱项目。实腹钢柱是具有实腹式断面的柱（图 3-40a），实腹钢柱项目适用于实腹钢柱和实腹式型钢混凝土柱；空腹钢柱是具有格构式断面的柱（图 3-40a），“空腹钢柱”项目适用于空腹钢柱和空腹型钢混凝土柱。钢管柱项目适用于钢管柱和钢管混凝土柱。

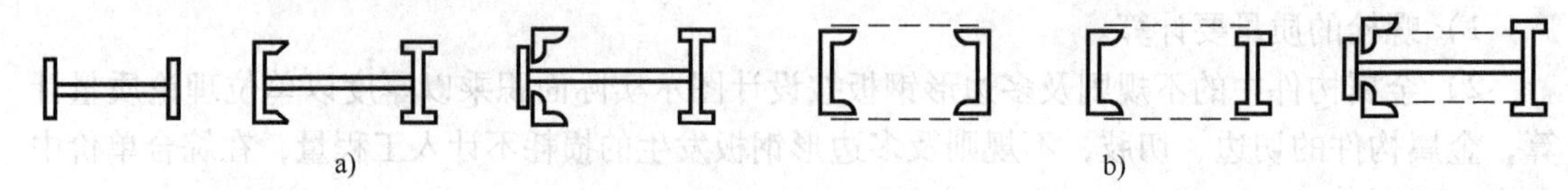

图 3-40 钢柱示意图

a）实腹钢柱 b）空腹钢柱

1. 工程量计算

按设计图示尺寸以质量计算。不扣除孔眼的质量，焊条、铆钉、螺栓等不另增加质量。依附在钢柱上的牛腿及悬臂梁等并入钢柱工程量内；钢管柱上的节点板、加强环、内衬管、牛腿等并入钢管柱工程量内。

2. 项目特征

需描述柱类型，钢材品种、规格，单根柱重量，螺栓种类，探伤要求，防火要求。其中，实腹钢柱类型指十字、T、L、H 形等；空腹钢柱类型指箱形、格构等。

3. 工作内容

包含拼装，安装，探伤，补刷油漆。

注意：型钢混凝土柱浇筑钢筋混凝土，其混凝土和钢筋应按混凝土及钢筋混凝土工程中相关项目编码列项。

四、钢梁

钢梁包含钢梁、钢吊车梁项目。钢梁项目适用于钢梁和实腹式型钢混凝土梁、空腹式型钢混凝土梁。钢吊车梁项目适用于钢吊车梁及吊车梁的制动梁、制动板、制动桁架。

1. 工程量计算

按设计图示尺寸以质量计算。不扣除孔眼的质量，焊条、铆钉、螺栓等不另增加质量，制动梁、制动板、制动桁架、车档并入钢吊车梁工程量内。

2. 项目特征

需描述梁类型，钢材品种、规格，单根质量，安装高度，探伤要求，防火要求。其中，梁类型指 H、L、T 形、箱形、格构式等。

3. 工程内容

包含拼装，安装，探伤，补刷油漆。

注意：型钢混凝土梁浇筑钢筋混凝土，其混凝土和钢筋应按混凝土及钢筋混凝土工程中相关项目编码列项。

五、钢板楼板、墙板

1. 钢板楼板

钢板楼板项目适用于现浇混凝土楼板使用钢板作永久性模板，并与混凝土叠合后组成共同受力的构件。压型钢板是指采用镀锌或经防腐处理的薄钢板，压型钢板楼板按钢板楼板项目编码列项。

（1）工程量计算　按设计图示尺寸以铺设水平投影面积计算，不扣除单个面积≤$0.3m^2$的柱、垛及孔洞所占面积。

（2）项目特征　需描述钢材品种、规格，钢板厚度，螺栓种类，防火要求。

（3）工程内容　包含拼装，安装，探伤，补刷油漆。

注意：压型钢板楼板上浇筑钢筋混凝土，其混凝土和钢筋应按混凝土及钢筋混凝土工程有关项目编码列项。

2. 钢板墙板

（1）工程量计算　按设计图示尺寸以铺挂展开面积计算。不扣除单个面积≤$0.3m^2$的梁、孔洞所占面积，包角、包边、窗台泛水等不另增加面积。

（2）项目特征　需描述钢材品种、规格，钢板厚度、复合板厚度，复合板夹心材料、种类、层数、型号、规格，防火要求。

（3）工程内容　同钢板楼板。

六、钢构件

钢构件中包含钢支撑、钢檩条，钢天窗架，钢梯、钢护栏等项目。

1. 工程量计算

工程量按设计图示尺寸以质量计算，不扣除孔眼的质量，焊条、铆钉、螺栓等不另增加质量。

2. 项目特征

（1）钢支撑　需描述钢材品种、规格，构件类型，安装高度，螺栓种类，探伤要求，防火要求。钢支撑类型是指单式、复式。

（2）钢檩条　需描述钢材品种、规格，构件类型，单根质量，安装高度，螺栓种类，探伤要求，防火要求。钢檩条类型是指型钢式、格构式。

（3）钢天窗架　需描述钢材品种、规格，单榀质量，安装高度，螺栓种类，探伤要求，防火要求。

（4）钢梯　需描述钢材品种、规格，钢梯形式，螺栓种类，探伤要求，防火要求。

（5）钢护栏　需描述钢材品种、规格，防火要求。

3. 工程内容

同钢板楼板。

七、金属制品

金属制品中包含成品空调金属百叶护栏、成品栅栏、成品雨篷、金属网栏、砌块墙钢丝网加固、后浇带金属网等项目。

1. 成品空调金属百叶护栏、成品栅栏

（1）工程量计算　按设计图示尺寸以框外围展开面积计算。

（2）项目特征　需描述材料品种、规格，边框材质。成品栅栏还需描述立柱型钢品种、规格。

（3）工程内容　包含安装，校正，预埋铁件及安螺栓。成品栅栏还包含安金属立柱。

2. 金属网栏

（1）工程量计算　同成品栅栏。

（2）项目特征　需描述材料品种、规格，边框及立柱型钢品种、规格。

（3）工程内容　包含安装，校正，安螺栓及金属立柱。

3. 砌块墙钢丝网加固、后浇带金属网

（1）工程量计算　按设计图示尺寸以面积计算。

（2）项目特征　需描述材料品种、规格，加固方式。

（3）工程内容　包含铺贴，铆固。

注意：抹灰钢丝网加固按砌块墙钢丝网加固项目编码列项。

从上述钢构件工程量计算的叙述中我们可以看出：除钢板楼板、墙板，金属制品项目外，大多数金属构件的工程量是以吨为计量单位计算金属构件的质量的。下面举例说明金属构件质量的计算方法。

【例3-16】　某钢柱结构图如图3-41所示。试列出其清单项目并计算10根钢柱工程量。

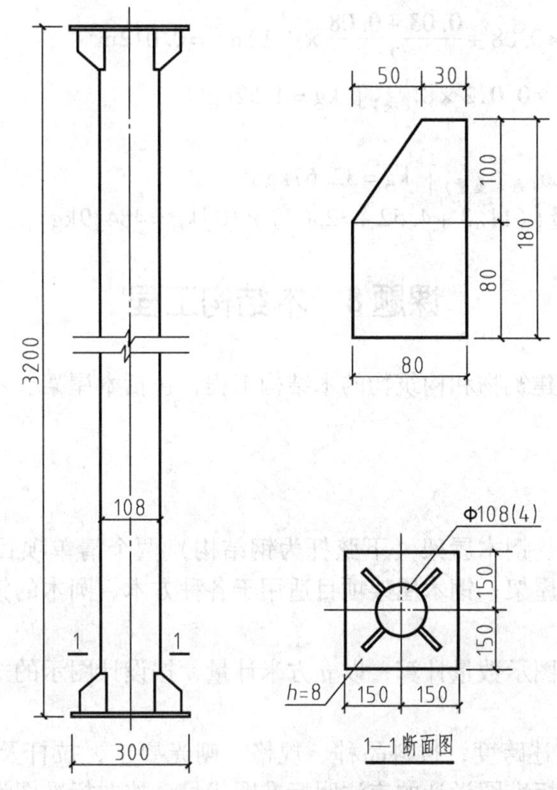

图 3-41　钢管柱结构示意图

【解】 1. 列项

从钢管柱的工程内容中可以看出：钢管柱的报价中包含制作、运输、安装、探伤的费用，则应列清单项目见表 3-31。

表 3-31　清单项目表

序号	项目编码	项目名称	项目特征
1	010603003001	钢管柱	ϕ108（4）钢管柱，钢管、钢板规格详图，超声波探伤，耐火极限为二级

2. 计算工程量

金属构件工程量 = 构件中各钢材重量之和

从图 3-41 中可以看出，钢管柱工程量需计算钢板和钢管的重量。

钢板重量 = 钢板面积 × 钢板每平方米重量

钢管重量 = 钢管长度 × 钢管每米长重量

式中，钢板每平方米重量及钢管每米长重量可从有关表中查出，也可以按下式计算

钢板每平方米重量 = $7.85g/cm^3$ × 钢板厚度

（1）方形钢板（$\delta=8$）

每平方米重量 = $7.85g/cm^3 \times 8mm = 62.8kg/m^2$

钢板面积 = （0.3×0.3）$m^2 = 0.09m^2$

重量小计 = ［$62.8 \times 0.09 \times 2_{(2块)}$］kg = 11.3kg

（2）不规则钢板钢板（$\delta=6$）

每平方米重量 = $7.85g/cm^3 \times 6mm = 47.1kg/m^2$

钢板面积 $=(0.08\times0.08+\frac{0.03+0.08}{2}\times0.1)\text{m}^2=0.012\text{m}^2$

重量小计 $=[47.1\times0.012\times8_{(8块)}]\text{kg}=4.52\text{kg}$

(3) 钢管重量

$[3.184_{(长度)}\times10.26_{(每米重量)}]\text{kg}=32.67\text{kg}$

则10根钢柱的重量 $[(11.3+4.52+32.67)\times10]\text{kg}=484.9\text{kg}$

课题8 木结构工程

木结构工程适用于建筑物和构筑物的木结构工程，包括木屋架、木构件、屋面木基层等项目。

一、木屋架

木屋架包括木屋架、钢木屋架（下弦杆为钢结构）两个清单项目。其中，木屋架项目适用于各种方木、圆木屋架；钢木屋架项目适用于各种方木、圆木的钢木组合屋架。

1. 工程量计算

以榀计量，按设计图示数量计算；以立方米计量，按设计图示的规格尺寸以体积计算。

2. 项目特征

（1）木屋架 需描述跨度，材料品种、规格，刨光要求，拉杆及夹板种类，防护材料种类。以榀计量时，按标准图设计的应注明标准图代号；按非标准图设计的，必须按上述内容描述。

（2）钢木屋架 需描述跨度，材料品种、规格，刨光要求，钢材品种、规格，防护材料种类。

注意：屋架的跨度应以上、下弦中心线两交点之间的距离计算。

3. 工程内容

包含制作，运输，安装，刷防护材料。

注意：

1）与木屋架相连接的挑檐木、钢夹板构件、连接螺栓应包括在木屋架清单项目内。

2）钢拉杆（下弦拉杆）、受拉腹杆、钢夹板、连接螺栓应包括在钢木屋架清单项目内。

3）带气楼的屋架、马尾、折角以及正交部分的半屋架（图3-42），应按相关屋架项目编码列项。

4）木结构有防虫要求时，防虫药剂应包括在木屋架清单项目内。

5）木屋架工作内容中未包含刷油漆、刷防火涂料，发生时应按油漆、涂料、裱糊工程相关项目编码列项。

二、木构件

1. 工程量计算

以立方米计量，按设计图示尺寸以体积计算。以米计量，按设计图示尺寸以长度计算。

2. 项目特征

需描述构件规格尺寸，木材种类，刨光要求，防护材料种类。以米计量时，必须描述构

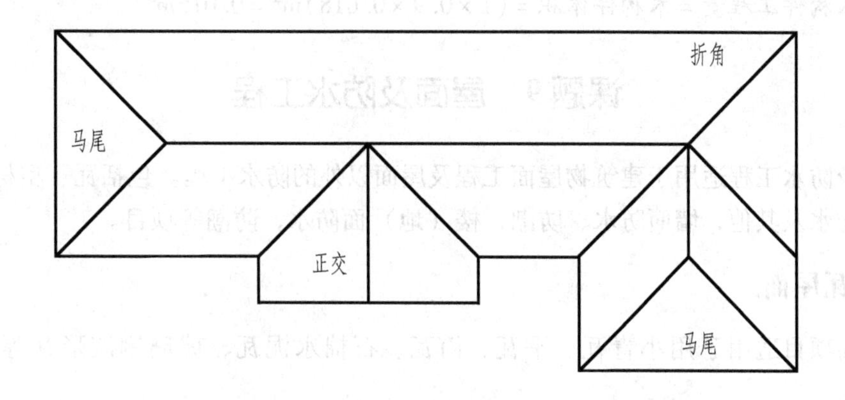

图3-42　屋架的马尾、折角和正交示意图

件规格尺寸。

3. 工程内容

同木屋架。

三、屋面木基层

1. 工程量计算

按设计图示尺寸以斜面积计算。不扣除房上烟囱、风帽底座、风道、小气窗、斜沟等所占面积。小气窗的出檐部分不增加面积。

2. 项目特征

需描述椽子断面尺寸及椽距，望板材料种类、厚度，防护材料种类。

3. 工程内容

包含椽子制作、安装，望板制作、安装，顺水条和挂瓦条制作、安装，刷防护材料。

从工程内容中可以看出，屋面木基层中未包含刷油漆、刷防火涂料，发生时应按油漆、涂料、裱糊工程相关项目编码列项。

能力训练3-6　计算木结构工程工程量

【训练目的】　掌握木结构工程中各清单项目工程量的计算方法。

【能力目标】　能结合实际工程进行各清单项目的列项及工程量的计算。

【原始资料】　××办公楼设计图（见单元7第一部分）

【训练步骤】

1）分析及列项。由图7-8及本课题所述内容可知，本工程应列项目见表3-32。

表3-32　厂库房大门、特种门、木结构工程应列清单项目

序号	项目编码	项目名称	项目特征
1	010702005001	其他木构件	上人孔木盖板

2）工程量计算

其他木构件工程量 = 木构件体积 = $(1\times0.9\times0.018)\text{m}^3=0.016\text{m}^3$

课题9 屋面及防水工程

屋面及防水工程适用于建筑物屋面工程及屋面以外的防水工程。包括瓦、型材及其他屋面，屋面防水及其他，墙面防水、防潮，楼（地）面防水、防潮等项目。

一、瓦屋面

瓦屋面项目适用于用小青瓦、平瓦、筒瓦、石棉水泥瓦、玻璃钢波形瓦等材料做的屋面。

1. 工程量计算

按设计图示尺寸以斜面积计算。不扣除房上烟囱、风帽底座、风道、小气窗、斜沟等所占面积，小气窗出檐部分不增加面积。

2. 项目特征

需描述瓦品种、规格，粘结层砂浆的配合比。

注意：瓦屋面在木基层上铺瓦时，不必描述粘结层砂浆的配合比。

3. 工程内容

包含砂浆制作、运输、摊铺、养护，安瓦、做瓦脊。

注意：

1）瓦屋面做防水层时，可按屋面及防水工程及其他相关工程中的相关项目单独编码列项。

2）瓦屋面的木檩条、木椽子、顺水条、挂瓦条、木屋面板按木结构工程中相关项目编码列项。

3）瓦屋面的木檩条、木椽子、木屋面板需刷防火涂料时，按油漆、涂料、裱糊工程中相关项目编码列项。

二、型材屋面

1. 工程量计算

型材屋面工程量计算同瓦屋面。

2. 项目特征

需描述型材品种、规格，金属檩条材料品种、规格，接缝、嵌缝材料种类。

3. 工程内容

包含檩条制作、运输、安装，屋面型材安装，接缝、嵌缝。

注意：

1）型材屋面的钢檩条或木檩条以及骨架、螺栓、挂钩等应包括在型材屋面项目内，即为完成型材屋面实体所需的一切人工、材料、机械费用都应包括在型材屋面项目内。

2）同瓦屋面中的注意2）。

3）型材屋面中的柱、梁、屋架按金属结构工程、木结构工程中相关项目编码列项。

三、阳光板屋面、玻璃钢屋面

1. 工程量计算

按设计图示尺寸以斜面积计算。不扣除屋面面积≤0.3m^2孔洞所占面积。

2. 项目特征

需描述阳光板品种、规格，骨架材料品种、规格，接缝、嵌缝材料种类，油漆品种、刷油遍数。玻璃钢屋面还需描述玻璃钢固定方式。

3. 工程内容

包含骨架制作、运输、安装、刷防护材料、油漆，阳光板安装（玻璃钢制作、安装），接缝、嵌缝。

注意：

1）阳光板屋面、玻璃钢屋面项目中除包含屋面板外，还包含骨架等施工工序，计价时应注意包含。

2）阳光板屋面、玻璃钢屋面中的柱、梁、屋架按金属结构工程、木结构工程中相关项目编码列项。

四、膜结构屋面

膜结构也称为索膜结构，是一种以膜布与支撑（柱、网架等）和拉结结构（拉杆、钢丝绳等）组成的屋盖、篷顶结构。膜结构屋面项目适用于膜布屋面。

1. 工程量计算

按设计图示尺寸以需要覆盖的水平投影面积计算（图3-43）。

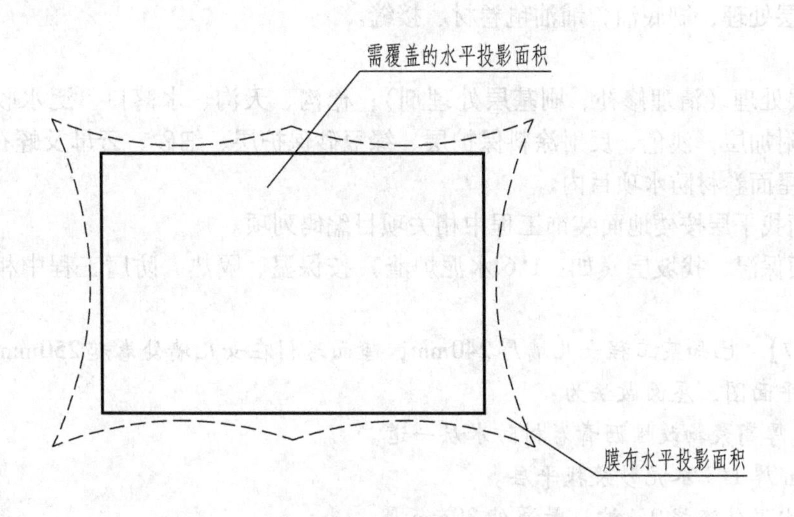

图3-43 膜结构屋面工程量计算示意图

2. 项目特征

需描述膜布品种、规格，支柱（网架）钢材品种、规格，钢丝绳品种、规格，锚固基座做法，油漆品种、刷漆遍数。

3. 工程内容

包含膜布热压胶接，支柱（网架）制作、安装，膜布安装，穿钢丝绳，锚头锚固，锚固基座、挖土、回填，刷防护材料、油漆。

注意：

1）索膜结构中支撑和拉结构件应包括在膜结构屋面项目内。

2）支撑柱的钢筋混凝土柱基、锚固的钢筋混凝土基础以及地脚螺栓、挖土、回填等费用包含在本项目中。

3）瓦屋面、型材屋面、膜结构屋面的钢檩条、钢支撑（柱、网架等）和拉结结构需刷防护材料时，可按相关项目单独编码列项，也可包括在瓦屋面、型材屋面、膜结构屋面项目内。

五、屋面卷材防水

屋面卷材防水项目适用于利用胶结材料粘贴卷材进行防水的屋面，如高聚物改性沥青防水卷材屋面。

1. 工程量计算

按设计图示尺寸以面积计算，其中斜屋顶（不包括平屋顶找坡）按斜面积计算，平屋顶按水平投影面积计算。不扣除房上烟囱、风帽底座、风道、屋面小气窗和斜沟所占面积；屋面的女儿墙、伸缩缝和天窗等处的弯起部分，并入屋面工程量内。

2. 项目特征

需描述卷材品种、规格、厚度，防水层数，防水层做法。

3. 工程内容

包含基层处理，刷底油，铺油毡卷材、接缝。

注意：

1）基层处理（清理修补、刷基层处理剂）；檐沟、天沟、水落口、泛水收头、变形缝等处的卷材附加层；浅色、反射涂料保护层、绿豆砂保护层、细砂、云母及蛭石保护层等费用应包括在屋面卷材防水项目内。

2）屋面找平层按楼地面装饰工程中相关项目编码列项。

3）屋面保温、找坡层（如：1:6水泥炉渣）按保温、隔热、防腐工程中相关项目编码列项。

【例3-17】 已知某工程女儿墙厚240mm，屋面卷材在女儿墙处卷起250mm，图3-44所示为其屋顶平面图，屋面做法为：

① 4mm厚高聚物改性沥青卷材防水层一道。

② 20mm厚1:3水泥砂浆找平层。

③ 1:6水泥焦渣找2%坡，最薄处30mm厚。

④ 60mm厚聚苯乙烯泡沫塑料板保温层。

⑤ 现浇钢筋混凝土板。

试编制屋面工程工程量清单。

【解】 1. 列项

从屋面工程做法中可知，本工程屋面设计有防水层、找平层、找坡层及保温层。根据

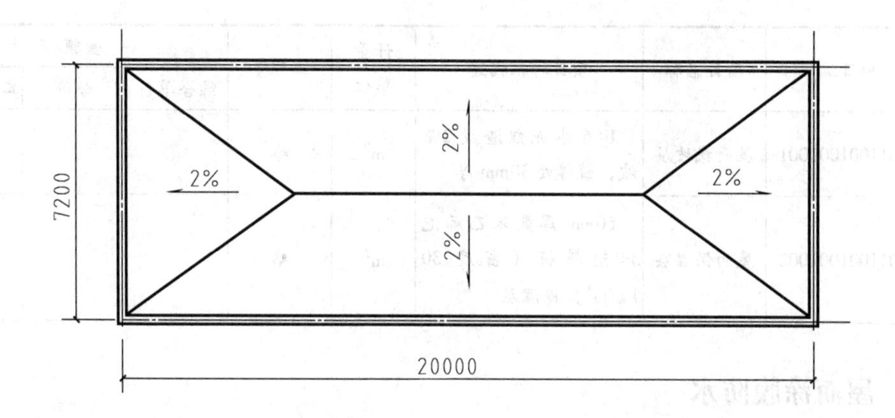

图3-44 屋顶平面图

“屋面卷材防水”项目中所包含工程内容，应列项目有屋面卷材防水、找平层、找坡层、屋面保温。

2. 计算工程量

根据列项情况，本例需计算屋面卷材防水工程量，找平层工程量、找坡层工程量和屋面保温层工程量。

(1) 屋面卷材防水工程量

屋面面积 = 屋面净长 × 屋面净宽

$= [(20-0.12\times2)\times(7.2-0.12\times2)]\mathrm{m}^2 = 137.53\mathrm{m}^2$

女儿墙弯起部分面积 = 女儿墙内周长 × 卷材弯起高度

$= [(20-0.12\times2+7.2-0.12\times2)\times2\times0.25]\mathrm{m}^2$

$= (53.44\times0.25)\mathrm{m}^2 = 13.36\mathrm{m}^2$

屋面卷材防水层工程量 = 屋面面积 + 在女儿墙处弯起部分面积

$= (137.53+13.36)\mathrm{m}^2 = 150.89\mathrm{m}^2$

(2) 找平层工程量、找坡层工程量和屋面保温层工程量

找平层工程量、找坡层工程量和保温层工程量的计算方法见楼地面装饰工程、保温、隔热、防腐工程。

3. 屋面工程工程量清单

屋面工程工程量清单见表3-33。

表3-33 屋面工程工程量清单与计价表

工程名称：××× 标段： 第 页共 页

序号	项目编码	项目名称	项目特征描述	计量单位	工程量	金额/元		
						综合单价	合价	其中：暂估价
1	010902001001	屋面卷材防水	4mm厚高聚物改性沥青卷材防水层一道	m^2	150.89			
2	011101006001	屋面砂浆找平层	20mm厚1:3水泥砂浆找平层	m^2	略			

（续）

序号	项目编码	项目名称	项目特征描述	计量单位	工程量	金额/元		
						综合单价	合价	其中：暂估价
3	011001001001	屋面找坡层	1∶6水泥焦渣找2%坡，最薄处30mm厚	m^2	略			
4	011001001002	屋面保温层	60mm厚聚苯乙烯泡沫塑料板（密度30 kg/m^3）保温层	m^2	略			

六、屋面涂膜防水

涂膜防水是指在基层上涂刷防水涂料，经固化后形成具有防水效果的薄膜。屋面涂膜防水项目适用于厚质涂料、薄质涂料和有加增强材料或无加增强材料的涂膜防水屋面。其工程量计算同屋面卷材防水项目。

1. 项目特征

需描述防水膜品种，涂膜厚度、遍数，增强材料种类。

2. 工程内容

包含基层处理，刷基层处理剂，铺布、喷涂防水层。

注意事项同屋面卷材防水项目。

七、屋面刚性层

屋面刚性层适用于细石混凝土、补偿收缩混凝土、块体混凝土、预应力混凝土和钢纤维混凝土等刚性防水屋面。

1. 工程量计算

按设计图示尺寸以面积计算。不扣除房上烟囱、风帽底座、风道等所占面积。

2. 项目特征

需描述刚性层厚度，混凝土种类，混凝土强度等级，嵌缝材料种类，钢筋规格、型号。当刚性层无钢筋时，不必描述钢筋规格、型号。

3. 工程内容

包含基层处理，混凝土制作、运输、铺筑、养护，钢筋制安。

注意：刚性防水屋面的分格缝、泛水、变形缝部位的防水卷材、密封材料、背衬材料、沥青麻丝等费用应包括在刚性防水屋面项目内。

八、屋面排水管

屋面排水管项目适用于各种排水管材（PVC管、玻璃钢管、铸铁管等）项目。

1. 工程量计算

按设计图示尺寸以长度计算。如设计未标注尺寸，以檐口至设计室外散水上表面垂直距离计算。

2. 项目特征

需描述排水管品种、规格，雨水斗、山墙出水口品种、规格，接缝、嵌缝材料种类，油漆品种、刷漆遍数。

3. 工程内容

包含排水管及配件安装、固定，雨水斗、山墙出水口、雨水箅子安装，接缝、嵌缝，刷漆。

注意：雨水口、水斗、箅子板、安装排水管的卡箍及刷漆等都应包括在排水管项目内。

九、屋面变形缝

屋面变形缝项目适用于屋面部位的抗震缝、温度缝、沉降缝的处理。

1. 工程量计算

按设计图示以长度计算。

2. 项目特征

需描述嵌缝材料种类，止水带材料种类，盖缝材料，防护材料种类。

3. 工程内容

包含清缝，填塞防水材料，止水带安装，盖缝制作、安装，刷防护材料。

从工程内容中可以看出，屋面变形缝项目中包含填缝、止水带、盖板，计价时应注意包含。下同。

十、墙面卷材防水、涂膜防水

墙面卷材防水、涂膜防水项目适用于基础、墙面等部位的防水。

1. 工程量计算

按设计图示尺寸以面积计算。计算式如下：

（1）墙基防水

$$墙基防水层工程量 = 防水层长 \times 防水层宽$$

式中，外墙基防水层长度取外墙中心线长，内墙基防水层长度取内墙净长。

（2）墙身防水

$$墙身防水层工程量 = 防水层长 \times 防水层高$$

式中，外墙面防水层长度取外墙外边线长，内墙面防水层长度取内墙面净长。

注意：墙面防水搭接及附加层用量不另行计算，在综合单价中考虑。

2. 项目特征

（1）墙面卷材防水　需描述卷材品种、规格、厚度，防水层数，防水层做法。

（2）墙面涂膜防水　需描述防水膜品种，涂膜厚度、遍数，增强材料种类。

3. 工程内容

包含基层处理，刷粘结剂（刷基层处理剂），铺防水卷材（铺布、喷涂防水层），接缝、嵌缝。

注意：

1）刷基础处理剂、刷胶粘剂、胶粘卷材防水、特殊处理部位的嵌缝材料、附加卷材垫衬的费用应包含在墙面卷材防水、涂膜防水项目内。

2）永久性保护层（如砖墙、混凝土地坪等）应按相关项目编码列项。

3）墙基、墙身的防水应分别编码列项。

4）墙面找平层按墙、柱面装饰与隔断、幕墙工程中相关项目编码列项。

【例3-18】 某房屋形状为矩形，地下室墙身外侧做防水层，如图3-45所示。已知外墙外边线长50m，其工程做法做法为：

① 20厚1∶2.5水泥砂浆找平层。

② 冷粘结剂一道。

③ 4mm厚改性沥青卷材防水层。

④ 20mm厚1∶2.5水泥砂浆保护层。

⑤ 砌砖保护墙（厚度115mm）。

试编制墙身防水工程工程量清单。

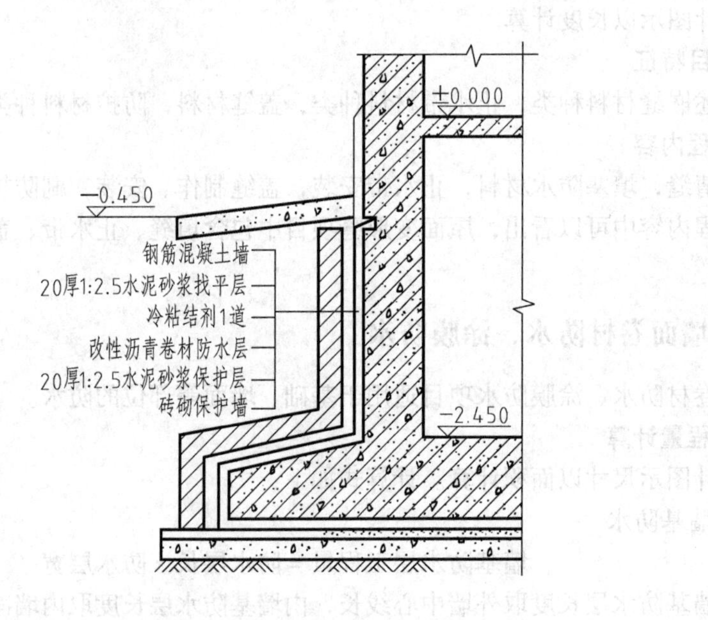

图3-45 地下室墙身防水示意图

【解】 1. 列项

根据墙身防水的工程内容及本例工程做法可知，墙身防水工程应列清单项目有墙面卷材防水、墙面找平层、实心砖墙。

2. 工程量计算

（1）墙面卷材防水层工程量

墙面卷材防水层工程量 = 防水层长 × 防水层高 = $[50\times(2.45-0.45)]\text{m}^2 = 100\text{m}^2$

（2）墙面找平层工程量

同墙面卷材防水层工程量。具体计算方法见墙、柱面装饰与隔断、幕墙工程。

（3）实心砖墙工程量

实心砖墙工程量 = 墙长 × 墙高 × 墙厚

$$= \left[\left(50+\frac{0.115}{2}\times 8\right)\times 2.0\times 0.115\right]\text{m}^3$$

$$= (50.29\times 2.0\times 0.115)\text{m}^3 = 11.57\text{m}^3$$

3. 墙基防水工程工程量清单（表3-34）

表3-34　防水工程工程量清单与计价表

工程名称：×××　　　　　　　标段：　　　　　　　　　　第　页共　页

序号	项目编码	项目名称	项目特征描述	计量单位	工程量	金额/元		
						综合单价	合价	其中：暂估价
1	010903001001	卷材防水	4mm厚高聚物改性沥青卷材防水层冷粘结剂一道	m^2	100			
2	011201004001	墙面砂浆找平	20mm厚1:2.5水泥砂浆找平层（双层）	m^2	100			
3	010401003001	实心砖墙	M5.0水泥砂浆砌120mm厚粘土砖保护墙	m^3	11.57			

十一、墙面砂浆防水（潮）

墙面砂浆防水（潮）项目适用于地下、基础、墙面等部位的防水防潮。其工程量计算方法同墙面卷材防水项目。

1. 项目特征

需描述防水层做法，砂浆厚度、配合比，钢丝网规格。

2. 工程内容

包含基层处理，挂钢丝网片，设置分格缝，砂浆制作、运输、摊铺、养护。

注意：防水、防潮层的外加剂费用应包含在该项目中。

十二、墙面变形缝

墙面变形缝项目适用于墙体部位的抗震缝、温度缝、沉降缝的处理。

1. 工程量计算

按设计图示以长度计算。若做双面，工程量乘以系数2。

2. 项目特征

需描述嵌缝材料种类，止水带材料种类，盖缝材料，防护材料种类。

3. 工程内容

包含清缝，填塞防水材料，止水带安装，盖板制作、安装，刷防护材料。

十三、楼（地）面卷材防水、涂膜防水、砂浆防水（防潮）

1. 工程量计算

按设计图示尺寸以面积计算。楼（地）面防水按主墙间净空面积计算，扣除凸出地面的构筑物、设备基础等所占面积；不扣除间壁墙及单个≤$0.3m^2$的柱、垛、烟囱和孔洞所占面积。楼（地）面防水反边高度≤300mm算做地面防水，反边高度>300mm按墙面防水计算。

计算式如下：

地面防水层工程量 = 主墙间净空面积 - 凸出地面的构筑物、设备基础等所占面积 + 防水反边面积（高度≤300mm）

注意：楼（地）面防水搭接及附加层用量不另行计算，在综合单价中考虑。

2. 项目特征

（1）楼（地）面卷材防水　需描述卷材品种、规格、厚度，防水层数，防水层做法，反边高度。

（2）楼（地）面涂膜防水　需描述防水膜品种，涂膜厚度、遍数，增强材料种类，反边高度。

（3）楼（地）面砂浆防水（防潮）　需描述防水层做法，砂浆厚度、砂浆配合比，反边高度。

3. 工程内容

（1）楼（地）面卷材防水　包含基层处理，刷粘结剂，铺防水卷材，接缝、嵌缝。

（2）楼（地）面涂膜防水　包含基层处理，刷基层处理剂，铺布、喷涂防水层。

（3）楼（地）面砂浆防水（防潮）　包含基层处理，砂浆制作、运输、摊铺、养护。

注意：

1）刷基础处理剂、刷胶粘剂、胶粘卷材防水、特殊处理部位的嵌缝材料、附加卷材垫衬的费用应包含在楼（地）面卷材防水、涂膜防水项目内。

2）楼（地）面防水找平层、垫层按相关项目编码列项

十四、楼（地）面变形缝

楼（地）面变形缝项目适用于基础、楼面、地面等部位的抗震缝、温度缝、沉降缝的处理。其工程量计算、项目特征、工程内容同屋面变形缝项目。

能力训练3-7　计算屋面及防水工程工程量

【训练目的】　掌握屋面及防水工程中各清单项目工程量的计算方法。

【能力目标】　能结合实际工程进行各清单项目的列项及工程量的计算。

【原始资料】　××办公楼设计图（见单元7第一部分）。

【步骤】

1. 分析及列项

由图7-1及本课题所述内容可知，本工程应列项目见表3-35。

表3-35　屋面及防水工程应列清单项目

序号	项目编码	项目名称	项目特征
1	010902001001	屋面卷材防水	SBS改性沥青卷材防水层（带砂保护层）
2	011101006001	屋面找平层	20mm厚1:2水泥砂浆找平层
3	010702004001	屋面排水管	ϕ100UPVC排水管

2. 工程量计算

（1）屋面卷材防水

由图7-7可知，本工程屋面采用女儿墙外排水。女儿墙处卷材弯起高度按250mm计算，则

女儿墙中心线长 $=[(32.25-0.12\times2+11.25-0.12\times2)\times2]\text{m}=86.04\text{m}$

女儿墙内侧长 $=[(32.25-0.24\times2+11.25-0.24\times2)]\times2]\text{m}=85.08\text{m}$

屋面卷材防水工程量＝屋面面积＋女儿墙弯起部分面积

＝屋面建筑面积－女儿墙所占面积＋女儿墙弯起部分面积

$=(362.81-86.04\times0.24+85.08\times0.25)\text{m}^2=363.43\text{m}^2$

（2）屋面找平层

屋面找平层工程量＝屋面卷材防水工程量 $=363.43\text{m}^2$

（3）屋面排水管

由图7-5、图7-8可知，

屋面排水管工程量＝排水管长度

$=[(8.7+1.2)\times4+(4.76+1.2)\times2]\text{m}=51.52\text{m}$

【注意事项】屋面防水与屋面以外其他部位的防水应套用不同的清单项目。

【讨论】

1）当采用挑檐外排水时，其卷材防水工程量应如何计算？

2）某工程设计有沉降缝，则所列变形缝项目的工程量应计算哪些部位？屋面、地面、等变形缝的工程量应合并计算还是分开计算？

课题10 保温、隔热、防腐工程

保温、隔热、防腐工程适用于工业与民用建筑的基础、地面、墙面防腐，楼地面、墙体、屋盖的保温、隔热工程。其包括保温、隔热，防腐面层、其他防腐等项目。

一、保温隔热屋面

保温隔热屋面项目适用于各种保温隔热材料屋面。

1. 工程量计算

按设计图示尺寸以面积计算。扣除面积 $>0.3\text{m}^2$ 的孔洞及占位面积。

2. 项目特征

需描述保温隔热材料品种、规格、厚度，隔气层材料品种、厚度，粘结材料种类、做法，防护材料种类、做法。

3. 工程内容

包含基层清理，刷粘接材料，铺粘保温层，铺、刷（喷）防护材料。

注意：

1）屋面保温隔热层上的防水层应按屋面及防水工程中相关项目单独编码列项。

2）预制隔热板屋面的隔热板与砖墩分别按混凝土及钢筋混凝土工程和砌筑工程相关项目编码列项。

3）屋面保温隔热的找坡、找平层应分别按保温、隔热、防腐工程和楼地面装饰工程中相关项目编码列项。

4）屋面保温隔热的装饰面层按楼地面装饰工程中相关项目编码列项。

二、保温隔热天棚

保温隔热天棚项目适用于各种材料的下贴式或吊顶上搁置式的保温隔热天棚。

1. 工程量计算

按设计图示尺寸以面积计算。扣除面积 >0.3m^{2}的上柱、垛、孔洞所占面积，与天棚相连的梁按展开面积计算，并入天棚工程量内。

2. 项目特征

需描述保温隔热面层材料品种、规格、性能，保温隔热材料品种、规格及厚度，粘结材料种类及做法，防护材料种类及做法。

3. 工程内容

同保温隔热屋面。

注意：

1）下贴式如需底层抹灰时，应在项目特征中描述抹灰材料种类、厚度，其费用包括在保温隔热天棚项目内。

2）保温隔热材料需加药物防虫剂时，清单编制人应在清单中进行描述。

3）保温面层外的装饰面层按天棚工程相关项目编码列项。

三、保温隔热墙面

保温隔热墙面项目适用于工业与民用建筑物外墙、内墙保温隔热工程。

1. 工程量计算

按设计图示尺寸以面积计算。扣除门窗洞口以及面积 >0.3m^{2}的梁、孔洞所占面积；门窗洞口侧壁以及与墙相连的柱，并入保温墙体工程量内。

2. 项目特征

需描述保温隔热部位，保温隔热方式（内保温、外保温、夹心保温），踢脚线、勒脚线保温做法，龙骨材料品种、规格，保温隔热面层材料品种、规格、性能，保温隔热材料品种、规格及厚度，增强网及抗裂防水砂浆种类，粘结材料种类及做法，防护材料种类及做法。

3. 工程内容

包含基层清理，刷界面剂，安装龙骨，填贴保温材料，保温板安装，粘贴面层，铺设增强格网、抹抗裂、防水砂浆面层，嵌缝，铺、刷（喷）防护材料。

注意：

1）外墙外保温和内保温的面层应包括在保温隔热墙面项目报价内，其装饰层应按墙、柱面装饰与隔断、幕墙工程有关项目编码列项。

2）内保温的内墙保温踢脚线应按楼地面装饰相关项目编码列项。

3）外保温、内保温、内墙保温的基层抹灰或刮腻子应按墙、柱面装饰与隔断、幕墙工程相关项目编码列项。

4）保温隔热墙面的嵌缝按墙面变形缝项目编码列项。

5）增强网及抗裂防水砂浆包括在保温隔热墙面项目内。

四、保温柱、梁

保温柱、梁项目适用于不与墙、天棚相连的各种材料的柱、梁保温。其项目特征及工程内容同保温隔热墙面。

保温柱、梁工程量按设计图示尺寸以面积计算。其中，柱按设计图示柱断面保温层中心线展开长度乘以保温层高度以面积计算，扣除面积 $>0.3\text{m}^2$ 的梁所占面积；梁按设计图示梁断面保温层中心线展开长度乘以保温层长度以面积计算。

注意：柱帽保温隔热应并入天棚保温隔热工程量内。

五、保温隔热楼地面

保温隔热楼地面项目适用于各种材料（沥青贴软木、聚苯乙烯泡沫塑料板等）的楼地面隔热保温。

1. 工程量计算

按设计图示尺寸以面积计算。扣除门窗洞口及面积 $>0.3\text{m}^2$ 的柱、垛、孔洞等所占面积。门洞、空圈、暖气包槽、壁龛的开口部分不增加面积。

2. 项目特征

需描述保温隔热部位，保温隔热材料品种、规格、厚度，隔气层材料品种、厚度，粘结材料种类、做法，防护材料种类、做法。

3. 工程内容

包含基层清理，刷粘贴材料，铺贴保温层，铺、刷（喷）防护材料。

注意：池槽保温隔热应按其他保温隔热项目编码列项。

六、防腐混凝土（砂浆、胶泥）面层

防腐混凝土（砂浆、胶泥）面层项目适用于平面或立面的水玻璃混凝土（砂浆、胶泥）、沥青混凝土（砂浆、胶泥）、树脂混凝土（砂浆、胶泥）以及聚合物水泥砂浆等防腐工程。

1. 工程量计算

按设计图示尺寸以面积计算。平面防腐，应扣除凸出地面的构筑物、设备基础等以及面积 $>0.3\text{m}^2$ 的孔洞、柱、垛等所占面积，门洞、空圈、暖气包槽、壁龛的开口部分不增加面积。立面防腐，扣除门、窗、洞口以及面积 $>0.3\text{m}^2$ 的孔洞、梁所占面积，门、窗、洞口侧壁、垛突出部分按展开面积并入墙面积内。

2. 项目特征

需描述防腐部位，面层厚度，砂浆、混凝土、胶泥种类、配合比。

3. 工程内容

包含基层清理，基层刷稀胶泥，混凝土（砂浆）制作、运输、摊铺、养护，胶泥调制、摊铺。

注意：

1）因防腐材料不同，带来的价格差异就会很大，因而清单项目中必须列出混凝土、砂浆、胶泥的材料种类，如水玻璃混凝土、沥青混凝土等。

2）防腐工程中需酸化处理、养护的费用应包含在该项目中。

能力训练3-8 计算保温、隔热、防腐工程工程量

【训练目的】 掌握防腐、隔热、保温工程中各清单项目工程量的计算方法。

【能力目标】 能结合实际工程进行各清单项目的列项及工程量的计算。

【原始资料】 ××办公楼设计图（见单元7第一部分）。

【步骤】

1. 分析及列项

由图7-1、图7-5及本课题所述内容可知，本工程应列项目见表3-36。

表3-36 防腐、隔热、保温工程应列清单项目

序号	项目编码	项目名称	项目特征
1	011001001001	保温屋面	60mm厚屋面外保温聚苯乙烯泡沫塑料板
2	011001001002	屋面找坡	1:6水泥焦渣找2%坡，最薄处30mm厚

2. 工程量计算

屋面保温层工程量＝保温层面积

＝屋面建筑面积－女儿墙所占面积

$=(362.81-86.04\times0.24)\mathrm{m}^2=342.16\mathrm{m}^2$

屋面找坡层工程量＝屋面保温层工程量$=342.16\mathrm{m}^2$

【注意事项】 保温、隔热层工程量均按图示面积计算。这里的“图示”所体现的含义是：保温层计算长度应取保温层中心线长，而非结构尺寸。例如，当为外墙保温时，保温层计算长度应取外墙保温层的中心线长，而不能取外墙外边线长。其他部位保温层工程量的计算依此进行。

思考与练习题

1. 请说明下列各工程项目，在分部分项工程量清单项目特征描述栏内需描述那些内容？

1）挖一般土方。

2）实心砖墙。

3）现浇混凝土柱。

4）预制空心板。

5）钢网架。

6）屋面卷材防水。

7）变形缝。

2. 某6层框架结构办公楼，设计框架柱混凝土强度等级为：1、2层柱采用C35；3、4层柱采用C30；5、6层柱采用C25。要求编制钢筋混凝土柱的工程量清单。

单元4　装饰装修工程工程量计算

【单元概述】

在分部分项工程量清单中，实体项目的工程数量是其核心内容，本单元详细介绍了装饰装修工程中楼地面装饰工程，门窗工程，墙、柱面装饰与隔断、幕墙工程，天棚工程等工程量清单项目的工程量计算方法，并强调了各清单项目所包含的工程内容及要描述的项目特征。在能力训练部分通过对一个完整工程实例的具体分析、计算、讨论，来进一步说明装饰装修工程中工程量清单项目的工程量计算方法。

【学习目标】

通过本单元的学习及综合训练，要求学生能较熟练地完成装饰装修工程工程量清单项目的工程量计算。

课题1　楼地面装饰工程

本课题适用于楼地面、楼梯、台阶等装饰工程。它包括整体面层及找平层、块料面层、橡塑面层、其他材料面层、踢脚线、楼梯面层、台阶装饰、零星装饰等项目。

一、整体面层

整体面层项目包括水泥砂浆、现浇水磨石、细石混凝土、菱苦土楼地面、自流坪楼地面5个清单项目，适用楼面、地面所做的整体面层工程。

1. 工程量计算

整体面层工程量按设计图示尺寸以面积计算。扣除凸出地面构筑物、设备基础、室内铁道、地沟等所占面积；不扣除间壁墙及小于或等于$0.3m^2$的柱、垛、附墙烟囱及孔洞所占面积。门洞、空圈、暖气包槽、壁龛的开口部分不增加面积。其中，间壁墙是指墙厚≤120mm的墙。

2. 项目特征

需描述找平层厚度、砂浆配合比，素水泥浆遍数，面层厚度、砂浆配合比或混凝土强度等级，面层做法要求。

对于现浇水磨石楼地面需要描述的项目特征还有：嵌条材料种类、规格，石子种类、规格、颜色，颜料种类、颜色，图案要求，磨光、酸洗、打蜡要求。

嵌条材料是用于水磨石的分格、作图案等的嵌条，如玻璃嵌条、铜嵌条、铝合金嵌条、不锈钢嵌条等。

3. 工程内容

整体面层所包含的工程内容有：基层清理，抹找平层，抹面层（或面层铺设），嵌缝条安装，磨光、酸洗、打蜡，材料运输等。

从工作内容中可以看出，整体面层项目中包含面层、找平层，但未包含垫层、防水层。计价时，垫层应按砌筑工程或混凝土及钢筋混凝土中相关项目编码列项，防水层应按屋面及防水工程中相关项目编码列项。块料面层同。

二、平面砂浆找平层

平面砂浆找平层项目适用于仅做找平层的平面抹灰。

1. 工程量计算

按设计图示尺寸以面积计算。

2. 项目特征

需描述找平层厚度、砂浆配合比。

3. 工程内容

包含基层清理，抹找平层，材料运输。

【例4-1】 如图4-1所示的某建筑平面图，地面构造做法为：20mm厚1∶2水泥砂浆抹面压实抹光（面层）；刷素水泥浆结合层一道（结合层）；60mm厚C20细石混凝土找坡层，最薄处30mm厚；聚氨酯涂膜防水层厚1.5～1.8mm，防水层周边卷起150mm；40mm厚C20细石混凝土随打随抹平；150mm厚3∶7灰土垫层；素土夯实。试编制水泥砂浆地面工程量清单。

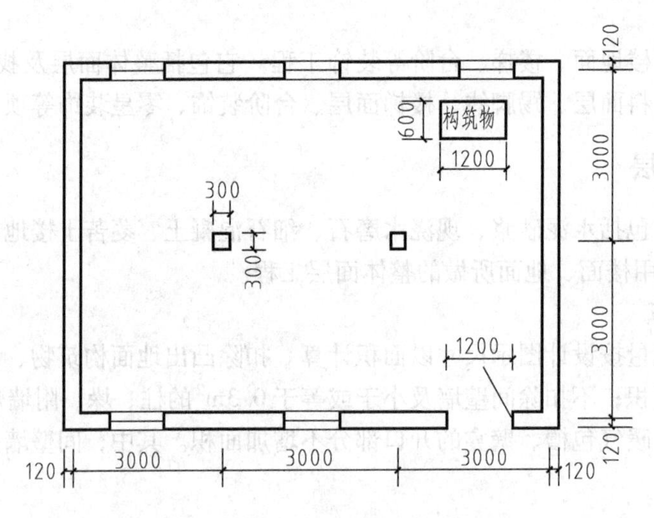

图4-1 建筑物平面示意图

解： 1. 计算水泥砂浆地面工程量：

$$S=[(3\times3-0.12\times2)\times(3\times2-0.12\times2)-1.2\times0.8]\text{m}^2=49.50\text{m}^2$$

聚氨酯涂膜防水层、150mm厚3∶7灰土垫层工程量计算方法见屋面及防水工程和砌筑工程。

2. 编制工程量清单

水泥砂浆地面工程量清单见表4-1

表4-1　分部分项工程量清单与计价表

工程名称：×××　　　　标段：　　　　第　页共　页

序号	项目编码	项目名称	项目特征描述	计量单位	工程量	金额/元		
						综合单价	合价	其中：暂估价
1	011101001001	水泥砂浆楼地面	20mm 厚 1∶2 水泥砂浆抹面压实抹光（面层） 刷素水泥浆结合层一道（结合层） 60mm 厚 C20 细石混凝土找坡层，最薄处 30mm 厚	m^2	49.50			
2	010904002001	地面涂膜防水	聚氨酯涂膜防水层 1.5～1.8mm，防水层周边卷起 150mm	m^2	略			
3	011101006001	平面找平层	40mm 厚 C20 细石混凝土随打随抹平	m^2	略			
4	010404001001	灰土垫层（一层地面）	150mm 厚 3∶7 灰土垫层	m^3	略			

三、块料面层

块料面层包括石材楼地面、碎石楼地面、块料楼地面 3 个清单项目，适用楼面、地面所做的块料面层工程。

1. 工程量计算

按设计图示尺寸以面积计算。门洞、空圈、暖气包槽、壁龛的开口部分并入相应的工程量内。

2. 项目特征

需描述找平层厚度、砂浆配合比，结合层厚度、砂浆配合比，面层材料品种、规格、颜色，嵌缝材料种类，防护层材料种类，酸洗、打蜡要求。

防护材料是耐酸、耐碱、耐臭氧、耐老化、防火、防油渗等材料。

酸洗、打蜡磨光，水磨石、菱苦土、陶瓷块料等，均可用酸洗（草酸）清洗油渍、污渍，然后打蜡（蜡脂、松香水、鱼油、煤油等按设计要求配合）和磨光。

注意：

1）碎石材面层材料可不描述规格、颜色。

2）石材、块料与粘结材料的结合面刷防渗漏材料的种类在防护层材料种类中描述。

3. 工程内容

包含基层清理，抹找平层，面层铺设、磨边，嵌缝，刷防护材料，酸洗、打蜡，材料运输。其中，磨边是指施工现场磨边。

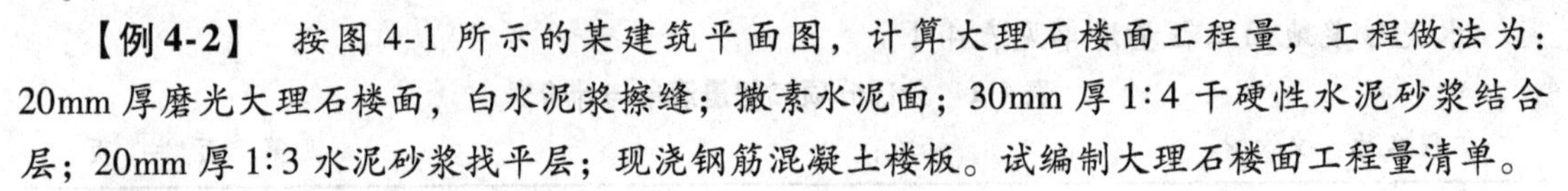

【例4-2】 按图4-1所示的某建筑平面图，计算大理石楼面工程量，工程做法为：20mm厚磨光大理石楼面，白水泥浆擦缝；撒素水泥面；30mm厚1∶4干硬性水泥砂浆结合层；20mm厚1∶3水泥砂浆找平层；现浇钢筋混凝土楼板。试编制大理石楼面工程量清单。

【解】1. 计算工程量

$$S=[(3\times3-0.12\times2)\times(3\times2-0.12\times2)-0.3\times0.3\times2-1.2\times0.8+1.2\times0.24]\text{m}^2$$
$$=49.61\text{m}^2$$

2. 编制工程量清单

石材楼地面工程工程量清单见表4-2。

表4-2 分部分项工程量清单与计价表

工程名称：××× 标段： 第 页共 页

序号	项目编码	项目名称	项目特征描述	计量单位	工程量	金额/元		
						综合单价	合价	其中：暂估价
1	011102001001	石材楼地面	20mm厚磨光大理石楼面（米黄色、600mm×600mm） 撒素水泥面 30mm厚1∶4干硬性水泥砂浆结合层 20mm厚1∶3水泥砂浆找平层	m^2	49.61			

四、橡塑面层

橡塑面层包括橡胶板、橡胶板卷材、塑料板、塑料卷材楼地面4个清单项目。

橡塑面层各清单项目适用于用粘结剂（如CX401胶等）粘贴橡塑楼面、地面面层工程。

1. 工程量计算

按设计图示尺寸以面积计算。门洞、空圈、暖气包槽、壁龛的开口部分并入相应的工程量内。

2. 项目特征

需要描述粘结层厚度、材料种类，面层材料品种、规格、颜色，压线条种类。

压线条是指地毯、橡胶板、橡胶卷材铺设的压线条，如铝合金、不锈钢、铜压线条等。

3. 工程内容

包含基层清理，面层铺贴，压缝条装订，材料运输。

从工作内容中可以看出，橡塑面层项目中未包含找平层。计价时，找平层应按楼地面装饰工程中相关项目编码列项。

五、其他材料面层

其他材料面层包括地毯楼地面，竹、木（复合）地板，防静电活动地板，金属复合地板4个清单项目。

1. 工程量计算

同橡塑面层。

2. 项目特征

需描述面层材料品种、规格、颜色，防护材料种类，粘结材料种类，压线条种类。

各清单项目除了以上项目特征外，还需要描述以下特征：

竹、木（复合）地板，金属复合地板需描述龙骨材料种类、规格、铺设间距，基层材料种类、规格，防护材料种类。

防静电活动地板需描述支架高度、材料种类。

3. 工程内容

包含基层清理，铺贴面层，刷防护材料，材料运输。

各清单项目除了需要完成以上工程内容外，还有以下的工作内容需要完成：

楼地面地毯包含装钉压条。

竹、木（复合）地板，金属复合地板包含龙骨铺设，基层铺设。

防静电活动地板包含固定支架安装，活动面层安装。

六、踢脚线

踢脚线包括水泥砂浆踢脚线、石材踢脚线、块料踢脚线、塑料板踢脚线、木质踢脚线、金属踢脚线、防静电踢脚线7个清单项目。

1. 工程量计算

以平方米计量，按设计图示长度乘以高度以面积计算；以米计量，按延长米计算。

2. 项目特征

需描述踢脚线高度，粘结层厚度、材料种类，面层材料品种、规格、颜色。

除了需要描述以上共同特征外，个别项目还需要描述以下特征：

石材、块料踢脚线需要描述防护材料种类。

塑料板踢脚线需要描述粘结层厚度、材料种类。

木质、金属、防静电踢脚线需要描述基层材料种类、规格。

3. 工程内容

包含基层清理，底层抹灰，面层铺贴，材料运输。石材踢脚线、块料踢脚线还包含磨边，擦缝，磨光、酸洗、打蜡，刷防护材料；

【例4-3】 按图4-1所示的某建筑平面图，室内为水泥砂浆地面，踢脚线做法为1:2水泥砂浆踢脚线，厚度20mm，高150mm，试编制该项目工程量清单。

解： 1. 计算工程量

以平方米计量：

$$L=[(3\times3-0.12\times2)\times2+(3\times2-0.12\times2)\times2-1.2_{(\text{门宽})}+(0.24-0.08_{(\text{门框宽})})\times1/2\times2_{(\text{门侧边})}+0.3\times4\times2_{(\text{柱侧边})}]\text{m}=30.40\text{m}$$

$$S=(30.40\times0.15)\text{m}^2=4.56\text{m}^2$$

2. 编制工程量清单

分部分项工程量清单与计价表见表4-3。

表4-3 分部分项工程量清单与计价表

工程名称：××× 标段： 第 页 共 页

序号	项目编码	项目名称	项目特征描述	计量单位	工程量	金额/元		
						综合单价	合价	其中：暂估价
1	011105001001	水泥砂浆踢脚线	20mm厚1:2水泥砂浆 踢脚线高150mm	m^2	4.56			

七、楼梯面层

楼梯面层包括石材楼梯面层、块料楼梯面层、拼碎块料面层、水泥砂浆楼梯面层、现浇水磨石楼梯面层、地毯楼梯面层、木板楼梯面层等9个清单项目。

1. 工程量计算

按设计图示尺寸以楼梯（包括踏步、休息平台及小于或等于500mm的楼梯井）水平投影面积计算。楼梯与楼地面相连时，算至梯口梁内侧边沿；无梯口梁者，算至最上一层踏步边沿加300mm。

注意：楼梯牵边和侧面镶贴块料面层，不大于$0.5m^2$的少量分散的楼地面块料面层修应按楼地面装饰工程中零星装饰项目编码列项。楼梯底面抹灰按天棚工程相应项目执行。

2. 项目特征

需描述找平层厚度、砂浆配合比，面层材料品种、规格、颜色（面层厚度、砂浆或水泥石子浆配合比）。

除以上具有的共同特征外，个别项目需要描述以下特征：

石材、块料、拼碎块料楼梯面层需描述粘结层厚度、材料种类，防滑条材料种类、规格，勾缝材料种类，防护层材料种类，磨光酸洗、打蜡要求。

水泥砂浆楼梯面需描述防滑条材料种类、规格。

现浇水磨石楼梯面需描述防滑条材料种类、规格，石子种类、规格、颜色，颜料种类、颜色，磨光、酸洗、打蜡要求。

地毯楼梯面需描述基层种类，防护材料种类，粘结材料种类，固定配件材料种类、规格。

木板楼梯面需描述基层材料种类、规格，防护材料种类，粘结材料种类。

3. 工程内容

包含基层清理，抹找平层，面层铺贴（或抹面层），材料运输。

除以上具有的共同特征外，个别项目还包含以下内容：

石材、块料楼梯面层包含贴嵌防滑条，勾缝，刷防护材料，酸洗、打蜡。

水泥砂浆楼梯面包含抹防滑条。

现浇水磨石楼梯面包含贴嵌防滑条，磨光、酸洗、打蜡。

地毯楼梯面包含固定配件安装，刷防护材料。地毡固定配件是用于固定地毡的压棍脚和压棍。

木板楼梯面包含基层铺贴，刷防护材料。

【例4-4】 试计算如图4-2所示楼梯贴花岗岩面层，工程做法为：20mm厚芝麻白磨光花岗岩（600mm×600mm）铺面；撒素水泥面（洒适量水）；30mm厚1:4干硬性水泥砂浆结合层；刷素水泥浆一道。试编制该项目工程量清单。

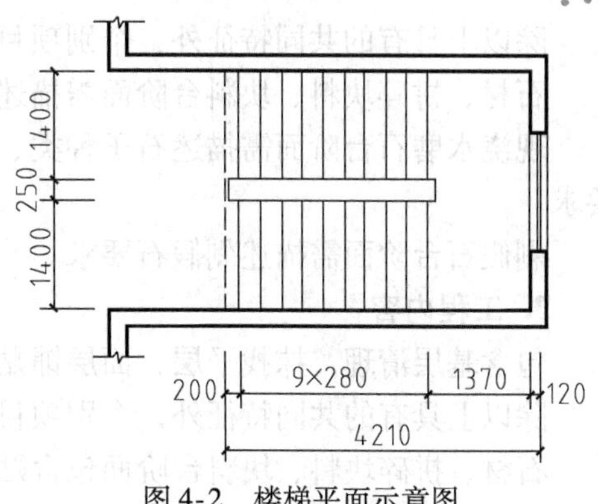

图4-2 楼梯平面示意图

解：1. 计算工程量

楼梯井宽度为250mm，小于500mm，所以楼梯贴花岗岩面层的工程量为

$$S=[(1.4\times2+0.25)\times(0.2+9\times0.28+1.37)]\text{m}^2=12.47\text{m}^2$$

2. 编制工程量清单

分部分项工程量清单与计价表见表4-4。

表4-4 分部分项工程量清单与计价表

工程名称：×× 标段： 第 页共 页

序号	项目编码	项目名称	项目特征描述	计量单位	工程量	金额/元		
						综合单价	合价	其中：暂估价
1	011106001001	花岗岩楼梯面层	20mm厚芝麻白磨光花岗岩（600mm×600mm）铺面 撒素水泥面（洒适量水） 30mm厚1:4干硬性水泥沙浆结合层 刷素水泥浆一道	m^2	12.47			

八、台阶装饰

台阶装饰项目包括石材、块料、拼碎块料、水泥砂浆、现浇水磨石、剁假石台阶面6个清单项目。

1. 工程量计算

按设计图示尺寸以台阶（包括最上一层踏步边沿加300mm）水平投影面积计算。

注意：

1）台阶面层与平台面层是同一种材料时，平台面层与台阶面层不可重复计算。当台阶计算最上一层踏步加300mm时，则平台面层中必须扣除该面积。如果平台与台阶以平台外沿为分界线，在台阶报价时，最上一步台阶的踢面应考虑在台阶的报价内。

2）台阶侧面装饰不包括在台阶面层项目内，应按零星装饰项目编码列项。

2. 项目特征

需描述找平层厚度、砂浆配合比，面层材料品种、规格、颜色（或面层厚度、砂浆或水泥石子浆配合比），防滑条材料种类、规格。

除以上具有的共同特征外，个别项目需要描述以下特征：

石材、拼碎块料、块料台阶面需描述粘结材料种类，勾缝材料种类，防护材料种类。

现浇水磨石台阶面需描述石子种类、规格、颜色，颜料种类、颜色，磨光、酸洗、打蜡要求。

剁假石台阶面需描述剁假石要求。

3. 工程内容

包含基层清理，抹找平层，面层铺贴（或抹面层），材料运输。

除以上具有的共同特征外，个别项目需要完成的工程内容还有：

石材、拼碎块料、块料台阶面包含贴嵌防滑条，勾缝，刷防护材料。

水泥砂浆台阶面包含抹防滑条。

现浇水磨石台阶面包含贴嵌防滑条，打磨、酸洗、打蜡要求。

剁假石台阶面包含剁假石。

注意：台阶牵边和侧面镶贴块料面层，不大于0.5m^{2}的少量分散的楼地面块料面层修应按楼地面装饰工程中零星装饰项目编码列项。

【例4-5】 试计算如图4-3所示台阶贴花岗岩面层。

工程做法为：30mm厚芝麻白机刨花岗岩（600mm×600mm）铺面，稀水泥浆擦缝；撒素水泥面（洒适量水）；30mm厚1:4干硬性水泥砂浆结合层，向外坡1%；刷素水泥浆结合层一道；60mm厚C15混凝土；150mm厚3:7灰土垫层；素土夯实。试编制花岗岩台阶工程量清单。

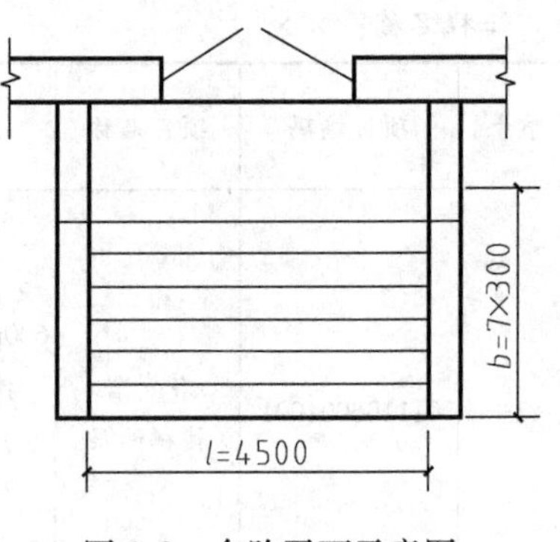

图4-3 台阶平面示意图

解：1. 计算工程量

$$S=[4.5\times(0.3\times6+0.3)]\text{m}^2=9.45\text{m}^2$$

2. 编制工程量清单

分部分项工程量清单与计价表见表4-5。

表4-5 分部分项工程量清单与计价表

工程名称：××× 标段： 第 页 共 页

序号	项目编码	项目名称	项目特征描述	计量单位	工程量	金额/元		
						综合单价	合价	其中：暂估价
1	011107001001	花岗岩台阶	30mm厚芝麻白机刨花岗岩（350mm×1200mm）铺面，稀水泥擦缝 撒素水泥面（洒适量水） 30mm厚1:4干硬性水泥沙浆结合层，向外坡1% 刷素水泥浆结合层一道	m^2	9.45			
2	010507004001	台阶	踏步高150mm，踏步宽300mm，C15预拌混凝土	m^2	略			
3	010404001001	3:7灰土垫层	150mm厚3:7灰土垫层	m^3	略			

九、零星装饰项目

零星装饰项目包括石材零星项目、碎拼石材零星项目、块料零星项目、水泥砂浆零星项目。

零星装饰项目适用于小面积（$0.5m^2$以内）少量分散的楼地面装饰项目。

1. 工程量计算

各零星装饰项目均按设计图示尺寸以面积计算。

2. 项目特征

各零星装饰项目要描述的特征有：工程部位，找平层厚度、砂浆配合比，贴结合层厚度、材料种类，面层材料品种、规格、颜色，勾缝材料种类，防护材料种类，酸洗、打蜡要求。

3. 工程内容

要完成的工程内容有：基层清理，抹找平层，面层铺贴、磨边，勾缝，刷防护材料，酸洗、打蜡，材料运输。

能力训练4-1　计算楼地面装饰工程工程量

【训练目的】　熟悉楼地面工程的清单项目划分和工程量计算规则，掌握楼地面工程工程量计算方法。

【能力目标】　能结合实际工程准确列本课题分部分项工程清单项目并计算楼地面工程的工程量。

【原始资料】　××办公楼设计图（见单元7第一部分）。

【训练步骤】

1. 分析及列项（详见单元2课题3）

2. 工程量计算。

（1）一层花岗岩地面

在一层除了卫生间地面为耐磨地砖外，其他地面均为花岗岩地面。

$$
\begin{aligned}
\text{一层花岗岩地面工程量} &= \text{房间的净长}\times\text{房间的净宽}+\text{门洞开口部分面积}\\
&=[(3.6-0.025-0.1)\times(7.8+3.0-1.5-0.06-0.025)+\\
&\quad(3.9\times4+9.0-0.1\times2)\times(7.8+3.0-0.025\times2)+\\
&\quad(3.6-0.1-0.025)\times10.75+0.75\times0.115+1\times0.2\times3+\\
&\quad1.5\times0.25+8.2\times0.25]m^2\\
&=(331.68+3.11)m^2=334.79m^2
\end{aligned}
$$

（2）一层花岗岩地面下60mm厚C15混凝土垫层

$$
\begin{aligned}
\text{60mm厚C15混凝土垫层工程量} &= \text{设计图示尺寸体积}\\
&=\text{一层花岗岩地面工程量}\times\text{垫层厚度}\\
&=(334.79\times0.06)\ m^3=20.09m^3
\end{aligned}
$$

（3）一层花岗岩地面下150mm厚3:7灰土垫层

150mm厚3∶7灰土垫层工程量 = 设计图示尺寸体积

= 一层花岗岩地面工程量 × 垫层厚度

$= (334.79 \times 0.15)m^3 = 50.22m^3$

（4）花岗岩平台

花岗岩平台与台阶应以台阶外沿加300mm为界，外侧为台阶，内侧为平台。

正立面平台工程量 = 平台长 × 平台宽 $= [(16.8 - 2.1 \times 2) \times (2.4 + 1.2 - 0.225)]m^2 = 42.53m^2$

（5）花岗岩平台下60mm厚C15混凝土垫层

60mm厚C15混凝土垫层工程量 = 设计图示尺寸体积

= 一层花岗岩平台工程量 × 垫层厚度

$= (42.53 \times 0.06)m^3 = 2.55m^3$

（6）花岗岩平台下150mm厚3∶7灰土垫层

150mm厚3∶7灰土垫层工程量 = 设计图示尺寸体积

= 一层花岗岩平台工程量 × 垫层厚度

$= (42.53 \times 0.15)m^3 = 6.38m^3$

（7）一层卫生间耐磨地砖地面

卫生间耐磨地砖工程量 = 卫生间的净长 × 卫生间的净宽

$= [(3.6 - 0.025 - 0.1) \times (1.5 - 0.06 - 0.025)]m^2$

$= 4.92m^2$

（8）一层卫生间地面涂膜防水

假定卫生间门安装在墙中线。

卫生间地面涂膜防水工程量 = 主墙间净空面积 + 反边高度≤300mm的立面防水面积

$= [4.92 + (3.6 - 0.025 - 0.1 + 1.5 - 0.06 - 0.025) \times 2 \times 0.15 - 0.75 \times 0.15 + 0.06 \times 2 \times 0.15]m^2$

$= (4.92 + 1.47 - 0.11 + 0.02)m^2 = 6.30m^2$

（9）一层卫生间40mm厚C20细石混凝土找平层

40mm厚C20细石混凝土找平层工程量 = 涂膜防水工程量 $= 6.30m^2$

（10）一层卫生间地面下150mm厚3∶7灰土垫层

150mm厚3∶7灰土垫层工程量 = 设计图示尺寸体积

= 一层卫生间地面工程量 × 垫层厚度

$= (4.92 \times 0.15)\ m^3 = 0.74m^3$

（11）卫生间耐磨地砖楼面（+2.270m处）

卫生间耐磨地砖工程量 = 卫生间的净长 × 卫生间的净宽

$= [(3.6 - 0.025 - 0.1) \times (1.5 - 0.06 - 0.025)]m^2$

$= 4.92m^2$

（12）卫生间地面涂膜防水（+2.270m处）

假定卫生间门安装在墙中线。

卫生间地面涂膜防水工程量 $= 6.30m^2$

（13）卫生间地面平面找平层（+2.270m处）

卫生间地面平面找平层工程量 = 设计图示尺寸面积

$=$ 卫生间地面涂膜防水(+2.270m 处)工程量

$=6.30\text{m}^2$

(14) 全玻磁化砖楼面

二层全玻磁化砖楼面工程量 = 房间的净长 × 房间的净宽 + 门洞开口部分面积

$$=[(3.6-0.025-0.1)\times(7.8+3.0-0.025\times2)+(3.9\times4+9.0-0.2\times3)\times(7.8-0.1-0.025)+(3.9\times4+9.0+0.225-0.1)\times(3.0-0.1-0.025)+(3.6-0.225-0.025)\times(3.0-0.025-0.15)+1\times0.2\times4+1.5\times0.25\times2]\text{m}^2$$

$$=(302.10+1.55)\text{m}^2=303.65\text{m}^2$$

(15) 水泥砂浆台阶面

背立面台阶工程量 $=[3.31\times(2.1+0.3)]\text{m}^2=7.94\text{m}^2$

(16) 背立面台阶处 150mm 厚 3:7 灰土垫层

150mm 厚 3:7 灰土垫层工程量 = 设计图示尺寸体积

$$=\left[\left(\frac{\sqrt{0.15^2+0.3^2}}{0.3}\times2.1+0.3\right)\times3.31\times0.15\right]\text{m}^3$$

$$=(2.65\times3.31\times0.15)\text{m}^3=1.31\text{m}^3$$

(17) 水泥砂浆平台

背立面水泥砂浆平台工程量 $=[3.31\times(0.9-0.3)]\text{m}^2=1.99\text{m}^2$

(18) 水泥砂浆平台下 60mm 厚 C15 混凝土垫层

60mm 厚 C15 混凝土垫层工程量 = 设计图示尺寸体积

$$=(1.99\times0.06)\text{m}^3=0.12\text{m}^3$$

(19) 水泥砂浆平台下 150mm 厚 3:7 灰土垫层

150mm 厚 3:7 灰土垫层工程量 = 设计图示尺寸体积

$$=(1.99\times0.15)\text{m}^3=0.30\text{m}^3$$

(20) 花岗岩台阶

正立面台阶工程量 = 台阶外围长度 × 台阶外围宽度 − 平台面积

$$=[(2.4+1.2+2.1-0.225)\times(3.9\times2+9)-36.9]\text{m}^2$$

$$=55.09\text{m}^2$$

(21) 花岗岩台阶处 150mm 厚 3:7 灰土垫层

取近似尺寸采用近似计算法，按 1/2 个棱台体积减去平台体积计算。

$$3:7\text{ 灰土外棱台体积}=\frac{1}{2}\times\frac{H}{6}[(A+a)(B+b)+AB+ab]$$

$$=\left\{\frac{1}{2}\times\frac{1.2-0.06}{6}\times[(17.4+12.0)\times(6\times2+3.3\times2)+17.4\times6\times2+12\times3.3\times2]\right\}\text{m}^3=\left[\frac{1}{2}\times0.19\times(546.84+208.8+79.2)\right]\text{m}^3$$

$$=79.31\text{m}^3$$

$$3:7\text{ 灰土内棱台体积}=\frac{1}{2}\times\frac{H}{6}[(A+a)(B+b)+AB+ab]$$

$$=\left\{\frac{1}{2}\times\frac{1.2-0.06-0.15}{6}\times[(16.8+11.4)\times(5.7\times2+3.0\times2)+16.8\times5.7\times2+11.4\times3.0\times2]\right\}m^3$$

$$=\left[\frac{1}{2}\times0.17\times(490.68+191.52+68.4)\right]m^3=63.80m^3$$

3:7 灰土垫层工程量 = 3:7 灰土外棱台体积 − 3:7 灰土内棱台体积 − 平台占用体积

$=(79.31-63.8-6.38)m^3=9.13m^3$

(22) 花岗岩踢脚线(直线形)

楼梯间踢脚线工程量 $=\{[(7.8+3.0-1.5-0.025-0.06)+(3.6-0.1-0.025)]\times2+0.2\times2_{(柱侧)}+0.125\times2_{(柱侧)}-1.0-0.75-1.5+0.08\times2_{(门洞侧)}+0.06\times2\times2_{(门洞侧)}\}m\times0.12m$

$=2.78m^2$

一层踢脚线工程量:

Ⓑ~Ⓓ/②~⑦: $\{[(3.9\times4+9.0-0.1\times2)+(7.8+3.0-0.025\times2)]\times2+0.45\times4\times2+0.2\times2\times2+0.125\times2\times2+0.06\times2\times3+0.08\times2-1.0\times3-8.2-0.5\times2_{(圆柱)}\}m\times0.12m$

$=7.60m^2$

Ⓑ~Ⓓ/⑦~⑧: $[(10.75+3.475)\times2+0.2\times2+0.125\times2+0.06\times2\times2-1.0\times2]m\times0.12m$

$=3.28m^2$

二层踢脚线工程量:

Ⓒ~Ⓓ/①~⑦: $\{[(3.9\times4+3.6+9.0-0.1-0.025)+(3.0-0.025-0.1)+(3.0-0.025-0.15+0.2)_{(柱侧)}+(3.9\times4+9.0+0.225-0.1)]+0.2\times2\times3_{(柱侧)}+0.125\times5_{(柱侧)}+(0.225-0.15)\times2+0.06\times2\times5-1.0\times3_{(M_2)}-1.5\times2_{(M_5)}\}m\times0.12m$

$=9.30m^2$

Ⓑ~Ⓒ/②~③: $\{[(7.8-0.1-0.025)+(3.9-0.1\times2)]\times2+0.06\times2-1.0\}m\times0.12m$

$=2.62m^2$

Ⓑ~Ⓒ/③~⑥: $\{[[7.675+(3.9\times2+9.0-0.1\times2)]\times2+0.125\times2\times2+0.06\times2\times2-1.5\times2-0.5\times2_{(圆柱)}]m\times0.12m$

$=5.43m^2$

Ⓑ~Ⓒ/⑥~⑦: $[(7.675+3.7)\times2+0.06\times2\times2-1.0\times2]m\times0.12m=2.52m^2$

Ⓑ~Ⓓ/⑦~⑧: $[(10.75+3.475)\times2+0.2\times2+0.125\times2+0.06\times2\times2-1.0\times2]m\times0.12m$

$=3.28m^2$

平台踢脚线工程量 $=[(0.2+0.225+0.15)+(0.125+0.225+0.15)]m\times0.12m+[(1.65-0.06)\times2+3.475-0.75+0.06\times2]m\times0.12m$

$=0.85m^2$

总计：$(7.60+3.28+9.30+2.62+5.43+2.52+3.28+2.78+0.85)\mathrm{m}^2=38.51\mathrm{m}^2$

（23）花岗岩锯齿形踢脚线

$$\text{楼梯梯段斜踢脚线工程量}=[\sqrt{4.5^2+2.4^2}_{(\text{斜段长})}\times2\times0.12+(1/2\times0.3\times0.15)\times15\times2_{(\text{三角形})}]\mathrm{m}^2=1.90\mathrm{m}^2$$

（24）楼梯面层地面

$$\begin{aligned}\text{楼梯面层工程量}&=\text{楼梯间进深长}\times\text{楼梯间净宽}\\&=[(7.8-1.5-0.06+0.15)\times(3.6-0.025-0.1)]\mathrm{m}^2\\&=22.21\mathrm{m}^2\end{aligned}$$

【注意事项】

1）楼地面工程的列项及工程量计算与楼地面的构造做法息息相关，列项时应详细了解各不同用途的房间的楼面、地面的构造层次、装饰做法及材料选择，以便准确列项。

2）特别应注意在同一房间内，地面（或楼面）出现不同做法时（如地面的构造层次不同或面层材料的种类、规格不同时），一定要分别列项。

3）楼地面的项目特征描述一定要完整、准确，并与工程实际做法相结合。

4）注意楼梯面层与楼面面层的划分界限，台阶面层与平台面层的划分界限。

5）楼梯踢脚线应单独列项。

【讨论】

1）如果本工程采用水泥砂浆踢脚线，清单工程量如何计算？如果根据全国统一建筑装饰装修工程消耗量定额进行报价，则施工工程量如何计算？

2）楼地面工程中的整体面层、块料面层的清单计算规则与全国统一建筑装饰装修工程消耗量定额的计算规则有何不同？

3）在有地沟的房间如何计算地面清单工程量，地沟所占的面积如何处理？是否直接从地面工程量中扣除？

4）本例花岗岩平台面层是否可与花岗岩地面面层合并为一项？

5）楼梯底面抹灰工程量如何计算？应执行什么清单项目？

课题2　墙、柱面装饰与隔断、幕墙工程

本课题适用于一般抹灰、装饰抹灰工程。它包括墙面抹灰、柱（梁）面抹灰、零星抹灰、墙面块料面层、柱（梁）面镶贴块料、镶贴零星块料、墙饰面、柱（梁）饰面、隔断、幕墙等工程。

一、墙面抹灰

墙面抹灰包括墙面一般抹灰、墙面装饰抹灰、墙面勾缝、立面砂浆找平层4个项目。

一般抹灰包括：石灰砂浆、水泥混合砂浆、水泥砂浆、聚合物水泥砂浆、膨胀珍珠岩水泥砂浆和麻刀灰、纸筋石灰、石膏灰等。

装饰抹灰包括：水刷石、水磨石、斩假石（剁斧石）、干粘石、假面砖、拉条灰、拉毛

灰、甩毛灰、扒拉石、喷毛灰、喷涂、喷砂、滚涂、弹涂等。

立面砂浆找平层项目适用于仅做找平层的立面抹灰。

1. 工程量计算

按设计图示尺寸以面积计算，扣除墙裙、门窗洞口及单个大于0.3m^2的孔洞面积；不扣除踢脚线、挂镜线和墙与构件交接处的面积；门窗洞口和孔洞的侧壁及顶面不增加面积；附墙柱、梁、垛、烟囱侧壁并入相应的墙面面积内。其中：

1）外墙抹灰面积按外墙垂直投影面积计算。

2）外墙裙抹灰面积按其长度乘以高度计算。应扣除门洞、台阶不作墙裙部分所占的面积。

3）内墙抹灰面积按主墙间的净长乘以高度计算，其高度确定如下：

① 无墙裙的，高度按室内楼地面至天棚底面计算。

② 有墙裙的，高度按墙裙顶至天棚底面计算。

③ 有吊顶天棚抹灰，高度算至天棚底。

4）内墙裙抹灰面积按内墙净长乘以高度计算。

注意：

1）有吊顶天棚的内墙面抹灰工程量算至天棚底，天棚以上部分的抹灰在综合单价中考虑。

2）飘窗凸出外墙面增加的抹灰并入外墙抹灰工程量内。

2. 项目特征

1）墙面一般抹灰、墙面装饰抹灰需描述的项目特征有墙体类型（指砖墙、石墙、混凝土墙、砌块墙以及内墙、外墙等），底层厚度、砂浆配合比，面层厚度、砂浆配合比，装饰面材料种类，分格缝宽度、材料种类。

2）墙面勾缝需描述勾缝类型，勾缝材料种类。

3）立面砂浆找平层需描述基层类型，找平层砂浆厚度、配合比。

注意：墙面一般抹灰、墙面装饰抹灰应分别编码列项。

3. 工程内容

1）墙面抹灰包括基层清理，砂浆制作、运输，底层抹灰，抹面层（一般抹灰），抹装饰面（装饰抹灰），勾分格缝。

2）墙面勾缝包括基层清理，砂浆制作、运输，勾缝。

3）立面砂浆找平层包含基层清理，砂浆制作、运输，抹灰找平。

【例4-6】 如图4-1所示建筑平面图，窗洞口尺寸均为1500mm×1800mm，门洞口尺寸为1200mm×2400mm，室内地面至天棚底面净高为3.2m，内墙采用水泥砂浆抹灰（无墙裙），具体工程做法为：喷乳胶漆两遍；5mm厚1∶0.3∶2.5水泥石膏砂浆抹面压实抹光；13mm厚1∶1∶6水泥石膏砂浆打底扫毛；砖墙。试编制内墙面抹灰工程工程量清单。

解： 1. 计算内墙抹灰工程量

$$S = [(9-0.24+6-0.24)\times 2\times 3.2-1.5\times 1.8\times 5-1.2\times 2.4]\text{m}^2 = 76.55\text{m}^2$$

2. 编制工程量清单

内墙抹灰工程工程量清单见表4-6。

表4-6　分部分项工程量清单与计价表

工程名称：×××　　　　　　　　　　标段：　　　　　　　　　　第　页共　页

序号	项目编码	项目名称	项目特征描述	计量单位	工程量	金额/元		
						综合单价	合价	其中:暂估价
1	011201001001	墙面一般抹灰	内墙墙面抹灰 5mm厚1:0.3:2.5水泥石膏砂浆抹面压实抹光 13mm厚1:1:6水泥石膏砂浆打底扫毛	m^2	76.55			

二、柱（梁）面抹灰

柱（梁）面抹灰包括柱、梁面一般抹灰，柱、梁面装饰抹灰，柱、梁面砂浆找平，柱面勾缝4个项目。柱、梁面砂浆找平项目适用于仅做找平层的柱（梁）面抹灰。

1. 工程量计算

柱面抹灰按设计图示柱断面周长（指结构断面周长）乘高度以面积计算；梁面抹灰按设计图示梁断面周长（指结构断面周长）乘长度以面积计算。

2. 项目特征

柱、梁面抹灰项目特征除了将墙体类型换成柱（梁）体类型（矩形、圆形、混凝土、砖等）外，其余同墙面抹灰。

柱、梁面砂浆找平项目特征同立面砂浆找平项目特征。

柱面勾缝项目特征同墙面勾缝项目特征。

3. 工程内容

柱、梁面抹灰的工程内容同墙面抹灰。

柱、梁面砂浆找平的工程内容同立面砂浆找平。

柱面勾缝的工程内容同墙面勾缝。

【例4-7】 某工程有现浇钢筋混凝土矩形柱10根，柱结构断面尺寸为500mm×500mm，柱高为2.8m，柱面采用水泥砂浆抹灰（无墙裙），具体工程做法为：喷乳胶漆两遍；5mm厚1:0.3:2.5水泥石膏砂浆抹面压实抹光；13mm厚1:1:6水泥石膏砂浆打底扫毛；刷素水泥浆一道（内掺水重3%～5%的108胶）；混凝土基层。试编制柱面抹灰工程工程量清单。

解： 1. 计算柱面抹灰工程量

$$S=(0.5\times4\times2.8\times10)\mathrm{m}^2=56.00\mathrm{m}^2$$

2. 编制工程量清单

柱面抹灰工程工程量清单见表4-7。

表4-7 分部分项工程量清单与计价表

工程名称：××× 标段： 第 页共 页

序号	项目编码	项目名称	项目特征描述	计量单位	工程量	金额/元		
						综合单价	合价	其中：暂估价
1	011202001001	柱面一般抹灰	5mm厚1∶0.3∶2.5水泥石膏砂浆抹面压实抹光 13mm厚1∶1∶6水泥石膏砂浆打底扫毛 刷素水泥浆一道（内掺水重3%～5%的108胶）	m^2	56.00			

三、零星抹灰

零星抹灰包括零星项目一般抹灰、零星项目装饰抹灰和零星项目砂浆找平层3个项目。墙、柱（梁）面≤$0.5m^2$的少量分散的抹灰按零星抹灰项目编码列项。

1. 工程量计算

按设计图示尺寸以面积计算。

2. 项目特征

同墙面抹灰。

3. 工程内容

同墙面抹灰。

四、墙面块料面层

墙面块料面层包括石材墙面、拼碎石材墙面、块料墙面和干挂石材钢骨架4个项目。

1. 工程量计算

墙面镶贴块料按设计图示尺寸以镶贴表面积计算。

干挂石材钢骨架按设计图示尺寸以质量计算。

2. 项目特征

1）墙面镶贴块料需描述的项目特征：墙体类型，安装方式，面层材料品种、规格、颜色，缝宽、嵌缝材料种类，防护材料种类，磨光、酸洗、打蜡要求。

2）干挂石材钢骨架需要描述的项目特征：骨架种类、规格，防锈漆品种遍数。

嵌缝材料是指嵌缝砂浆、嵌缝油膏、密封胶封水材料等。

防护材料是指石材等防碱背涂处理剂和面层防酸涂剂等。

注意：

1）在描述碎块项目的面层材料特征时，可不用描述规格、颜色。

2）石材、块料与粘结材料的结合面刷防渗材料的种类在防护层材料种类中描述。

3）安装方式可描述为砂浆或粘结剂粘结、挂贴、干挂等。不管哪种安装方式，都要详细描述与组价相关的内容。

挂贴方式是指对大规格的石材（大理石、花岗石、青石等）使用先挂后灌浆的方式固定于墙、柱面。

干挂方式是指直接干挂法，是指通过不锈钢膨胀螺栓、不锈钢挂件、不锈钢连接件、不锈钢钢针等，将外墙饰面板连接在外墙墙面；间接干挂法是指通过固定在墙、柱、梁上的龙骨，再通过各种挂件固定外墙饰面板。

3. 工作内容

1）墙面镶贴块料包括的工程内容有：基层清理，砂浆制作、运输，粘结层铺贴，面层安装，嵌缝，刷防护材料，磨光、酸洗、打蜡。

2）干挂石材钢骨架包括的工程内容有：钢骨架制作、运输、安装，刷漆。

五、柱（梁）面镶贴块料

柱（梁）面镶贴块料包括石材柱面、块料柱面、拼碎块柱面、石材梁面、块料梁面5个项目。

1. 工程量计算

按镶贴表面积计算。

2. 项目特征

需描述柱截面类型、尺寸，安装方式，面层材料品种、规格、颜色，缝宽、嵌缝材料种类，防护材料种类，磨光、酸洗、打蜡要求。

3. 工程内容

同墙面块料面层。

六、镶贴零星块料

镶贴零星块料包括石材零星项目、拼碎块零星项目、块料零星项目3个项目。

1. 工程量计算

按镶贴表面积计算。

2. 项目特征

需描述基层类型、部位，安装方式，面层材料品种、规格、颜色，缝宽、嵌缝材料种类，防护材料种类，磨光、酸洗、打蜡要求。

3. 工程内容

同墙面块料面层。

七、墙饰面

墙饰面包括墙面装饰板、墙面装饰浮雕2个项目。

墙面装饰板适用于金属饰面板、塑料饰面板、木质饰面板、软包带衬板饰面等装饰板墙面；墙面装饰浮雕项目适用于不属于仿古建筑工程的项目。

1. 工程量计算

1）墙面装饰板工程量按设计图示墙净长乘以净高以面积计算，扣除门窗洞口及单个大于0.3m^2的孔洞所占面积。

2）墙面装饰浮雕工程量按设计图示尺寸以面积计算。

2. 项目特征

1）墙面装饰板需描述龙骨材料种类、规格、中距，隔离层材料种类、规格，基层材料种类、规格，面层材料品种、规格、颜色，压条材料种类、规格。

基层材料是指面层内的底板材料，如木墙裙、木护墙、木板隔墙等，在龙骨上，粘贴或铺钉一层加强面层的底板。

2）墙面装饰浮雕需描述基层类型，浮雕材料种类，浮雕样式。

3. 工程内容

1）墙面装饰板包含清理基层，龙骨制作、运输、安装，钉隔离层，基层铺钉，面层铺贴。

2）墙面装饰浮雕包含基层清理，材料制作、运输，安装成型。

八、柱（梁）饰面

柱（梁）饰面工程适用于除了石材、块料装饰柱、梁面的装饰项目。

1. 工程量计算

按设计图示饰面外围尺寸（指饰面的表面尺寸）以面积计算，柱帽、柱墩并入相应柱饰面工程量内。

2. 项目特征

同墙饰面。

3. 工程内容

同墙饰面。

【例4-8】 某工程有独立柱4根，柱高为6m，柱结构断面为400mm×400mm，饰面厚度为51mm，具体工程做法为：30mm×40mm单向木龙骨，间距400mm；18mm厚细木工板基层；3mm厚红胡桃面板；醇酸清漆五遍成活。试编制柱饰面工程工程量清单。

解：1. 计算柱饰面工程量

$$S_{柱}=[(0.4+0.051_{(饰面厚度)}\times 2)\times 4\times 6]\text{m}^2=12.05\text{m}^2$$

2. 编制工程量清单

柱面饰面工程工程量清单见表4-8。

表4-8 分部分项工程量清单与计价表

工程名称：××× 标段： 第 页共 页

序号	项目编码	项目名称	项目特征描述	计量单位	工程量	金额/元		
						综合单价	合价	其中：暂估价
1	011208001001	柱面饰面	30mm×40mm单向木龙骨，间距400mm 18mm厚细木工板基层 3mm厚红胡桃面板 醇酸清漆五遍成活	m^2	12.05			

九、隔断

1. 工程量计算

按设计图示框外围尺寸以面积计算，不扣除单个小于或等于0.3m^2的孔洞所占面积；浴厕门的材质与隔断相同时，门的面积并入隔断面积内。成品隔断以平方米计量，按设计图示框外围尺寸以面积计算；或以间计量，按设计间的数量计算。

注意：隔断上的门窗可包括在隔断项目报价内，也可单独编码列项，要在清单项目名称栏中进行描述。若门窗包括在隔断项目报价内，则门窗洞口面积不扣除。

2. 项目特征

需描述骨架、边框材料种类、规格，隔板材料品种、规格、颜色，嵌缝、塞口材料品种，压条材料种类。成品隔断需描述隔断材料品种、规格、颜色，配件品种、规格。

3. 工程内容

隔断包括的工程内容有骨架及边框制作、运输、安装，隔板制作、运输、安装，嵌缝、塞口，装钉压条。成品隔断包含隔断运输、安装，嵌峰、塞口。

十、幕墙

幕墙包括带骨架幕墙和全玻（无框玻璃）幕墙2个项目。

1. 工程量计算

带骨架幕墙按设计图示框外围尺寸以面积计算。与幕墙同种材质的窗所占面积不扣除。

全玻（无框玻璃）幕墙按设计图示尺寸以面积计算。带肋全玻幕墙按展开面积计算。

2. 项目特征

带骨架幕墙需描述骨架材料种类、规格、中距，面层材料品种、规格、颜色，面层固定方式，隔离带、框边封闭材料品种、规格，嵌缝、塞口材料种类。

全玻幕墙需描述玻璃品种、规格、颜色，粘结塞口材料种类，固定方式。

3. 工程内容

带骨架幕墙包括骨架制作、运输、安装，面层安装，隔离带、框边封闭，嵌缝、塞口，清洗。

全玻幕墙包括幕墙安装，嵌缝、塞口，清洗。

注意：幕墙钢骨架按干挂石材钢骨架项目编码列项。

能力训练4-2　计算墙、柱面装饰与隔断、幕墙工程工程量

【训练目的】　熟悉墙、柱面装饰与隔断、幕墙工程的清单项目划分和工程量计算规则，掌握墙、柱面装饰与隔断、幕墙工程工程量计算方法。

【能力目标】　能结合实际工程准确列本课题分部分项工程清单项目并计算墙、柱面装饰与隔断、幕墙工程的工程量。

【原始资料】　××办公楼设计图（见单元7第一部分）。

【训练步骤】

1. 分析及列项

按前面基础知识所述，墙、柱面需完成的工作内容有：基层清理、底层抹灰、棉层抹灰（或装饰等）。根据单元7第一部分的图中墙柱面工程的工程做法，并结合建筑平面图及详图一一对应。本例应列项目见表4-9。

表4-9 墙、柱面装饰与隔断、幕墙工程应列清单项目

序号	项目编码	项目名称	项目特征
1	011201001001	内墙抹灰	2mm厚麻刀灰抹面 9mm厚1:3石灰膏砂浆 5mm厚1:3:9水泥石灰膏砂浆打底划出纹理 刷加气混凝土界面处理剂一道
2	011202001001	柱面抹灰	2mm厚麻刀灰抹面 9mm厚1:3石灰膏砂浆 5mm厚1:3:9水泥石灰膏砂浆打底划出纹理 刷加气混凝土界面处理剂一道
3	011201001002	外墙抹灰	6mm厚1:2.5水泥砂浆找平 6mm厚1:1:6水泥石灰膏打底扫毛 6mm厚1:0.5:4水泥石灰膏打底扫毛 刷加气混凝土界面处理剂一道
4	011201001003	女儿墙抹水泥砂浆	8mm厚1:2.5水泥砂浆抹面 10mm厚1:3水泥砂浆打底扫毛 刷素水泥浆结合层一道（内掺建筑胶）
5	011204001001	花岗岩勒脚	25mm厚毛石花岗岩板，稀水泥浆擦缝 50宽缝隙用1:2.5水泥砂浆灌缝 用双股18号铜丝将花岗岩石板与横向钢筋绑牢 Φ6双向钢筋网，纵筋与锚固筋焊牢 墙内预埋Φ6锚固钢筋，纵横间距500mm左右
6	011203001002	台阶挡墙抹面	8mm厚1:2.5水泥砂浆抹面 10mm厚1:3水泥砂浆打底扫毛
7	011203001001	零星项目一般抹灰：	8mm厚1:2.5水泥砂浆抹面 10mm厚1:3水泥砂浆打底扫毛 刷素水泥浆结合层一道（内掺建筑胶）
8	011204003001	釉面砖内墙面	白水泥擦缝 贴5mm厚釉面砖 8mm厚1:0.1:2.5水泥石灰膏砂浆结合层 10mm厚1:3水泥砂浆打底扫毛或划出纹道 刷加气混凝土界面处理剂一道（随刷随抹底灰）
9	011208001001	铝塑板圆柱面：	4mm厚双面铝塑板 3mm厚三合板板固定在木龙骨上 24mm×30mm木龙骨中距500mm

2. 工程量计算

(1) 内墙抹灰

一层：

Ⓑ~Ⓓ/②~⑦：$[(3.9\times4+9.0-0.1\times2+10.75)\times2\times(4.8-0.12)+(0.2\times2\times2+0.125\times2+0.285\times2_{(圆柱增加量)})\times4.68-2.1\times0.9\times4_{(C_1)}-7.325\times3.7\times2_{(C_4)}-8.2\times4.0_{(M_1)}-1.0\times2.1\times3_{(M_2)}]m^2=235.72m^2$

Ⓓ/①~②Ⓒ~Ⓓ/①：$\{2[(3.0-0.025-1.5)\times2+(3.6-0.025-0.1)+0.2\times2]\times4.68-1.0\times2.0_{(M_2)}\times1.5\times2.4_{(M_4)}-1.5\times1.8_{(C_2)}\}m^2=30.37m^2$

Ⓑ~Ⓓ/⑦~⑧：$[(10.75+3.475)\times2\times4.68+(0.125\times2+0.2\times2)\times4.68-1.0\times2.1\times2_{(M_2)}-1.5\times1.8_{(C_2)}-1.2\times1.2_{(C_3)}-2.1\times1.8_{(C_5)}]m^2=124.07m^2$

二层：

Ⓑ~Ⓒ/②~③：$\{[(7.8-0.1-0.025)+(3.9-0.1\times2)]\times2\times(3.9-0.12)-1.0\times2.1_{(M_2)}-3.56\times2.9_{(C_7)}\}m^2=73.57m^2$

Ⓑ~Ⓒ/⑥~⑦：$(73.57-1.0\times2.1_{(M_2)})m^2=71.47m^2$

Ⓑ~Ⓒ/③~⑥：$\{[(3.9\times2+9.0-0.1\times2+7.675)\times2]\times3.78+(0.125\times2\times2+0.285\times2)\times3.78-1.5\times2.1\times2_{(M_5)}-3.56\times2.9\times2_{(C_7)}-8.5\times2.9_{(C_8)}\}m^2=135.97m^2$

Ⓑ~Ⓓ/⑦~⑧：$\{[3.6-0.1-0.025]+10.75]\times2\times3.78+(0.125\times2+0.2\times2)\times3.78-1.0\times2.1\times2-1.5\times1.8_{(C_2)}-2.1\times1.8_{(C_5)}-1.2\times1.5_{(C_6)}\}m^2=97.52m^2$

Ⓒ~Ⓓ/①~⑦：$\{[(3.9\times4+9.0+3.6-0.025-0.1)+(3.0-0.025-0.1)+(3.0-0.025-0.15)+(3.9\times4+9.0)]\times3.78+(0.2\times7+0.125\times5+0.225-0.15)\times3.78-2.1\times1.8\times7_{(C_5)}-1.0\times2.1\times3_{(M_2)}-1.5\times2.1\times2_{(M_5)}-1.5\times1.8_{(C_2)}\}m^2=186.84m^2$

楼梯间抹灰工程量$\{[(7.8-1.5-0.06+0.15)+0.2]\times2\times(8.7-0.12)\}m^2=113.08m^2$

卫生间外墙面抹灰工程量$[(3.6-0.025-0.1)\times4.8-0.75\times2.0\times2_{(M_3)}]m^2=13.68m^2$

卫生间上部墙体抹灰工程量$\{[(1.5+0.06-0.025)\times2+3.475]\times3.78-1.2\times1.5_{(C_6)}\}m^2=22.94m^2$

总计：$(235.72+30.37+124.07+73.57+71.47+137.48+97.52+186.84+113.08+13.68+22.94)m^2=1106.74m^2$

(2)柱面抹灰

柱面刷涂料工程量$=(0.45\times4\times2\times4.68)m^2=16.85m^2$

(3)外墙抹水泥砂浆

外墙涂料工程量$=[(32.25+11.25)\times2\times9.6-2.1\times0.9\times4_{(C_1)}-1.5\times1.8\times4_{(C_2)}-1.2\times1.2\times4_{(C_3)}-7.325\times3.7\times2_{(C_4)}-2.1\times1.8\times9_{(C_5)}-1.2\times1.5\times2_{(C_6)}-3.56\times2.9\times4_{(C_7)}-8.5\times2.9_{(C_8)}-8.5\times4.0_{(M_1)}-1.5\times2.4_{(M_4)}]m^2=615.71m^2$

(4) 女儿墙抹水泥砂浆

女儿墙内侧抹灰工程量 = 女儿墙内边线长 × 抹灰高度

$=\{[(32.25-0.24\times2)+(7.8+3.0+0.225\times2-0.24\times2)]\times2\times(0.9-0.11-0.25-0.05)\}\mathrm{m}^2$

$=41.69\mathrm{m}^2$

(5) 花岗岩勒脚

外墙勒脚工程量 = (外墙外边线长 - 台阶所占长度) × 勒脚高度

$=\{[32.25+(7.8+3.0+0.225\times2)]\times2-(3.9\times2+9.0-0.3\times6)-(3.31+0.37\times2)\}\mathrm{m}\times1.2\mathrm{m}$

$=81.56\mathrm{m}^2$

(6) 零星项目一般抹灰

女儿墙压顶抹灰工程量 = 压顶顶面面积 + 压顶内侧立面面积 + 压顶挑檐底面积

$=\{(0.24+0.06)\times[(32.25-0.15\times2)+(7.8+3+0.225\times2-0.15\times2)]\times2+0.05\times[(32.25-0.3\times2)+(7.8+3+0.225\times2-0.3\times2)]\times2+0.06\times[(32.25-0.27\times2)+(7.8+3+0.225\times2-0.27\times2)]\times2\}\mathrm{m}^2$

$=35.06\mathrm{m}^2$

雨篷周边抹灰工程量 = 雨蓬外边线长 × 抹灰高度

$=[(1.5\times2+3.6+0.225\times2)\times0.4_{(\text{YPL高})}]\mathrm{m}^2=2.82\mathrm{m}^2$

楼梯侧面工程量 = 楼梯梯段斜长 × 梯段板高度 + 踏步三角形面积

$=[\sqrt{4.5^2+2.4^2}\times0.18+(1/2\times0.15\times0.3)\times15]\mathrm{m}^2\times2=2.51\mathrm{m}^2$

总计：$(35.06+2.82+2.51)\ \mathrm{m}^2=40.39\mathrm{m}^2$

(7) 台阶挡墙抹面

台阶挡墙抹面工程量 = 展开面积

$=[(2.1+0.9)\times(1.12+0.08)+0.37\times(3.0+1.2)+1/2(2.4\times1.2)-1/2(0.15\times0.3)\times8]\mathrm{m}^2\times2$

$=12.83\mathrm{m}^2$

(8) 釉面砖内墙面

一层卫生间釉面砖工程量 $=\{[(1.5-0.06-0.025)\times2+(3.6-0.1-0.025)\times2]\times(2.27-0.08)-0.75\times2.0-1.2\times1.2\}\mathrm{m}^2$

$=18.48\mathrm{m}^2$

休息平台处卫生间釉面砖工程量 $=[(1.415\times2+3.475\times2)\times(4.76-0.08-2.38)-0.75\times2.0-1.2\times1.2]\mathrm{m}^2$

$=19.55\mathrm{m}^2$

总计：$(18.48+19.55)\ \mathrm{m}^2=38.03\mathrm{m}^2$

(9) 铝塑板圆柱面

室外圆柱铝塑板工程量 = 圆柱外围饰面周长 × 柱高 × 根数

$$= (14 \times 0.57_{(饰面尺寸)} \times 4.0 \times 2 + 0.385_{(饰面尺寸)} \times 4.0 \times 2)\mathrm{m}^2$$
$$= 17.4\mathrm{m}^2$$

【注意事项】

1）墙柱面抹灰工程项目特征的描述要特别注意抹灰的层数、每层的厚度及各层砂浆的强度等级，要在设计工程做法的基础上密切与工程实际相结合。

2）零星项目的适用范围及计算规则，千万不要漏项。同时应注意清单计算规则与《全国统一装饰装修工程消耗量定额》中相关项目计算规则的差别。

3）注意柱抹灰工程量与柱饰面、镶贴块料面层工程量的区别。

4）计算有墙裙的墙面抹灰和墙裙工程量时，扣减门窗洞口面积时要注意墙裙高度与门窗洞口的高度关系，分段扣减。

【讨论】

1）本例中圆柱面如采用大理石饰面，用水泥砂浆粘贴，则工程量如何计算？

2）墙面一般抹灰与墙面镶贴块料计算规则有何不同？

课题3　天 棚 工 程

本课题适用于天棚装饰工程。天棚工程包括天棚抹灰、天棚吊顶、采光天棚、天棚其他装饰。

一、天棚抹灰

天棚抹灰适用于在各种基层（混凝土现浇板、预制板、木板条等）上的抹灰工程。

1. 工程量计算

按设计图示尺寸以水平投影面积计算。不扣除间壁墙、垛、柱、附墙烟囱、检查口和管道所占的面积，带梁天棚的梁两侧抹灰面积并入天棚面积内，板式楼梯底面抹灰按斜面积计算，锯齿形楼梯底板抹灰按展开面积计算。

2. 项目特征

需要描述的特征有：基层类型，抹灰厚度、材料种类，砂浆配合比。

3. 工程内容

需要完成的工程内容有：基层清理，底层抹灰，抹面层。

【例4-9】　如某天棚抹灰工程，天棚净长8.76m，净宽5.76m，楼板为钢筋混凝土现浇楼板，板厚为120mm，在宽度方向有现浇钢筋混凝土单梁2根，梁截面尺寸为250mm×600mm，梁顶与板顶在同一标高，天棚抹灰的工程做法为：喷乳胶漆；6mm厚1∶2.5水泥砂浆抹面；8mm厚1∶3水泥砂浆打底；刷素水泥浆一道（内掺108胶）；现浇混凝土板。试编制天棚抹灰工程工程量清单。

【解】 1. 计算天棚抹灰工程量

$$S = [8.76 \times 5.76 + (0.6 - 0.12)_{(梁净高)} \times 2_{(梁两侧)} \times 5.76 \times 2_{(根数)}]\mathrm{m}^2 = 61.52\mathrm{m}^2$$

2. 编制工程量清单

天棚抹灰工程量清单见表4-10。

表4-10 分部分项工程量清单与计价表

工程名称：××× 标段： 第 页共 页

序号	项目编码	项目名称	项目特征描述	计量单位	工程量	金额/元		
						综合单价	合价	其中：暂估价
1	011301001001	天棚抹灰	6mm厚1∶2.5水泥砂浆抹面 8mm厚1∶3水泥砂浆打底 刷素水泥浆一道（内掺108胶）	m^2	61.52			

二、天棚吊顶

天棚吊顶适用于形式上非漏空式的天棚吊顶。

1. 工程量计算

按设计图示尺寸以水平投影面积计算。不扣除间壁墙、检查口、附墙烟囱、柱垛和管道所占面积；扣除单个 $>0.3m^2$ 的孔洞、独立柱及与天棚相连的窗帘盒所占的面积；天棚面中的灯槽及跌级、锯齿形、吊挂式、藻井式天棚面积不展开计算。

注意：天棚吊顶与天棚抹灰工程量计算规则有所不同：天棚抹灰不扣除柱和垛所占面积；天棚吊顶也不除柱垛所占面积，但应扣除独立柱所占面积。柱垛是指与墙体相连的柱而突出墙体部分。

2. 项目特征

需描述吊顶形式、吊杆规格、高度，龙骨材料种类、规格、中距，基层材料种类、规格，面层材料品种、规格，压条材料种类、规格，嵌缝材料种类，防护材料种类。

吊顶形式是指平面、跌级、锯齿形、阶梯形、吊挂式、藻井式以及矩形、弧形、拱形等形式（图4-4），应在清单项目中进行描述。

平面是指吊顶面层在同一平面上的天棚。

跌级是指形状比较简单，不带灯槽、一个空间只有一个“凸”或“凹”形状的天棚。

基层材料是指底板或面层背后的加强材料。

面层材料的品种是指石膏板（包括装饰石膏板、纸面石膏板、吸声穿孔石膏板、嵌装式装饰石膏等）、埃特板、装饰吸声罩面板（包括矿棉装饰吸声板、贴塑矿（岩）棉吸声板、膨胀珍珠岩石装饰吸声制品、玻璃棉装饰吸声板等）、塑料装饰罩面板（钙塑泡沫装饰吸声板、聚苯乙烯泡沫塑料装饰吸声板、聚氯乙烯塑料天花板等）、纤维水泥加压板（包括穿孔吸声石棉水泥板、轻质硅酸钙吊顶板等）、金属装饰板（包括铝合金罩面板、金属微孔吸声板、铝合金单体构件等）、木质饰板（胶合板、薄板、板条、水泥木丝板、刨花板等），玻璃饰面（包括镜面玻璃、镭射玻璃等）。

注意：在同一个工程中如果龙骨材料种类、规格、中距有所不同，或虽龙骨材料种类、规格、中距相同，但基层或面层材料的品种、规格、品牌不同，都应分别编码列项。

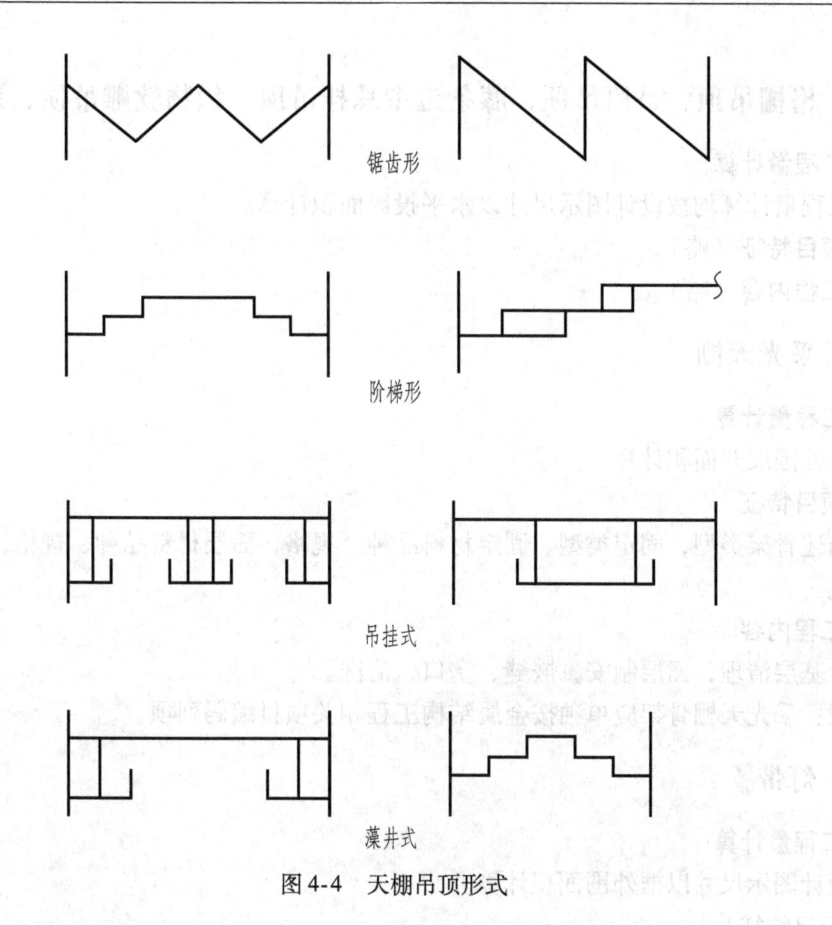

图4-4　天棚吊顶形式

3. 工程内容

包含基层清理、吊杆安装，龙骨安装，基层板铺贴，面层铺贴，嵌缝，刷防护材料。

【例4-10】 根据图4-1所示平面图，设计采用纸面石膏板吊顶天棚，具体工程做法为：刮腻子喷乳胶漆两遍；纸面石膏板规格为1200mm×800mm×6mm；U形轻钢龙骨；钢筋吊杆；钢筋混凝土楼板。试编制纸面石膏板天棚工程量清单。

【解】 1. 计算天棚吊顶工程量

$$S=[(3\times3-0.12\times2)\times(3\times2-0.12\text{m}\times2)-0.3\times0.3\times2]\text{m}^2=50.28\text{m}^2$$

2. 编制工程量清单

天棚吊顶工程量清单见表4-11。

表4-11　分部分项工程量清单与计价表

工程名称：×××　　　　标段：　　　　第　页共　页

序号	项目编码	项目名称	项目特征描述	计量单位	工程量	金额/元		
						综合单价	合价	其中：暂估价
1	011302001001	天棚吊顶	纸面石膏板规格为1200mm×800mm×6mm U形轻钢龙骨 钢筋吊杆 钢筋混凝土楼板	m²	50.28			

三、格栅吊顶、吊筒吊顶、藤条造型悬挂吊顶、织物软雕吊顶、装饰网架吊顶

1. 工程量计算

其工程量计算均按设计图示尺寸以水平投影面积计算。

2. 项目特征（略）

3. 工程内容（略）

四、采光天棚

1. 工程量计算

按框外围展开面积计算。

2. 项目特征

需描述骨架类型，固定类型、固定材料品种、规格，面层材料品种、规格，嵌缝、塞口材料种类。

3. 工程内容

包含基层清理，面层制安，嵌缝、塞口，清洗。

注意：采光天棚骨架应单独按金属结构工程相关项目编码列项。

五、灯带

1. 工程量计算

按设计图示尺寸以框外围面积计算。

2. 项目特征

需描述灯带形式、尺寸，格栅片材料品种、规格，安装固定方式。

3. 工程内容

包含安装、固定。

六、送风口、回风口

1. 工程量计算

按设计图示数量计算。

2. 项目特征

需描述风口材料品种、规格，安装固定方式，防护材料种类。

3. 工程内容

包含安装、固定，刷防护材料。

能力训练 4-3 计算天棚工程工程量

【训练目的】 熟悉天棚工程的清单项目划分和工程量计算规则，掌握天棚工程工程量计算方法。

【能力目标】 能根据工程施工图准确列本课题分部分项工程清单项目并准确计算天棚工程的工程量。

【原始资料】　××办公楼设计图（见单元7第一部分）。

【训练步骤】

1. 分析及列项

首先应熟悉本图纸天棚工程的工程做法，并结合建筑平面图及详图一一对应，明确不同做法的分界线。本例应列项目见表4-12。

表4-12　天棚工程应列清单项目

序号	项目编码	项目名称	项目特征
1	011301001001	天棚抹水泥砂浆	卫生间天棚抹水泥砂浆 5mm厚1:2.5水泥砂浆抹面 5mm厚1:3水泥砂浆打底 刷素水泥浆结合层一道（内掺建筑胶）
2	011301001002	雨篷抹水泥砂浆	背立面雨篷底面抹水泥砂浆 5mm厚1:2.5水泥砂浆抹面 5mm厚1:3水泥砂浆打底 刷素水泥浆结合层一道（内掺建筑胶）
3	011301001003	天棚抹混合砂浆	天棚抹混合砂浆 5mm厚1:0.3:2.5水泥石灰膏砂浆抹面 5mm厚1:0.3:3水泥石灰膏砂浆打底扫毛 刷素水泥浆结合层一道（内掺建筑胶）

2. 工程量计算

（1）卫生间天棚抹水泥砂浆

卫生间天棚抹灰工程量 $=4.92\text{m}^2_{(\text{卫生间地面})}$

2个卫生间天棚抹灰共计：$(4.92\times2)\text{m}^2=9.84\text{m}^2$

（2）背立面雨篷底面抹水泥砂浆

雨篷底面抹水泥砂浆工程量 = 雨蓬水平投影面积 $=[1.5\times(3.6+0.225+0.125)]\text{m}^2=5.93\text{m}^2$

（3）天棚抹混合砂浆

一层：$[331.68_{(\text{地面})}-22.21_{(\text{楼梯间})}+(3.0-0.225\times2)\times(0.4-0.12)\times2\times2+(3.6-0.225\times2)\times0.28\times2+(7.8-0.225-0.25)\times(0.65-0.12)\times2\times2+(7.8-0.15-0.075)\times(0.65-0.12)\times2\times4+(3.9\times4+9.0-0.45\times3)\times(0.75-0.12)\times2]\text{m}^2=391.03\text{m}^2$

二层：$\{302.10+22.21+4.92+(3.6-0.225\times2)\times(0.4-0.12)\times2\times2+(3.0-0.225\times2)\times0.28\times2\times3+(7.8-0.225-0.25)\times(0.65-0.12)\times2\times2+(7.8-0.15-0.075)\times(0.65-0.12)\times2\times2+(3.6-0.075-0.125)\times[0.25+(0.4-0.12)\times2]\}\text{m}^2=371.38\text{m}^2$

楼梯休息平台底面抹灰工程量 = 休息平台底面积 + 梯梁底面及侧面抹灰

$=\{(1.65-0.06)\times(3.6-0.025-0.1)+3.475\times[(0.35-0.1)+0.2+(0.35-0.18)+0.3+(0.4-0.1)+(0.4-0.15$

$-0.18)]_{(TL底面和侧面)}\}m^2$

$=10.00m^2$

楼梯底板抹灰工程量 = 楼梯段斜长 × 梯段宽度

$=[\sqrt{4.5^2+2.4^2}\times(3.6-0.025-0.1)]m^2=17.72m^2$

总计：$(391.03+371.38+10.00+17.72)m^2=790.13m^2$

【注意事项】

1）在计算天棚抹灰工程量时，不要机械套用地面面积而忽略梁侧抹灰面积。

2）楼梯底面抹灰应按斜面积计算。

3）计算天棚吊顶工程量时应扣除独立柱、$0.3m^2$ 以上孔洞及与天棚相连的窗帘盒所占的面积。

【讨论】 本例中卫生间如采用木龙骨、铝塑板吊顶，如何列项？如何计算工程量？

课题4 门窗工程

本课题适用于门窗工程。包括木门，金属门，金属卷帘（闸）门，厂库房大门、特种门，其他门，木窗，金属窗，门窗套，窗台板，窗帘、窗帘盒、轨。

一、木门

木门包括木质门、木质门带套、木质连窗门、木质防火门等清单项目。

1. 工程量计算

以樘计量，按设计图示数量计算；以平方米计量，设计图示洞口尺寸以面积计算。木质门带套计量时，按洞口尺寸以面积计算，不包括门套的面积，但门套应计算在综合单价中。

2. 项目特征

需描述门代号及洞口尺寸，镶嵌玻璃品种、厚度。以樘计量时，必须描述洞口尺寸；以平方米计量时，可不描述洞口尺寸。

3. 工程内容

包含门安装，玻璃安装，五金安装。

注意：

1）木质门应区分镶板木门、企口木板门、实木装饰门、胶合板门、夹板装饰门、木纱门、全玻门（带木质扇框）、木质半玻门（带木质扇框）等项目，分别编码列项。

2）木门五金包括折页、插锁、门碰珠、弓背拉手、搭机、弹簧折页（自动门）、管子拉手（自由门、地弹门）、地弹簧（地弹门）、门轧头（自由门、地弹门）、角铁、木螺丝等。

3）门窗工程除木窗外，以成品门窗考虑。若成品中已包含油漆，不再单独计算油漆；未包含油漆的，应按油漆、涂料、裱糊工程相应项目编码列项。

二、金属门

金属门包括金属（塑钢）门、彩板门、钢质防火门、防盗门4个清单项目。

1. 工程量计算

以樘计量，按设计图示数量计算；以平方米计量，设计图示洞口尺寸以面积计算。当无设计洞口尺寸时，按门框、扇外围以面积计算。

2. 项目特征

需描述门代号及洞口尺寸，门框或扇外围尺寸，门框、扇材质，玻璃品种、厚度。以樘计量时，必须描述洞口尺寸，没有洞口尺寸必须描述门框或扇外围尺寸；以平方米计量时，可不描述洞口尺寸及门框或扇外围尺寸。

3. 工程内容

包含门安装，玻璃安装，五金安装。

注意：

1）金属门应区分金属平开门、金属推拉门、金属地弹门、全玻门（带金属扇框）、金属半玻门（带扇框）等项目，分别编码列项。

2）铝合金门五金包括：拉手、地弹簧、门锁、门插、门铰、螺丝等。

3）金属门五金包括：L形执手插锁（双舌）、执手锁（单舌）、门轨头、地锁、防盗门机、门眼（猫眼）、门碰珠、电子锁（磁卡锁）、闭门器、装饰拉手等。

三、金属卷帘（闸）门

包括金属卷帘（闸）门、防火卷帘（闸）门2个清单项目。

1. 工程量计算

以樘计量，按设计图示数量计算；以平方米计量，设计图示洞口尺寸以面积计算。

2. 项目特征

需描述门代号及洞口尺寸，门材质，启动装置品种、规格。

3. 工程内容

包含门运输、安装，启动装置、活动小门、五金安装。

四、厂库房大门、特种门

厂库房大门、特种门中包含木板大门、钢木大门、全钢板大门、特种门、围墙格栅门等清单项目。

1. 适用范围

1）木板大门项目适用于厂库房的平开、推拉、带观察窗、不带观察窗等各类型木板大门。

2）钢木大门项目适用于厂库房的平开、推拉、单面铺木板、双面铺木板、防风型、保暖型等各类型钢木大门。

3）全钢板木门项目适用于厂库房的平开、推拉、折叠、单面铺钢板、双面铺钢板各类型全钢门。

4）特种门项目适用于各种放射线门、密闭门、保温门、隔音门、冷藏库门、冷藏冻结间门等特殊使用功能门。

5）围墙铁丝门项目适用于钢管骨架铁丝门、角钢骨架铁丝门、木骨架铁丝门等。

2. 工程量计算

以樘计量，按设计图示数量计算；以平方米计量，按设计图示洞口尺寸以面积计算。当无设计洞口尺寸时，按门框、扇外围以面积计算。

3. 项目特征

需描述门代号及洞口尺寸，门框或扇外围尺寸，门框、扇材质，五金种类、规格，防护材料种类。以樘计量时，必须描述洞口尺寸，没有洞口尺寸必须描述门框或扇外围尺寸；以平方米计量时，可不描述洞口尺寸及门框或扇外围尺寸。

注意：各种门的工程量是以“樘”为计量单位，直接计算数量。所以，此时的“项目特征”的描述就显得非常重要。只有清单编制人对以上项目特征进行详细描述，投标人才能准确报价。另外，对同一类型的门，只要在项目特征中略有不同，其价格就不同，就应分别编码列项。

4. 工程内容

包含门（骨架）制作、运输，门、五金配件安装，刷防护材料。

注意：

1）“钢木大门”项目的报价中应包含钢骨架的制作、安装费用。

2）从工程内容的叙述中可知，门项目中包括其制作、运输、安装等内容。

3）特种门应区分冷藏门、冷冻间门、保温门、变电室门、隔音门、防射线门、人防门、金库门等项目编码列项。

4）木材的出材率、设计规定使用干燥木材时的干燥损耗及干燥费应包括在报价内。

五、其他门

其他门包括电子感应门、旋转门、电子对讲门、电动伸缩门等8个清单项目。

1. 工程量计算

以樘计量，按设计图示数量计算；以平方米计量，设计图示洞口尺寸以面积计算。当无设计洞口尺寸时，按门框、扇外围以面积计算。

2. 项目特征

需描述门代号及洞口尺寸，门框或扇外围尺寸，门材质，玻璃品种、厚度，启动装置的品种、规格，电子配件品种、规格。以樘计量时，必须描述洞口尺寸，没有洞口尺寸必须描述门框或扇外围尺寸；以平方米计量时，可不描述洞口尺寸及门框或扇外围尺寸。

3. 工程内容

包含门安装，五金、启动装置、电子配件安装。

六、木窗

木窗包括木质窗、木飘（凸）窗、木橱窗、木纱窗4个清单项目。

1. 工程量计算

以樘计量，按设计图示数量计算。以平方米计量，木质窗按设计图示洞口尺寸以面积计算，当无设计洞口尺寸时，按门框、扇外围以面积计算；木飘（凸）窗、木橱窗按设计图示尺寸以框外围展开面积计算；木纱窗按框的外围尺寸以面积计算。

2. 项目特征

(1) 木质窗、木飘(凸)窗 需描述窗代号及洞口尺寸,玻璃品种、厚度。

(2) 木橱窗 需描述窗代号,框截面积外围展开面积,玻璃品种、厚度,防护材料种类。

(3) 木纱窗 需描述窗代号及框外围尺寸,窗纱材料品种、规格。

3. 工程内容

包含窗制作、运输、安装,五金、玻璃安装,刷防护材料。

注意:

1) 木质窗应区分木百叶窗、木组合窗、木天窗、木固定窗、木装饰空花窗等项目,分别编码列项。

2) 木窗五金包括:折页、插销、风钩、木螺丝、滑轮滑轨(推拉窗)等。

七、金属窗

金属窗包括金属推拉窗、金属平开窗、金属固定窗等,金属窗根据开启方式、材质、功能等共分9个清单项目。

工程量计算、项目特征及工作内容均与木窗相同。

【例4-11】 某工程采用塑钢窗,其中1800mm×1800mm窗20樘,1500mm×1800mm窗8樘,600mm×1200mm窗3樘。具体工程做法为:忠旺型材80系列;双层中空白玻璃,外侧3mm厚,内侧5mm。试编制此项目的工程量清单

【解】 塑钢窗工程量清单见表4-13。

表4-13 分部分项工程量清单与计价表

工程名称:××× 标段: 第 页共 页

序号	项目编码	项目名称	项目特征描述	计量单位	工程量	金额/元		
						综合单价	合价	其中:暂估价
1	010807006001	塑钢窗	洞口尺寸1800mm×1800mm 忠旺型材80系列 双层中空白玻璃,外侧3mm厚,内侧5mm	樘	20			
2	010807006002	塑钢窗	洞口尺寸1500mm×1800mm 忠旺型材80系列 双层中空白玻璃,外侧3mm厚,内侧5mm	樘	8			
3	010807006003	塑钢窗	洞口尺寸600mm×1200mm 忠旺型材80系列 双层中空白玻璃,外侧3mm厚,内侧5mm	樘	3			

八、门窗套

门窗套包括木门窗套、金属门窗套、石材门窗套、门窗木贴脸、木筒子板、饰面夹板筒子板、成品木门窗套共7个清单项目。木门窗套项目适用于单独门窗套的制作、安装。

1. 工程量计算

以樘计量，按设计图示数量计算；以平方米计量，按设计图示洞口尺寸以展开面积计算；以米计量，按设计图示中心以延长米计算。门窗木贴脸工程量以樘计量，按设计图示数量计算或以米计量，按设计图示中心以延长米计算。

2. 项目特征

需描述窗代号及洞口尺寸，门窗套展开宽度，基层材料种类，面层材料品种、规格，线条品种、规格，防护材料种类。木筒子板、饰面夹板筒子板还需描述筒子板宽度；石材门窗套还需描述粘结层厚度、砂浆配合比。

3. 工程内容

包含清理基层，底层抹灰，立筋制作、安装，基层板安装，面层铺贴，线条安装，刷防护材料。

注意：门窗套项目报价内若已包括贴脸板、筒子板饰面价格，则门窗木贴脸、筒子板不应再编码列项，以免重复计算。

九、窗帘、窗帘盒、轨

根据不同材质共分5个清单项目，其中包括窗帘轨。

1. 工程量计算

窗帘工程量以米计量，按设计图示尺寸以成活后长度计算；以平方米计量，按设计图示尺寸以成活后展开面积计算。各种材质的窗帘盒及窗帘轨其工程量均按设计图示尺寸以长度计算。窗帘盒如为弧形时，其长度以中心线计算。

2. 项目特征

（1）窗帘　需描述窗帘材质，窗帘高度、宽度，窗帘层数，带幔要求。当窗帘为双层时，必须描述每层材质。

（2）窗帘盒及窗帘轨　需描述窗帘盒（轨）材质、规格，防护材料种类，轨的数量。

3. 工程内容

包含制作、运输、安装，刷防护材料。

十、窗台板

根据不同材质，窗台板共分4个清单项目。

1. 工程量计算

各种材质的窗台板其工程量计算均按设计图示尺寸以展开面积计算。

2. 项目特征

需描述基层材料种类（粘结层厚度、砂浆配合比），窗台板材质、规格、颜色，防护材料种类。

3. 工程内容

包含基层清理，基层制作、安装（抹找平层），窗台板制作、安装，刷防护材料。

能力训练4-4　计算门窗工程工程量

【训练目的】 熟悉门窗工程的清单项目划分和工程量计算规则，掌握楼地面工程工程量计算方法。

【能力目标】 能结合实际工程准确列本课题分部分项工程清单项目并计算门窗工程的工程量。

【原始资料】 ××办公楼设计图（见单元7第一部分）。

【训练步骤】

1. 分析及列项

首先应熟悉本图纸门窗工程的具体做法，按门窗不同材质、不同洞口尺寸分别列项。本例应列项目见表4-14。

表4-14　门窗工程应列清单项目

序号	项目编码	项目名称	项目特征
1	010805006001	全玻钢化自由门	洞口尺寸8200mm×4000mm
2	010802001001	全玻平开门	洞口尺寸1500mm×2400mm
3	010801001001	胶合板门	洞口尺寸1000mm×2100mm 刷调和漆二遍，底油一遍，满刮腻子
4	010801001002	胶合板门	洞口尺寸750mm×2000mm 刷调和漆二遍，底油一遍，满刮腻子
5	010801001003	胶合板门	洞口尺寸1500mm×2100mm 刷调和漆二遍，底油一遍，满刮腻子
6	010807001001	塑钢推拉窗	洞口尺寸1500mm×1800mm
7	010807001002	塑钢推拉窗	洞口尺寸1200mm×1200mm
8	010807001003	塑钢推拉窗	洞口尺寸2100mm×1800mm
9	010807001004	塑钢推拉窗	洞口尺寸1200mm×1500mm
10	010807001005	塑钢固定窗	洞口尺寸2100mm×900mm
11	010807001001	钢化全玻窗	洞口尺寸7325mm×3700mm，不锈钢包边
12	010807001002	钢化全玻窗	洞口尺寸3560mm×2900mm，不锈钢包边
13	010807001003	钢化全玻窗	洞口尺寸8500mm×2900mm，不锈钢包边

注：因塑钢窗招标文件中要求由专业工程分包，故分部分项工程量清单中不表现，在上表中列出仅为计算出工程数量。

2. 工程量计算（表4-15）

表4-15　门窗工程量计算表

序号	项目名称	项目特征	计量单位	工程数量
1	全玻钢化自由门	洞口尺寸8200mm×4000mm	樘	1
2	全玻平开门	洞口尺寸1500mm×2400mm	樘	1

（续）

序号	项目名称	项目特征	计量单位	工程数量
3	夹板门	洞口尺寸1000mm×2100mm 刷调和漆两遍，底油一遍，满刮腻子	樘	7
4	夹板门	洞口尺寸750mm×2000mm 刷调和漆两遍，底油一遍，满刮腻子	樘	2
5	夹板门	洞口尺寸1500mm×2100mm 刷调和漆两遍，底油一遍，满刮腻子	樘	2
6	塑钢推拉窗	洞口尺寸1500mm×1800mm	樘	4
7	塑钢推拉窗	洞口尺寸1200mm×1200mm	樘	4
8	塑钢推拉窗	洞口尺寸2100mm×1800mm	樘	9
9	塑钢推拉窗	洞口尺寸1200mm×1500mm	樘	2
10	塑钢固定窗	洞口尺寸2100mm×900mm	樘	4
11	钢化全玻窗	洞口尺寸7325mm×3700mm，不锈钢包边	樘	2
12	钢化全玻窗	洞口尺寸3560mm×2900mm，不锈钢包边	樘	4
13	钢化全玻窗	洞口尺寸8500mm×2900mm，不锈钢包边	樘	1

【注意事项】

1）在计算门窗工程量时，首先应对门窗统计表所列门窗的规格和数量进行校核，确保数据准确，避免遗漏。

2）相同材质，不同类型、不同洞口尺寸及具有不同其他项目特征的门窗必须分别列项。

3）门窗工程的项目特征，尽可能描述完整，以便报价。

【讨论】

1）门窗套与贴脸、筒子板是什么关系？工程量如何计算？

2）在编制门窗工程的工程量清单时，图纸只给出了门窗的材质和洞口尺寸，则门窗工程的项目特征如何描述？

3）木门窗的油漆应包括在门窗工程内，还是在油漆、涂料工程中单独列项。

课题5 油漆、涂料、裱糊工程

本课题适用于门窗油漆、金属、抹灰面油漆工程，相关项目已包括油漆、涂料的不再单独按本课题列项。包括门油漆、窗油漆、扶手、板条面、线条面、木材面油漆、金属面油漆、抹灰面油漆、喷刷涂料、裱糊等。

一、门油漆

门油漆包括木门油漆、金属门油漆2个清单项目。

1. 工程量计算

以樘计量，按设计图示数量计算；以平方米计量，按设计图示洞口尺寸以面积计算。

2. 项目特征

需描述门类型，门代号及洞口尺寸，腻子种类，刮腻子遍数，防护材料种类，油漆品种、刷漆遍数。

说明：

1）木门油漆应区分木大门、单层木门、双层（一玻一纱）木门、全玻自由门、半玻自由门、装饰门及有框门或无框门等项目，分别编码列项。金属门油漆应区分平开门、推拉门、钢质防火门等项目，分别编码列项。另外，连窗门可按门油漆项目编码列项。

2）腻子种类分石膏油腻子（熟桐油、石膏粉、适量水）、胶腻子（大白、色粉、羧甲基纤维素）、漆片腻子（漆片、酒精、石膏粉、适量色粉）、油腻子（矾石粉、桐油、脂肪酸、松香）等。

3. 工程内容

包含基层清理，刮腻子，刷防护材料、油漆。金属门油漆还包含除锈。

二、窗油漆

窗油漆包括木窗油漆、金属窗油漆2个清单项目，适用于各类型窗（如平开窗、推拉窗、空花窗、百叶窗、单层窗、双层窗、带亮子及不带亮子等）油漆工程。

工程量计算、项目特征和工程内容同门油漆

木窗油漆应区分单层木窗、双层（一玻一纱）木窗、双层框扇（单裁口）木窗、双层框三层（二玻一纱）木窗、单层组合窗、双层组合窗、木百叶窗、木推拉窗等项目，分别编码列项。金属门油漆应区分平开窗、推拉窗、固定窗、组合窗、金属隔栅窗等项目，分别编码列项。

三、木扶手及其他板条、线条油漆

木扶手及其他板条、线条油漆包括木扶手油漆，窗帘盒油漆，封檐板、顺水板油漆，挂衣板、黑板框油漆，挂镜线、窗帘棍、单独木线油漆共5个清单项目。

1. 工程量计算

按设计图示尺寸以长度计算。楼梯木扶手工程量按中心线斜长计算，弯头长度应计算在扶手长度内。顺水板（博风板）工程量按看面的中心线斜长计算，有大刀头的增加50cm。窗台板、筒子板、盖板、门窗套、踢脚线油漆按水平或垂直投影面积（门窗套的贴脸板和筒子板垂直投影面积合并）计算。

2. 项目特征

需描述断面尺寸，腻子种类，刮腻子遍数，防护材料种类，油漆品种、刷漆遍数。

3. 工程内容

包含基层清理，刮腻子，刷防护材料、油漆。

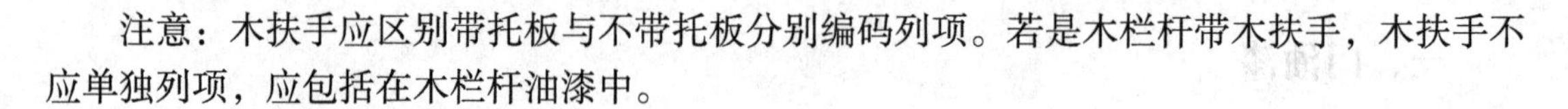

注意：木扶手应区别带托板与不带托板分别编码列项。若是木栏杆带木扶手，木扶手不应单独列项，应包括在木栏杆油漆中。

四、木材面油漆

木材面油漆共包括15个清单项目。

1. 工程量计算

（1）木护墙、木墙裙油漆，窗台板、筒子板、盖板、门窗套、踢脚线油漆，清水板条天棚、檐口油漆，木方格吊顶天棚油漆，吸音板墙面、天棚面油漆，暖气罩油漆，其他木材面油漆7个清单项目，均按设计图示尺寸以面积计算。

（2）木间壁、木隔断油漆，玻璃间壁露明墙筋油漆，木栅栏、木栏杆（带扶手）油漆3个清单项目，按设计图示尺寸以单面外围面积计算。

说明：多面涂刷按单面计算工程量，计算时满外量计算，不展开。

（3）衣柜、壁柜油漆，梁柱饰面油漆，零星木装修油漆3个清单项目，按设计图示尺寸以油漆部分展开面积计算。

（4）木地板油漆、木地板烫蜡硬面2个清单项目，按设计图示尺寸以面积计算，空洞、空圈、暖气包槽、壁龛的开口部分并入相应的工程量内。

2. 项目特征

需描述腻子种类，刮腻子遍数，防护材料种类，油漆品种、刷漆遍数。

木地板烫蜡硬面项目特征包括：硬腊种类，面层处理要求。

3. 工程内容

包含基层清理，刮腻子，刷防护材料、油漆。

木地板烫蜡硬面工程内容包含基层清理，烫蜡。

注意：工程量以面积计算的油漆、涂料项目，线脚、线条、压条等不展开。

五、金属面油漆

1. 工程量计算

以吨计量，按设计图示尺寸以质量计算；以平方米计量，按设计展开面积计算。

2. 项目特征

需描述构件名称，腻子种类，刮腻子要求，防护材料种类，油漆品种、刷漆遍数。

3. 工程内容

包含基层清理，刮腻子，刷防护材料、油漆。

六、抹灰面油漆

抹灰面油漆包括抹灰面油漆、抹灰线条油漆、满刮腻子。

1. 工程量计算

（1）抹灰面油漆、满刮腻子　按设计图示尺寸以面积计算。

（2）抹灰线条油漆　按设计图示尺寸以长度计算。

2. 项目特征

需描述基层类型，线条宽度、道数，腻子种类，刮腻子遍数，防护材料种类，油漆品

种、刷漆遍数。

3. 工程内容

同金属面油漆。

七、刷喷涂料

1. 工程量计算

（1）墙面、天棚喷刷涂料　按设计图示尺寸以面积计算。

（2）空花格、栏杆刷涂料　按设计图示尺寸以单面外围面积计算。

（3）线条刷涂料　按设计图示尺寸以长度计算。

（4）金属构件刷防火涂料　以吨计量，按设计图示尺寸以质量计算；以平方米计量，按设计展开面积计算。

（5）木构件刷防火涂料　以平方米计量，按设计图示尺寸以面积计算。

2. 项目特征

（1）墙面、天棚喷刷涂料　需描述基层类型，喷刷涂料部位（外墙或内墙），腻子种类；刮腻子要求，涂料品种、刷喷遍数。

（2）空花格、栏杆刷涂料　需描述腻子种类，刮腻子遍数，涂料品种、刷喷遍数。

（3）线条刷涂料　需描述基层清理，线条宽度，刮腻子遍数，涂料品种、刷喷遍数。

（4）金属构件刷防火涂料、木构件刷防火涂料　需描述喷刷防火涂料构件名称，防火等级要求，涂料品种、刷喷遍数。

3. 工程内容

包含基层清理，刮腻子，刷、喷涂料（防护材料、油漆、防火材料）。

八、裱糊

1. 工程量计算

按设计图示尺寸以面积计算。

2. 项目特征

需描述基层类型，裱糊部位，腻子种类，刮腻子遍数，粘结材料种类，防护材料种类，面层材料品种、规格、颜色。

3. 工程内容

包含基层清理，刮腻子，面层铺贴（应注意要求对花还是不对花），刷防护材料。

能力训练4-5　计算油漆、涂料、裱糊工程工程量

【训练目的】　熟悉油漆、涂料、裱糊工程的清单项目划分和工程量计算规则，掌握油漆、涂料、裱糊工程工程量计算方法。

【能力目标】　能结合实际工程准确列本课题分部分项工程清单项目并计算油漆、涂料、裱糊工程的工程量。

【原始资料】　××办公楼设计图（见单元7第一部分）。

【训练步骤】

1. 分析及列项

首先应根据本图纸墙柱面工程、天棚工程的工程做法，列出相关油漆、涂料工程的清单项目。本例应列项目见表4-16。

表4-16 油漆、涂料、裱糊工程应列清单项目

序号	项目编码	项目名称	项目特征
1	011407001001	内墙涂料	白色立邦乳胶漆
2	011407001002	柱面涂料	白色立邦乳胶漆
3	011407002001	天棚涂料（卫生间）	白色立邦乳胶漆
4	011407002003	天棚涂料（卫生间外房间）	白色立邦乳胶漆
5	011407001003	外墙涂料	晋龙外墙涂料
6	011407002002	雨篷底面涂料	晋龙外墙涂料（背立面雨篷）

2. 工程量计算

（1）内墙涂料

内墙涂料工程量（同内墙抹灰）=1107.98m²

（2）柱面涂料

柱面刷涂料工程量（同柱面抹灰）=16.71m²

（3）卫生间天棚涂料

卫生间天棚涂料工程量（同卫生间抹灰）=4.92m²

（4）天棚涂料（卫生间外房间）

天棚涂料工程量（同天棚抹灰）=790.13m²

（5）外墙涂料

外墙涂料工程量（同外墙抹灰）=615.71m²

（6）背立面雨篷底面涂料

背立面雨篷底面涂料工程量（同背立面雨篷底面抹灰）=5.93m²

【注意事项】 本课题适用于单独发包的油漆、涂料工程，因此有关项目中已经包括油漆、涂料的不再单独按本课题列项。

【讨论】 本列中墙面、柱面涂料项目是否可并入墙面、柱面抹灰项目中。

课题6 其他装饰工程

本课题适用于装饰物件的制作、安装工程。包括柜类、贷架，暖气罩，浴厕配件，压条、装饰线，扶手、栏杆、栏板装饰，雨篷、旗杆，招牌、灯箱，美术字等项目。

一、柜类、货架

柜类、货架项目适用于各类材料制作及各种用途（如柜台、酒柜、衣柜、鞋柜、书柜、

厨房壁柜、厨房吊柜及酒吧台、展台、收银台、货架、书架、服务台等）。共20个清单项目。

厨房壁柜和厨房吊柜以嵌入墙内为壁柜，以支架固定在墙上的为吊柜。

1. 工程量计算

以个计量，按设计图示数量计算；以米计量，按设计图示尺寸以延长米计算；以立方米计量，按设计图示尺寸以体积计算。

2. 项目特征

需描述台柜规格，材料种类（石材、金属、实木等）、规格，五金种类、规格，防护材料种类，油漆品种、刷漆遍数。

3. 工程内容

包含台柜制作、运输、安装（安放），刷防护材料、油漆，五金件安装。

二、暖气罩

适用于各类材料（如饰面板、塑料板、金属）制作的暖气罩项目。

1. 工程量计算

按设计图示尺寸以垂直投影面积（不展开）计算。

2. 项目特征

需描述暖气罩材质，防护材料种类。

3. 工程内容

包含暖气罩制作、运输、安装，刷防护材料。

三、浴厕配件

1. 工程量计算

（1）洗漱台　按设计图示尺寸以台面外接矩形面积计算。不扣除孔洞（放置洗面盆的地方）、挖弯、削角（以根据放置的位置进行选形）所占面积，挡板、吊沿板面积并入台面面积内；按设计图示数量计算。

石材洗漱台放置洗面盆的地方必须挖洞，根据洗漱台摆放的位置有些还需选形，产生挖弯、削角，为此洗漱台的工程量按外按矩形计算。

档板指镜面玻璃下边沿正洗漱台面和侧墙与台面接触部位的竖挡板（一般档板与台面使用同材料品种，不同材料品种，应另行计算）。

吊沿指台面外边沿下方的竖挡板。挡板和吊沿均以面积并入台面面积内计算。

（2）晒衣架、帘子杆、浴缸拉手、卫生间扶手、毛巾杆（架）、卫生纸盒、肥皂盒　按设计图示数量以“个”、“根”、“套”、“副”计算。

（3）镜面玻璃　按设计图示尺寸以边框外围面积计算。

（4）镜箱　按设计图示数量以“个”计算。

2. 项目特征

（1）洗漱台、晒衣架、帘子杆、浴缸拉手、卫生间扶手、毛巾杆（架）、毛巾环、卫生纸盒、肥皂盒 需描述材料品种、规格、颜色，支架、配件品种、规格。

（2）镜面玻璃 需描述镜面玻璃品种、规格，框材质、断面尺寸，基层材料种类（玻璃背后的衬垫材料，如胶合板、油毡等），防护材料种类。

（3）镜箱 需描述箱材质、规格，玻璃品种、规格，基层材料种类，防护材料种类，油漆品种、刷漆遍数。

3. 工程内容

（1）洗漱台、晒衣架、帘子杆、浴缸拉手、卫生间扶手、毛巾杆（架）、毛巾环、卫生纸盒、肥皂盒 包含台面及支架制作、运输、安装，杆、环、盒、配件安装，刷油漆。

（2）镜面玻璃 包含基层安装，玻璃及框制作、运输、安装。

（3）镜箱

包含基层安装，箱体制作、运输、安装，玻璃安装，刷防护材料、油漆。

四、压条、装饰线

压条、装饰线适用于各种材料（如金属、木质、石材、石膏、镜面玻璃、铝塑、塑料、GRC等）制作的压条、装饰线，共8个项目。

1. 工程量计算

按设计图示尺寸以长度计算。

2. 项目特征

需描述基层类型，线条材料品种、规格、颜色，防护材料种类。GRC装饰线条还需描述线条安装部位。

装饰线的基层类型是指装饰依托体的材料，如砖墙、木墙、石墙、混凝土墙、墙面抹灰、钢支架等。

3. 工程内容

包含线条制作、安装，刷防护材料。

五、雨篷、旗杆

1. 工程量计算

（1）雨篷吊挂饰面 按设计图示尺寸以水平投影面积计算。

（2）金属旗杆 按设计图示数量以“根”计算。

（3）玻璃雨篷 按设计图示尺寸以水平投影面积计算。

2. 项目特征

（1）雨篷吊挂饰面 需描述基层类型，龙骨材料种类、规格、中距，面层材料品种、规格，吊顶（天棚）材料、品种、规格，嵌缝材料种类，防护材料种类。

（2）金属旗杆 需描述旗杆材料、种类、规格，旗杆高度（指旗杆台座上表面至杆顶），基础材料种类，基座材料种类，基座面层材料、种类、规格。

（3）玻璃雨篷 需描述玻璃雨篷固定方式，龙骨材料种类、规格、中距，玻璃材料品种、规格，嵌缝材料种类，防护材料种类。

3. 工程内容

（1）雨篷吊挂饰面 包含底层抹灰，龙骨基层安装，面层安装，刷防护材料、油漆。

（2）金属旗杆 包含土石挖、填、运，基础混凝土浇注，旗杆制作、安装，旗杆台座制作、饰面。

（3）玻璃雨篷 包含龙骨基层安装，面层安装，刷防护材料、油漆。

六、招牌、灯箱

招牌、灯箱适用于各种形式（平面、竖式等）招牌、灯箱、信报箱。

1. 工程量计算

（1）平面、箱式招牌 按设计图示尺寸以正立面边框外围面积计算。复杂形的凸凹造型部分不增加面积。

（2）竖式标箱、灯箱、信报箱 按设计图示数量以“个”计算。

2. 项目特征

需描述箱体规格，基层材料种类，面层材料种类，防护材料种类。信报箱还需描述户数。

3. 工程内容

包含基层安装，箱体及支架制作、运输、安装，面层制作、安装，刷防护材料、油漆。

七、美术字

美术字适用各种材料（泡沫塑料、有机玻璃、木质、金属等）制作的美术字，共4个清单项目。

1. 工程量计算

按设计图示数量以“个”计算。

2. 项目特征

需描述基层类型（同压条、装饰线），镌字材料品种、颜色，字体规格（以字的外接矩形长、宽和字的厚度表示），固定方式（如粘贴、焊接以及铁钉、螺栓、铆钉等），油漆品种、刷漆遍数。

3. 工程内容

包含字制作、运输、安装，刷油漆

八、扶手、栏杆、栏板装饰

扶手、栏杆、栏板装饰包括金属、硬木、塑料扶手、栏杆、栏板，GRC扶手、栏杆，金属、硬木、塑料靠墙扶手，玻璃栏板8个清单项目。

扶手、栏杆、栏板装饰项目适用于楼梯、阳台、走廊、回廊及其他装饰性扶手、栏杆、栏板。

1. 工程量计算

各清单项目的工程量均按设计图示尺寸以扶手中心线长度（包括弯头长度）计算。

2. 项目特征

各清单项目需要描述的项目特征有：扶手、栏杆、栏板材料种类、规格、颜色，固定配件种类，防护材料种类。

GRC扶手、栏杆清单项目还需描述安装间距，填充材料种类。玻璃栏板清单项目还需描述栏杆玻璃的种类、规格、颜色。

扶手固定配件是用于楼梯、台阶的栏杆柱、栏杆、栏板扶手相连接的固定件；靠墙扶手与墙相连接的固定件。

3. 工程内容

各清单项目需要完成的工程内容包含制作，运输，安装，刷防护材料。

能力训练4-6 计算其他装饰工程工程量

【训练目的】 熟悉其他工程的清单项目划分和工程量计算规则，掌握其他工程工程量计算方法。

【能力目标】 能结合实际工程准确列本课题分部分项清单项目并计算其他工程的工程量。

【原始资料】 ××办公楼设计图（见单元7第一部分）。

【训练步骤】

1. 分析及列项

首先应熟悉本图纸其他工程的所涉及的项目及其工程做法。本例应列项目见表4-17。

表4-17 其他工程应列清单项目

序号	项目编码	项目名称	项目特征
1	011506001001	雨篷铝塑板饰面（平面）	4mm厚双面铝塑板 6mm厚纤维水泥加压板固定在木龙骨上 24mm×30mm木龙骨中距500mm
2	011207001001	雨篷铝塑板饰面（立面）	4mm厚双面铝塑板 6mm厚纤维水泥加压板固定在木龙骨上 24mm×30mm木龙骨中距500mm 混凝土雨篷
3	011503001001	楼梯不锈钢栏杆扶手	楼梯栏杆高900mm
4	011503001002	不锈钢防护栏杆	栏杆高700mm

2. 工程量计算

（1）雨篷铝塑板饰面平面

雨篷铝塑板饰面平面工程量＝雨蓬的水平投影面积

$$=\left[\frac{\pi r^2\theta}{360}-\frac{d(r-h)}{2}\right]$$

$$=\left[\frac{3.14\times10.415^2\times113.14}{360}-\frac{17.45(10.415-4.6)}{2}\right]\text{m}^2$$

$$=56.30\text{m}^2$$

其中：$r=(10.09+0.325)\ \mathrm{m}=10.415\mathrm{m}$

$d=(3.0\times3+3.9\times2+0.325\times2)\ \mathrm{m}=17.45\mathrm{m}$

$h=(2.4+2.1+0.325-0.225)\ \mathrm{m}=4.6\mathrm{m}$

$$\theta=2\arcsin(\sin\theta)=2\arcsin\left(\frac{8.525}{10.215}\right)=113.14°$$

(2) 雨篷铝塑板饰面立面

雨篷铝塑板饰面立面工程量 = 弧形立板立面面积 = 弧形立板外边线长 × 弧形立板高

$=(20.48\times1.3)\mathrm{m}^2=26.62\mathrm{m}^2$

(3) 楼梯不锈钢栏杆扶手

楼梯不锈钢栏杆扶手工程量 $=\left[4.5+0.2_{(每边延伸100mm)})\times1.13_{(楼梯坡度系数)}\times2+0.1_{(休息平台转弯处)}+\frac{1}{2}(3.6-0.025-0.1)+0.05_{(转弯处增50mm)}\right]\mathrm{m}$

$=12.51\mathrm{m}$

(4) 不锈钢防护栏杆

不锈钢防护栏杆工程量 $=[(3.9-0.1-0.225)\times2+(3.9-0.1-0.25)\times2+(9-0.5)]\mathrm{m}$

$=22.75\mathrm{m}$

【注意事项】 弧形雨蓬的水平投影面积应根据结施-6所示尺寸计算，图中所示弧形半径为圆心至弧形梁中心线的长度，而并非雨蓬结构外边线的半径，所以不能直接用10090mm计算弓形面积。

【讨论】

墙柱面、天棚装饰中所需的压条、装饰线是否可按本课题相应项目单独列项。

思考与练习题

1. 请说明下列各工程项目，在分部分项工程量清单项目特征描述栏内需描述那些内容？

① 块料楼地面。

② 墙面一般抹灰。

③ 天棚吊顶。

④ 胶合板门。

⑤ 窗油漆。

2. 某楼地面工程做法为：

① 20mm 厚 1∶2 水泥砂浆压实抹光。

② 刷素水泥浆结合层一道。

③ 100mm 厚 C15 混凝土。

④ 150mm 厚 3∶7 灰土。

如果其设计图示净长 30m，净宽 18m，要求编制楼地面工程工程量清单。

单元5　建筑及装饰装修工程措施项目工程量计算

【单元概述】

建筑及装饰装修工程措施项目包括可以计算工程量的项目（单价措施项目），不宜计算工程量的项目（总价措施项目）。其中单价措施项目如脚手架、模板、垂直运输等，总价措施项目如安全文明施工、夜间施工、冬雨季施工等。

【教习目标】

通过本单元的学习、训练，要求学生能较熟练地完成土建工程中单价措施项目清单项目工程量的计算。

课题1　脚手架工程

为了保证施工安全和操作的方便，采用钢管（$\phi48\times3.5$），杉木杆或直径为 *DN*75～90mm 的竹竿，搭设一种供建筑工人脚踏手攀，堆置或运输材料的架子，叫脚手架，简称脚手架工程。由立杆、横杆、上料平台斜坡道、防风拉杆及安全网等组成。

脚手架工程包含综合脚手架、外脚手架、里脚手架、悬空脚手架、挑脚手架、满堂脚手架、整体提升架、外装饰吊篮8个项目。

一、综合脚手架

综合脚手架是综合了建筑物中砌筑内外墙所需用的砌墙脚手架、运料斜坡、上料平台、金属卷扬机架、外墙粉刷脚手架等内容。使用综合脚手架时。不再使用外脚手架、里脚手架等单项脚手架。综合脚手架是针对整个房屋建筑的土建和装饰装修部分。

综合脚手架适用于能够按“建筑面积计算规则”计算建筑面积的建筑工程脚手架，不适用于房屋加层、构筑物及附属工程脚手架。

1. 工程量计算

综合脚手架工程量按建筑面积计算，建筑面积计算规则执行《建筑工程建筑面积计算规范》（GB/T 50353—2013）。

2. 项目特征

描述建筑物结构形式，檐口高度。其中筑物结构形式是指单层、全现浇结构、混合结构、框架结构等；檐口高度是指设计室外地坪至檐口滴水的高度（平屋顶是指屋面板底高度），突出主体建筑物屋顶的电梯机房、楼梯出口间、水箱间、瞭望塔、排烟机房等不计入檐口高度。

注意：同一建筑物有不同檐高时，按建筑物竖向切面分别按不同檐高编列清单项目。

3. 工程内容

包括场内、场外材料搬运，搭、拆脚手架、斜道、上料平台，安全网的铺设，选择附墙点与主体连接，测试电动装置、安全锁等，拆除脚手架后的材料堆放。

二、外脚手架、里脚手架

沿建筑物外围搭设的脚手架称为外脚手架。它可用于砌筑和装饰工程，砌筑时逐层搭设、外装修工程完毕后逐层拆除，基本上服务于施工全过程。根据搭设方式有单排和双排两种，如图5-1所示。

里脚手架搭设于建筑物内部，每砌完一层墙后，即将其转移到上一层楼面，进行新的一层砌体砌筑，它可用于内外墙的砌筑和室内装饰施工。

1. 工程量计算

外脚手架、里脚手架工程量均按所服务对象的垂直投影面积计算。

2. 项目特征

描述搭设方式，搭设高度，脚手架材质。

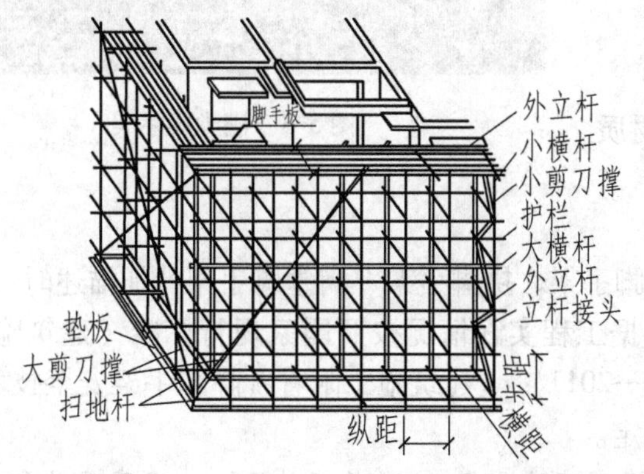

图5-1 双排外脚手架

3. 工程内容

包括场内、场外材料搬运，搭、拆脚手架、斜道、上料平台，安全网的铺设，拆除脚手架后的材料堆放。

三、悬空脚手架、挑脚手架

挑脚手架搭设方式有多种，其中悬挑梁式脚手架搭设方式是在建筑物内预留洞口，用型钢制成悬挑梁作为搭设双排脚手架的平台，使脚手架上的荷重直接由建筑物承载，起到了卸载作用，悬挑梁式挑脚手架示意图如图5-2所示。

图5-2 悬挑梁式挑脚手架

1. 工程量计算

悬空脚手架工程量按搭设的水平投影

面积计算。

挑脚手架工程量按搭设长度乘以搭设层数以延长米计算。

2. 项目特征

描述搭设方式，悬挑宽度，脚手架材质。

3. 工程内容

同外脚手架。

四、满堂脚手架

满堂脚手架是指在施工作业面上满铺的，纵、横向各超过3排立杆的整块形落地式多立杆脚手架，主要用于室内装修及其他单面积的高空作业，满堂脚手架的一般构造形式如图5-3所示。

图5-3 满堂脚手架

1. 工程量计算

满堂脚手架工程量按搭设的水平投影面积计算。

2. 项目特征

描述搭设方式，搭设高度，脚手架材质。

3. 工程内容

同外脚手架。

注意：外脚手架、里脚手架、悬空脚手架、挑脚手架、满堂脚手架特征描述时，脚手架材质可以不描述，但应注明由投标人根据工程实际情况按照国家现行标准《建筑施工扣件式钢管脚手架安全技术规范》（JGJ 130—2011）、《建筑施工附着升降脚手架安全技术规程》（DGJ 08—19905—1999）等规定自行确定。

【例5-1】 某建筑物入口大厅室内净高度为8.9m，净长度为15m，净宽度为9m，试编制满堂脚手架工程工程量清单。

【解】 1. 工程量计算

满堂脚手架工程量 = 室内搭设的水平投影面积
= 室内净长度 × 室内净宽度
= $(15 \times 9)\ m^2 = 135m^2$

2. 编制工程量清单

满堂脚手架工程量清单见表5-1。

表5-1 分部分项工程和单价措施项目清单与计价表

工程名称：××××

序号	项目编码	项目名称	项目特征描述	计量单位	工程量	金额/元		
						综合单价	合价	其中：暂估价
1	011701006001	满堂脚手架	钢管扣件式脚手架、搭设高度8.9m	m^2	100			

五、整体提升架

整体提升架也称为导轨式爬架、导轨附着式提升架。其主要特征是脚手架沿固定在建筑物导轨升降，而且提升设备也固定在导轨上。它是一种用于高层建筑外脚手架工程施工的成套施工设备，包括支架（底部桥架）、爬升机构、动力及控制系统和安全防坠装置四大部分。整体提升架示意图如图5-4所示。

1. 工程量计算

整体提升架工程量按所服务对象的垂直投影面积计算。

2. 项目特征

描述搭设方式及启动装置，搭设高度。

注意：整体提升架已包括2m高的防护架体设施。

3. 工程内容

同综合脚手架。

六、外装饰吊篮

外装饰吊篮脚手架又称为吊脚手架，它是利用吊索悬吊吊篮进行操作的一种脚手架，常用于外装饰工程，如图5-5所示。

图5-4　整体提升架

图5-5　外装饰吊篮脚手架

1. 工程量计算

外装饰吊篮工程量按所服务对象的垂直投影面积计算。

2. 项目特征

描述升降方式及启动装置，搭设高度及吊篮型号。

3. 工程内容

包括场内、场外材料搬运，吊篮的安装，测试电动装置、安全锁、平衡控制器等，吊篮的拆卸。

【例5-2】　某建筑物外墙外边线总长为92.4m，檐高18.6m，外墙抹灰需搭设手动吊篮脚手架，计算其工程量。

【解】 外装饰吊篮脚手架工程量＝所服务对象的垂直投影面积（外墙面垂直投影面积）

$=L_{外}\times$外墙面高度

$=(92.4\times18.6)\ m^2=1718.64m^2$

能力训练5-1 计算脚手架工程工程量

【训练目的】 熟悉脚手架工程清单项目划分和工程量计算规则，掌握脚手架工程工程量的计算方法。

【能力目标】 能结合实际工程进行脚手架工程的列项及工程量计算。

【资料准备】 ××办公楼设计文件（见单元7第一部分）。

【训练步骤】

1. 分析及列项

按前面基础知识所述，结合单元7提供的施工技术文件，考虑实际现场脚手架的搭设情况，脚手架工程包括：用于主体施工的双排外脚手架，用于主体施工的满堂脚手架，用于围护墙砌筑的砌筑里脚手架，用于室内装饰的室内满堂脚手架以及用于外装饰的吊篮脚手架。

2. 工程量计算

（1）用于主体施工的双排外脚手架

工程量计算规则：按服务对象的垂直投影面积计算，则双排外脚手架工程量为

$$[(32.25+11.25)\times2\times(9.6+1.2)]m^2=939.60m^2$$

（2）用于主体施工的满堂脚手架

工程量计算规则：根据施工组织设计，按现场搭设的水平投影面积计算，即包括建筑物外墙勒脚以上结构的外围水平面积和雨篷板的水平投影面积之和，则满堂脚手架工程量为

$$一层:[(31.8+0.225\times2)\times(10.8+0.225\times2)]m^2\times$$

$$+[\frac{3.14\times10.215^2\times113.14}{360}-\frac{17.05\times(10.215-4.4)}{2}]m^2=416.22m^2$$

$$二层:[(31.8+0.225\times2)\times(10.8+0.225\times2)]m^2=362.81m^2$$

（3）用于围护墙砌筑的里脚手架

工程量计算规则：按服务对象的垂直投影面积计算，则砌筑里脚手架工程量为

一层：$[(31.8-0.225\times2)+(3.6-0.025-0.1)+(3.6-0.225\times2)\times2+(10.8-0.225\times2)\times4]m\times(4.76-0.7_{(框架梁平均高度)})m=335.05m^2$

二层：$[(31.8-0.225\times2)+(3.9\times4+9-0.225\times2)+(3.6-0.225\times2)\times2+(10.8-0.225\times2)\times3+(7.8-0.225\times2)+(7.8+0.225-0.2_{(GZ_2宽)}-0.1)\times2]m\times(8.7-4.76-0.7)m=374.71m^2$

（4）用于室内装饰的满堂脚手架

工程量计算规则：按搭设的室内净面积水平投影以平方米计算，则满堂里脚手架工程量为

一层：$[(3.6-0.025-0.1)\times(10.8-1.5_{(卫生间不需搭设)}-0.06-0.025)+(3.9\times4+9-0.2)\times(10.8-0.025\times2)+(3.6-0.025-0.1)\times(10.8-0.025\times2)]m^2=331.68m^2$

二层：$[(3.6+3.9\times4+9-0.025-0.1)\times(3-0.1-0.025)+(3.6-0.025-0.1)\times(7.8-0.025+0.1)+(3.9-0.2)\times(7.8-0.025-0.1)\times2+(3.9\times2+9-0.2)\times(7.8-0.025-0.1)+(3.6-0.1-0.025)\times(10.8-0.025\times2)]m^2=329.64m^2$

（5）用于外装饰的吊篮脚手架

工程量计算规则：按服务对象的垂直投影面积计算，则吊篮脚手架工程量同外脚手架工程量即939.60m²。

3. 脚手架措施项目清单与计价表（表5-2）

表5-2　分部分项工程和单价措施项目清单与计价表

工程名称：×××

序号	项目编码	项目名称	项目特征描述	计量单位	工程量	金额/元		
						综合单价	合价	其中：暂估价
1	011701200001	主体施工外脚手架	钢管扣件式双排脚手架、搭设高度10.80m		939.60			
2	011701006001	主体施工满堂脚手架	钢管扣件式脚手架、一层层高4.80m	m²	416.22			
3	011701006002	主体施工满堂脚手架	钢管扣件式脚手架、二层层高3.90m	m²	362.81			
4	011701003001	砌筑里脚手架	承插式钢管支柱、一层层高4.80m	m²	335.05			
5	011701003001	砌筑里脚手架	承插式钢管支柱、二层层高3.90m	m²	374.71			
6	011701006003	室内装饰满堂脚手架	钢管扣件式脚手架、一层层高4.80m	m	331.68			
7	011701006004	室内装饰满堂脚手架	钢管扣件式脚手架、一层层高4.80m	m	329.64			
8	011701008001	室外装饰悬空脚手架	手动吊篮脚手架，女儿墙上平距室外设计地坪10.80m	m²	939.60			

【注意事项】　脚手架工程的列项与施工组织设计及现场施工情况息息相关，进行工程量计价时，应详细了解有关资料、比较分析施工方案，选择更加经济合理的施工措施。

课题2　混凝土模板及支架（撑）

模板系统由模板和支撑两个部分组成。其中，模板是保证混凝土及钢筋混凝土构件按设计形状和尺寸成型的重要工具，常用的模板有木模板、组合钢模板、滑升模板等。支撑是混凝土及钢筋混凝土构件在支模、浇筑及养护期间所需的承载构件，有木支撑和钢支撑之分。

混凝土模板及支架（撑）项目，只适用于单列而且以平方米计量的项目。若不单列且以立方米计量的混凝土模板及支架（撑），按混凝土及钢筋混凝土实体项目执行，其综合单价中应包括模板及支架（撑）。另外，个别混凝土项目本规范未列的措施项目，如垫层等，按混凝土及钢筋混凝土实体项目执行。

一、现浇混凝土构件（图5-6）

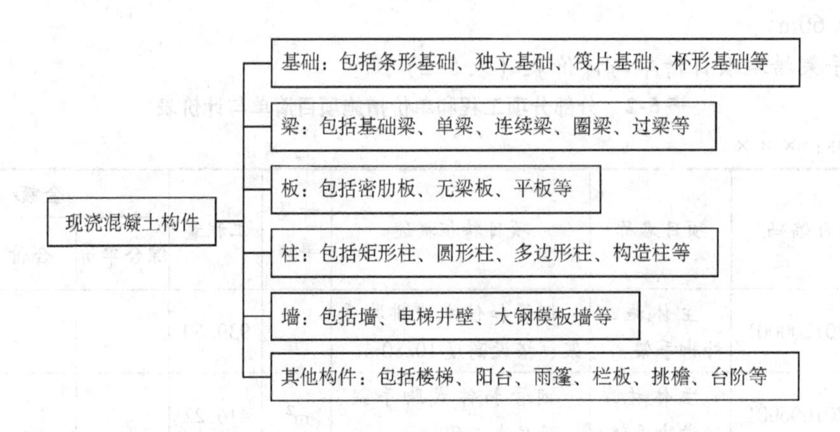

图5-6 现浇混凝土构件

二、工程量计算

1. 基础

基础模板工程量按模板与现浇混凝土构件的接触面积计算。其模板支设图示如图5-7、图5-8所示。

图5-7 条形基础模板图

图5-8 有梁式筏片基础模板图

【例5-3】 计算图3-20所示的条形基础模板工程量。

【解】 1. 分析

1）由图可以看出，本基础为有梁式条形基础，其支模位置在基础底板（厚200mm）的两侧和梁（高300mm）的两侧。所以，混凝土与模板的接触面积应计算的是：基础底板的两侧面积和梁两侧面积。

2）图中所示为基础平面图，也可以看作是基础底板的支模位置图。图中细线显示了支模的位置及长度。

2. 计算工程量

外墙下：基础模板＝基础底板模板＋基础梁模板

$=L_{中}\times$支模高度 − 内外墙下基础交接处模板面积

$=[(3.9\times2+2.7\times2)\times2\times(0.2+0.3)\times2-(1.0\times0.2+0.4\times0.3)\times2]m^2$

$=25.76m^2$

内墙下：基础底板模板 = 底板间净长 × 支模高度 ×2 = $[(2.7-0.5\times2)\times0.2\times2]m^2=0.68m^2$

基础梁模板 = 梁间净长 × 支模高度 ×2 = $[(2.7-0.2\times2)\times0.3\times2]m^2=1.38m^2$

基础模板工程量 = $(25.76+0.68+1.38)m^2=27.82m^2$

2. 柱

柱模板工程量按模板与现浇混凝土构件的接触面积计算。其框架柱模板支设图示如图5-9a所示。

柱与梁、柱与墙等连接的重叠部分，均不计算模板面积，附墙柱、暗柱并入墙内工程量内计算。

构造柱按图示外露部分计算模板面积。留马牙槎的按最宽面计算模板宽度，构造柱与墙接触面不计算模板面积。其构造柱模板支设图示如图5-9b所示。

注意：边柱、角柱和中柱模板计算的不同。

柱与梁交接处示意图如图5-10所示。

a)

b)

图5-9　柱模板图

a）框架柱模板图　b）构造柱与墙咬接图

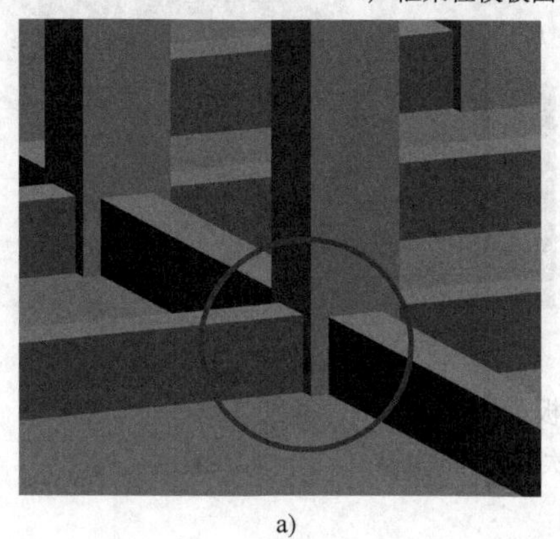

a)

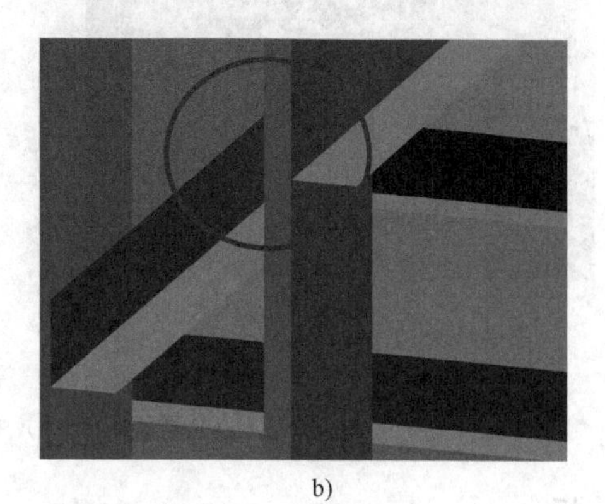

b)

图5-10　柱与梁交接处示意图

a）中柱　b）边柱

【例5-4】 计算如图5-11所示的构造柱模板工程量，其中构造柱支模高度为h，马牙槎宽度60mm。

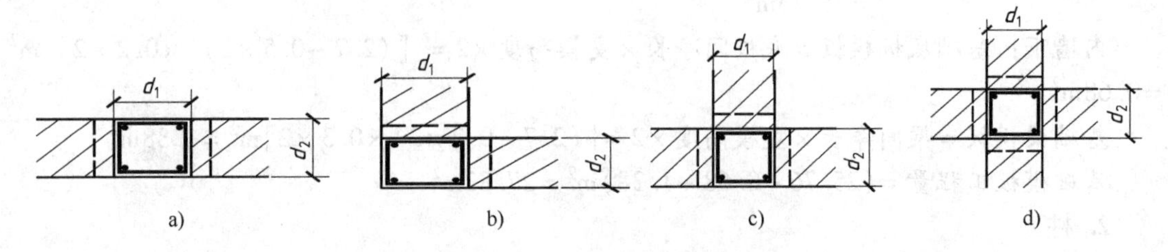

图5-11 构造柱设置示意图

a）一字形接头处 b）L形接头处 c）T形接头处 d）十字形接头处

【解】

一字形接头处构造柱模板工程量 $S=(d_1+0.06\times2)\times2\times h$

L形接头处构造柱模板工程量 $S=(d_1+d_2+0.06\times4)\times h$

T形接头处构造柱模板工程量 $S=(d_1+0.06\times6)\times h$

+字形接头处构造柱模板工程量 $S=0.06\times8\times h$

3. 梁

梁模板工程量按模板与现浇混凝土构件的接触面积计算，如图5-12所示。

梁与柱、梁与梁等连接的重叠部分以及伸入墙内的梁头不计算模板面积。

注意：

1）边跨梁和中间梁模板高度计算的不同；

2）当圈梁与过梁连接时，圈梁模板中应扣除过梁模板，过梁长度按图纸设计长度；图纸无规定时，取门窗洞口宽+0.5m。

a) b)

图5-12 梁板模板

a）梁板模板 b）主次梁交接处模板

4. 板

板模板工程量按模板与现浇混凝土构件的接触面积计算。

板上单孔面积在 0.3m^2 以内的孔洞，不予扣除，洞侧壁模板也不增加；单孔面积在 0.3m^2 以外时，应予扣除，洞侧壁模板面积并入板模板工程量之内计算。

1）无梁板是指不带梁、直接用柱头支承的板，如图 5-13a 所示。

2）有梁板是指带有密肋梁的板，且板的净面积在 5m^2 以内，如图 5-13b 所示。

3）平板是指无柱无梁、四边直接搁置在圈梁、框架梁或承重墙上的板，如图 5-13c 所示。

其中：

无梁扳模板 = 板模板面积 + 柱帽模板面积

有梁板板模板 = 板模板面积 + 梁模板面积

平板模板 = 板模板面积

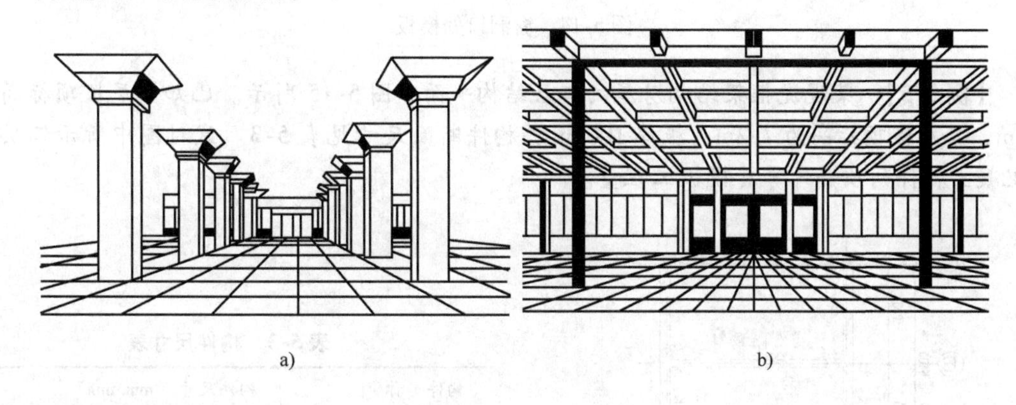

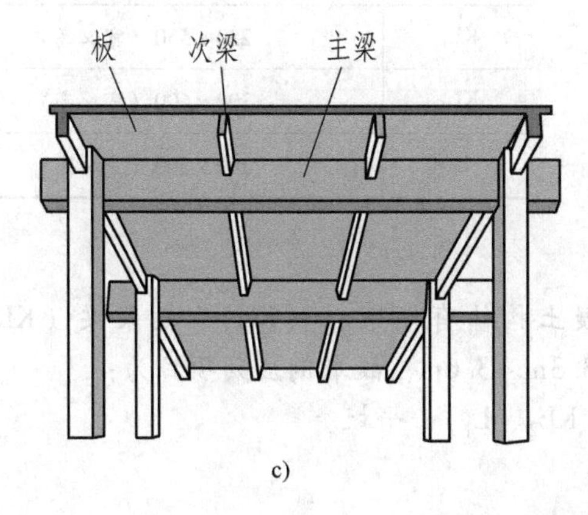

图 5-13　现浇混凝土板

a）无梁板　b）有梁板　c）平板

5. 墙

墙模板工程量按模板与现浇混凝土构件的接触面积计算，如图 5-14 所示。

墙上单孔面积在 0.3m^2 以内的孔洞，不予扣除，洞侧壁模板也不增加；单孔面积在 0.3m^2 以外时，应予扣除，洞侧壁模板面积并入墙模板工程量之内计算；附墙柱、暗柱、暗梁模板并入墙模板工程量内计算。

图5-14 窗洞口处模板

【例5-5】 某现浇框架结构房屋的二层结构平面如图5-15所示。已知一层板顶标高为3.9m，二层板顶标高为7.2m，板厚100mm，构件断面尺寸见表5-3。试对图中所示二层钢筋混凝土构件列项并计算其模板工程量。

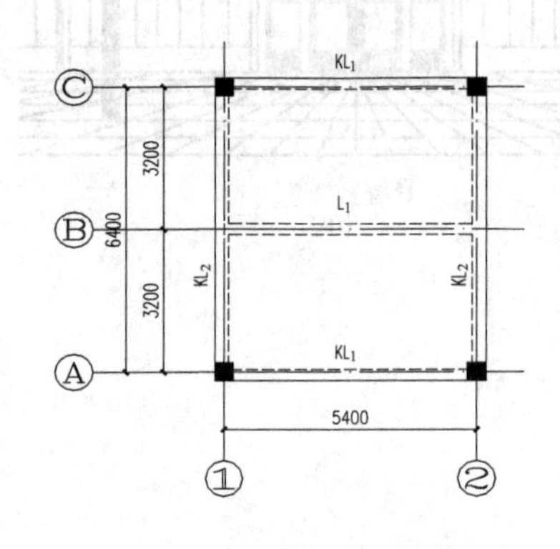

图5-15 二层结构平面图

表5-3 构件尺寸表

构件名称	构件尺寸（mm. mm）
KZ	400×400
KL_1	250×550（宽×高）
KL_2	300×600（宽×高）
L_1	250×500（宽×高）

【解】 1. 列项

由已知条件可知，本例涉及的钢筋混凝土构件有框架柱（KZ）、框架梁（KL）、梁（L）及板，且支模高度=（7.2−3.9）m=3.3m<3.6m，故本例应列项目为：

模板工程：矩形柱（KZ），单梁（KL_1、KL_2、L_1），平板。

2. 计算

模板工程量=混凝土与模板的接触面积

（1）矩形柱

矩形柱模板工程量=柱周长×柱高度−柱与梁交接处的面积−柱与板交接处的面积

$$=[0.4\times4\times(7.2-3.9)\times4_{(根)}]m^2-[0.25\times0.45\times4_{(KL_1)}+0.3\times0.5\times4_{(KL_2)}]m^2-[(0.1\times0.4\times2\times4)]m^2$$

$$=[21.12-(0.45+0.6)-0.32]m^2=19.75m^2$$

（2）单梁

单梁模板工程量=梁支模展开宽度×梁支模长度×根数

KL_1模板工程量 = [(0.25 + 0.55 + 0.55 − 0.1) × (5.4 − 0.2 × 2) × $2_{(根)}$] m^2

= (1.25 × 5.0 × 2) m^2 = 12.50 m^2

KL_2模板工程量 = [(0.3 + 0.6 + 0.6 − 0.1) × (6.4 − 0.2 × 2) × 2 − 0.25 × (0.5 − 0.1) × $2_{(与L_1交接处)}$] m^2

= (1.4 × 6.0 × 2 − 0.2) m^2 = 16.60 m^2

L_1模板工程量 = [0.25 + (0.5 − 0.1) × 2] m × (5.4 − 0.1 × 2) m

= (1.05 × 5.2) m^2 = 5.46 m^2

单梁模板工程量 = KL_1、KL_2、L_1模板工程量之和

= (12.50 + 16.60 + 5.46) m^2 = 34.56 m^2

(3) 板模板

板模板工程量 = 板长度 × 板宽度 − 柱所占面积 − 梁所占面积

= [(5.4 + 0.2 × 2) × (6.4 + 0.2 × 2) − 0.4 × 0.4 × 4 − [0.25 × (5.4 − 0.2 × 2) × $2_{(KL_1)}$ + 0.3 × (6.4 − 0.2 × 2) × $2_{(KL_2)}$ + 0.25 × (5.4 − 0.1 × $2)_{(L_1)}$] m^2

= [39.44 − 0.64 − (2.5 + 3.6 + 1.3)] m^2 = 31.4 m^2

6. 雨篷、悬挑板、阳台板

雨篷、悬挑板、阳台板模板工程量按图示外挑部分尺寸的水平投影面积计算，挑出墙外的悬臂梁及板边不另计算，如图5-16所示，计算公式如下：

雨篷、悬挑板、阳台板模板工程量 = 雨篷、阳台的水平投影面积 = $L \times B$

式中，L、B——雨篷、阳台的水平投影长度、宽度。

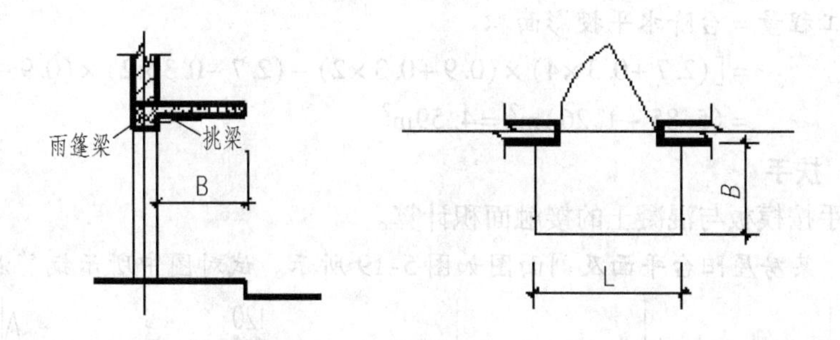

图5-16　悬挑雨篷示意图

7. 天沟、挑檐

挑檐的支模位置有三处：挑檐板底、挑檐立板两侧。其模板工程量按模板与混凝土的接触面积计算。

8. 楼梯

现浇钢筋混凝土楼梯模板工程量按楼梯（包括休息平台、平台梁、斜梁和楼层板的连接梁）的水平投影面积计算，不扣除≤500mm楼梯井所占面积。楼梯的踏步、踏步板、平台梁等侧面模板不另计算，伸入墙内部分也不增加。楼梯模板如图5-17所示。

楼梯模板工程量 = 楼梯各层的水平投影面积之和 − 各层梯井所占面积（梯井宽 > 500mm时）

图5-17 楼梯模板

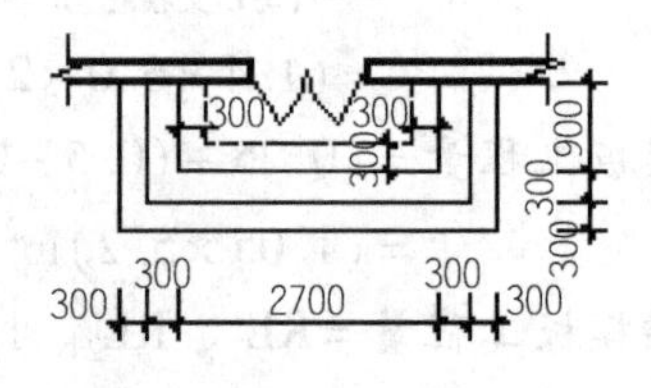

图5-18 台阶平面图

9. 台阶

混凝土台阶模板工程量按图示台阶水平投影面积计算，台阶端头两侧不另计算模板面积。不包括梯带，但台阶与平台连接时，其分界线以最上层踏步外沿加300mm计算。架空式混凝土台阶按现浇楼梯计算。

【例5-6】 某混凝土台阶平面图如图5-18所示，试计算其模板工程量。

【解】 由图可知，台阶与平台相连，则台阶应算至最上一层踏步外沿加300mm，如图中虚线所示。故：

$$
\begin{aligned}
\text{台阶模板工程量} &= \text{台阶水平投影面积} \\
&= [(2.7+0.3\times4)\times(0.9+0.3\times2)-(2.7-0.3\times2)\times(0.9-0.3)]\text{m}^2 \\
&= (5.85-1.26)\text{m}^2 = 4.59\text{m}^2
\end{aligned}
$$

10. 栏板、扶手

栏板、扶手按模板与混凝土的接触面积计算。

【例5-7】 某房屋阳台平面及剖面图如图5-19所示。试对图中所示钢筋混凝土构件列

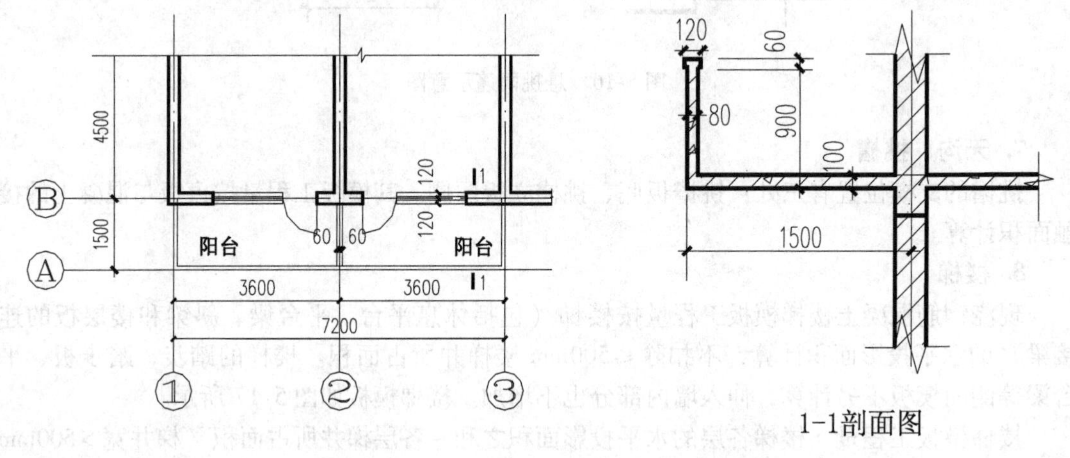

图5-19 阳台示意图

项并计算其模板工程量。

【解】

1. 列项

由已知条件可知，本例涉及的钢筋混凝土构件有阳台底板、阳台栏板、阳台压顶，故本例应列项目为：阳台底板、阳台栏板、阳台压顶。

2. 工程量计算

(1) 阳台底板模板

阳台底板模板工程量 = 外挑部分的水平投影面积

$= [(1.5-0.12)\times(3.6+3.6)]m^2 = 9.94m^2$

(2) 阳台栏板模板

阳台栏板模板工程量 = 混凝土与模板的接触面积

= 栏板中心线 × 支模高度 ×2 侧

$= [3.6+3.6+(1.5-0.12)\times2-0.04\times4)]m\times(0.9-0.1)m\times2$

$= (9.80\times0.8\times2)m^2$

$= 15.68m^2$

(3) 阳台扶手模板

阳台扶手模板工程量 = 混凝土与模板的接触面积

= 压顶中心线 × 支模展开宽度

$= [3.6+3.6+(1.5-0.12)\times2-0.04\times4)]m\times[0.06\times2+(0.12-0.08)]m$

$= (9.80\times0.16)m^2$

$= 1.57m^2$

三、项目特征

1）基础描述基础类型。

2）异形柱描述柱截面形状。

3）基础梁描述梁截面形状，矩形梁描述支撑高度，异形梁、弧形梁、拱形梁描述梁截面形状及支撑高度。

4）板描述支撑高度。

5）雨篷、悬挑板、阳台板描述构件类型、板厚度。

6）楼梯描述类型，台阶描述台阶踏步宽。

注意：

1）若现浇混凝土梁、板支撑高度超过 3.6m 时，项目特征应描述支撑高度。支撑高度即室外地坪至板底或下层的板面至上一层的板底之间的高度。

2）采用清水模板，应在项目特征中注明。

3）原槽浇筑的混凝土基础，不计算模板。

四、工作内容

包含模板制作，模板安装、拆除、整理堆放及场内外运输，清理模板粘结物及模板内杂物、刷隔离剂等。

能力训练5-2 计算混凝土模板及支架（撑）工程工程量

【训练目的】 掌握混凝土及钢筋混凝土工程中模板工程量的计算方法。

【能力目标】 能结合实际工程准确进行混凝土及钢筋混凝土构件模板工程的列项及工程量的计算。

【资料准备】 ××办公楼设计文件（见单元7第一部分）。

【训练步骤】

1. 分析及列项

由图7-9～图7-17可以看出，本工程应列项目有基础、柱、梁、板、栏杆等模板项目。

2. 工程量计算

(1) 独立基础

独立基础模板工程量=(基础长+基础宽)×2×基础厚×基础个数

由图7-10、图7-11可知，本工程基础设计为台阶式独立基础，其计算如下：

$J-1:[(2.4+2.4)\times2\times0.3+(1.4+1.4)\times2\times0.3)]m^2\times4=18.24m^2$

$J-2:[(3.0+3.0)\times2\times0.3+(1.7+1.7)\times2\times0.3)]m^2\times8=45.12m^2$

$J-3:[(3.7+3.0)\times2\times0.3+(2.1+1.7)\times2\times0.3)]m^2\times2=12.6m^2$

$J-4:[(3.0+2.4)\times2\times0.3+(1.7+1.4)\times2\times0.3)]m^2\times2=10.2m^2$

$J-5:[(5.35\times0.25\times2)+(5.35\times0.2\times2)+(\sqrt{0.2^2+0.1^2}-0.1)\times0.2\times4+(0.4\times0.6\times2)+\frac{(0.25+0.4)\times1.55}{2}\times2\times2]m^2\times2=14.82m^2$

独立基础模板工程量=各独立基础工程量之和

$=(18.24+45.12+12.6+10.2+14.82)m^2=100.98m^2$

(2) 基础梁

基础梁模板工程量=梁长×(梁宽+梁高×2)

由图7-10、图7-11可知基础梁的设计位置及尺寸。

Ⓑ、Ⓓ轴线：

$[(31.8-0.53\times3-0.58\times2)+(31.8-0.53\times5)]m\times(0.37+0.75\times2)m-(0.425\times6+0.575\times10)m\times0.37m=105.76m^2$

式中，$0.53=(0.55\times0.6+0.45\times0.15)/0.75$

$0.58=(0.6\times0.6+0.5\times0.15)/0.75$

①、⑧轴线：

$[(10.8-0.54\times2)\times(0.37+0.65\times2)\times2-(0.425\times2+0.575\times6)\times0.37]m^2=30.87m^2$

式中，$0.54=(0.55\times0.6+0.45\times0.05)/0.65$

②、⑦轴线同①、⑧轴线。

④、⑤轴线：$[(13.2+1.2-0.55\times1.5-0.6\times2)\times(0.37+0.65\times2)-(0.425+0.575\times2)\times0.37-(5.35-0.6\times2)\times0.37]m^2\times2=37.10m^2$

基础梁模板工程量＝各基础梁工程量之和

$=(105.76+30.87+30.87+37.10)m^2=204.60m^2$

(3)框架柱(Z_1)

框架柱模板工程量＝柱断面周长×柱高×根数

由图7－9～图7－12、图7－14、图7－16可知：

① 室外地坪以下(－1.800～－1.200m)。

Ⓓ－①、Ⓓ－⑧、Ⓑ－①、Ⓑ－⑧：$4\times(0.55\times4\times0.6-0.37\times0.65-0.37\times0.75)m^2=3.21m^2$

Ⓓ－②、Ⓓ－④、Ⓓ－⑤、Ⓓ－⑦、Ⓑ－②、Ⓑ－⑦：$6\times(0.55\times4\times0.6-0.37\times0.65-0.37\times0.75\times2)m^2=3.15m^2$

Ⓒ－①、Ⓒ－②、Ⓒ－④、Ⓒ－⑤、Ⓒ－⑦、Ⓒ－⑧：$6\times(0.55\times4\times0.6-0.37\times0.65\times2)m^2=5.03m^2$

合计：$(3.21+3.15+5.03)m^2=11.39m^2$

② 一层（－1.200～4.760m）。

Ⓓ－①、Ⓓ－⑧：$2\times[0.45\times4\times(1.2+4.76-0.12)+0.12\times0.45\times2-0.3\times0.33-0.3\times0.28]m^2=20.77m^2$

Ⓓ－②、Ⓓ－⑦：$2\times[0.45\times4\times(1.2+4.76-0.12)+0.12\times0.45-0.3\times0.33-0.3\times0.63-0.3\times0.53]m^2-(0.25\times0.4)m^2=20.14m^2$

Ⓓ－④、Ⓓ－⑤：$2\times[0.45\times4\times(1.2+4.76-0.12)+0.12\times0.45-0.3\times0.63\times2-0.3\times28]m^2=20.21m^2$

Ⓒ－①、Ⓒ－⑧：$2\times[0.45\times4\times(1.2+4.76-0.12)+0.12\times0.45-0.3\times0.53-0.3\times0.28\times2]m^2=20.48m^2$

Ⓒ－②、Ⓒ－⑦：$2\times[0.45\times4\times(1.2+4.76-0.12)-0.3\times0.28-0.3\times0.53\times2-0.3\times0.63]m^2=19.84m^2$

Ⓒ－④、Ⓒ－⑤：$2\times[0.45\times4\times(1.2+4.76-0.12)-0.3\times0.28-0.3\times0.53-0.3\times0.63\times2]m^2=19.78m^2$

Ⓑ－①：$[0.45\times4\times(1.2+4.76-0.08)+0.08\times0.45\times2-0.3\times0.53-0.3\times0.28-0.25\times0.35]m^2=10.33m^2$

Ⓑ－②：$[0.45\times4\times(1.2+4.76-0.1)+0.1\times0.45-0.3\times0.28-0.3\times0.63-0.3\times0.53-0.25\times0.35]m^2=10.07m^2$

Ⓑ－⑧：$[0.45\times4\times(1.2+4.76-0.12)+0.12\times0.45\times2-0.3\times0.53-0.3\times0.28]m^2=10.38m^2$

Ⓑ－⑦：$[0.45\times4\times(1.2+4.76-0.12)+0.12\times0.45-0.3\times0.53-0.3\times0.28-0.3\times0.63]m^2=10.13m^2$

合计：$(20.77+20.14+20.21+20.48+19.84+19.78+10.33+10.07+10.38+10.13)m^2=162.13m^2$

③ 二层（4.760～8.700m）：

Ⓓ－①、Ⓓ－⑧：$2\times[0.45\times4\times(8.7-4.76-0.12)+0.12\times0.45\times2-0.3\times0.33-0.3\times0.28]m^2=13.60m^2$

Ⓓ-②、Ⓓ-⑦：$2\times[0.45\times4\times(8.7-4.76-0.12)+0.12\times0.45-0.3\times0.33-0.3\times0.63-0.3\times0.28]m^2=13.12m^2$

Ⓓ-④、Ⓓ-⑤：$2\times[0.45\times4\times(8.7-4.76-0.12)+0.12\times0.45-0.3\times0.63\times2-0.3\times28]m^2=12.94m^2$

Ⓒ-①、Ⓒ-⑧:$2\times[0.45\times4\times(8.7-4.76-0.12)+0.12\times0.45-0.3\times0.53-0.3\times0.28\times2]m^2=13.21m^2$

Ⓒ-②、Ⓒ-⑦:$2\times[0.45\times4\times(8.7-4.76-0.12)-0.3\times0.28\times2-0.3\times0.53-0.3\times0.63]m^2=12.57m^2$

Ⓒ-④、Ⓒ-⑤:$2\times[0.45\times4\times(8.7-4.76-0.12)-0.3\times0.28-0.3\times0.53-0.3\times0.63\times2]m^2=12.51m^2$

Ⓑ-①、Ⓑ-⑧:$2\times[0.45\times4\times(8.7-4.76-0.12)+0.12\times0.45\times2-0.3\times0.53-0.3\times0.28]m^2=13.48m^2$

Ⓑ-②、Ⓑ-⑦:$2\times[0.45\times4\times(8.7-4.76-0.12)+0.12\times0.45-0.3\times0.28-0.3\times0.63-0.3\times0.53]m^2=13.00m^2$

合计：$(13.60+13.12+12.94+13.11+12.57+12.51+13.48+13.00)m^2=104.43m^2$

(4) 圆形柱（Z_2、Z_3）

① 室外地坪以下（-1.800～-1.200m）。

$(3.14\times0.6\times0.6\times4)m^2=4.52m^2$

② 一层（-1.200～4.760m）。

$[3.14\times0.5\times(1.2+4.76-0.08)\times4-(0.3\times0.57\times6+0.3\times0.57\times6+0.3\times0.32\times4)]m^2=34.49m^2$

③ 二层（4.760～-8.700m）。

$[3.14\times0.5\times(8.7-4.76-0.12)\times2-(0.3\times0.63\times4+0.3\times0.53\times2)]m^2=10.92m^2$

(5) TZ

TZ模板工程量＝柱断面周长×柱高×根数

由图7-9、图7-13可知TZ的设计尺寸及设计位置，其高度取基础梁与框架梁之间净高。为方便砌筑工程中有关工程量的计算，故TZ工程量以-0.060m为界分别计算。

-0.060m以下：TZ_1：$(0.24\times4\times1.09)m^2=1.05m^2$

TZ_2：$(0.2\times4\times1.09\times2)m^2=1.74\ m^2$

-0.060m以上：TZ_1：$[0.24\times4\times(4.76-0.65+0.06)]m^2=4.00m^2$

TZ_2：$[0.2\times4\times(4.76-0.65+0.06)\times2]m^2=6.67m^2$

TZ模板工程量＝-0.060m以下工程量＋-0.060m以上工程量

$=(1.05+1.74+4.00+6.67)m^2=13.46m^2$

(6) 构造柱

构造柱模板工程量＝构造柱支模边边长×构造柱高×根数

由图7-9～图7-13可知构造柱的设计尺寸及设计位置，其高度取基础梁与框架梁之间净高。需注意的是：计算构造柱模板工程量时，应包含马牙槎部分的模板面积。另外，女儿墙上构造柱间距按2.5m计算，则

-0.060m以下：

Ⓐ－Ⓐ处：$[(0.24+0.06\times2)\times2\times(0.99-0.18)\times3]m^2=1.75m^2$

Ⓑ－Ⓑ处：$[(0.24+0.06\times2)\times2\times(1.09-0.18)\times2+(0.2+0.06\times2)\times2\times(1.09-0.18)]m^2=1.89m^2$

－0.060m 以上（标高 4.760m 处）：

GZ_1：$[(0.24+0.06\times2)\times2\times(4.76+0.06-0.75)\times3+(0.24+0.06\times2)\times2\times(4.76+0.06-0.65)\times2]m^2=14.90m^2$

GZ_3：$[(0.2+0.06\times2)\times2\times(4.76+0.06-0.65)]m^2=2.67m^2$

构造柱模板工程量（标高 4.760m 以下）＝各构造柱模板工程量之和

$=(1.75+1.89+14.90+2.67)m^2=21.21m^2$

－0.060m 以上（标高 8.700m 处）：

GZ_1：$[(0.24+0.06\times2)\times2\times(8.7-4.76-0.75)\times3+(0.24+0.06\times2)\times2\times(8.7-4.76-0.65)\times2]m^2=11.63m^2$

GZ_2：外墙上 $[(0.2+0.06\times2)\times2\times(8.7-4.76-0.75)\times2]m^2=4.08m^2$

内墙上 $[(0.2+0.06\times2)\times2\times(8.7-4.76-0.65)\times3]m^2=6.32m^2$

GZ_3：$[(0.2+0.06\times2)\times2\times(8.7-4.76-0.65)]m^2=2.11m^2$

构造柱模板工程量（标高 4.760m 以上）＝各构造柱模板工程量之和

$=(11.63+4.08+6.32+2.11)m^2=24.14m^2$

女儿墙上：$[0.24\times2\times(0.9-0.06)\times34]m^2=13.71m^2$

（7）矩形梁

矩形梁模板工程量＝梁长×（梁宽＋梁高×2）×根数

由图 7-14 可知，本例中设计的矩形梁有框架梁及框架梁以外的现浇梁。上式中梁高取：边梁外侧取至现浇板顶，其余取至现浇板底，其计算如下

$2KL_1$ 工程量为：

① 轴线：$(3-0.45)m\times[0.3+0.4+(0.4-0.12)]m+(7.8-0.45)m\times[0.3+0.65+(0.65-0.12)]m-0.25m\times0.28m=13.31m^2$

② 轴线：$(3-0.45)m\times[0.3+(0.4-0.12)\times2]m+(7.8-0.45)m\times[0.3+(0.65-0.12)\times2]m-0.25m\times0.28m=13.07m^2$

⑦ 轴线：$(3-0.45)m\times[0.3+(0.4-0.12)\times2]m+(7.8-0.45)m\times[0.3+(0.65-0.12)\times2]m=13.14m^2$

⑧ 轴线：$(3-0.45)m\times[0.3+0.4+(0.4-0.12)]m+(7.8-0.45)m\times[0.3+0.65+(0.65-0.12)]m=13.38m^2$

同理可以计算出其他矩形梁的模板工程量。

一层（标高 2.270m 处）矩形梁模板工程量

＝一层（标高 2.270m 处）各矩形梁模板工程量之和＝$2.74m^2$

一层（标高 4.760m 处）矩形梁模板工程量

＝一层（标高 4.760m 处）各矩形梁模板工程量之和＝$266.67m^2$

二层（标高 8.700m 处）矩形梁模板工程量

＝二层（标高 8.700m 处）各矩形梁模板工程量之和＝$249.59m^2$

（8）圈梁

由图7-10、图7-11可知，本例中圈梁设置在砖基础上、标高−0.060m处，并与相应部位的构造柱相交。

圈梁模板工程量=梁长×梁高×2

$$=[(31.8-0.55\times5)+(31.8-0.55\times3-0.6\times2)+(10.8-0.55\times2)\times4]\text{m}\times0.18\text{m}\times2=34.85\text{m}^2$$

(9) 弧形梁

由图7-14可知：在弧形雨篷处设计了弧形梁$1L_3$。

弧形梁中心线长$=10.09_{(半径)}\text{m}\times113.14°_{(圆心角)}\times\dfrac{3.14}{180°}=19.91\text{m}$

弧形梁模板工程量=弧形梁中心线长×梁高×2−与其他梁相交处模板面积

$$=[19.91\times(0.25+0.32\times2)-(0.3\times0.25\times4+0.3\times0.25\times2)]\text{m}^2=17.27\text{m}^2$$

(10) 平板

平板模板工程量=板净长×板净宽

计算时注意扣除板与柱及板与梁交接处面积，由图7-12、图7-13可知：

标高4.760m处①、②~Ⓒ、Ⓓ平板模板工程量$=(3\times3.6)\text{m}^2-(0.225\times0.225\times4)\text{m}^2-[(3.6-0.45)\times(0.075+0.15)+(3-0.45)\times(0.075+0.15)]\text{m}^2=9.32\text{m}^2$

同理可计算出其他平板模板工程量。

一层（标高2.270m处）平板模板工程量

=一层（标高2.270m处）各平板模板工程量之和$=4.47\text{m}^2$

一层（标高4.760m处）平板模板工程量

=一层（标高4.760m处）各平板模板工程量之和$=330.85\text{m}^2$

二层（标高8.700m处）平板模板工程量

=二层（标高8.700m处）各平板模板工程量之和$=297.17\text{m}^2$

(11) 栏板

由图7-12、图7-16可知：弧形雨篷处

弧形栏板中心线长$=(10.09+0.125-0.06)\text{m}\times113.14°\times\dfrac{3.14}{180°}=20.04\text{m}$

弧形栏板模板工程量=弧形栏板中心线长×里外两侧栏板高

$$=[20.04\times(0.8+0.9)]\text{m}^2=34.07\text{m}^2$$

(12) 楼梯

由图7-16可知，本工程设计采用现浇钢筋混凝土楼梯。由图7-12可知：

楼梯模板工程量=楼梯水平投影面积

$$=[(3.6-0.075-0.15)\times(7.8-1.5-0.15-0.125)]\text{m}^2=20.33\text{m}^2$$

(13) 雨篷板（矩形）

由图7-4、图7-12可知：

雨篷板（矩形）模板工程量=外挑部分的水平投影面积=板长×板宽

$= [(3.6+0.225+0.125)\times(1.725-0.225)]\mathrm{m}^2$
$=5.93\mathrm{m}^2$

(14) 女儿墙压顶

由图7-5、图7-8可知女儿墙的设置位置及其上压顶的断面形式，则

女儿墙压顶模板工程量 = 女儿墙压顶中心线长 × 压顶两侧高度 + 压顶外露部分底模

$= [(32.25+11.25-0.15\times4)\times2\times(0.05+0.07)+84.84_{(外露部分中心线长)}\times0.06]\mathrm{m}^2=15.39\mathrm{m}^2$

(15) 栏板处压顶

栏板处压顶模板工程量 = 模板与混凝土的接触面积

$= [(10.09+0.125+0.2)\times113.14°\times\frac{3.14}{180°}\times0.1+(10.09+0.125+0.1)\times113.14°\times\frac{3.14}{180°}\times0.2]\mathrm{m}^2$

$=6.13\mathrm{m}^2$

(16) 台阶

由图7-3可知本工程共设计了两个台阶，背面台阶尺寸详如图7-8所示。按计算规则台阶与平台的分界取至台阶最上一层踏步外沿300mm。

台阶模板工程量 = 台阶水平投影面积

正面台阶模板工程量 $= [16.8\times(3.3+2.4-0.225)-(16.8-2.4\times2)\times(3.3+2.4-0.225-2.4)]\mathrm{m}^2$

$=55.08\mathrm{m}^2$

背面台阶模板工程量 $= [3.31\times(2.1+0.3)]\mathrm{m}^2=7.94\mathrm{m}^2$

台阶模板工程量 = 正面台阶模板工程量 + 背面台阶模板工程量

$=(55.08+7.94)\mathrm{m}^2=63.02\mathrm{m}^2$

3. 模板措施项目清单（表5-4）

表5-4 分部分项工程和单价措施项目清单与计价表

工程名称：×××

序号	项目编码	项目名称	项目特征描述	计量单位	工程量	金额/元		
						综合单价	合价	其中：暂估价
1	011702001001	独立基础	现浇钢筋混凝土独立基础，截面如图7-10、图7-11所示	m^2	100.98			
2	011702005001	基础梁	现浇钢筋混凝土基础梁，截面如图7-10、图7-11所示	m^2	204.60			
3	011702002001	矩形柱	现浇钢筋混凝土地下及一层矩形柱，Z_1 截450mm×450mm，支撑高度5.84m	m^2	173.52			

（续）

序号	项目编码	项目名称	项目特征描述	计量单位	工程量	金额/元		
						综合单价	合价	其中：暂估价
4	011702002002	矩形柱	现浇钢筋混凝土二层矩形柱，Z_1 截面 450mm × 450mm，支撑高度3.82m	m^2	104.43			
5	011702002003	矩形柱	浇钢筋混凝土矩形柱，TZ_1 截面 240mm × 240mm、TZ_2 截面200mm ×200mm	m^2	13.46			
6	011702004001	圆形柱	现浇钢筋混凝土一层圆形柱，Z_2、Z_3 截面 D = 500mm，支撑高度5.84m	m^2	39.01			
7	011702004002	圆形柱	现浇钢筋混凝土一层圆形柱，Z_2 截面 D = 500mm，支撑高度3.82m	m^2	10.92			
8	011702003001	构造柱	现浇钢筋混凝土构造柱（标高 4.760m 处），GZ_1 截面 240mm × 240mm、GZ_2、GZ_3 截面 200mm×200mm，支撑高度5.84m	m^2	21.21			
9	011702003002	构造柱	现浇钢筋混凝土构造柱（标高 8.700m 处），GZ_1 截面 240mm × 240mm、GZ_2、GZ_3 截面 200mm×200mm，支撑高度3.82m	m^2	24.14			
10	011702003003	构造柱	现浇钢筋混凝土构造柱（女儿墙处），截面 240mm×240mm，支撑高度0.84m	m^2	13.71			
11	011702006001	矩形梁	现浇钢筋混凝土一层框架梁，截面如图 7－14 所示，支撑高度3.39m	m^2	2.74			
12	011702006002	矩形梁	现浇钢筋混凝土一层框架梁，截面如图 7－14 所示，支撑高度5.84m	m^2	266.67			

（续）

序号	项目编码	项目名称	项目特征描述	计量单位	工程量	金额/元		
						综合单价	合价	其中：暂估价
13	011702006003	矩形梁	现浇钢筋混凝土二层框架梁，截面如图7-15所示，支撑高度3.82m	m^2	249.59			
14	011702008001	圈梁	现浇钢筋混凝土地圈梁，截面370mm×180mm	m^2	34.85			
15	011702010001	弧形梁	现浇钢筋混凝土雨篷出弧形梁，1L_3 截面250mm×400mm	m^2	17.27			
16	011702016001	平板	现浇钢筋混凝土平板（标高2.270m处），支撑高度3.39m	m^2	4.47			
17	011702016002	平板	现浇钢筋混凝土一层平板（标高4.760m处），支撑高度5.84m	m^2	330.85			
18	011702016003	平板	现浇钢筋混凝土二层平板（标高8.700m处），支撑高度3.82m	m^2	297.17			
19	011702021001	栏板	现浇钢筋混凝土雨篷处弧形栏板	m^2	34.07			
20	011702024001	楼梯	现浇钢筋混凝土直行楼梯	m^2	20.33			
21	011702023001	雨篷	现浇钢筋混凝土矩形雨篷	m^2	5.93			
22	011702025001	其他现浇构件	现浇钢筋混凝土压顶（女儿墙处）	m^2	15.39			
23	011702025002	其他现浇构件	现浇钢筋混凝土压顶（弧形栏板处）	m^2	6.13			
24	011702027001	台阶	现浇钢筋混凝土台阶	m^2	63.02			

【注意事项】 在计算模板工程量时要注意模板支模高度的问题。

【讨论】

1）在计算构造柱及框架柱模板工程量时，模板计算有何不同？

2）当设计采用圈梁代过梁时，应如何列项？相应模板工程量如何计算？

3）某工程设计采用井字梁板，进行模板工程计价时，所列项目与本例是否相同？若不同，应如何列项?

课题3 垂直运输

垂直运输是指施工工程在合理工期内所需垂直运输机械，常见垂直运输设备有龙门架、塔吊、施工电梯。

1. 工程量计算

1）按建筑面积计算。

2）按施工工期日历天数计算。

2. 项目特征

描述建筑物建筑类型及结构形式，地下室建筑面积，建筑物檐口高度及层数。

注意：同一建筑物有不同檐高时，按建筑物的不同檐高做纵向分割，分别计算建筑面积，以不同檐高分别编码列项。

3. 工程内容

包含垂直运输机械的固定装置、基础制作、安装，行走式垂直运输机械轨道的铺设、拆除、摊销。

课题4 超高施工增加

1. 工程量计算

按建筑物超高部分的建筑面积计算。

2. 项目特征

描述建筑物建筑类型及结构形式，建筑物檐口高度、层数，单层建筑物檐口高度超过20m，多层建筑物超过6层部分的建筑面积。

注意：

1）同一建筑物有不同檐高时，按不同高度的建筑面积分别计算建筑面积，以不同檐高分别编码列项。

2）计算层数时，地下室不计入层数。

3. 工程内容

包含建筑物超高引起的人工工效降低以及由于人工工效降低引起的机械降效，高层施工用水加压水泵的安装、拆除及工作台班，通信联络设备的使用及摊销。

【例5-8】 某高层建筑如图5-20所示，框剪结构，女儿墙高度为1.8m，由某总承包公司成承包，施工组织设计中，垂直运输，采用自升式塔式起重机及单笼施工电梯。根据此背景资料，试列出该高层建筑物的垂直运输及超高施工增加的分部分项工程量清单。

【解】 1. 列项

根据规定同一建筑物有不同檐高时，按建筑物的不同檐高做纵向分割，分别计算建筑面积，以不同檐高分别编码列项。故需列檐高22.5m以内垂直运输和檐高94.2m以内垂直运输两项。

因该高层建筑物超过6层，故需列超高施工增加。

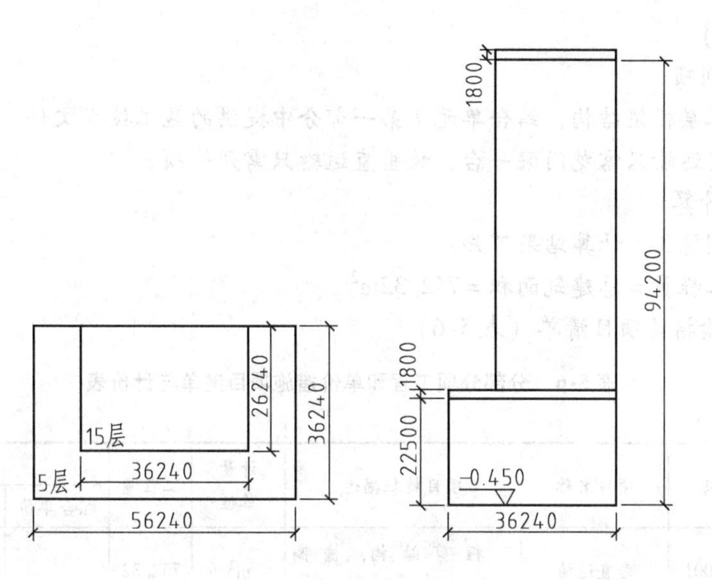

图5-20　某高层建筑示意图

2. 工程量计算

檐高22.5m以内垂直运输：

建筑面积 $=[(56.24\times36.24-36.24\times26.24)\times5]m^2=5463.00m^2$

檐高94.2m以内垂直运输：

建筑面积 $=(26.24\times36.24\times5+36.24\times26.24\times15)m^2=19018.75m^2$

超高施工增加：

超过6层的建筑面积 $=(36.24\times26.24\times14)\ m^2=13313.13m^2$

3. 垂直运输及超高施工增加的工程量清单（表5-5）

表5-5　分部分项工程和单价措施项目清单与计价表

工程名称：×××

序号	项目编码	项目名称	项目特征描述	计量单位	工程量	金额/元		
						综合单价	合价	其中：暂估价
1	011703001001	垂直运输	框剪结构，檐高22.5m以内，5层	m^2	5463.00			
2	011703001002	垂直运输	框剪结构，檐高94.2m以内，20层	m^2	19018.75			
3	011704001001	超高施工增加	框剪结构，檐高94.2m以内，20层	m^2	13313.13			

能力训练5-3　计算建筑工程垂直运输工程量

【训练目的】　掌握建筑工程垂直运输工程量的计算方法。

【能力目标】　能结合实际工程准确进行建筑工程垂直运输的列项及工程量的计算。

【资料准备】　××办公楼设计图（见单元7第一部分）。

【训练步骤】

1. 分析及列项

本工程为二层框架结构，结合单元7第一部分中提供的施工技术文件，考虑实际现场情况，本工程垂直运输只需龙门架一台，故垂直运输只需列一项。

2. 工程量计算

根据能力训练3-1计算结果可知：

垂直运输工程量＝总建筑面积＝$752.32m^2$

3. 垂直运输措施项目清单（表5-6）

表5-6　分部分项工程和单价措施项目清单与计价表

工程名称：×××

序号	项目编码	项目名称	项目特征描述	计量单位	工程量	金额/元		
						综合单价	合价	其中：暂估价
1	011703001001	垂直运输	框剪结构，檐高10.8m，2层	m^2	752.32			

课题5　大型机械设备进出场及安拆

1. 工程量计算

按使用机械设备的数量计算。

2. 项目特征

描述机械设备名称，机械设备规格型号。

3. 工程内容

包含：安拆费包括施工机械、设备在现场进行安装拆卸所需人工、材料、机械和试运转费用以及机械辅助设施的折旧、搭设、拆除等费用。进出场费包括施工机械、设备整体或分体自停放地点运至施工现场或由一施工地点运至另一施工地点所发生的运输、装卸、辅助材料等费用。

课题6　施工排水、降水

1. 工程量计算

（1）成井　按设计图示尺寸以钻孔深度计算，计量单位m。

（2）排水、降水　按排、降水日历天数计算，计量单位昼夜。

2. 项目特征

（1）成井　需描述成井方式，地层情况，成井直径，井（滤）管类型、直径。

（2）排水、降水　需描述机械规格型号，降排水管规格

3. 工程内容

（1）成井　包含准备钻孔机械、埋设护筒、钻孔就位，泥浆制作、固壁，成孔、出渣、清孔等，对接上、下井管（滤管），焊接，安放，下滤料，洗井，连接试抽等。

(2) 排水、降水 包含管道安装、拆除等，场内搬运等，抽水、值班、降水设备维修等。

课题7 安全文明施工及其他措施项目

安全文明施工及其他措施项目见表5-7。

表5-7 安全文明施工及其他措施项目

项目编码	项目名称	工作内容既包含范围
011707001	安全文明施工	1. 环境保护：现场施工机械设备降低噪声、防扰民措施；水泥和其他易飞扬细颗粒建筑材料密闭存放或采取覆盖措施等；工程防扬尘洒水；土石方、建渣外运车辆防护措施等；现场污染源的控制、生活垃圾清理外运、场地排水排污措施；其他环境保护措施 2. 文明施工："五牌一图"；现场围挡的墙面美化（包括内外粉刷、刷白、标语等）、压顶装饰；现场厕所便槽刷白、贴墙砖，水泥砂浆地面或地砖，建筑物内临时便溺措施；其他施工现场临时设施的装饰装修、美化措施；现场生活卫生设施；符合卫生要求的饮水设备、淋浴、消毒等设施；生活用洁净燃料；防煤气中毒、防蚊虫叮咬等措施；施工现场操作场地的硬化；现场绿化、治安综合治理；现场配备医药保健器材、物品和急救人员培训；现场工人的防暑降温、电风扇、空调等设备及用电；其他文明施工措施 3. 安全施工：安全资料、特殊作业专项方案的编制，安全施工标志的购置及安全宣传；"三宝"（安全帽、安全带、安全网）；"四口"（楼梯口、电梯井口、通道口、预留洞口）；"五临边"（阳台围边、楼板围边、屋面围边、槽坑围边、卸料平台两侧）；水平防护架、垂直防护架、外架封闭等防护；施工安全用电，包括配电箱三级配电、两级保护装置等要求、外电防护措施；起重机、塔吊起重设备（含井架、门架）及外用电梯的安全防护措施（含警示标志）及卸料平台的临边防护、层间安全门、防护棚等设施；建筑工地起重机械的检验检测；施工机械防护棚及其围栏的安全保护设施；施工安全防护通道；工人的安全防护用品、用具购置；消防设施与消防器材的配置；电气保护、安全照明设施；其他安全防护措施 4. 临时设施：施工现场采用彩色、定型钢板，砖、混凝土砌块等围挡的安砌、维修、拆除；施工现场临时建筑物、构筑物的搭设、维修、拆除，如临时宿舍、办公室、食堂、厨房、厕所、诊疗所、临时文化福利用房、临时仓库、加工场、搅拌台、临时简易水塔、水池等；施工现场临时设施的搭设、维修、拆除，如临时供水管道、临时供电管线、小型临时设施等；施工现场规定范围内临时简易道路铺设，临时排水沟、排水设施安砌、维修、拆除；其他临时设施搭设、维修、拆除
011707002	夜间施工	1. 夜间固定照明灯具和临时可移动照明灯具设置、拆除 2. 夜间施工时，施工现场交通标志、安全标牌、警示灯等的设置、移动、拆除 3. 包括夜间照明设备及照明用电、施工人员夜班补助、夜间施工劳动效率降低等
011707003	非夜间施工照明	为保证工程施工正常进行，在地下室等特殊施工部位施工时所采用的照明设备的安拆、维护及照明用电等
011707004	二次搬运	由于施工现场条件限制而发生的材料、成品、半成品等一次运输不能到达堆放地点，必须进行的二次或多次搬运

（续）

项目编码	项目名称	工作内容既包含范围
011707005	冬雨季施工	1. 冬雨（风）季施工时增加的临时设施（防寒保温、防雨、防风设施）的搭设、拆除 2. 冬雨（风）季施工时，对砌体、混凝土等采用的特殊加温、保温和养护措施 3. 冬雨（风）季施工时，施工现场的防滑处理、对影响施工的雨雪的清除 4. 包括冬雨（风）季施工时增加的临时设施、施工人员的劳动保护用品、冬雨（风）季施工劳动效率降低等
011707006	地上、地下设施、建筑物的临时保护设施	在工程施工过程中，对已建成的地上、地下设施和建筑物进行遮盖、封闭、隔离等必要的保护措施
011707007	已完工程及设备保护	对已完工程及设备采取的覆盖、包裹、封闭、隔离等必要的保护措施

思考与练习题

1. 在何种情况下搭设满堂脚手架？如何计算其工程量？

2. 当现浇混凝土构件模板工程单独编码列项时，其工程量一般如何计算？当招标工程量清单中未编列现浇混凝土构件的模板项目清单时，在确定建筑工程价格时该内容如何考虑？

3. 什么情况下编列超高施工增加项目，超高施工增加工程量如何计算？

4. 什么情况下编列大型机械设备进出场及安拆项目，大型机械设备进出场及安拆工程量如何计算？

5. 安全文明施工包含的工作内容和范围有哪些？

单元6 工程量清单计价方法

【单元概述】

本单元在介绍定额的发展、分类、应用的基础上，主要讲述建筑安装工程费用构成框架及各项费用的含义，并重点讲解招标控制价及投标报价计算方法。

【学习目标】

通过学习，使学生了解定额的发展、分类和应用，熟悉消耗量定额和企业定额的编制、分类和应用，熟悉建筑安装工程各项费用含义，在明确费用构成的基础上，进一步掌握分部分项工程费、措施项目费、其他项目费、规费、税金的计算，从而完成工程量清单计价的计算。

课题1 建筑安装工程费用构成

国家建设部于2003年2月17日以119号公告批准发布了国家标准《建设工程工程量清单计价规范》(GB 50500—2003)(以下简称“03计价规范”)，自2003年7月1日起实施，“03计价规范”的实施使我国工程造价从传统的以预算定额为主的计价方式向国际通行的工程量清单计价模式转变。继“03计价规范”之后，国家建设部于2008年7月9日颁布了《建设工程工程量清单计价规范》(GB 50500—2008)(以下简称“08计价规范”)，“08计价规范”充分总结了“03计价规范”以来我国实行工程量清单计价的经验和取得的成果，内容更加全面，涵盖从招标投标开始至竣工结算为止的施工阶段全过程工程计价技术与管理。“08计价规范”经过几年的应用实践，2012年12月25日由住房和城乡建设部联合国家质量监督与检验检疫总局联合发布了《建设工程工程量清单计价规范》(GB 50500—2013)(以下简称“计价规范”)及《房屋建筑与装饰工程工程量计算规范》(GB 50854—2013)(以下简称“计量规范”)，2013年7月1日施行。2013版《建设工程工程量清单计价规范》中对2008版《建设工程工程量清单计价规范》进行了修改、补充和完善，对清单编制和计价的指导思想进行了深化。在“政府宏观调控、部门动态监管、企业自主报价、市场决定价格”的基础上，规定了合同价款约定、合同价款调整、合同价款中期支付、竣工结算支付以及合同解除的价款结算与支付、合同价款争议的解决方法，展现了加强市场监管的措施，强化了清单计价的执行力度。

本单元工程量清单计价方法将依据“计价规范”的内容，对工程招标阶段招标控制价和投标报价的确定方法做具体而详尽的介绍。

根据“计价规范”，使用国有资金投资的建设工程发承包，必须采用工程量清单计价。非国有资金投资的建设工程，宜采用工程量清单计价。

为适应深化工程计价改革的需要，根据国家有关法律、法规及相关政策，在总结原建设部、财政部《关于印发〈建筑安装工程费用项目组成〉的通知》（建标〔2003〕206号）

（以下简称《通知》）执行情况的基础上，住房和城乡建设部、财政部联合下达了《建筑安装工程费用项目组成》的通知（建标〔2013〕44号），具体规定如下：

建筑安装工程费用项目按费用构成要素组成划分为人工费、材料费、施工机具使用费、企业管理费、利润、规费和税金，如图6-1所示。

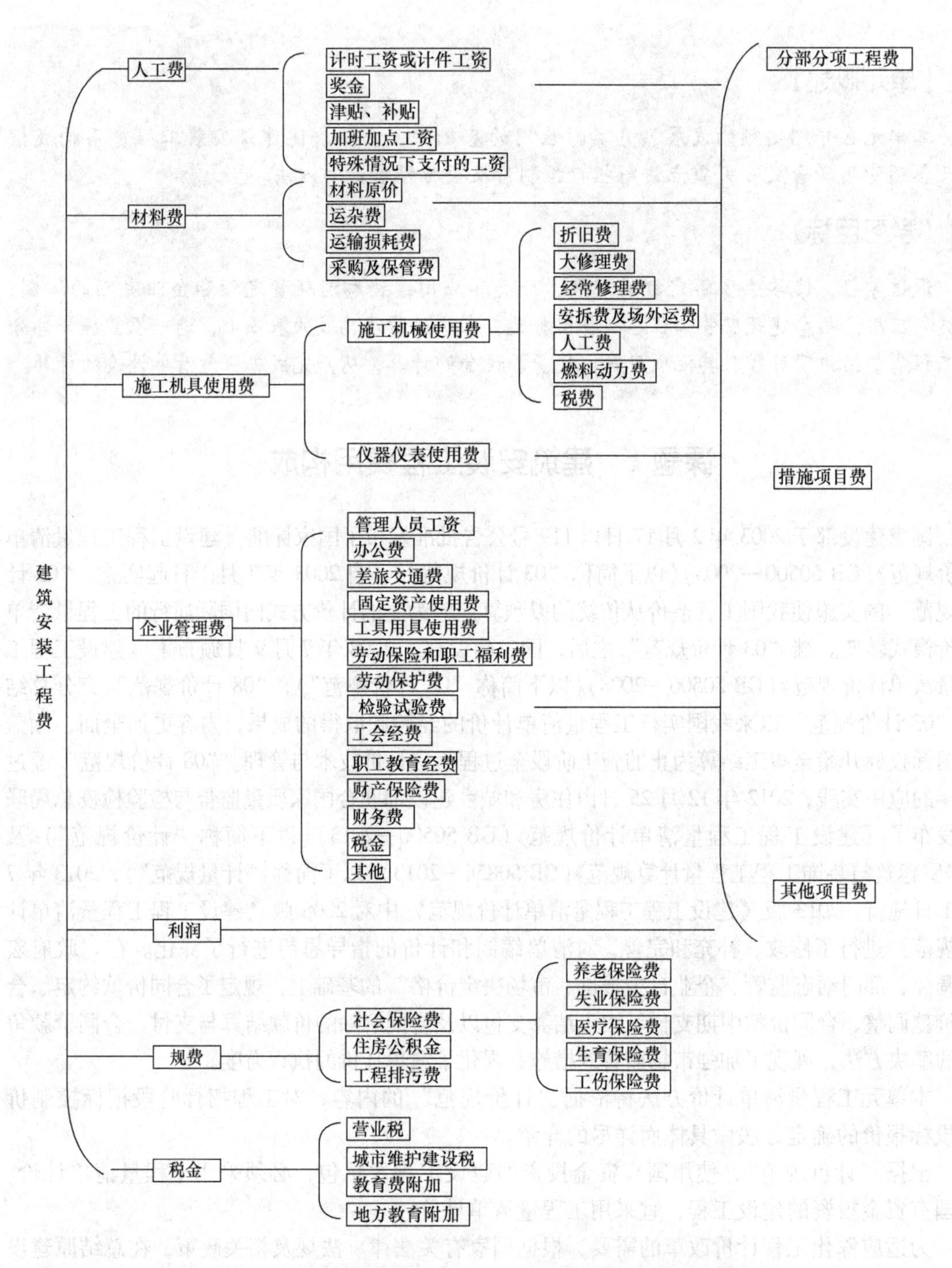

图6-1 建筑安装工程费用项目组成（按费用构成要素划分）

建筑安装工程费用按工程造价形成顺序划分为分部分项工程费、措施项目费、其他项目费、规费和税金，如图6-2所示。

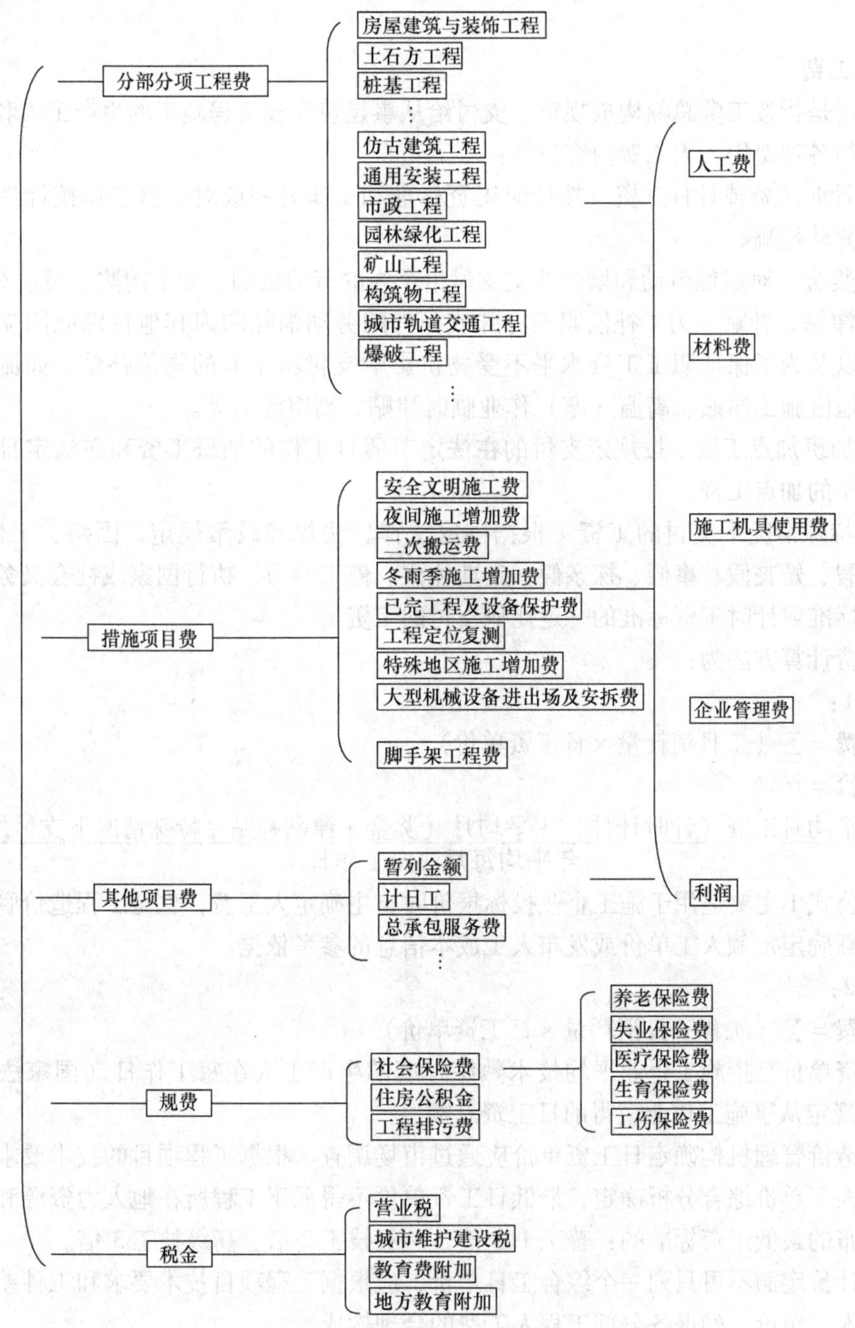

图6-2 建筑安装工程费用项目组成（按工程造价形成顺序划分）

一、建筑安装工程费（按费用构成要素划分）

如图6-1所示，建筑安装工程费按照费用构成要素划分：由人工费、材料（包含工程设备，下同）费、施工机具使用费、企业管理费、利润、规费和税金组成。其中人工费、材料费、施工机具使用费、企业管理费和利润包含在分部分项工程费、措施项目费、其他项目费中。

1. 人工费

人工费是指按工资总额构成规定，支付给从事建筑安装工程施工的生产工人和附属生产单位工人的各项费用。人工费内容包括：

（1）计时工资或计件工资　按计时工资标准和工作时间或对已做工作按计件单价支付给个人的劳动报酬。

（2）奖金　对超额劳动和增收节支支付给个人的劳动报酬。如节约奖、劳动竞赛奖等。

（3）津贴、补贴　为了补偿职工特殊或额外的劳动消耗和因其他特殊原因支付给个人的津贴，以及为了保证职工工资水平不受物价影响支付给个人的物价补贴。如流动施工津贴、特殊地区施工津贴、高温（寒）作业临时津贴、高空津贴等。

（4）加班加点工资　按规定支付的在法定节假日工作的加班工资和在法定日工作时间外延时工作的加点工资。

（5）特殊情况下支付的工资　根据国家法律、法规和政策规定，因病、工伤、产假、计划生育假、婚丧假、事假、探亲假、定期休假、停工学习、执行国家或社会义务等原因按计时工资标准或计时工资标准的一定比例支付的工资。

人工费计算方法为：

公式1：

人工费 = Σ（工日消耗量 × 日工资单价）

$$日工资单价 = \frac{生产工人平均月工资（计时计件）+平均月（奖金+津贴补贴+特殊情况下支付的工资）}{年平均每月法定工作日}$$

注：公式1主要适用于施工企业投标报价时自主确定人工费，也是工程造价管理机构编制计价定额确定定额人工单价或发布人工成本信息的参考依据。

公式2：

人工费 = Σ（工程工日消耗量 × 日工资单价）

日工资单价是指施工企业平均技术熟练程度的生产工人在每工作日（国家法定工作时间内）按规定从事施工作业应得的日工资总额。

工程造价管理机构确定日工资单价应通过市场调查、根据工程项目的技术要求，参考实物工程量人工单价综合分析确定，最低日工资单价不得低于工程所在地人力资源和社会保障部门所发布的最低工资标准的：普工1.3倍、一般技工2倍、高级技工3倍。

工程计价定额不可只列一个综合工日单价，应根据工程项目技术要求和工种差别适当划分多种日人工单价，确保各分部工程人工费的合理构成。

注：公式2适用于工程造价管理机构编制计价定额时确定定额人工费，是施工企业投标报价的参考依据。

2. 材料费

材料费是指施工过程中耗费的原材料、辅助材料、构配件、零件、半成品或成品、工程设备的费用。材料费内容包括：

(1) 材料原价　材料、工程设备的出厂价格或商家供应价格。

(2) 运杂费　材料、工程设备自来源地运至工地仓库或指定堆放地点所发生的全部费用。

(3) 运输损耗费　材料在运输装卸过程中不可避免的损耗。

(4) 采购及保管费　为组织采购、供应和保管材料、工程设备的过程中所需要的各项费用。包括采购费、仓储费、工地保管费、仓储损耗。

这里工程设备是指构成或计划构成永久工程一部分的机电设备、金属结构设备、仪器装置及其他类似的设备和装置。

材料费计算方法为：

(1) 材料费

材料费 = Σ（材料消耗量×材料单价）

材料单价 = [（材料原价 + 运杂费）×〔1 + 运输损耗率(%)〕] ×[1 + 采购及保管费率(%)]

(2) 工程设备费

工程设备费 = Σ(工程设备量×工程设备单价)

工程设备单价 =(设备原价 + 运杂费)×[1 + 采购及保管费率(%)]

3. 施工机具使用费

施工机具使用费是指施工作业所发生的施工机械、仪器仪表使用费或其租赁费。

(1) 施工机械使用费　以施工机械台班耗用量乘以施工机械台班单价表示，即

施工机械使用费 = Σ（施工机械台班消耗量×机械台班单价）

这里施工机械台班单价应由下列七项费用组成：

1) 折旧费：施工机械在规定的使用年限内，陆续收回其原值的费用。

2) 大修理费：施工机械按规定的大修理间隔台班进行必要的大修理，以恢复其正常功能所需的费用。

3) 经常修理费：施工机械除大修理以外的各级保养和临时故障排除所需的费用。它包括为保障机械正常运转所需替换设备与随机配备工具附具的摊销和维护费用，机械运转中日常保养所需润滑与擦拭的材料费用及机械停滞期间的维护和保养费用等。

4) 安拆费及场外运费：安拆费指施工机械（大型机械除外）在现场进行安装与拆卸所需的人工、材料、机械和试运转费用以及机械辅助设施的折旧、搭设、拆除等费用；场外运费指施工机械整体或分体自停放地点运至施工现场或由一个施工地点运至另一个施工地点的运输、装卸、辅助材料及架线等费用。

5) 人工费：机上司机（司炉）和其他操作人员的人工费。

6) 燃料动力费：施工机械在运转作业中所消耗的各种燃料及水、电等费用。

7) 税费：施工机械按照国家规定应缴纳的车船使用税、保险费及年检费等。

即机械台班单价为：机械台班单价 = 台班折旧费 + 台班大修费 + 台班经常修理费 + 台班安拆费及场外运费 + 台班人工费 + 台班燃料动力费 + 台班车船税费

注：工程造价管理机构在确定计价定额中的施工机械使用费时，应根据《建筑施工机械台班费用计算规则》结合市场调查编制施工机械台班单价。施工企业可以参考工程造价管理机构发布的台班单价，自主确定施工机械使用费的报价，如租赁施工机械，公式为：施

工机械使用费 = $\sum$（施工机械台班消耗量 × 机械台班租赁单价）。

（2）仪器仪表使用费 仪器仪表使用费是指工程施工所需使用的仪器仪表的摊销及维修费用，即

仪器仪表使用费 = 工程使用的仪器仪表摊销费 + 维修费

4. 企业管理费

企业管理费是指建筑安装企业组织施工生产和经营管理所需的费用。企业管理费内容包括：

（1）管理人员工资 按规定支付给管理人员的计时工资、奖金、津贴补贴、加班加点工资及特殊情况下支付的工资等。

（2）办公费 企业管理办公用的文具、纸张、账表、印刷、邮电、书报、办公软件、现场监控、会议、水电、烧水和集体取暖降温（包括现场临时宿舍取暖降温）等费用。

（3）差旅交通费 职工因公出差、调动工作的差旅费、住勤补助费，市内交通费和误餐补助费，职工探亲路费，劳动力招募费，职工退休、退职一次性路费，工伤人员就医路费，工地转移费以及管理部门使用的交通工具的油料、燃料等费用。

（4）固定资产使用费 管理和试验部门及附属生产单位使用的属于固定资产的房屋、设备、仪器等的折旧、大修、维修或租赁费。

（5）工具用具使用费 企业施工生产和管理使用的不属于固定资产的工具、器具、家具、交通工具和检验、试验、测绘、消防用具等的购置、维修和摊销费。

（6）劳动保险和职工福利费 由企业支付的职工退职金、按规定支付给离休干部的经费，集体福利费、夏季防暑降温、冬季取暖补贴、上下班交通补贴等。

（7）劳动保护费 企业按规定发放的劳动保护用品的支出。如工作服、手套、防暑降温饮料以及在有碍身体健康的环境中施工的保健费用等。

（8）检验试验费 施工企业按照有关标准规定，对建筑以及材料、构件和建筑安装物进行一般鉴定、检查所发生的费用，包括自设试验室进行试验所耗用的材料等费用，不包括新结构、新材料的试验费，对构件做破坏性试验及其他特殊要求检验试验的费用和建设单位委托检测机构进行检测的费用，对此类检测发生的费用，由建设单位在工程建设其他费用中列支。但对施工企业提供的具有合格证明的材料进行检测不合格的，该检测费用由施工企业支付。

（9）工会经费 企业按《工会法》规定的全部职工工资总额比例计提的工会经费。

（10）职工教育经费 按职工工资总额的规定比例计提，企业为职工进行专业技术和职业技能培训，专业技术人员继续教育、职工职业技能鉴定、职业资格认定以及根据需要对职工进行各类文化教育所发生的费用。

（11）财产保险费 施工管理用财产、车辆等的保险费用。

（12）财务费 企业为施工生产筹集资金或提供预付款担保、履约担保、职工工资支付担保等所发生的各种费用。

（13）税金 企业按规定缴纳的房产税、车船使用税、土地使用税、印花税等。

（14）其他 包括技术转让费、技术开发费、投标费、业务招待费、绿化费、广告费、公证费、法律顾问费、审计费、咨询费、保险费等。

企业管理费计算方法为

企业管理费＝一定的计费基础×企业管理费费率

这里企业管理费费率计算如下：

1）以分部分项工程费为计算基础。

$$企业管理费费率(\%)=\frac{生产工人年平均管理费}{年有效施工天数\times人工单价}\times人工费占分部分项工程费比例(\%)$$

2）以人工费和机械费合计为计算基础。

$$企业管理费费率(\%)=\frac{生产工人年平均管理费}{年有效施工天数\times(人工单价+每一工日机械使用费)}\times100\%$$

3）以人工费为计算基础。

$$企业管理费费率(\%)=\frac{生产工人年平均管理费}{年有效施工天数\times人工单价}\times100\%$$

注意：上述公式适用于施工企业投标报价时自主确定管理费，是工程造价管理机构编制计价定额确定企业管理费的参考依据。

工程造价管理机构在确定计价定额中企业管理费时，应以定额人工费或（定额人工费＋定额机械费）作为计算基数，其费率根据历年工程造价积累的资料，辅以调查数据确定，列入分部分项工程和措施项目中。

5. 利润

利润是指施工企业完成所承包工程获得的盈利。

注意：

1）施工企业根据企业自身需求并结合建筑市场实际自主确定，列入报价中。

2）工程造价管理机构在确定计价定额中利润时，应以定额人工费或（定额人工费＋定额机械费）作为计算基数，其费率根据历年工程造价积累的资料，并结合建筑市场实际确定，以单位（单项）工程测算，利润在税前建筑安装工程费的比重可按不低于5%且不高于7%的费率计算。利润应列入分部分项工程和措施项目中。

6. 规费

规费是指按国家法律、法规规定，由省级政府和省级有关权力部门规定必须缴纳或计取的费用。包括：

（1）社会保险费

1）养老保险费：企业按照规定标准为职工缴纳的基本养老保险费。

2）失业保险费：企业按照规定标准为职工缴纳的失业保险费。

3）医疗保险费：企业按照规定标准为职工缴纳的基本医疗保险费。

4）生育保险费：企业按照规定标准为职工缴纳的生育保险费。

5）工伤保险费：企业按照规定标准为职工缴纳的工伤保险费。

（2）住房公积金　企业按规定标准为职工缴纳的住房公积金。

注意：社会保险费和住房公积金应以定额人工费为计算基础，根据工程所在地省、自治区、直辖市或行业建设主管部门规定费率计算。

社会保险费和住房公积金＝Σ（工程定额人工费×社会保险费和住房公积金费率）

式中：社会保险费和住房公积金费率可以每万元发承包价的生产工人人工费和管理人员工资含量与工程所在地规定的缴纳标准综合分析取定。

(3) 工程排污费 按规定缴纳的施工现场工程排污费。

其他应列而未列入的规费，按实际发生计取。

7. 税金

税金是指国家税法规定的应计入建筑安装工程造价内的营业税、城市维护建设税、教育费附加以及地方教育附加。

税金计算公式：

$$税金 = 税前造价 \times 综合税率（\%）$$

综合税率：

1）纳税地点在市区的企业。

$$综合税率(\%) = \frac{1}{1 - 3\% - (3\% \times 7\%) - (3\% \times 3\%) - (3\% \times 2\%)} - 1$$

2）纳税地点在县城、镇的企业。

$$综合税率(\%) = \frac{1}{1 - 3\% - (3\% \times 5\%) - (3\% \times 3\%) - (3\% \times 2\%)} - 1$$

3）纳税地点不在市区、县城、镇的企业。

$$综合税率(\%) = \frac{1}{1 - 3\% - (3\% \times 1\%) - (3\% \times 3\%) - (3\% \times 2\%)} - 1$$

4）实行营业税改增值税的，按纳税地点现行税率计算。

二、建筑安装工程费（按工程造价形成顺序划分）

如图6-2所示，建筑安装工程费按照工程造价形成由分部分项工程费、措施项目费、其他项目费、规费、税金组成，分部分项工程费、措施项目费、其他项目费包含人工费、材料费、施工机具使用费、企业管理费和利润。

1. 分部分项工程费

分部分项工程费是指各专业工程的分部分项工程应予列支的各项费用。

$$分部分项工程费 = \Sigma（分部分项工程量 \times 综合单价）$$

式中，综合单价包括人工费、材料费、施工机具使用费、企业管理费和利润以及一定范围的风险费用（下同）。

(1) 专业工程 按现行国家计量规范划分的房屋建筑与装饰工程、仿古建筑工程、通用安装工程、市政工程、园林绿化工程、矿山工程、构筑物工程、城市轨道交通工程、爆破工程等各类工程。

(2) 分部分项工程 按现行国家计量规范对各专业工程划分的项目。如房屋建筑与装饰工程划分为土石方工程、地基处理与桩基工程、砌筑工程、钢筋及钢筋混凝土工程等。

各类专业工程的分部分项工程划分见现行国家或行业计量规范。

2. 措施项目费

措施项目费是指为完成建设工程施工，发生于该工程施工前和施工过程中的技术、生活、安全、环境保护等方面的费用。措施项目费内容包括：

(1) 安全文明施工费

1）环境保护费：施工现场为达到环保部门要求所需要的各项费用。

2）文明施工费：施工现场文明施工所需要的各项费用。

3）安全施工费：施工现场安全施工所需要的各项费用。

4）临时设施费：施工企业为进行建设工程施工所必须搭设的生活和生产用的临时建筑物、构筑物和其他临时设施费用。它包括临时设施的搭设、维修、拆除、清理费或摊销费等。

（2）夜间施工增加费　因夜间施工所发生的夜班补助费、夜间施工降效、夜间施工照明设备摊销及照明用电等费用。

（3）二次搬运费　因施工场地条件限制而发生的材料、构配件、半成品等一次运输不能到达堆放地点，必须进行二次或多次搬运所发生的费用。

（4）冬雨季施工增加费　在冬季或雨季施工需增加的临时设施、防滑、排除雨雪，人工及施工机械效率降低等费用。

（5）已完工程及设备保护费　竣工验收前，对已完工程及设备采取的必要保护措施所发生的费用。

（6）工程定位复测费　工程施工过程中进行全部施工测量放线和复测工作的费用。

（7）特殊地区施工增加费　工程在沙漠或其边缘地区、高海拔、高寒、原始森林等特殊地区施工增加的费用。

（8）大型机械设备进出场及安拆费　机械整体或分体自停放场地运至施工现场或由一个施工地点运至另一个施工地点，所发生的机械进出场运输及转移费用及机械在施工现场进行安装、拆卸所需的人工费、材料费、机械费、试运转费和安装所需的辅助设施的费用。

（9）脚手架工程费　施工需要的各种脚手架搭、拆、运输费用以及脚手架购置费的摊销（或租赁）费用。

措施项目费的计算方法如下：

1）应予计量的措施项目，也称为单价措施项目，其计算公式为

单价措施项目费 = Σ（措施项目工程量×综合单价）

2）不宜计量的措施项目，也称为总价措施项目，计算方法如下：

① 安全文明施工费。

安全文明施工费 = 计算基数×安全文明施工费费率（%）

计算基数应为定额基价（定额分部分项工程费 + 定额中可以计量的措施项目费）、定额人工费或（定额人工费 + 定额机械费），其费率由工程造价管理机构根据各专业工程的特点综合确定。

② 夜间施工增加费。

夜间施工增加费 = 计算基数×夜间施工增加费费率（%）

③ 二次搬运费。

二次搬运费 = 计算基数×二次搬运费费率（%）

④ 冬雨季施工增加费。

冬雨季施工增加费 = 计算基数×冬雨季施工增加费费率（%）

⑤ 已完工程及设备保护费。

已完工程及设备保护费 = 计算基数 × 已完工程及设备保护费费率（%）

上述②～⑤项措施项目的计费基数应为定额人工费或（定额人工费 + 定额机械费），其费率由工程造价管理机构根据各专业工程特点和调查资料综合分析后确定。

3. 其他项目费

其他项目费内容包括：

（1）暂列金额　建设单位在工程量清单中暂定并包括在工程合同价款中的一笔款项。它包括用于施工合同签订时尚未确定或者不可预见的所需材料、工程设备、服务的采购，施工中可能发生的工程变更、合同约定调整因素出现时的工程价款调整以及发生的索赔、现场签证确认等的费用。

（2）计日工　在施工过程中，施工企业完成建设单位提出的施工图以外的零星项目或工作所需的费用。

（3）总承包服务费　总承包人为配合、协调建设单位进行的专业工程发包，对建设单位自行采购的材料、工程设备等进行保管以及施工现场管理、竣工资料汇总整理等服务所需的费用。

其他项目费计算方法如下：

1）暂列金额由建设单位根据工程特点，按有关计价规定估算，施工过程中由建设单位掌握使用、扣除合同价款调整后如有余额，归建设单位。

2）计日工由建设单位和施工企业按施工过程中的签证计价。

3）总承包服务费由建设单位在招标控制价中根据总包服务范围和有关计价规定编制，施工企业投标时自主报价，施工过程中按签约合同价执行。

4. 规费

定义同前，略。

5. 税金

定义同前，略。

注意：

1）各专业工程计价定额的使用周期原则上为5年。

2）工程造价管理机构在定额使用周期内，应及时发布人工、材料、机械台班价格信息，实行工程造价动态管理，如遇国家法律、法规、规章或相关政策变化以及建筑市场物价波动较大时，应适时调整定额人工费、定额机械费以及定额基价或规费费率，使建筑安装工程费能反映建筑市场实际。

3）建设单位在编制招标控制价时，应按照各专业工程的计量规范和计价定额以及工程造价信息编制。

4）施工企业在使用计价定额时除不可竞争费用外，其余仅作参考，由施工企业投标时自主报价。

5）建设单位和施工企业均应按照省、自治区、直辖市或行业建设主管部门发布标准计算规费和税金，不得作为竞争性费用。

三、建筑安装工程计价程序（表6-1、表6-2）

表6-1　建设单位工程招标控制价计价程序

工程名称：　　　　　　　　　　　　　　　　标段：

序号	内　容	计算方法	金额/元
1	分部分项工程费	按计价规定计算	
1.1			
1.2			
1.3			
	…		
2	措施项目费	按计价规定计算	
2.1	其中：安全文明施工费	按规定标准计算	
3	其他项目费		
3.1	其中：暂列金额	按计价规定估算	
3.2	其中：专业工程暂估价	按计价规定估算	
3.3	其中：计日工	按计价规定估算	
3.4	其中：总承包服务费	按计价规定估算	
4	规费	按规定标准计算	
5	税金（扣除不列入计税范围的工程设备金额）	(1+2+3+4)×规定税率	
招标控制价合计=1+2+3+4+5			

表6-2　施工企业工程投标报价计价程序

工程名称：　　　　　　　　　　　　　　　　标段：

序号	内　容	计算方法	金额/元
1	分部分项工程费	自主报价	
1.1			
1.2			
1.3			
1.4			
1.5			
	…		
2	措施项目费	自主报价	
2.1	其中：安全文明施工费	按规定标准计算	
3	其他项目费		
3.1	其中：暂列金额	按招标文件提供金额计列	
3.2	其中：专业工程暂估价	按招标文件提供金额计列	
3.3	其中：计日工	自主报价	
3.4	其中：总承包服务费	自主报价	
4	规费	按规定标准计算	
5	税金(扣除不列入计税范围的工程设备金额)	(1+2+3+4)×规定税率	
投标报价合计=1+2+3+4+5			

课题2 工程量清单计价依据及应用

工程量清单计价模式是由招标人提供工程量清单，投标人自主报价，经评审合理低价中标的一种计价模式。投标人在自主报价时，应根据招标文件中的工程量清单和有关要求、施工现场实际情况、合理的施工方法，依据企业定额和市场价格信息（或参照建设行政主管部门发布的社会平均消耗量定额及费用定额）进行编制。所以，要做好投标报价工作，企业就要逐步建立根据本企业施工技术管理水平制定的企业定额，在无企业定额的情况下，只有参考现行施工定额、预算定额及消耗量定额等工程定额。

一、工程定额

定额是指进行生产经营活动时，在人力、物力、财力消耗方面所应遵守达到的数量标准。建筑工程定额是指建筑产品生产中需消耗的人力、物力和财力等各种资源的数量规定。即在合理的劳动组织和合理地使用材料和机械的条件下，完成单位合格产品所需消耗的资源数量标准。

工程定额是工程造价的计价依据，它反映了社会生产力投入和产出的关系，它不仅规定了建设工程投入与产出的数量标准，而且还规定了具体工作内容、质量标准和安全要求。工程定额反映了在一定社会生产力条件下建筑行业生产与管理的社会平均水平或平均先进水平。

工程定额是建筑工程设计、预算、施工及管理的基础。由于工程建设产品具有构造复杂、规模大、种类繁多、生产周期长、耗费大量人力物力等特点，因此就决定了工程定额的多种类、多层次，同时也决定了定额在工程建设的管理中占有极其重要的地位。

（一）定额的产生和发展

定额是企业科学管理的产物，它产生于19世纪末资本主义企业管理科学发展初期。当时资本主义生产日益扩大，设备先进，生产技术发展迅速，但在管理上仍然沿用传统的经验方法，生产效率低，生产能力得不到充分发挥，严重阻碍了社会经济的进一步发展和繁荣，在此背景下被称为“科学管理之父”的美国工程师泰勒（F. W. Taylor，1856年—1915年）开始研究管理方法，他进行了各种有效的试验，努力将当时科学技术的最新成就应用于企业管理的研究。通过研究，他提出了一整套科学的管理方法，即制定科学的工时定额，实行标准的操作方法，采用先进的工具和设备，采取有差别的计件工资制，强化和协调职能管理，这即为“泰勒制”的核心，也是通过制定最节约的工作时间，即工时定额管理的方法来促进劳动生产率提高的最早尝试，伴随着“泰勒制”的产生，定额也就产生了。

“泰勒制”以后，管理科学一方面从研究操作方法、作业水平向研究科学管理方向发展，另一方面充分利用现代自然科学的最新成果——运筹学、计算机等科学技术进行科学管理。20世纪以后出现了行为科学，从社会学和心理学的角度研究管理，强调和重视社会环境、人的相互关系对人的行为的影响，以及寻求提高工效的途径。行为科学发展了泰勒等人提出的科学管理方法，定额也有了进一步的发展。同时一些新的技术方法在制定定额中得到运用，定额的范围也大大突破了工时定额的内容。所以，定额伴随着科学管理的产生而产生，伴随着科学管理的发展而发展，在现代管理科学中始终占有重要地位。

（二）工程定额的分类及应用

工程定额包括许多种类，根据内容、用途和使用范围的不同，可以有以下几种分类方式。

1. 按定额反映的生产要素内容分类

进行物质资料生产所必须具备的三要素是：劳动者、劳动对象和劳动手段。劳动者是指生产工人，劳动对象是指建筑材料和各种半成品等，劳动手段是指生产机具和设备。为了衡量这三要素在建筑施工活动中的消耗，建筑建筑工程定额可按这三要素编制，即劳动定额、材料消耗定额和机械台班使用定额。如图6-3所示。

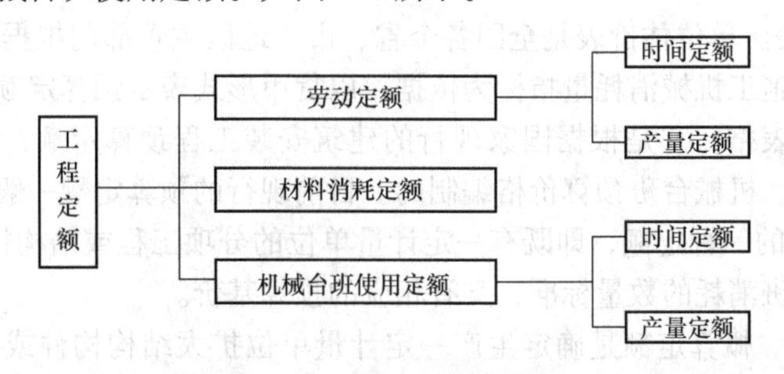

图6-3　按生产要素分类

（1）劳动定额　劳动定额也称为人工定额，是指在正常的施工技术组织条件下，为完成一定数量的合格产品或完成一定量的工作所必需的劳动消耗量标准或者在一定的劳动时间中所生产的合格产品数量。它反映建筑工人在正常施工条件下的劳动效率。这个标准是国家和企业对生产工人在单位时间内的劳动数量和质量的综合要求，也是建筑施工企业内部组织生产、编制施工作业计划、签发施工任务单、考核工效、计算报酬的依据。

（2）材料消耗定额　材料消耗定额是指在正常的施工条件和合理、节约使用材料的前提下，生产单位合格产品所必须消耗的建筑材料（原材料、半成品、构配件、水、电等）的数量标准。建筑工程材料消耗定额是企业推行经济承包、编制材料计划、进行单位工程核算的重要依据，是促进企业合理使用材料、实行限额领料和材料核算、正确核定材料需要量和储备量的基础。

（3）机械台班使用定额　机械台班使用定额是指在正常的施工、合理的劳动组合和合理使用施工机械的条件下，生产单位合格产品所必须消耗的某种施工机械作业时间的数量标准或在单位时间内某种施工机械完成合格产品的数量标准。机械台班定额是台班内小组总工日完成的合格产品数。它是编制机械需要计划、考核机械效率和签发施工任务书等的重要依据。

2. 按定额的编制程序和用途分类

按编制程序和用途分类，可以把工程定额分为施工定额、预算定额、概算定额、概算指标、投资估算指标等，如图6-4所示。

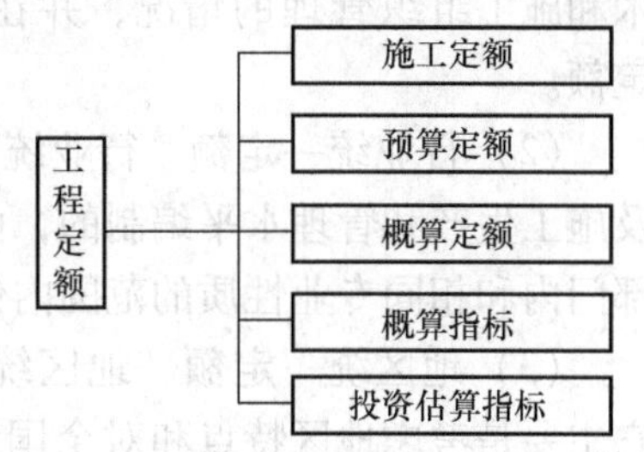

图6-4　按编制程序和用途分类

（1）施工定额　施工定额是以同一性质的施工过程为标定对象，表示生产产品数量与时间消耗综合关系的定额。施工定额由劳动定额、材料消耗定额和机械台班使用定额三部分组成。施工定额是施工企业在组织生产、编制施工计划、签发施工任务书、考核工效和进行经济核算的重要依据，属于企业定额的性质。施工定额是编制预算定额的依据。

（2）预算定额和单位估价表

1）预算定额。预算定额是以建筑物或构筑物各个分部分项工程为对象编制的定额，是指正常合理的施工条件下，规定完成一定计量单位的分项工程或结构构件所必需的人工、材料和施工机械台班消耗的数量标准，目前也称为消耗量定额。预算定额是确定单位分项工程或结构构件单价以及单位工程造价的基础，是一种计价定额，同时又是编制概算定额的依据。

2）单位估价表。单位估价表是全国各个省、市、地区主管部门根据本地区预算定额规定的人工、材料及施工机械消耗量指标为依据，以货币形式表示预算定额中每一分项工程单位预算价值的计算表格，它是根据国家现行的建筑安装工程预算定额，结合各地区工资标准、材料预算价格、机械台班预算价格编制的。目前现行的预算定额一般是预算定额与单位估价表“二合一”的一种定额，即既有一定计量单位的分项工程或结构构件所必需的人工、材料和施工机械台班消耗的数量标准，又有相应的预算基价。

（3）概算定额　概算定额是确定生产一定计量单位扩大结构构件或扩大分项工程所需的人工、材料和施工机械台班消耗量的标准。概算定额是编制扩大初步设计概算时，计算和确定工程概算造价以及计算劳动、机械台班、材料需要量所使用的定额。它一般是在预算定额基础上编制的，比预算定额综合扩大，其项目划分粗细与扩大初步设计的深度相适应。概算定额是控制项目投资的重要依据，在工程建设的投资管理中起重要作用。

（4）概算指标　概算指标是概算定额的扩大与合并，它是以整个建筑物和构筑物为对象，如以每100m^2建筑面积或1000m^3建筑体积、构筑物以座为计量单位编制的人工、材料、机械消耗数量标准或某种特征的建筑物或构筑物每万元投资所需人工、材料、机械消耗数量及造价的数量标准。概算指标是编制投资估算和控制初步设计概算的依据。

（5）投资估算指标　它是在项目建议书和可行性研究阶段编制投资估算、计算投资需要量时使用的一种定额。它非常概略，往往以独立的单项工程或完整的工程项目为计算对象，项目划分粗细与可行性研究阶段相适应。它的主要作用是为项目决策和投资控制提供依据。

3. 按定额编制单位和执行范围不同分类

工程建设定额按适用范围可分为全国统一定额、行业统一定额、地区统一定额、企业定额和补充定额等，如图6-5所示。

（1）全国统一定额　全国统一定额是由国家建设行政主管部门综合全国工程建设中技术和施工组织管理的情况，并在全国范围内普遍执行的定额，如全国统一安装工程预算定额。

（2）行业统一定额　行业统一定额是根据各行业部门专业工程技术特点或特殊要求以及施工生产和管理水平编制的，由国务院行业主管部门发布。行业统一定额一般只在本行业部门内和相同专业性质的范围内使用，如矿井建设工程定额、铁路建设工程定额等。

（3）地区统一定额　地区统一定额是指各省、市、自治区、直辖市编制颁发的定额，它主要是考虑地区特点和对全国统一定额水平做适当调整补充编制的。由于各地区气候条件、经济技术条件、物质资源条件和交通运输条件等不同，定额内容和水平则有所不同。地

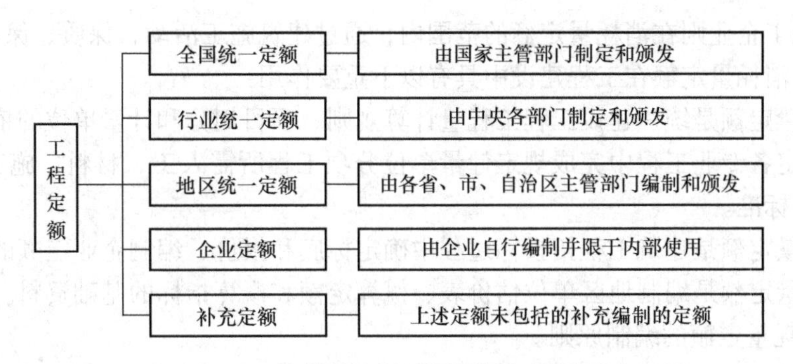

图6-5 按编制单位和执行范围不同分类

区统一定额，如2005年山西省建筑工程消耗量定额，只能在山西省内使用。

(4) 企业定额 企业定额是指由施工企业根据自身具体情况，参照国家、部门或地区定额的水平制定的代表企业的技术水平和管理优势的定额。企业定额用于企业内部的施工生产与管理，按企业定额计算出的工程费用是本企业生产和经营中所需支出的成本。

(5) 补充定额 补充定额是指随着设计、施工技术的发展现行定额不能满足需要的情况下，为了补充缺项所编制的定额。补充定额只能在指定的范围内使用，补充定额可以作为以后修订定额的依据。

除以上三种分类外，建筑工程定额还可按专业划分，如图6-6所示。

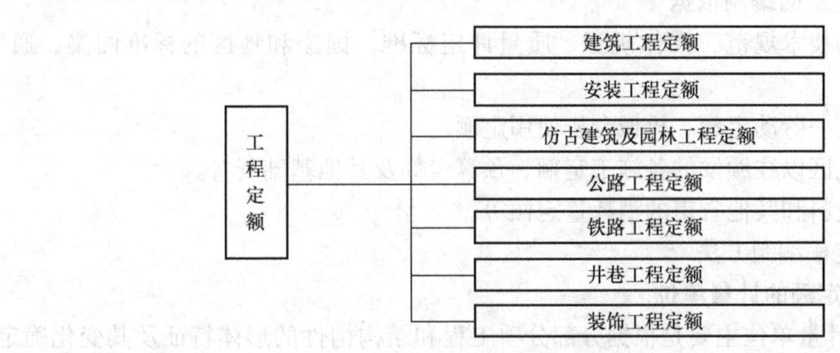

图6-6 按专业不同分类

二、消耗量定额的编制和应用

消耗量定额是为了规范建设工程工程量清单计价行为，进一步贯彻政府宏观调控、企业自主报价、市场形成价格、社会监督的工程造价管理思路，正确引导建设市场各主体的工程量清单的编制和计价工作，各建设行政主管部门在本地区预算定额的基础上，结合当前建设工程设计、施工和管理的实际水平编制的各专业工程中完成规定计量单位分项工程所需的人工、材料、施工机械台班消耗的数量标准，是编制施工图预算、招标标底、投标报价，确定工程造价的基本依据。

(一) 消耗量定额的作用

消耗量定额是确定单位分项工程或结构构件的基础，因此它体现了国家、建设单位和施工企业之间的一种经济关系，建设单位按消耗量定额计算招标标底，为拟建工程提供必要的资金供应。施工企业则在消耗量定额的范围内，通过建筑施工活动，保质、保量、如期地完成工程任务。消耗量定额在工程建设中具有以下重要作用：

1）消耗量定额是统一建设工程工程量计算规则、项目划分和计量单位的依据。

2）是确定各专业工程中完成规定计量单位分项工程所需人工、材料、施工机械台班消耗数量的参考标准。

3）消耗量定额是建筑工程招投标过程中确定标底和报价、编制企业定额的重要依据。

4）消耗量定额是编制地区单位估价表、概算定额和概算指标的基础资料。

（二）消耗量定额的编制原则

1）消耗量定额的编制，遵循社会主义市场经济的原则，从有利于统一市场的建立、有利于市场的竞争、有利于国家对工程造价的宏观调控出发，规范工程计价依据和计价行为。

2）消耗量定额是完成规定计量单位的分项工程的消耗量标准，是以正常的施工技术、多数施工企业的装备程度、合理的施工工艺、劳动组织及工期为条件的社会平均消耗水平，既从当前的设计、施工和管理出发，又有利于促进技术进步和管理水平的提高。

3）消耗量定额为适应招标竞争和市场生产要素价格的变化，遵循"量"、"价"分离的原则，对定额实施动态管理。

4）定额项目尽量满足不同施工工艺计价的需要，项目齐全，简明适用，并尽量满足计算机在工程计价和管理方面的开发和应用。

（三）消耗量定额的编制依据

1）国家现行的技术规范、操作规程、质量评定标准，国家和地区的标准图集、通用图集。

2）现行全国统一劳动定额、机械台班使用定额。

3）国家和各地区以往颁发的各施工定额、预算定额及其他基础资料。

4）现场调查资料和其他省市的消耗量定额等。

（四）消耗量定额编制方法

1. 确定消耗量定额的计量单位

消耗量定额的计量单位主要是根据分部分项工程和结构构件的形体特征及其变化确定。由于工作内容综合，消耗量定额的计量单位也具有综合的性质。工程量计算规则的规定应确切反映定额项目所包含的工作内容。消耗量定额的计量单位关系到预算工作的繁简和准确性。因此，要正确地确定各分部分项工程的计量单位。一般依据以下建筑结构构件形体的特点确定：

1）凡建筑结构构件的断面有一定形状和大小，但是长度不定时，可按长度以延长米为计量单位。如踢脚线、楼梯栏杆、木装饰条、管道线路安装等。

2）凡建筑结构构件的厚度有一定规格，但是长度和宽度不定时，可按面积以平方米为计量单位。如地面、楼面、墙面和天棚面抹灰等。

3）凡建筑结构构件的长度、厚（高）度和宽度都变化时，可按体积以立方米为计量单位。如土方、钢筋混凝土构件等。

4）钢结构由于重量与价格差异很大，形状又不固定时，采用重量以吨为计量单位。

5）凡建筑结构没有一定规格，而其构造又较复杂时，可按个、台、座、组为计量单位。如卫生洁具安装、铸铁水斗等。

定额单位确定之后，往往出现人工、材料或机械台班量很小，即小数点后好几位。为了减少小数位数和提高消耗量定额的准确性，采取扩大单位的办法，把 $1m^3$、$1m^2$、1m 扩大 10、100、1000 倍。这样相应的消耗量也增大了倍数，取一定小数后四舍五入，可达到相对的准确性。

消耗量定额中各项人工、机械、材料的计量单位选择，相对比较固定。人工、机械按"工日"、"台班"计量，各种材料的计量单位与产品计量单位基本一致，精确度要求高。材料贵重，多取三位小数。如钢材吨以下取三位小数，木材立方米以下取三位小数。一般材料取两位小数。

2. 按典型设计图纸和资料计算工程数量

计算工程数量，是为了通过计算出典型设计图纸所包括的施工过程的工程量，在编制消耗量定额时，有可能利用施工定额的人工、机械和材料消耗指标确定消耗量定额所含工序的消耗量。

3. 确定消耗量定额各项目人工、材料和机械台班消耗指标

(1) 人工工日消耗量指标的确定　人工工日消耗量指标有两种方法可以确定。一种是以施工定额的劳动定额为基础确定，另一种是采用现场测定资料为基础确定。

1) 以劳动定额为基础计算人工消耗量的方法。消耗量定额中的人工消耗量是指在正常施工条件下，生产单位合格产品所必需消耗的人工工日数量，是由分项工程所综合的各个工序劳动定额包括的基本用工、其他用工两部分组成。定额项目的人工不分工种、技术等级，一律以综合工日表示。

① 基本用工。基本用工指完成单位合格产品所必需消耗的技术工种用工，也指完成该分项工程的主要用工。按技术工种相应劳动定额工时定额计算，以不同工种列出定额工日。如墙体砌筑工程中，包括调运及铺砂浆、运砖、砌砖的用工、砌附墙烟囱、砖平碹、垃圾道、门窗洞口等所增加的用工。

基本用工 = Σ（综合取定的工程量 × 时间定额）

例如，实际工程中的砖基础宽度，有 1 砖厚、1 砖半厚、2 砖厚等之分，用工各不相同，在消耗量定额中由于不区分厚度，需要按照统计的比例加权平均、综合取定，从而得出砖基础的综合用工。

按劳动定额规定应计算增加的用工量，消耗量定额应按一定比例给予增加。例如，砖基础埋深超过 1.5m，超过部分要增加用工，消耗量定额应按一定比例给予增加。

由于消耗量定额是以施工定额子目综合扩大的，包括的工作内容较多，施工的效果视具体部位而不一样，需要另外增加用工，列入基本用工内。

② 其他用工。其他用工是辅助基本用工完成生产任务所耗用的人工。按其工作内容的不同可分为辅助用工、超运距用工和人工幅度差三类。

辅助用工是指技术工种劳动定额内不包括但在消耗量定额内又必须考虑的工时，称为辅助用工。如机械土方工程配合用工、材料加工（筛砂、洗石、淋灰等用工），其计算公式为：

辅助用工 = Σ（某工序工程数量 × 相应时间定额）

超运距用工是指消耗量定额中材料及半成品场内的平均水平运距超过劳动定额基本用工中规定的水平运距部分所需增加的用工量，其计算式为：

超运距用工 = Σ（超运距运输材料数量 × 相应超运距时间定额）

超运距 = 消耗量定额取定运距 − 劳动定额已包括的运距

人工幅度差主要是指消耗量定额与劳动定额由于定额水平不同而引起的水平差，即在劳动定额中未包括，而在正常施工条件下不可避免的各种工时损失。其内容包括各工种间工序搭接及交叉作业互相配合所发生的停歇工时消耗；施工机械在单位工程转移以及临时水电线路移动造成的停工；质量检查和隐蔽工程验收工作的影响；班组操作地点转移用工；工序交接时对前一工序不可避免的修整用工；施工作业中不可避免的其他零星用工等。

人工幅度差系数一般土建工程为10%，设备安装工程为12%。人工幅度差计算公式如下：

人工幅度差 =（基本用工 + 辅助用工 + 超运距用工）× 人工幅度差系数

由此可得：

人工消耗指标 = 基本用工数量 + 其他用工数量

其中：其他用工数量 = 基本用工 + 超运距用工 + 人工辐度差

2）以现场测定资料为基础计算人工工日数的方法。当劳动定额缺项，而需要进行测定项目时，可采用现场工作日写实测时方法测定和计算定额的人工耗用量。

（2）材料消耗量指标的确定　消耗量定额中材料消耗量指标是由材料的净用量和损耗量所构成。其中损耗量由施工操作损耗、场内运输（从现场内材料堆放点或加工点到施工操作地点）损耗、加工制作损耗和场内管理损耗（操作地点的堆放及材料堆放地点的管理）所组成。

1）消耗量定额分类。

① 主要材料：直接构成工程实体的材料，其中也包括成品、半成品的材料。

② 辅助材料：经过施工后不构成工程实体，但属实体形成不可缺少的各种材料。如垫木钉子、铅丝等。

③ 周转材料：脚手架、模板等多次周转使用的工具性材料，是不构成工程实体的摊销材料。

④ 其他材料：用量较少，难以计量的零星用料。如棉纱、编号用的油漆等。

2）材料消耗量的计算方法。

① 凡有标准规格的材料，按规范要求计算定额计量单位的耗用量，如砖、防水卷材、块料面层等。

② 凡设计图纸标注尺寸及下料要求的按设计图纸尺寸计算材料净用量，如门窗制作用材料，方、板料等。

③ 换算法。各种胶结、涂料等材料的配合比用料，可以根据要求条件换算，得出材料用量。

④ 测定法。包括试验室试验法和现场观察法。各种强度等级的混凝土及砌筑砂浆配合比的耗用原材料数量的计算，需按照规范要求试配经过试压合格以后并经过必要调整后得出的水泥、砂子、石子、水的用量。对新材料、新结构又不能用其他方法计算定额消耗量时，需用现场测定方法来确定，根据不同条件可以采用写实记录法和观察法，得出定额的消耗量。

材料损耗量是指正常条件下不可避免的材料损耗，如现场内材料运输及施工操作过程中的损耗等。其计算公式如下：

材料消耗量＝材料净用量＋损耗量

材料损耗率＝损耗量/净用量×100%

材料损耗量＝材料净用量×损耗率

材料消耗量＝材料净用量×（1＋损耗率）

其他材料的确定：一般按工艺测算并在定额项目材料计算表内列出名称、数量，并依编制期价格以其他材料占主要材料的比率计算，列在定额材料栏之下，定额内可不列材料名称及消耗量。

（3）机械台班消耗量的确定　机械台班消耗量又称为机械台班使用量，它是指在合理使用机械和合理施工组织条件下，完成单位合格产品（分部分项工程或结构构件）必须消耗的某种型号施工机械的台班数量标准。消耗量定额中的机械台班消耗量指标，一般是按全国统一劳动定额中的机械台班产量，并考虑一定的机械幅度差进行计算的。

机械幅度差是指全国统一劳动定额规定范围内没有包括而实际中又必须增加的机械台班消耗量。其主要内容包括：施工中机械转移工作面及配套机械相互影响所损失的时间；在正常施工情况下，机械施工中不可避免的工序间歇；工程开工和结尾工作量不饱满所损失的时间；因检查工程质量造成的机械停歇的时间；因临时供电供水故障及水电线路移动检修而发生的不可避免的机械操作间歇时间；冬季施工发动机械的时间；不同厂牌机械的工效差、临时维修等引起的机械间歇时间；配合机械施工的工，在人工幅度差范围以内的工作间歇影响机械造成的间歇时间。

大型施工机械定额幅度差系数一般为：土方机械25%，打桩机械33%，吊装机械30%。砂浆、混凝土搅拌机、塔式起重机、卷扬机等机械是按小组配备，应以小组产量计算机械台班产量，不另增加定额机械幅度差。其他分部工程中如钢筋加工、木材、水磨石等各项专用机械的幅度差为10%。

1）机械台班消耗量指标的确定方法。一种方法是根据施工定额确定机械台班消耗量的计算。这种方法是用施工定额或劳动定额中机械台班产量加机械幅度差计算机械台班消耗量。其计算式为：

消耗量定额机械台班消耗量＝施工定额机械耗用台班×（1＋机械幅度差系数）

另一种方法是以现场测定资料为基础确定机械台班消耗量，如遇施工定额或劳动定额缺项者，则需依单位时间完成的产量测定。

2）消耗量定额中的机械台班消耗量指标的确定方法。消耗量定额中的机械台班消耗量是以“台班”为单位计算的。一台机械工作8h为一个“台班”。大型机械和分部工程的专用机械，其台班消耗量的计算方法和机械幅度差是不相同的。

① 大型机械施工的土方、打桩、构件吊装、运输等项目。大型机械台班消耗量是按劳动定额中规定的各分项工程的机械台班产量计算，再加上机械幅度差确定，即：

大型机械台班消耗量＝1/机械台班产量定额×工序工程量×（1＋机械幅度差系数）

在定额中编列机械的种类、型号和台班用量。

② 按操作小组配用机械台班消耗量指标。对于按操作小组配用的机械，如垂直运输用的塔式起重机、卷扬机以及砂浆搅拌机、混凝土搅拌机等，这些中小型机械，以综合取定的小组产量计算台班消耗量，不考虑机械幅度差。

4. 编制定额表和拟定有关说明

定额项目表的一般格式见表6-3、表6-4。

消耗量定额的说明包括定额总说明、分部工程说明及各分项说明。涉及各分部需要说明的共性问题列入总说明，属于某一分部需说明的事项列章节说明。说明要求简明扼要，但是必须分门别类注明，尤其对特殊的变化，力求使用简便，避免争议。例如某省《建筑工程消耗量定额》砌筑工程分部关于砖墙的说明如下：

1）定额中砖的规格是按标准砖编制的。规格不同时，可以换算。

砖墙定额中已包括腰线、窗台线、挑檐等一般出线用工。

砖砌体均包括了原浆勾缝用工。加浆勾缝时，另按相应定额计算。

定额中砌体用的砂浆，如与设计不同时，可以换算。

表6-3 砖墙消耗量定额示例

工作内容：调、运、铺砂浆，运砖、砌砖（包括墙体窗台虎头砖、腰线、门窗套，安放木砖、铁件等）

单位：$10m^3$

定额编号			A3－2	A3－3	A3－4	A3－5
项目			内墙		外墙	
			1/2砖	1砖及以上	1/2砖	1砖及以上
名称		单位	数量			
人工	综合工日	工日	17.46	14.60	18.38	15.28
材料	机红砖240×115×53mm	块	5590.00	5321.00	5591.00	5335.00
	混合砂浆M5（325#水泥）	m^3	2.00	2.37	2.04	2.47
	工程用水	m^3	2.04	2.03	2.05	2.08
机械	灰浆搅拌机	台班	0.33	0.40	0.34	0.41

注：此表的形式及表中数据取自某省《建筑工程消耗量定额》砌筑工程分部。

表6-4 现浇混凝土（现场搅拌）消耗量定额示例

工作内容：混凝土水平运输、搅拌、浇捣、养护等。

单位：$10m^3$

定额编号			A4－1	A4－2	A4－3	A4－4
项目			带形基础		独立基础	
			毛石混凝土	混凝土	毛石混凝土	混凝土
名称		单位	数量			
人工	综合工日	工日	10.16	10.83	10.30	10.67
材料	现浇碎石混凝土 C15－40（32.5级水泥）	m^3	8.63	10.15	8.12	10.15
	草袋	m^2	2.48	2.79	3.31	3.40
	片石（毛石）	m^3	2.74		3.65	
	工程用水	m^3	9.10	9.25	9.27	9.30
	水泥砂浆1:2	m^3		0.005		0.003
	镀锌铁丝0.7mm（22号）	kg		0.13		0.07
机械	滚筒式混凝土搅拌机	台班	0.33	0.39	0.31	0.39
	混凝土振捣器插入式	台班	0.66	0.77	0.62	0.77
	机动翻斗车	台班	0.66	0.77	0.62	0.77

（五）消耗量定额参考价目表

消耗量定额参考价目表是以消耗量定额规定的人工、材料及施工机械消耗量指标为依据，根据某地区某时期的人工工资标准、材料预算价格、机械台班预算价格编制的每一分项工程单位预算价值的计算表格。消耗量定额参考价目表列出了“三费”即人工费、材料费和机械费指标及汇总值定额基价。经当地主管部门审核批准后，即成为工程计价依据，在规定的范围内参考执行。

（六）消耗量定额的应用

使用消耗量定额，首先必须详细了解消耗量定额的总说明和各章的说明，并详细阅读定额的各附录或定额表的附注，从而了解消耗量定额的适用范围、工程量计算方法、各种情况下的换算方法等。消耗量定额在总说明及各章节中均列有一些关于定额的使用方法、换算方法和一些需要明确的问题等规定。

1. 消耗量定额的直接套用

当设计要求与消耗量定额项目的内容相一致时，可直接套用定额的人工、材料、机械消耗量，并可以根据消耗量定额价目汇总表或当时当地人工、材料、机械的市场价格，计算该分项工程的直接费以及人工、材料、机械所需量。在套用时应注意以下几点：

1）根据施工图纸，对分项工程施工方法、设计要求等了解清楚后进行消耗量定额项目的选择，分项工程的实际做法和工作内容必须与定额项目规定的完全相符时才能直接套用，否则，必须根据有关规定进行换算或补充。

表6-5为某省建筑工程消耗量定额部分项目的价目汇总表，表6-6为某省消耗量定额价目汇总表部分主要材料取定价。

表6-5 某省部分消耗量定额价目汇总表

定额编号	定额名称	单位	基价	其中		
				人工费	材料费	机械费
第三章 砌筑工程						
A3-1	砖基础	$10m^3$	1227.06	293.25	912.58	21.23
A3-2	1/2砖内墙	$10m^3$	1379.55	436.50	925.54	17.51
A3-3	1砖及以上内墙	$10m^3$	1311.69	365.00	925.46	21.23
A3-4	1/2砖外墙	$10m^3$	1407.04	459.50	929.50	18.04
A3-5	1砖及以上外墙	$10m^3$	1340.72	382.00	936.96	21.76
A3-6	2砖及以上外墙	$10m^3$	1325.93	364.50	938.08	23.35
A3-7	1砖及以上弧形墙	$10m^3$	1384.59	412.25	950.58	21.76
A3-8	1/2砖粘土空心砖墙	$10m^3$	1611.99	334.25	1265.53	12.21
第四章 混凝土及钢筋混凝土工程						
A4-1	毛石混凝土带形基础	$10m^3$	1614.17	254.00	1267.00	93.17
A4-2	混凝土带形基础	$10m^3$	1767.57	270.75	1387.64	109.18
A4-3	毛石混凝土独立基础	$10m^3$	1574.58	257.50	1229.55	87.53
A4-4	混凝土独立基础	$10m^3$	1764.30	266.75	1388.37	109.18
A4-5	杯形基础	$10m^3$	1778.83	280.00	1389.65	109.18
A4-6	无梁式满堂基础	$10m^3$	1762.28	260.25	1392.85	109.18
A4-7	有梁式满堂基础	$10m^3$	1803.01	300.50	1393.33	109.18
A4-8	基础桩承台	$10m^3$	1877.08	381.00	1386.90	109.18

表6-6 某省消耗量定额价目汇总表主要材料取定价

序号	材料名称及规格	单位	取定价
1	普通硅酸盐水泥32.5级	t	290.00
2	普通硅酸盐水泥42.5级	t	320.00
3	机红砖240mm×115mm×53mm	块	0.13
4	河砾石（卵石）10～40mm	m^3	31.00
5	碎石	m^3	39.00
6	中（粗）砂	m^3	33.00
7	水洗中（粗）砂	m^3	38.00
8	细砂	m^3	27.00
9	生石灰	t	70.00
10	工程用水	m^3	4.90

2）分项工程名称和计量单位要与消耗量定额相一致。

【例6-1】 采用M5混合砂浆砌筑一砖内墙250m^3，试根据某省消耗量定额及价目汇总表计算完成该分项工程的定额基价。

【解】 1）根据分项工程的工作内容和某省消耗量定额相应内容，确定套用消耗量定额编号为A3－3（表6-3），其内容为：每10m^3一砖内墙消耗人工：14.60工日；每10m^3一砖内墙消耗材料：机红砖5.321千块，M5混合砂浆（32.5级水泥）2.37m^3，工程用水2.03m^3；每10m^3一砖内墙消耗机械：200L灰浆搅拌机0.40台班。

2）计算该分项工程人材机消耗量。

人工消耗量为：（14.60×250/10）工日＝365工日

材料消耗量为：红砖（5.321×250/10）千块＝133.025千块

M5混合砂浆（2.37×250/10）m^3＝59.25m^3

工程用水（2.03×250/10）m^3＝50.75m^3

机械消耗量为：200L灰浆搅拌机（0.40×250/10）台班＝10台班

3）计算该分项工程人工费、材料费、机械费及定额基价。

根据某省消耗量定额价目汇总表（表6-5），查A3－3得每10m^3一砖内墙：人工费293.25元，材料费925.46元，机械费21.23元，定额基价为1311.69元。

该分项工程的人工费为：（293.25×250/10）元＝7331.25元

材料费为：（925.46×250/10）元＝23136.5元

机械费为：（21.23×250/10）元＝530.75元

该分项工程的定额基价为：（1311.69×250/10）元＝32792.25元

2. 消耗量定额的换算

每一个消耗量定额项目，都是针对完成一定的工作内容，使用某种建筑材料及某种建筑机械的情况下，所确定的完成一定计量单位的分项工程或结构构件所需消耗的人工、材料、机械数量。

当施工图设计要求与消耗量定额及价目表的工程内容、材料规格、施工方法等条件不完全相符时，则不可以直接套用。应按照消耗量定额规定的换算方法对项目进行调整换算。

(1) 乘系数换算 系数换算是按消耗量定额说明中规定，用基价的一部分或全部乘以规定的系数得到一个新单价的换算。例如某省建筑工程消耗量定额中规定，机械打柱、打孔，桩间净距小于4倍桩径（桩边长）的，按相应定额项目中的人工、机械乘以系数1.13。

【例6-2】 砌筑弧形毛石砌体基础200m³，试根据某省消耗量定额计算该分项工程的人工、材料、机械台班消耗量。

【解】 1）根据分项工程的工作内容和某省消耗量定额的相应内容，确定套用消耗量定额编号A3－53（直形毛石基础砌筑），其内容为：每10m³毛石基础消耗人工11.78工日；每10m³毛石基础消耗材料：毛石11.22m³，M5混合砂浆（32.5级水泥）3.93m³，工程用水1.45m³；每10m³毛石基础消耗机械：200L灰浆搅拌机0.66台班。按定额规定，砌筑弧形石砌体基础，按定额项目人工乘以1.1的系数。

2）计算该分项工程人材机消耗量。

人工消耗量为

$$(11.78\times200/10\times1.1)\text{ 工日}=259.16\text{ 工日}$$

材料消耗量为

毛石 $(11.22\times200/10)\ m^3=224.4m^3$

M5混合砂浆 $(3.93\times200/10)\ m^3=78.6m^3$

工程用水 $(1.45\times200/10)\ m^3=29m^3$

机械消耗量

200L灰浆搅拌机 $(0.66\times200/10)$ 台班 $=13.2$ 台班

(2) 材料换算

1）砂浆的换算。此类换算的特点是换算时人工费、机械费不变，砂浆用量也不发生变化，只根据不同强度等级或不同配合比进行材料费的调整，即将不同强度等级的砂浆及混凝土的配合比中各种材料的含量进行增减即可。

砂浆不同强度等级及不同配合比的基价换算时可采用如下公式：

$$\text{换算后基价}=\text{原定额基价}+\text{定额消耗量}\times[\sum(\text{换入等级材料含量}-\text{换出等级材料含量})\times\text{材料价格}]$$

【例6-3】 采用M7.5混合砂浆砌筑一砖内墙250m³，试根据某省消耗量定额及价目汇总表计算完成该分项工程的定额基价。

【解】 1）在例6-2中已经计算出M5混合砂浆砌筑250m³一砖内墙消耗M5混合砂浆（32.5级水泥）59.25m³，定额基价为32792.25元。

2）根据某省《混凝土及砂浆配合比施工机械台班费用定额》，已知每m³ M7.5混合砂浆中用0.276t，中砂1.16m³，生石灰0.049t，工程用水0.40m³；每m³ M5混合砂浆中用32.5级矿渣硅酸盐水泥0.206t，中砂1.16m³，生石灰0.054t，工程用水0.40m³；根据某省消耗量定额价目表各主要材料的取定价（表6-6），32.5级矿渣硅酸盐水泥取定价为290元/t，生石灰取定价为70元/t，故M7.5混合砂浆砌筑一砖内墙250m³的定额基价为：

$$\{32792.25+59.25\times[(0.276-0.206)\times290-(0.054-0.049)\times70]\}\text{元}$$
$$=(32792.25+1182.04)\text{元}=33974.29\text{元}$$

2）混凝土的换算。当设计要求采用的混凝土强度等级、种类与消耗量定额相应子目有不符时，就应进行混凝土强度等级、种类或石子粒径的换算。换算时混凝土用量不变，人工费、机械费不变，只换算混凝土强度等级、种类或石子粒径。换算公式为：

换算后基价 = 原定额基价 + 定额混凝土用量 ×（换入混凝土单价 - 换出混凝土单价）

【例6-4】 试求C15混凝土（碎石最大粒径20mm）浇筑素混凝土带形基础的基价。

【解】 1）根据某省消耗量定额及价目汇总表定额编号A4-2（表6-4、表6-5），得，C15基价（碎石最大粒径40mm）= 1767.57元/$10m^3$，其中现浇混凝土含量为$10.15m^3/10m^3$

其中：人工费 = 270.75元/$10m^3$

材料费 = 1387.64元/$10m^3$

机械费 = 109.18元/$10m^3$

根据某省《混凝土及砂浆配合比施工机械台班费用定额》碎石最大粒径20mm的C15混凝土配合比为：水泥0.315t，中砂$0.53m^3$，碎石$0.84m^3$，工程用水$0.204m^3$。C20混凝土（碎石最大粒径为40mm）配合比为：水泥0.347t，中砂$0.46m^3$，碎石$0.89m^3$，工程用水$0.189m^3$；

查表5-4，某省消耗量定额价目汇总表主要材料取定价，可计算出：

C15混凝土（碎石最大粒径40mm）单价

$$=(0.315\times290+0.53\times38+0.84\times39+0.204\times4.90)\text{元}/m^3=145.25\text{元}/m^3$$

C20混凝土（碎石最大粒径为40mm）单价

$$=(0.347\times290+0.46\times38+0.89\times39+0.189\times4.90)\text{元}/m^3=153.75\text{元}/m^3$$

C20混凝土（碎石最大粒径40mm）浇筑带形基础的定额基价为：

$$A4-2_{\text{换}}=[1767.57+10.15\times(153.75-145.25)]\text{元}/10m^3=1853.85\text{元}/10m^3$$

2）C15混凝土（碎石最大粒径20mm）浇筑素混凝土带形基础的定额基价为：

$$A4-2_{\text{换}}\text{基价}=[1767.57+10.15\times(145.25-140.47)]\text{元}/10m^3=1816.09\text{元}/10m^3$$

（3）增减换算　当设计内容与定额内容不同时，根据定额规定通过增减进行换算。如当设计运距与定额运距不同时，当设计厚度与定额厚度不同时，当设计截面与定额截面不同时，均应进行增减换算。换算价格的计算公式为：

换算价格 = 定额基本价格 ± 与定额内容相差价格

【例6-5】 正铲挖掘机挖土，自卸汽车运土（运距5000m）$1200m^3$的价格。

【解】 根据某省建筑工程消耗量定额及价目汇总表中规定，挖掘机挖土、自卸汽车运土的价格为：A1-70正铲挖掘机，自卸汽车运地运距1000m以内6732.76元/$1000m^3$，A1-73自卸汽车运土运距每增1000m价格为1279.92元/$1000m^3$。

计算每$1000m^3$的挖运合价为：

$$\left(6732.76+\frac{5000-1000}{1000}\times1279.92\right)\text{元}/1000m^3=11852.44\text{元}/1000m^3$$

则正铲挖掘机挖土，自卸汽车运土（运距5000m）$1200m^3$的价格为：

$$(11852.44\times1200/1000)\text{元}=14222.93\text{元}$$

（4）其他换算　其他换算是指上述几种情况之外按消耗量定额规定的方法进行的换算。例如，某省消耗量定额中，在防腐工程、平面砌块料面层的定额中，用耐酸沥青胶泥在隔离板层上砌砖板时，按相应定额每$100m^2$减2.7工日、冷底子油48kg。虽然换算没有固定的公式，但换算的思路仍然是在原定额价格的基础上加上换入部分的费用，再减去换出部分的费用。

三、企业定额的编制

1. 企业定额的概念、特点及编制意义

(1) 企业定额的概念 企业定额是指建筑安装企业根据本企业的技术水平和管理水平编制的完成单位合格产品所必需的人工、材料和施工机械台班的消耗量，以及其他生产经营要素消耗的数量标准。企业定额反映企业的施工生产与生产消费之间的数量关系，是施工企业生产力水平的体现，每个企业均应拥有反映自己企业能力的企业定额。

(2) 企业定额的特点

1) 企业定额水平要比社会平均水平高，应充分体现其先进性。

2) 企业定额应表现出本企业在某些方面的技术优势。

3) 企业定额应表现出本企业局部或全面管理方面的优势。

4) 企业定额中所有的人、材、机单价都是动态的，具有市场性。

5) 企业定额与企业相应的施工技术及施工组织方案能全面匹配及接轨。

6) 企业定额只在企业内部使用，是企业的商业秘密。

(3) 编制企业定额意义 目前大部分施工企业是以国家或行业制定的预算定额作为进行施工管理、工料分析和计算施工成本的依据。但是在工程量清单计价模式下，承包商在进行投标报价时要求计算各分部分项工程项目和措施项目等的综合单价，要求承包商必须根据市场行情、项目状况和自身实力报价，所以施工企业必须参照建设行政主管部门颁布的预算定额和消耗量定额，逐步建立起反映企业自身施工管理水平和技术装备的企业定额，根据自己的企业定额进行综合单价的计算，进行工程投标报价及项目成本核算，提高其管理水平和竞争能力，这样企业才能参与建筑市场中的竞争，才能满足企业生存和发展的需要。所以企业定额是施工企业进行施工管理和投标报价的基础和依据，是企业参与市场竞争的核心竞争能力的具体表现，是企业技术水平和管理优势的综合反映。

2. 企业定额的作用

企业定额是建筑安装企业管理工作的基础，也是工程建设定额体系中的基础，其作用主要表现在以下几个方面：

(1) 企业定额是企业计划管理的依据 企业定额在企业计划管理方面的作用，表现在它既是企业编制施工组织设计的依据，是企业编制施工作业计划的依据。

施工组织设计是指导拟建工程进行施工准备和施工生产的技术经济文件，其基本任务是根据招标文件及合同协议的规定，确定出经济合理的施工方案，在人力和物力、时间和空间、技术和组织上对拟建工程作出最佳的安排。施工作业计划则是根据企业的施工计划、拟建工程的施工组织设计和现场实际情况编制的。这些计划的编制必须依据企业定额，因为施工组织设计其中包括三部分内容，即资源需用量、使用这些资源的最佳时间安排和平面规划。施工中实物工程量和资源需要量的计算均要以企业定额的分项和计量单位为依据。施工作业计划是施工单位计划管理的中心环节，编制时也要用企业定额进行劳动力、施工机械和运输力量的平衡；计算材料、构件等分期需用量和供应时间；计算实物工程量和安排施工形象进度。

(2) 企业定额是组织和指挥施工生产的有效工具 企业组织和指挥施工班组进行施工，

是按照作业计划通过下达施工任务单和限额领料单来实现的。

施工任务单，既是下达施工任务的技术文件，也是班、组经济核算的原始凭证。它列出了应完成的施工任务，也记录着班组实际完成任务的情况，并且进行班组工人的工资结算。施工任务单上的工程计量单位、产量定额和计件单位，均需取自企业定额，工资结算也要根据工程完成情况，依据企业定额计算。

限额领料单是施工队随任务单同时签发的领取材料的凭证，这一凭证是根据施工任务和施工的材料定额填写的。其中领料的数量，是班组为完成规定的工程任务消耗材料的最高限额，这一限额也是评价班组完成任务情况的一项重要指标。

（3）企业定额是计算工人劳动报酬的根据　企业定额是衡量工人劳动数量和质量，提供出成果和效益的标准，所以，企业定额应是计算工人工资的基础依据。这样才能做到完成定额好，工资报酬就多，达不到定额，工资报酬就会减少，真正实现多劳多得，少劳少得的社会主义分配原则。

（4）企业定额是企业激励工人的重要依据　激励在实现企业管理目标中占有重要位置。所谓激励，就是采取某些措施激发和鼓励员工在工作中的积极性和创造性。但激励只有在满足人们某种需要的情形下才能起到作用，完成和超额完成定额，不仅能获取更多的工资报酬，而且也能满足自尊，得到他人和社会的认可，并且能进一步发挥个人潜力来体现自我价值。如果没有企业定额这种标准尺度就缺少必要的手段，激励人们去争取更多的工资报酬。

（5）企业定额有利于推广先进技术　企业定额水平中包含着某些已成熟的先进的施工技术和经验，工人要达到和超过定额，就必须掌握和运用这些先进技术，如果工人要想大幅度超过定额，他就必须有创造性的劳动和超常规的发挥。首先在工作中，改进工具、技术和操作方法，注意节约原材料，避免浪费。其次企业定额中往往明确要求采用某些较先进的施工工具和施工方法，所以贯彻企业定额也就意味着推广先进技术。再次企业为了推行企业定额，往往要组织技术培训，以帮助工人能达到和超过定额，这样就可以大大普及先进技术和先进操作方法。

（6）企业定额是编制施工预算和加强企业成本管理的基础　施工预算是施工单位用以确定单位工程上人工、机械、材料需要量的计划文件。施工预算以企业定额（或施工定额）为编制基础，既要反映设计图纸的要求，也要考虑在现有条件下可能采取的节约人工、材料和降低成本的各项具体措施。这就能够有效地控制施工中人力、物力消耗，节约成本开支。

施工中人工、机械和材料的费用，是构成工程成本中直接费用的主要内容，对间接费用的开支也有着很大的影响。严格执行施工定额不仅可以起到控制成本、降低费用开支的作用，同时为企业加强班组核算和增加盈利创造了良好的条件。

（7）企业定额是施工企业进行工程投标、编制工程投标报价的基础和主要依据　作为企业定额，它反映本企业施工生产的技术水平和管理水平，在确定工程投标报价时，首先是依据企业定额计算出施工企业拟完成投标工程需要发生的计划成本。在掌握工程成本的基础上，再根据所处的环境和条件，确定在该工程上拟获得的利润、预计的工程风险费用和其他应考虑的因素，从而确定投标报价。因此，企业定额是施工企业计算投标报价的根基。

特别是在推行的工程量清单报价中，施工企业根据本企业的企业定额进行的投标报价最能反映企业实际施工生产的技术水平和管理水平，体现出本企业在某些方面的技术优势，使本企业在竞争的激烈市场中占据有利的位置，立于不败之地。

由此可见，企业定额在建筑安装企业管理的各个环节中都是不可缺少的，企业定额管理是企业的基础性工作，具有重要作用。

3. 企业定额编制的原则

（1）平均先进性原则　平均先进是就定额的水平而言。定额水平，是指规定消耗在单位产品上的劳动、机械和材料数量的多少。也可以说，它是按照一定施工程序和工艺条件下规定的施工生产中活劳动和物化劳动的消耗水平。所谓平均先进水平，就是在正常的施工条件下，大多数施工队组和大多数生产者经过努力能够达到和超过的水平。

企业定额应以企业平均先进水平为基准制定企业定额。使多数单位和员工经过努力，能够达到或超过企业平均先进水平，其各项平均消耗要比社会平均水平低，以保持企业定额的先进性和可行性。

（2）简明适用性原则　简明适用是就企业定额的内容和形式而言，要方便于定额的贯彻和执行。制定企业定额的目的就在于适用于企业内部管理，具有可操作性。

定额的简明性和适用性，是既有联系，又有区别的两个方面。编制企业定额时应全面加以贯彻。当二者发生矛盾时，定额的简明性应服从适应性的要求。

贯彻定额的简明适用性原则，关键是要做到定额项目设置完全，项目划分粗细适当。还应正确选择产品和材料的计量单位，适当利用系数，并辅以必要的说明和附注。总之，贯彻简明适用性原则，要努力使施工定额达到项目齐全、粗细恰当、步距合理的效果。

（3）以专家为主、专群结合编制的原则　编制企业定额，要以专家为主，这是实践经验的总结。企业定额的编制要求有一支经验丰富、技术与管理知识全面、有一定政策水平的稳定的专家队伍，同时也要注意必须走群众路线，尤其是在现场测试和组织新定额试点时，这一点非常重要。

（4）独立自主的原则　企业独立自主地制定定额，主要是自主地确定定额水平，自主地划分定额项目，，自主地根据需要增加新的定额项目。但是，企业定额毕竟是一定时期企业生产力水平的反映，它不可能也不应该割断历史。因此，企业定额应是对原有国家、部门和地区性施工定额的继承和发展。

（5）时效性原则　企业定额是一定时期内技术发展和管理水平的反映，所以在一段时期内表现出稳定的状态。这种稳定性又是相对的，它还有显著的时效性。如果当企业定额不再适应市场竞争和成本监控的需要时，它就要重新编制和修订，否则就会挫伤群众的积极性，甚至产生负效应。

（6）保密原则　企业定额的指标体系及标准要严格保密。建筑市场强手林立，竞争激烈。就企业现行的定额水平，工程项目在投标中如被竞争对手获取，会使本企业陷入十分被动的境地，给企业带来不可估量的损失。所以，企业要有自我保护意识和相应的加密措施。

4. 企业定额的编制方法

编制企业定额的关键工作是根据本企业的技术水平和管理水平，参照本地区消耗量定额，编制出完成单位合格产品所必需的人工、材料和施工机械台班的消耗量，以及其他生产经营要素消耗的数量标准。

人工消耗量的确定，首先是根据企业环境，拟定正常的施工作业条件，分别计算测定基本用工和其他用工的工日数，进而拟定施工作业的定额时间。

材料消耗量的确定是通过企业历史数据的统计分析、理论计算、实验室试验、实地考察

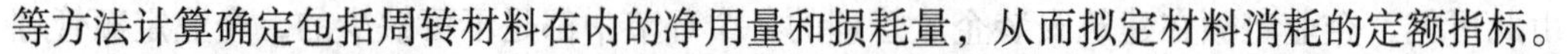

等方法计算确定包括周转材料在内的净用量和损耗量，从而拟定材料消耗的定额指标。

机械台班消耗量的确定，同样需要按照企业的环境，拟定机械工作的正常施工条件，确定机械工作效率和利用系数，据此拟定施工机械作业的定额台班与机械作业相关的工人小组的定额时间。

5. 企业定额与其他建筑工程定额的区别

（1）企业定额与施工定额的区别　企业定额和施工定额都是以施工过程为研究对象，都是施工企业内部用于施工管理和成本核算的依据。但是施工定额是本地区主管部门和施工企业的有关职能机构根据大多数施工企业的平均先进水平制定的，而企业定额是某一施工企业完全根据自身的技术管理水平及相应优势制定的。

（2）企业定额与消耗量定额的区别　消耗量定额由国家、行业或地区建设主管部门编制，是国家、行业或地区建设工程造价计价法规性的标准，是业主进行招标标底编制的主要依据，消耗量定额是按社会平均水平编制的，考虑的是一般情况，具有较强的综合性、普遍性和复杂性。企业定额是施工企业根据自己的技术水平和管理优势编制的，它考虑的是企业施工的个别特殊情况，特别是针对某项工程具体施工技术水平考虑得更多些。所以比消耗量定额更为先进、更为具体。

能力训练6-1　消耗量定额中人工、材料、机械消耗量的确定

【训练目的】 编制 10m³ 一砖及以上标准砖砌内墙人工、材料及机械消耗量定额。

【能力目标】 通过训练，掌握定额中人工、材料及机械消耗量的计算过程。

【资料准备】

1）国家现行的技术规范、操作规程、质量评定标准，国家和地区的标准图集、通用图集。

2）1985年、1988年、1994年《全国建筑安装统一劳动定额》、机械台班使用定额。

3）国家和各地区以往颁发的各施工定额、预算定额及其他基础资料。

4）现场调查资料和其他省市的消耗量定额等。

【训练步骤】

1. 计算人工消耗定额

人工消耗定额计算见表6-7。

表6-7　人工消耗计算表

章名称：砌筑工程　　节名称：砌砖　　项目名称：内墙

子目名称：一砖及以上　　定额单位：10m³

工程内容	调、运、铺砂浆，运砖、砌砖（包括墙体窗台虎头砖、腰线、门窗套、安放木砖、铁件等）						
综合权数	1砖70%：其中双面清水墙20%，单面清水墙20%，混水墙60% 1.5砖30%：其中双面清水墙20%，单面清水墙25%，混水墙55%						
施工操作工序名称及工作量				劳动定额			计算结果
	名　称 (1)	数　量 (2)	单位 (3)	定额编号 (4)	工种 (5)	时间定额 (6)	工日数 (7)
基本用工	双面清水墙1砖	10×70%×20%=1.40	m³	4-2-5（一）	瓦工	1.2	1.68
	单面清水墙1砖	10×70%×20%=1.40	m³	4-2-10（一）	瓦工	1.16	1.624

（续）

工程内容	调、运、铺砂浆，运砖、砌砖（包括墙体窗台虎头砖、腰线、门窗套、安放木砖、铁件等）						
综合权数	1砖70%：其中双面清水墙20%，单面清水墙20%，混水墙60% 1.5砖30%：其中双面清水墙20%，单面清水墙25%，混水墙55%						
施工操作工序名称及工作量				劳动定额			计算结果
	名　　称 （1）	数　　量 （2）	单位 （3）	定额编号 （4）	工种 （5）	时间定额 （6）	工日数 （7）
基本用工	混水墙1砖	10×70%×60%=4.20	m^3	4-2-16（一）	瓦工	0.972	4.082
	双面清水墙1.5砖	10×30%×20%=0.60	m^3	4-2-6（一）	瓦工	1.14	0.684
	单面清水墙1.5砖	10×30%×25%=0.75	m^3	4-2-11（一）	瓦工	1.08	0.81
	混水墙1.5砖	10×30%×55%=1.65	m^3	4-2-17（一）	瓦工	0.945	1.559
	墙心烟囱孔等加工	3.5	m	4-加工表-4	瓦工	0.05	0.175
	明暗管槽加工	1.0	m	4-加工表-5		0.015	0.015
	预留抗震柱孔加工	3.0	m	4-加工表-9		0.05	0.15
	抹找平层	1.0	m^2	4-加工表-10		0.08	0.08
	壁橱、吊柜等加工	0.1	个	4-加工表-11		0.15	0.015
	框架预埋钢筋剔出	1.0	m	4-加工表-17		0.015	0.015
超运距用工	超运距：运砂30m	2.75	m^3	4-15-192（九）		0.0453	0.12
	运石灰膏50m	0.22	m^3	4-15-193（八）		0.128	0.03
	运砖120m	10	m^3	4-15-178（一）		0.139	1.39
	运砂浆130m	10	m^3	4-15-（178-177+178）（二）		0.055	0.55
辅助用工	筛砂子	2.75	m^3	1-4-83+0.3×0.25		0.211	0.58
	淋石灰膏	0.22	m^3	1-4-95		0.5	0.11
	扣砂浆搅拌机人工	工日					-0.396
	小　　计						13.27
人工幅度差10%		13.27×10%=1.327					14.60
合　　计		13.27+1.327=14.60					

注：1. 表中（2）数量如双面清水墙1砖：10×70%×20%=1.4。

2. 表中（3）、（4）、（5）、（6）数据不源于《全国建筑安装工程统一劳动定额》。

3. 表中（7）工日数量如双面清水墙1砖：1.4×1.2=1.68

2. 计算材料消耗定额（表6-8）。

表6-8 材料消耗定额计算表 定额单位：$10m^3$

计算依据或说明	1. 内墙梁头、梁垫等扣减体积0.233% 2. 综合权数取定：1砖墙70%，1.5砖墙30% 3. $10m^3$砌体减40块砖体积，相应增加40块砖体积的砂浆

计算过程：

$1m^3$的1砖厚砌体中：砖 $\frac{2}{0.24\times0.063\times0.25}m^3=529.10m^3$

砂浆 $(1-529.10\times0.0014628)\ m^3=0.226m^3$

$1m^3$的1.5厚砌体中：砖 $\frac{2}{0.365\times0.063\times0.25}m^3=521.85m^3$

砂浆 $(1-521.85\times0.0014628)\ m^3=0.2366m^3$

计算$10m^3$一砖及以上内墙砖砌体用砖、砂浆

		砖（块）	砂浆（m^3）
1砖墙 $10m^3\times70\%=7m^3$		$529.10\times7=3703.70$	$0.226\times7=1.5820$
1.5砖墙 $10m^3\times30\%=3m^3$		$521.85\times3=1565.55$	$0.2366\times3=0.7098$
小计		5269.25	2.2918
扣减	扣减0.233%	$5269.25\times(1-0.233\%)=5256.97$	$2.2918\times(1-0.233\%)=2.2865$
	减40块砖增砂浆	−40	$40\times0.24\times0.115\times0.053=0.0585$
小计		5216.97	2.345

计算过程：

计算$10m^3$一砖及以上内墙砖砌体用水，其中：

浸砖用水：$(5.2169\times2.5\times0.125)\ m^3=1.63m^3$

冲洗砂浆搅拌机用量：$(0.396\times1.0)\ m^3=0.396m^3$

小　计：$2.03m^3$

材料汇总：

名称	规格	单位	净用量	损耗率	消耗量
标准砖		千块	5.217	2%	5.321
砂浆	M5	m^3	2.345	1%	2.37
水		m^3	2.03		2.03

注：1. 浸砖用水按砖重量的12.5%计算，每千块砖重按2.5t计。

2. 冲洗砂浆搅拌机用量按每台班$1m^3$计算。

3. 计算机械台班消耗量（表6-9）。

表6-9 机械台班消耗量计算表 定额单位：$10m^3$

工程内容	调、运砂浆，运砖、砌砖（包括墙体窗台虎头砖、腰线、门窗套、安放木砖、铁件等）							
机械台班计算	施工操作			机械		劳动定额		机械消耗量	
	工序	数量	单位	名称	规格	编号	台班产量	计算过程	机械消耗量
	砂浆搅拌	2.37	m^3	砂浆搅拌机			$6m^3$/台班	2.37/6 = 0.396	0.40台班

注：1. $2.37m^3$为$10m^3$砌体中砂浆数量，由材料消耗表确定。

2. 台班产量定额由1994年《机械台班使用定额》查得。

【注意事项】 在计算各资源消耗量时，应严格依据已有定额，考虑当前生产力水平，结合施工新工艺新要求进行确定。

【讨论】 表6-7、表6-8、表6-9中的人工、材料、机械消耗量是以全国建筑工程统一劳动定额为基础编制的，那么各施工企业在确定自己企业内部使用的企业定额时，人工、材料、机械消耗量该如何确定？

课题3　工程量清单计价方法

一、招标控制价（或投标报价）的计算方法

工程量清单计价是以招标人提供的工程量清单为平台，投标人根据自身的技术、财务、管理能力进行投标报价，招标人根据具体的评标细则进行优选，这种计价方式是建筑市场定价体系的具体表现形式。因此在市场经济比较发达的国家，工程量清单计价法是非常流行的，随着我国建设市场的不断成熟和发展，工程量清单计价方法也必然会越来越成熟和规范。

工程量清单计价的基本过程可以描述为：在国家规定的统一的工程量计算规则的基础上，根据具体工程的施工图纸计算出各个清单项目的工程量，编制工程量清单，再根据各种渠道所获得的工程造价信息和经验数据计算得到工程造价。这一基本过程如图6-7所示。

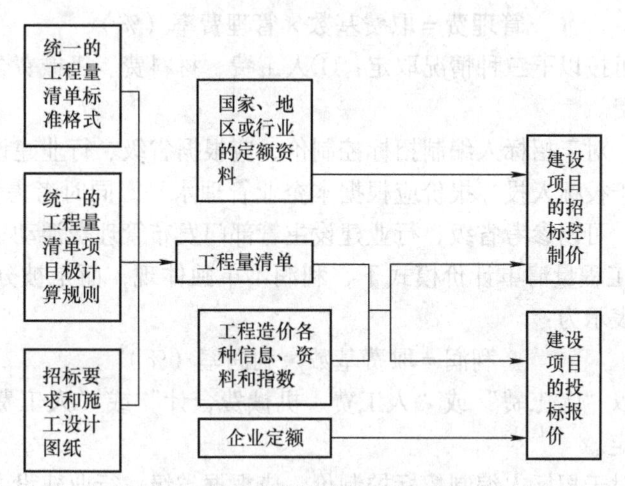

图6-7　工程量清单计价过程

从工程量清单计价过程的示意图中可以看出，其编制过程可以分为两个阶段：工程量清单的编制和利用工程量清单来编制招标控制价或投标报价。

按“计价规范”规定：工程量清单计价应包括按招标文件规定，完成工程量清单所列项目的全部费用，包括分部分项工程费、措施项目费、其他项目费和规费、税金。

（一）分部分项工程费的计算

分部分项工程费是指完成在工程量清单列出的各分部分项清单工程量所需的费用。

分部分项工程费计价应采用综合单价计价。

综合单价指完成一个规定清单项目所需的人工费、材料和工程设备费、施工机械使用费和企业管理费以及一定范围内的风险费用。

即：分部分项工程综合单价＝人工费＋材料费＋施工机械使用费＋管理费
＋利润＋由投标人承担的风险费用

（1）人工费、材料费、施工机械使用费 招标控制价，其“工、料、机消耗量”和“单价”应根据国家或省级、行业建设主管部门颁发的计价定额和计价办法、工程造价管理机构发布的工程造价信息等进行编制。

投标报价由投标人自主确定，即“工、料、机消耗量”和“单价”应依据企业定额和市场价格信息，或参照建设主管部门发布的计价办法等资料进行编制。

由此看来，清单计价模式下的投标报价，其“工、料、机消耗量”及“单价”的形成，要根据企业自身的施工水平、技术及机械装备力量，管理水平，材料、设备的进货渠道、市场价格信息等确定。要做好投标报价工作，企业就要逐步建立根据本企业施工技术管理水平制定的企业定额，即供本企业使用的人工、材料、施工机械消耗量标准，以反映企业的个别成本。同时还要收集工程价格信息，包括：本地区、其他地区人工价格信息、工程材料价格信息、设备价格信息及工程施工机械租赁价格信息等，把收集的价格信息通过整理、统计、分析，以预测价格变动趋势，力保在报价中把风险因素降到最低。因清单计价是合理低价中标，投标人要想中标，就得通过采取合理施工组织方案、先进的施工技术、科学的管理方式等措施来降低工程成本，达到中标并且获利的目的。

（2）管理费 管理费的计算可用下式表示：

管理费＝取费基数×管理费率（%）

其中取费基数可按以下三种情况取定：①人工费、材料费、机械费合计；②人工费和机械费合计；③人工费。

管理费率取定，对于招标人编制招标控制价，应根据省级、行业建设主管部门发布的管理费率来确定，对于投标人投标报价应根据本企业管理水平，同时考虑竞争的需要来确定，若无此报价资料时，可以参考省级、行业建设主管部门发布管理费浮动费率执行。

（3）利润 在工程量清单计价模式下，利润不单独体现，而是被分别计入各清单项目当中。其计算式可表示为：

利润＝取费基数×利润率（%）

取费基数可以以“人工费”或“人工费、机械费合计”或“人工费、材料费、机械费合计”为基数来取定。

利润率取定，对于招标人编制招标控制价，应根据省级、行业建设主管部门发布的利润率来确定。对于投标人投标报价应根据拟建工程的竞争激烈程度和其他投标单位竞争实力来取定。

（4）考虑风险因素增加费 风险是指发、承包双方在招投标活动和合同履约及施工过程中涉及工程计价方面的风险，按“计价规范”规定：采用工程量清单计价的工程，应在招标文件或合同中明确风险内容及其范围（幅度），并应按风险共担的原则，对风险进行合理分摊，具体内容如下：

1）对于主要由市场价格波动导致的价格风险，如工程造价中的建筑材料、燃料等价格风险，发、承包双方应当在招标文件中或在合同中对此类风险进行合理分摊，明确约定风险的范围和幅度。根据工程特点和工期要求，承包人可承担5%以内的材料价格风险，10%的施工机械使用费的风险。

2）对于法律、法规、规章或有关政策出台导致工程税金、规费、人工发生变化，并由省级、行业建设行政主管部门或其授权的工程造价管理机构根据上述变化发布的政策性调整，承包人不应承担此类风险，应按照有关调整规定执行。

3）对于承包人根据自身技术水平、管理、经营状况能够自主控制的风险，如承包人的管理费、利润的风险，承包人应根据企业自身实际，结合市场情况合理确定、自主报价，该部分风险由承包人全部承担。

分部分项工程费计算按综合单价法计算，具体步骤如下：

1）分析工程量清单中“项目名称”一栏内提供的施工过程，结合企业定额或各省、直辖市建设行政主管部门颁布的消耗量定额各子目的“工作内容”，确定与其相应的定额子目。

分析清单项目名称下面的工作内容时，要结合计价规范中相应项目的“工作内容”进行，因为清单项目包括的工作内容与消耗量定额或企业定额中子目不是一一对应的。例如清单项目挖基础土方的工程内容包括了开挖、地基钎探、土方运输等，而某省消耗量定额中只包括了挖土方及场内一定范围的运输，基底钎探、土方运输是另列定额子目反映工作内容的，所以不论是招标人确定招标控制价，还是投标人投标报价，都要根据所采用的定额，先确定清单项目所综合的分项工程，然后进行组价。

2）根据计价定额规定的工程量计算规则，计算清单项目所组合的分项工程工程量。确定清单项目综合单价时，所依据的计价定额工程量计算规则不一定和“计量规范”附录中相应项目所规定的规则一致，另有些清单项目综合了好几项分项工程，因而确定清单项目综合单价时，要依据计价定额工程量计算规则将各分项工程工程量一一计算出来。

3）对每个清单项目所包括的分项工程进行计价，最终得到清单项目的综合单价。将每个清单项目所分解的分项工程工程量，套用计价定额得到人工、材料、机械消耗量，然后根据市场人工单价、材料价格及机械台班单价，进行人工费、材料费及机械费的计算，然后再考虑企业管理费和利润，合计得出本清单项目的合价，最后除以清单工程量，即得本分部分项清单项目的综合单价。

各清单项目的综合单价和相应清单工程量的乘积即为各分部分项工程费。

分部分项工程清单项目综合单价 = Σ（清单项目所含分项工程内容的单价 × 分项工程工程量）÷ 相应清单项目工程量

分部分项工程费 = Σ（分部分项工程量清单项目的综合单价 × 相应清单项目工程量）

具体计价程序详见表6-10。

表6-10　清单项目综合单价计算程序

序号	费用项目	计费基础及计算公式	
		（人+材+机）费	人工费
1	（人+材+机）费/人工费	（人+材+机）	人工费
2	企业管理费	1×管理费率	1×管理费率
3	利润	1×利润率	1×利润率
4	综合单价	1+2+3	1+2+3

【例6-6】 要求确定单元3分部分项工程量清单中挖一般基础土方清单项目的价格。

解 单元3挖一般土方清单项目见表6-11

表6-11 分部分项工程量清单与计价表

工程名称：××× 标段： 第 页共 页

序号	项目编码	项目名称	项目特征描述	计量单位	工程量	金额/元		
						综合单价	合价	其中：暂估价
		A.1土（石）方工程						
1	010101003001	挖一般土方	挖基础土方 Ⅱ类土，大面积土方开挖，3:7灰土换土垫层，底面积为600.85m^2，挖土深度2.3m，弃土运距3km	m^3	1452.92			

解 1. 确定清单项目所综合的分项工程

由表6-8项目特征的描述及结合“计量规范”中相应项目所完成的工作内容可知：挖基础土方清单项目综合的工作内容有：挖土方、地基钎探、土方运输。以某省消耗量定额为依据确定该清单项目的综合单价，以上三项工作内容按组价定额要分别编码列项。

2. 计算定额工程量

计算定额工程量，即按照计价定额工程量计算规则，计算的清单项目所综合的分项工程工程量。

（1）地基钎探 工程量计算规则：按开挖基坑的底面积计算。本工程系大开挖，基坑底面积为600.85m^2。则地基钎探工程量为600.85m^2。

（2）挖土方 工程量计算规则：按实挖体积计算，即要考虑放坡、增加工作面后的实际挖方量。

单元7第一部分提供的施工图纸其基础垫层下有3:7换土垫层，且3:7换土垫层每边宽出基础1000mm，清单工程量就是按3:7换土垫层底面积乘以挖土深度计算的，即定额工程量同清单工程量，为1452.92m^3。

因基础垫层下有3:7换土垫层，故挖土采用机械挖土，而某省消耗量定额规定，机械挖土工程量按机械挖土方90%，人工挖土方10%计算，且人工挖土部分按相应定额项目人工乘以系数1.5。故本项目中挖土包括机械挖土和人工挖土两部分，工程量分别是：

机械挖土：$1452.92\text{m}^3 \times 90\% = 1307.63\text{m}^3$

人工挖土：$1452.92\text{m}^3 \times 10\% = 145.29\text{m}^3$

（3）土方运输 单元2关于分部分项工程量清单编制课题中，已说明现场无堆土地点，全部运出，即土方运输工程量同挖土方量。则运土工程量为1452.92m^3，运距3km。

3. 基础土方清单项目综合单价计算（表6-9）

以地基钎探为例，计算综合单价其定额工程量为600.85m^2。

查某省消耗量定额A1-2地基钎探，得每100m^{2}人工工日消耗为5.09工日，并知某省综合人工市场单价为57元/工日，故：

人工费：$(57 \times 5.09 \times 600.85/100)$元$=1743.25$元

人工费单价（按清单项目折算）为：$(1743.25 \div 1452.92)$ 元 $= 1.200$ 元

无材料费及机械费

又知根据某省费用定额，企业管理费及利润计费基础为人材机合计，费率分别为6.39%、6.20%。

企业管理费为：1743.25 元 ×6.39% =111.39 元　单价为：(111.39 ÷1452.92)元 =0.077 元

利润为：1743.25 元 ×6.2% =108.08 元　　　　单价为：(108.08 ÷1452.92)元 =0.074 元

故地基钎探的综合单价（不考虑风险因素）为　(1.2 +0.077 +0.074)元 =1.35 元

同理可计算出其他分项工程项目的综合单价，计算过程略。

挖基础土方清单项目综合单价计算结果见表6-12。分部分项工程项目清单与计价表见表6-13。

表6-12　挖基础土方清单项目综合单价分析表

项目编码		010101003001		项目名称		挖一般土方		计量单位	m³	工程量	1452.92
清单综合单价组成明细											
定额编号	定额项目名称	定额单位	数量	单价				合价			
				人工费	材料费	机械费	管理费和利润	人工费	材料费	机械费	管理费和利润
A1-2	基底钎探	100m²	0.0041	290.13	0	0	36.53	1.2	0	0	0.15
A1-41换	反、拉铲挖掘机自卸汽车运土运距1000m以内实际运距3000m	1000m³	0.0009	342	67.2	13819.07	1593.04	0.31	0.06	12.44	1.43
A1-4	人工挖土方普硬土深度(2m以内)	100m³	0.001	1574.91	0	0	198.28	1.57	0	0	0.2
A1-89换	人装自卸汽车运输运距1000m以内土方实际运距3000m	100m³	0.001	1040.82	0	2383.48	396.87	1.04	0	2.38	0.4
人工单价		小计						4.12	0.06	14.82	2.18
综合工日57元/工日		未计价材料费						0			
清单项目综合单价								21.184			
材料费明细	主要材料名称、规格、型号				单位		数量	单价/元	合价/元	暂估单价/元	暂估合价/元
	其他材料费							—	0.06	—	
	材料费小计							—	0.06	—	

表6-13 分部分项工程项目清单与计价表

序号	项目编码	项目名称	项目特征描述	计量单位	工程量	金额/元		
						综合单价	合价	其中 暂估价
2	010101003001	挖一般土方	Ⅱ类土，大面积土方开挖，3:7灰土填料底面积为600.85m²，挖土深度2.3m，弃土运距3km	m³	1452.92	21.184	30779.31	

（二）措施项目费的计算

措施项目费是指为完成工程项目施工，发生于该工程施工准备和施工过程中的技术、生活、安全、环境保护等方面的非工程实体项目的费用，它包括总价措施项目费和单价措施项目费。

单价措施项目是可以计算工程量的措施项目，应按分部分项工程量清单的方式采用综合单价计价。总价措施项目可以“项”为单位的方式计价，应包括除规费、税金外的全部费用，总价措施项目费用的发生和金额的大小，与使用时间、施工方法或者两个以上工序相关，与实际完成的实体工程量的多少关系不大，典型的是文明施工和安全防护、临时设施等；“安全文明施工费”应按照国家或省级、行业建设主管部门的规定计价，不得作为竞争性费用。

1. 单价措施项目费的计算

在建筑工程中，单价措施有混凝土、钢筋混凝土模板及支架工程，脚手架工程，垂直运输等，适宜采用分部分项工程量清单方式以综合单价计价。具体做法程序见表6-14。

表6-14 单价措施项目计算程序

序号	费用项目	计费基础及计算公式	
		（人+材+机）费	人工费
1	分项措施费	（人+材+机）费	人工费
2	企业管理费	1×相应管理费率	1×相应管理费率
3	利润	1×相应利润率	1×相应利润率
4	综合单价	1+2+3	1+2+3
5	合价	4×清单工程量	4×清单工程量

【例6-7】 如某招标文件中的措施项目清单与计价表见表6-15，要求确定其综合单价。

表6-15 措施项目清单与计价表

工程名称：××办公楼工程

序号	项目编码	项目名称	项目特征描述	计量单位	工程量	金额/元		
						综合单价	合价	其中 暂估价
1	011701006001	主体施工满堂脚手架	钢管扣件式脚手架、一层层高4.80m	m²	416.22			

【解】 按某省建筑工程消耗量定额及费用定额确定其综合单价，执行定额编号为A13-12满常脚手架3.3m以内和A13-13满常脚手架10m以内每增加1.2m，管理费率为

6.39%，利润率为6.20%，计费基础均为定额人工、材料、机械；定额工程量计算规则与清单工程量计算规则一致。

1. A13-12 满常脚手架3.3m以内

人工费：254.22元/100m^2

材料费：426.29元/100m^2

机械费：15.71元/100m^2

管理费：(254.22+426.29+15.71)元/100m^2×6.39%=44.49元/100m^2

利润：(254.22+426.29+15.71)元/100m^2×6.20%=43.17元/100m^2

合价：(254.22+426.29+15.71+44.49+43.17)元/100m^2=783.88元/100m^2

2. A13-13 满常脚手架10m以内每增加1.2m

人工费：109.44元/100m^2

材料费：13.22元/100m^2

机械费：3.93元/100m^2

管理费：(109.44+13.22+3.93)元/100m^2×6.39%=8.09元/100m^2

利润：(109.44+13.22+3.93)元/100m^2×6.20%=7.85元/100m^2

合价：(109.44+13.22+3.93+8.09+7.85)元/100m^2=142.53元/100m^2

以上两项构成011701006001主体施工满堂脚手架的合价为：

(783.88+142.53)元/100m^2=926.41元/100m^2

其综合单价为：　　926.41元/100m^2÷100=9.26元/m^2

3. 一层主体施工满堂脚手架的总价

(9.26×416.22)元=3855.91元

一层主体满堂脚手架综合单价分析表见表6-16，措施项目清单与计价表见表6-17。

表6-16　一层主体满堂脚手架综合单价分析表

项目编码		011701006001		项目名称		主体施工满堂脚手架	计量单位	m^2	工程量	416.22
清单综合单价组成明细										
定额编号	定额项目名称	定额单位	数量	单价				合价		
				人工费	材料费	机械费	管理费和利润	人工费	材料费	机械费	管理费和利润
A13－12	满堂脚手架3.3m以内	100m^2	0.01	254.22	426.29	15.71	87.66	2.54	4.26	0.16	0.88
A13－13	满堂脚手架10m以内每增加1.2m	100m^2	0.01	109.44	13.22	3.93	15.94	1.09	0.13	0.04	0.16
人工单价		小计						3.64	4.4	0.2	1.04
综合工日57元/工日		未计价材料费						0			

（续）

项目编码		011701006001		项目名称		主体施工满堂脚手架		计量单位	m²	工程量	416.22
清单综合单价组成明细											
定额编号	定额项目名称	定额单位	数量	单价				合价			
				人工费	材料费	机械费	管理费和利润	人工费	材料费	机械费	管理费和利润
清单项目综合单价								9.26			
材料费明细	主要材料名称、规格、型号					单位	数量	单价/元	合价/元	暂估单价/元	暂估合价/元
	其他锯材					m³	0	1610	0		
	镀锌铁丝					kg	0.4933	4.9	2.42		
	圆钢11~20mm					t	0	3700	0		
	其他材料费							—	1.84	—	0
	材料费小计							—	4.26	—	0

表6-17 一层主体满堂脚手架措施项目清单与计价表

工程名称：××办公楼工程

序号	项目编码	项目名称	项目特征描述	计量单位	工程量	金额/元		
						综合单价	合价	其中
								暂估价
46	011701006001	主体施工满堂脚手架	钢管扣件式脚手架、一层层高4.80m	m²	416.22	9.26	3855.91	

2. 总价措施项目费的计算

总价措施项目是不宜计算工程量的措施项目，是按单位工程考虑且以“项”为单位的方式计价，应包括除规费、税金外的全部费用，其计算程序见表6-18。编制标底时，每一单项组织措施费可按人工费占20%，材料费占70%，机械费占10%计算；投标报价时，每一单项施工组织措施中的人工、材料和机械，可参照本比例或根据施工组织设计确定。建筑工程一般有安全文明施工、夜间施工、二次搬运、冬雨季施工等。

表6-18 总价措施项目费计算程序

序号	费用项目	计费基础及计算公式	
		Σ分部分项工程量清单项目的（人+材+机）费	Σ分部分项工程量清单项目工日消耗量×人工单价
1	（人+材+机）费/人工费	Σ分部分项工程量清单项目的（人+材+机）费	Σ分部分项工程量清单项目工日消耗量×人工单价
2	单位工程分项措施费	1×相应措施费率	1×相应措施费率
3	企业管理费	2×相应管理费率	2×相应管理费率
4	利润	2×相应利润率	2×相应利润率
5	综合单价	2+3+4	2+3+4

【例6-8】　如××办公楼招标工程量清单中的措施项目清单与计价表见表6-19，要求确定其金额。

表6-19　总价措施项目清单与计价表

工程名称：××办公楼建筑及装饰装修工程

序号	项目编码	项目名称	计算基础	费率（%）	金额/元
1	011707001001	安全文明施工			
2	011707004001	二次搬运			
3	011707002001	夜间施工			
		合　计			

解：安全文明施工费包括文明施工、安全施工、临时设施等内容，根据某省费用定额，建筑工程总价措施项目的计费基础为分部分项工程费中“人、材、机费”之和，相应费率为，文明施工0.53%，生活性临时设施为0.64%，生产性临时设施为0.41%，安全施工为0.67%，共计2.25%。二次搬运费费率和夜间施工费费率均为0.15%。

因措施项目的管理费率、利润率与分部分项工程项目相同，故在计算中用分部分项工程费直接乘以总价措施项目费率即可。

总价措施项目费＝分部分项工程费×总价措施费费率

本工程建筑工程分部分项工程费为632498.08元，安全文明施工费率为2.25%，故

安全文明施工费＝632498.08元×2.25%＝14231.22元

二次搬运费＝632498.08元×0.15%＝948.75元

夜间施工费＝632498.08元×0.15%＝948.75元

本工程总价措施项目费计算结果见表6-20。

表6-20　总价措施项目清单与计价表

序号	项目编码	项目名称	计算基础	费率（%）	金额/元
1	011707001001	安全文明施工	分部分项工程费	2.25	14231.22
2	011707004001	二次搬运		0.15	948.75
3	011707002001	夜间施工		0.15	948.75
		合　计			

（三）其他项目费计算

其他项目费包括暂列金额，暂估价（包括材料暂估单价、专业工程暂估价），计日工，总承包服务费。

1. 编制招标控制价时其他项目费的计算

（1）暂列金额　暂列金额由招标人根据工程复杂程度、设计深度、工程环境条件等特点，一般可以分部分项工程费的10%～15%为参考，在招标工程量清单中列出，确定控制价应按工程量清单中列出的金额填写。

（2）暂估价　暂估价中的材料单价按照工程造价管理机构发布的工程造价信息或参考市场价格确定，在招标工程量清单中列出，确定控制价应按工程量清单中列出的单价计入综合单价；暂估价中的专业工程暂估价应分不同专业，按有关计价规定估算，在招标工程量清

单中列出。确定控制价应按工程量清单中列出的金额填写。

(3) 计日工 在编制招标控制价时，应按工程量清单中列出的项目根据施工特点和有关计价依据确定综合单价计算。

(4) 总承包服务费 编制招标控制价时，应根据招标工程量清单列出的内容和要求估算。可参照下列标准计算：

1）招标人仅要求对分包的专业工程进行总承包管理和协调时，按分包的专业工程估算造价的1.5%计算。

2）招标人要求对分包的专业工程进行总承包管理和协调并同时要求提供配合服务时，根据招标文件中列出的配合服务内容和提出的要求，按分包的专业工程估算造价的3%～5%计算。

3）招标人自行供应材料的，按招标人供应材料价值的1%计算。

2. 投标报价时其他项目费的确定

1）暂列金额应按照招标工程量清单中列出的金额填写。

2）材料、工程设备暂估价应按招标工程量清单中列出的单价计入综合单价；专业工程暂估价应按招标工程量清单中列出的金额填写。

3）计日工应按招标工程量清单中列出的项目和数量，由投标人自主确定各项综合单价并计算计日工金额。

4）总承包服务费应根据招标工程量清单中列出的内容，由投标人依据招标人在招标文件中列出的分包专业工程内容和供应材料、设备情况，按照招标人提出协调、配合与服务要求和施工现场管理需要自主确定总承包服务费。

计日工综合单价计算程序见表6-21。

表6-21 计日工综合单价计算程序

序号	零星项目内容 / 费用项目组成	人工费综合单价	材料费综合单价	机械费综合单价
1	基本单位人工费	A		
	基本单位材料费		B	
	基本单位机械费			C
2	企业管理费	1A×相应费率	1B×相应费率	1C×相应费率
3	利润	1A×相应利润率	1B×相应利润率	1C×相应利润率
4	综合单价	1A+2+3	1B+2+3	1C+2+3
5	计日工计价合计	Σ（工日数量×人工费综合单价）+Σ（材料数量×材料费综合单价+Σ（机械台班数量×机械台班综合单价）		

【例6-9】 确定单元2课题4中能力训练2-3其他项目清单各项费用的计算。

解：

其他项目清单的编制包括包括暂列金额，暂估价（包括材料暂估单价、专业工程暂估价），计日工，总承包服务费。

1）本工程招标工程量清单中暂列金额为50000万元；材料暂估价计入工程量清单综合单价报价中，不在其他项目费中计算，专业工程暂估价是指塑钢窗专业工程，暂估价为10000元。

2）按招标人的意图，将塑钢窗进行分包，因此计取总承包服务费，按塑钢窗工程工程

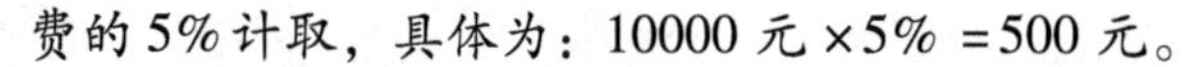

费的5%计取，具体为：10000元×5%=500元。

3）其他项目清单中计日工见表6-22

表6-22　计日工项目表

工程名称：×××办公楼工程

序号	名称	计量单位	数量
1	人工		
	（1）普工	工日	50
	（2）瓦工	工日	30
	（3）抹灰工	工日	30
	小计		
2	材料		
	（1）42.5级矿渣水泥	kg	300
	小计		
3	机械		
	（1）载重汽车	台班	20
	小计		

根据某省建筑市场价格，确定普工人工单价为70元/工日，瓦工人工单价为75元/工日，抹灰工人工单价为80元/工日；42.5级矿渣水泥单价为0.37元/kg；载重汽车（10t）单价为520元/台班。计日工项目费计算应采用综合单价计算，计价程序见表6-18。其中企业管理费率为6.39%，利润率6.20%。

如普工人工单价为70元，则企业管理费为70元×6.39%=4.47元

利润为70元×6.20%=4.34元

普工的综合单价为（70+4.47+4.34）元=78.81元

其他计日工项目综合单价计算过程相同，计日工项目综合单价及合价计算见表6-23。

表6-23　计日工计价表

工程名称：××办公楼工程　　　　第1页共1页

编号	项目名称	单位	暂定数量	综合单价	合价
一	人　工				
1	（1）普工	工日	50	78.81	3940.50
2	（1）瓦工	工日	30	84.44	2533.20
3	（1）抹灰工	工日	30	90.07	2702.10
人工小计					9175.80
二	材　料				
1	（1）42.5级矿渣水泥	kg	300	0.41	123
材料小计					123
三	施工机械				
1	（1）载重汽车	台班	20	585.47	11709.40
施工机械小计					11709.40
总计					21008.20

4）其他项目费计算结果见表6-24。

表6-24 其他项目清单与计价汇总表

工程名称：××办公楼建筑及装饰工程　　　　第1页共1页

序号	项目名称	计量单位	金　额/元	备注
1	暂列金额	项	50000	
2	暂估价		0	
2.1	材料暂估价		—	
2.2	专业工程暂估价	项	0	
3	计日工		21008.2	
4	总承包服务费		0	
合　计			71008.20	

注：材料暂估单价进入清单项目综合单价，此处不汇总。

（四）规费计算

规费是指根据国家法律、法规规定，由省级政府和省级有关权力部门规定企业必须缴纳的，应计入建筑安装工程造价的费用。其属于不可竞争费用，在执行时不得随意调整。计价时在规定计费基础上严格执照政府和有关部门规定的费率计取。

根据某省费用定额相关规定，建筑工程中规费的计费基础是人工费、材料费、机械费之和，包括：分部分项工程费、措施费及其他项目费中计日工的人工费、材料费、机械使用费之和。装饰装修工程中规费的计费基础是人工费，包括：分部分项工程费、措施费及其他项目费中的人工费之和。

【例6-10】 计算单元7建筑工程计量与计价实例中的规费。

解： 1. 养老保险费的计费基础

养老保险费的计费基础为分部分项工程费、措施费和其他项目费中计日工费的人工费、材料费、机械使用费之和。

已知该工程分部分项工程费为632498.08元，措施项目费合计为179336.14元，其他项目费中计日工费为21008.2元。已知管理费率为6.39%，利润率为6.20%。

三项费用合计：（632498.08+179336.14+21008.2）元=832842.42元

三项费用中人、材、机合计为：832842.42元÷（1+6.39%+6.20%）=739712.60元

2. 计算养老保险费

养老保险费的费率为6.58%，则本实例中建筑工程养老保险费

=739712.60元×6.58%=**48673.23**元

3. 已知建筑工程所有规费的费率合计为9.64%，故全部规费为：

=739712.60元×9.64%=**71308.49**元

（五）税金计算

税金是指国家税法规定的应计入建筑安装工程造价内的营业税、城市维护建设税及教育附加和地方教育附加。在计价时应在规定计费基础上严格执照政府和有关部门规定的税率计取。根据某省费用定额，税金的计费基础是分部分项工程费、措施费、其他项目费及规费之和，故在计价时应先计算出工程的分部分项工程费、措施费、其他项目费及规费，然后根据

税率计算税金。

【例6-11】 计算“单元7 建筑工程计量与计价实例”中的税金。

解：根据某省费用定额，税金的计费基础是分部分项工程费、措施项目费、其他项目费及规费之和，税率为3.477%，故有：

建筑工程税金 =（分部分项工程费 + 措施费 + 其他项目费 + 规费）×3.477%

=(632498.08 + 179336.14 + 71008.20 + 71308.49)元 ×3.477% = **33175.83** 元

（六）单位工程造价计算程序（表6-25）

表6-25　单位工程造价计算程序

序号	费用项目	计算程序
1	分部分项工程费	Σ分部分项清单项目工程量×相应清单项目综合单价
2	单价措施费	Σ单价措施清单项目工程量×相应清单项目综合单价
3	总价措施费	Σ总价措施项目清单的计费基础×相应费率
4	其他项目费	暂列金额+专业工程暂估价+计日工+总承包服务费
5	规费	（1+2+3+计日工）中的工、料、机费或人工费×核准费率
6	税金	（1+2+3+4+5）×费率
7	单位工程造价	1+2+3+4+5+6

【例6-12】 计算“单元7 建筑工程计量与计价实例”中建筑工程的造价。

解：根据单元7第一部分提供的施工技术文件，接例6－11、例6－12计算该工程的造价。

建筑工程造价 = 分部分项工程费 + 措施费 + 其他项目费 + 规费 + 税金

=（632498.08 + 179336.14 + 71008.20 + 71308.49 + 33175.83）元

= 987326.74 元

（七）单项工程报价

单项工程报价为各单位工程报价总和。

（八）建设项目报价

建设项目报价为各单项工程报价总和。

二、招标控制价及投标价的编制原则

1. 招标控制价的编制原则

招标控制价是指招标人根据国家或省级、行业建设主管部门颁发的有关计价依据和办法，按设计施工图纸计算的，对招标工程限定的最高工程造价。依据“计价规范”编制时应遵循的主要原则如下：

1）国有资金投资的建设工程招标，招标人必须编制招标控制价。招标控制价超过批准的概算时，招标人应将其报原概算部门审核。

2）招标控制价应由具有编制能力的招标人，或受其委托具有相应资质的工程造价咨询人编制。

3）招标控制价应根据下列依据编制：

①《建设工程量清单计价规范》。

② 国家或省级、行业建设主管部门颁发的计价定额和计价办法。

③ 建设工程设计文件及相关资料。

④ 拟定的招标文件及招标工程量清单。

⑤ 与建设项目相关的标准、规范、技术资料。

⑥ 工程造价管理机构发布的工程造价信息，当工程造价信息没有发布的参照市场价。

⑦ 其他相关资料。

4）招标控制价应在发布招标文件时公布，不应上调或下浮，招标人应将招标控制价及有关资料报送工程所在地工程造价管理机构备查。

5）投标人经复核认为招标人公布的招标控制价未按照本规范的规定编制的，应在开标前5天向招投标监督机构或（和）工程造价管理机构投诉。招投标监督机构应会同工程造价管理机构复查的结论与元公布的招标控制价误差大于±3%时，应责成招标人改正。

2. 投标价的编制原则

投标价是投标人投标时报出的工程造价，即投标人对承建工程所要发生的各种费用的计算，在进行投标计算时，必须首先根据招标文件进一步复核工程量。作为投标计算的必要条件，应预先确定施工方案和施工进度，此外，投标计算还必须与采用的合同形式相协调。报价是投标的关键性工作，报价是否合理直接关系到投标的成败。

在工程量清单计价模式下，投标价在编制时，承包方应将业主提供的拟建招标工程全部项目和内容的工程量清单逐项填报单价，然后计算出总价，作为投标报价。投标人填报单价应完全依据企业技术、管理水平等企业实力而定，以满足市场竞争的需要。依据“13计价规范”编制时应遵循的主要原则如下：

1）除计价规范强制性规定外，投标价由投标人自主确定，但不得低于成本。投标价应由投标人或受其委托具有相应资质的工程造价咨询人编制。

2）投标人应按招标人提供的工程量清单填报价格。填写的项目编码、项目名称、项目特征、计量单位、工程量必须与招标工程量清单一致。

3）投标报价应根据下列依据编制：

①《建设工程工程量清单计价规范》。

② 国家或省级、行业建设主管部门颁发的计价办法。

③ 企业定额，国家或省级、行业建设主管部门颁发的计价定额和计价办法。

④ 招标文件、招标工程量清单及其补充通知、答疑纪要。

⑤ 建设工程设计文件及相关资料。

⑥ 施工现场情况、工程特点及拟定的投标施工组织设计或施工方案。

⑦ 与建设项目相关的标准、规范等技术资料。

⑧ 市场价格信息或工程造价管理机构发布的工程造价信息。

⑨ 其他相关资料。

4）投标总价应当与分部分项工程费、措施项目费、其他项目费和规费、税金的合计金额一致。

三、工程量清单下的投标报价策略

投标报价策略是指承包商在投标竞争中的系统工作部署及其参与投标竞争的方式和手段。投标策略作为投标取胜的方式、手段和艺术，贯穿于投标竞争的始终，是在同等条件下获取更多利润必不可少的手段。在工程量清单下，常用的投标策略主要有：

1. 根据招标项目的不同特点采用不同报价

投标报价时，既要考虑自身的优势和劣势，也要分析招标项目的特点。按照工程项目的不同特点、类别、施工条件等来选择报价策略。

1）遇到如下情况报价可高一些：施工条件差的工程；专业要求高的技术密集型工程，而本企业在这方面又有专长，声望也较高；总价低的小工程，以及自己不愿做、又不方便不投标的工程；特殊的工程，如港口码头、地下开挖工程等；工期要求急的工程；投标对手少的工程；支付条件不理想的工程。

2）遇到如下情况报价可低一些：施工条件好的工程；工作简单、工程量大而一般公司都可以做的工程；本公司目前急于打入某一市场、某一地区，或在该地区面临工程结束，机械设备等无工地转移时；本公司在附近有工程，而本项目又可利用该工程的设备、劳务，或有条件短期内突击完成的工程；投标对手多，竞争激烈的工程；非急需工程；支付条件好的工程。

2. 不平衡报价法

这一方法是指一个工程项目在投标报价时，在保持总价基本不变的前提下，通过调整内部各个组成项目的报价，即调增某些项目的单价，同时调减另外一些项目的单价，这样在既不提高总价，不影响中标的情况下，以期获得更明显的经济效益。在以下这些情况下就可以采用不平衡报价法：

1）能够早日结账的项目（如土方开挖、基础工程等）单价可以适当调高，后期工程项目（如机电设备安装、装饰等）单价可以适当调低，这样一方面有利于资金周转，另一方面在考虑资金时间价值时，能获得更多的经济效益。

2）经过工程量核算，预计今后工程量会增加的项目，单价可适当提高，工程量可能会减少的项目单价降低，这样在工程最后结算时可获得更多的工程价款。

但是上述两种情况要统筹考虑，即对工程量有误的早期工程，如果预计工程量会减少，则不能盲目抬高单价，要具体分析后再定。

3）设计图纸不明确，估计修改后工程量要增加的，可以提高单价；而工程内容解说不清楚的，则可适当降低一些单价，待澄清后可再要求提价。

4）暂定项目要做具体分析，因这一类项目在开工后由业主研究决定是否实施，由哪一家承包商实施。如果工程不分包，只由一家承包商施工，则其中肯定要做的单价可高些，不一定要做的则应低些；如果工程分包，该暂定项目也可能由其他承包商施工时，则不宜报高价，以免抬高总报价。

5）单价和包干混合制合同中，业主要求有些项目采用包干报价时，宜报高价。一则这类项目多半有风险，二则这类项目在完成后可全部按报价结账，即可以全部结算回来。其余单价项目则可适当降低。

6）有时招标文件要求投标者对工程量大的项目报单价分析表，投标时可将单价分析表中的人工费及施工机械费报得较高，而材料费报得较低。这主要是为了在今后补充项目报价时，可以参考选用单价分析表中的较高人工费和施工机械费，而材料则往往采用市场价，因而可获得较高收益。

7）在议标时，投标人一般都要压低标价。这时应该首先压低那些工程量少的单价，这样即使压低了很多单价，总的标价也不会降低很多，而给发包人的感觉却是工程量清单上的单价大幅度下降，投标人很有让利的诚意。

8）在其他项目费中报工日单价和机械单价可以高些，以便在日后招标人用工或使用机械时可多盈利。对于其他项目中的工程量要具体分析，是否报高价，高多少要有一个限度，不然会抬高总报价。

虽然不平衡报价对投标人可以降低一定的风险，但报价必须建立在对工程量清单表中的工程量风险仔细核对的基础上，特别是对于降低单价的项目，如工程量一旦增多，将造成投标人的重大损失，同时抬高单价的项目一定要控制在合理幅度内（一般可在10%左右），以免引起业主反感，甚至导致废标。

3. 多方案报价法

对于一些招标文件，如果发现工程范围不很明确，条款不清楚或很不公正，或技术规范要求过于苛刻时，则要在充分估计风险的基础上，按多方案报价处理，即按原招标文件报一个价，然后再提出如果某条款作某些变动，报价可降低的幅度。这样可以降低总价，吸引业主。

投标人这时应组织一批有经验的技术专家，对原招标文件的设计和施工方案仔细研究，提出更理想的方案以吸引业主，促成自己的方案中标。这种新的建议可以降低总造价或提前竣工。但是注意的是对原招标方案一定要报价，以供招标人比较。增加建议方案时，不必将方案写得太具体。保留方案的技术关键，防止招标人将此方案交给其他投标人，需要强调的是建议方案要比较成熟，或过去有这方面的实践经验。因为投标时间一般较短，如果仅为中标而匆忙提出一些没有把握的建议方案，可能引起很多不良后果。

四、工程量清单计价模式下各阶段工程造价的确定

（一）工程合同价款的约定

工程施工合同是指承包人按照发包人的要求，依据勘察、设计的有关资料、要求进行工程实施的合同。工程施工合同分为建筑工程施工合同和安装工程合同。依据“计价规范”，工程合同价款的约定应遵循的主要原则如下：

1. 一般规定

1）实行招标的工程合同价款应在中标通知书发出之日起30日内，由发、承包双方依据招标文件和中标人的投标文件在书面合同中约定。合同约定不得违背招、投标文件中关于工期、造价、质量等方面的实质性内容。招标文件与中标人投标文件不一致的地方，以投标文件为准。

2）不实行招标的工程合同价款，在发、承包双方认可的工程价款基础上，由发、承包双方在合同中约定。

3）实行工程量清单计价的工程，应当采用单价合同。合同工期较短、建设规模较小，技术难度较低，且施工图设计已审查完备的建设工程可以采用总价合同；紧急抢险、救灾以

及施工技术特别复杂的建设工程可以采用成本加酬金合同。

2. 约定内容

1）发承包双方应在合同条款中对下列事项进行约定：

① 预付工程款的数额、支付时间及抵扣方式。

② 安全文明施工措施的支付计划，使用要求等。

③ 工程计量与支付工程进度款的方式、数额及时间。

④ 工程价款的调整因素、方法、程序、支付及时间。

⑤ 施工索赔与现场签证的程序、金额确认与支付时间。

⑥ 承担计价风险的内容、范围以及超出约定内容、范围的调整办法。

⑦ 工程竣工价款结算编制与核对、支付及时间。

⑧ 工程质量保证（保修）金的数额、预扣方式及时间。

⑨ 违约责任以及发生工程价款争议的解决方法及时间。

⑩ 与履行合同、支付价款有关的其他事项等。

2）合同中没有按照“计价规范”要求约定或约定不明的，若发、承包双方在合同履行中发生争议由双方协商确定；协商不能达成一致的，按本规范的规定执行。

（二）工程计量

依据“计价规范”，工程计量应遵循的主要原则如下：

1. 一般规定

1）工程量应当按照相关工程的现行国家计量规范规定的工程量计算规则计算。

2）工程计量可选择按月或按工程形象进度分段计量，具体计量周期在合同中约定。

3）因承包人原因造成的超范围施工或返工的工程量，发包人不予计量。

2. 单价合同的计量

1）工程计量时，若发现招标工程量清单中出现缺项、工程量偏差，或因工程变更引起工程量的增减，应按承包人在履行合同过程中实际完成的工程量计算。

2）承包人应当按照合同约定的计量周期和时间，向发包人提交当期已完工程量报告。发包人应在收到报告后 7 天内核实，并将核实计量结果通知承包人。发包人未在约定时间内进行核实的，则承包人提交的计量报告中所列的工程量视为承包人实际完成的工程量。

3）发包人认为需要进行现场计量核实时，应在计量前 24 小时通知承包人，承包人应为计量提供便利条件并派人参加。双方均同意核实结果时，则双方应在上述记录上签字确认。承包人收到通知后不派人参加计量，视为认可发包人的计量核实结果。发包人不按照约定时间通知承包人，致使承包人未能派人参加计量，计量核实结果无效。

4）如承包人认为发包人的计量结果有误，应在收到计量结果通知后的 7 天内向发包人提出书面意见，并附上其认为正确的计量结果和详细的计算资料。发包人收到书面意见后，应对承包人的计量结果进行复核后通知承包人。承包人对复核计量结果仍有异议的，按照合同约定的争议解决办法处理。

5）承包人完成已标价工程量清单中每个项目的工程量后，发包人应要求承包人派员共同对每个项目的历次计量报表进行汇总，以核实最终结算工程量。发、承包双方应在汇总表上签字确认。

3. 总价合同的计量

1）总价合同项目的计量和支付应以总价为基础，发、承包双方应在合同中约定工程计量的形象目标或时间节点。承包人实际完成的工程量，是进行工程目标管理和控制进度支付的依据。

2）承包人应在合同约定的每个计量周期内，对已完成的工程进行计量，并向发包人提交达到工程形象目标完成的工程量和有关计量资料的报告。

3）发包人应在收到报告后7天内对承包人提交的上述资料进行复核，以确定实际完成的工程量和工程形象目标。对其有异议的，应通知承包人进行共同复核。

4）除按照发包人工程变更规定引起的工程量增减外，总价合同各项目的工程量是承包人用于结算的最终工程量。

（三）合同价款调整

1. 一般规定

1）以下事项（但不限于）发生，发承包双方应当按照合同约定调整合同价款：

① 法律法规变化。

② 工程变更。

③ 项目特征描述不符。

④ 工程量清单缺项。

⑤ 工程量偏差。

⑥ 物价变化。

⑦ 暂估价。

⑧ 计日工。

⑨ 现场签证。

⑩ 不可抗力。

⑪ 提前竣工（赶工补偿）。

⑫ 误期赔偿。

⑬ 施工索赔。

⑭ 暂列金额。

⑮ 发承包双方约定的其他调整事项。

2）出现合同价款调增事项（不含工程量偏差、计日工、现场签证、施工索赔）后的14天内，承包人应向发包人提交合同价款调增报告并附上相关资料，若承包人在14天内未提交合同价款调增报告的，视为承包人对该事项不存在调整价款。

3）发包人应在收到承包人合同价款调增报告及相关资料之日起14天内对其核实，予以确认的应书面通知承包人。如有疑问，应向承包人提出协商意见。发包人在收到合同价款调增报告之日起14天内未确认也未提出协商意见的，视为承包人提交的合同价款调增报告已被发包人认可。发包人提出协商意见的，承包人应在收到协商意见后的14天内对其核实，予以确认的应书面通知发包人。如承包人在收到发包人的协商意见后14天内既不确认也未提出不同意见的，视为发包人提出的意见已被承包人认可。

4）如发包人与承包人对不同意见不能达成一致的，只要不实质影响发承包双方履约的，双方应实施该结果，直到其按照合同争议的解决被改变为止。

5）出现合同价款调减事项（不含工程量偏差、施工索赔）后的14天内，发包人应向承包人提交合同价款调减报告并附相关资料，若发包人在14天内未提交合同价款调减报告的，视为发包人对该事项不存在调整价款。

6）经发、承包双方确认调整的合同价款，作为追加（减）合同价款，与工程进度款或结算款同期支付。

2. 法律法规变化

1）招标工程以投标截止日前28天，非招标工程以合同签订前28天为基准日，其后国家的法律、法规、规章和政策发生变化引起工程造价增减变化的，发、承包双方应当按照省级或行业建设主管部门或其授权的工程造价管理机构据此发布的规定调整合同价款。

2）因承包人原因导致工期延误，且第1）条规定的调整时间在合同工程原定竣工时间之后，不予调整合同价款。

3. 工程变更

1）工程变更引起已标价工程量清单项目或其工程数量发生变化，应按照下列规定调整：

① 已标价工程量清单中有适用于变更工程项目的，采用该项目的单价；但当工程变更导致该清单项目的工程数量发生变化，且工程量偏差超过15%，此时，该项目单价的调整应按照“13计价规范”相应的规定调整。

② 已标价工程量清单中没有适用但有类似于变更工程项目的，可在合理范围内参照类似项目的单价。

③ 已标价工程量清单中没有适用也没有类似于变更工程项目的，由承包人根据变更工程资料、计量规则和计价办法、工程造价管理机构发布的信息价格和承包人报价浮动率提出变更工程项目的单价，报发包人确认后调整。承包人报价浮动率可按下列公式计算：

招标工程：承包人报价浮动率$L=$（1－中标价/招标控制价）×100%

非招标工程：承包人报价浮动率$L=$（1－报价值/施工图预算）×100%

④ 已标价工程量清单中没有适用也没有类似于变更工程项目，且工程造价管理机构发布的信息价格缺价的，由承包人根据变更工程资料、计量规则、计价办法和通过市场调查等取得有合法依据的市场价格提出变更工程项目的单价，报发包人确认后调整。

2）工程变更引起施工方案改变，并使措施项目发生变化的，承包人提出调整措施项目费的，应事先将拟实施的方案提交发包人确认，并详细说明与原方案措施项目相比的变化情况。拟实施的方案经发、承包双方确认后执行。该情况下，应按照下列规定调整措施项目费：

① 安全文明施工费，按照实际发生变化的措施项目调整。

② 采用单价计算的措施项目费，按照实际发生变化的措施项目按第①条相应规定确定单价。

③ 按总价（或系数）计算的措施项目费，按照实际发生变化的措施项目调整，但应考虑承包人报价浮动因素，即调整金额按照实际调整金额乘以第①条规定的承包人报价浮动率计算。如果承包人未事先将拟实施的方案提交给发包人确认，则视为工程变更不引起措施项

目费的调整或承包人放弃调整措施项目费的权利。

3）如果工程变更项目出现承包人在工程量清单中填报的综合单价与发包人招标控制价或施工图预算相应清单项目的综合单价偏差超过15%，则工程变更项目的综合单价可由发、承包双方按照下列规定调整：

当$P_0 < P_1 \times (1-L) \times (1-15\%)$时，该类项目的综合单价按照$P_1 \times (1-L) \times (1-15\%)$调整。

当$P_0 > P_1 \times (1+15\%)$时，该类项目的综合单价按照$P_1 \times (1+15\%)$调整。

式中 P_0——承包人在工程量清单中填报的综合单价。

P_1——发包人招标控制价或施工预算相应清单项目的综合单价。

L——第①条定义的承包人报价浮动率。

4）如果发包人提出的工程变更，因为非承包人原因删减了合同中的某项原定工作或工程，致使承包人发生的费用或（和）得到的收益不能被包括在其他已支付或应支付的项目中，也未被包含在任何替代的工作或工程中，则承包人有权提出并得到合理的利润补偿。

4. 项目特征描述不符

1）承包人在招标工程量清单中对项目特征的描述，应被认为是准确和全面的，并且与实际施工要求相符合。承包人应按照发包人提供的工程量清单，根据其项目特征描述的内容及有关要求实施合同工程，直到其被改变为止。

2）合同履行期间，出现实际施工设计图纸（含设计变更）与招标工程量清单任一项目的特征描述不符，且该变化引起该项目的工程造价增减变化的，应按照实际施工的项目特征重新确定相应工程量清单项目的综合单价，计算调整的合同价款。

5. 工程量清单缺项

1）合同履行期间，出现招标工程量清单项目缺项的，发、承包双方应调整合同价款。

2）招标工程量清单中出现缺项，造成新增工程量清单项目的，应按照“计价规范”相应规定确定单价，调整分部分项工程费。

3）由于招标工程量清单中分部分项工程出现缺项，引起措施项目发生变化的，应按照“计价规范”相应规定，在承包人提交的实施方案被发包人批准后，计算调整的措施费用。

6. 工程量偏差

1）合同履行期间，出现工程量偏差，且符合以下2）、3）条规定的，发承包双方应调整合同价款。出现3. 工程变更中3）条情形的，应先按照其规定调整，再按照本条规定调整。

2）对于任一招标工程量清单项目，如果因本条规定的工程量偏差和“计价规范”规定的工程变更等原因导致工程量偏差超过15%，调整的原则为：当工程量增加15%以上时，其增加部分的工程量的综合单价应予调低；当工程量减少15%以上时，减少后剩余部分的工程量的综合单价应予调高。此时，按下列公式调整结算分部分项工程费：

当$Q_1 > 1.15Q_0$时，$S = 1.15Q_0 \times P_0 + (Q_1 - 1.15Q_0) \times P_1$

当$Q_1 < 0.85Q_0$时，$S = Q_1 \times P_1$

式中 S——调整后的某一分部分项工程费结算价；

Q_1——最终完成的工程量；

Q_0——招标工程量清单中列出的工程量；

P_1——按照最终完成工程量重新调整后的综合单价；

P_0——承包人在工程量清单中填报的综合单价。

3）如果工程量出现以上第2）的变化，且该变化引起相关措施项目相应发生变化，如按系数或单一总价方式计价的，工程量增加的措施项目费调增，工程量减少的措施项目费适当调减。

7. 物价变化

1）合同履行期间，出现工程造价管理机构发布的人工、材料、工程设备和施工机械台班单价或价格与合同工程基准日期相应单价或价格比较出现涨落，且符合以下2）、3）条规定的，发承包双方应调整合同价款。

2）按照第1）条规定人工单价发生涨落的，应按照合同工程发生的人工数量和合同履行期与基准日期人工单价对比的价差的乘积计算或按照人工费调整系数计算调整的人工费。

3）承包人采购材料和工程设备的，应在合同中约定可调材料、工程设备价格变化的范围或幅度，如没有约定，则按照第1）条规定的材料、工程设备单价变化超过5%，施工机械台班单价变化超过10%，则超过部分的价格应予调整。该情况下，应按照价格系数调整法或价格差额调整法计算调整的材料设备费和施工机械费。

4）执行以上第3）条规定时，发生合同工程工期延误的，应按照下列规定确定合同履行期用于调整的价格或单价：因发包人原因导致工期延误的，则计划进度日期后续工程的价格或单价，采用计划进度日期与实际进度日期两者的较高者；因承包人原因导致工期延误的，则计划进度日期后续工程的价格或单价，采用计划进度日期与实际进度日期两者的较低者。

5）承包人在采购材料和工程设备前，应向发包人提交一份能阐明采购材料和工程设备数量和新单价的书面报告。发包人应在收到承包人书面报告后的3个工作日内核实，并确认用于合同工程后，对承包人采购材料和工程设备的数量和新单价予以确定；发包人对此未确定也未提出修改意见的，视为承包人提交的书面报告已被发包人认可，作为调整合同价款的依据。承包人未经发包人确定即自行采购材料和工程设备，再向发包人提出调整合同价款的，如发包人不同意，则合同价款不予调整。

6）发包人供应材料和工程设备的，以上条规定均3）、4）、5）条规定均不适用，由发包人按照实际变化调整，列入合同工程的工程造价内。

8. 暂估价

1）发包人在招标工程量清单中给定暂估价的材料、工程设备属于依法必须招标的，由发、承包双方以招标的方式选择供应商。中标价格与招标工程量清单中所列的暂估价的差额以及相应的规费、税金等费用，应列入合同价格。

2）发包人在招标工程量清单中给定暂估价的材料和工程设备不属于依法必须招标的，由承包人按照合同约定采购。经发包人确认的材料和工程设备价格与招标工程量清单中所列的暂估价的差额以及相应的规费、税金等费用，应列入合同价格。

3）发包人在工程量清单中给定暂估价的专业工程不属于依法必须招标的，应按照“13计价规范”第9.3节相应条款的规定确定专业工程价款。经确认的专业工程价款与招标工程量清单中所列的暂估价的差额以及相应的规费、税金等费用，应列入合同价格。

4）发包人在招标工程量清单中给定暂估价的专业工程，依法必须招标的，应当由发、承包双方依法组织招标选择专业分包人，并接受有管辖权的建设工程招标投标管理机构的监督。

除合同另有约定外，承包人不参与投标的专业工程分包招标，应由承包人作为招标人，但招标文件评标工作、评标结果应报送发包人批准。与组织招标工作有关的费用应当被认为已经包括在承包人的签约合同价（投标总报价）中。

承包人参加投标的专业工程分包招标，应由发包人作为招标人，与组织招标工作有关的费用由发包人承担。同等条件下，应优先选择承包人中标。

5）专业工程分包中标价格与招标工程量清单中所列的暂估价的差额以及相应的规费、税金等费用，应列入合同价格。

9. 计日工

1）发包人通知承包人以计日工方式实施的零星工作，承包人应予执行。

2）采用计日工计价的任何一项变更工作，承包人应在该项变更的实施过程中，每天提交以下报表和有关凭证送发包人复核：

① 工作名称、内容和数量。

② 投入该工作所有人员的姓名、工种、级别和耗用工时。

③ 投入该工作的材料名称、类别和数量。

④ 投入该工作的施工设备型号、台数和耗用台时。

⑤ 发包人要求提交的其他资料和凭证。

3）任一计日工项目持续进行时，承包人应在该项工作实施结束后的24小时内，向发包人提交有计日工记录汇总的现场签证报告一式三份。发包人在收到承包人提交现场签证报告后的2天内予以确认并将其中一份返还给承包人，作为计日工计价和支付的依据。发包人逾期未确认也未提出修改意见的，视为承包人提交的现场签证报告已被发包人认可。

4）任一计日工项目实施结束，发包人应按照确认的计日工现场签证报告核实该类项目的工程数量，并根据核实的工程数量和承包人已标价工程量清单中的计日工单价计算，提出应付价款；已标价工程量清单中没有该类计日工单价的，由发、承包双方按“计价规范”第9.3节的规定商定计日工单价计算。

5）每个支付期末，承包人应按照“13计价规范”第10.4节的规定向发包人提交本期间所有计日工记录的签证汇总表，以说明本期间自己认为有权得到的计日工价款，列入进度款支付。

10. 现场签证

1）承包人应发包人要求完成合同以外的零星项目、非承包人责任事件等工作的，发包人应及时以书面形式向承包人发出指令，提供所需的相关资料；承包人在收到指令后，应及时向发包人提出现场签证要求。

2）承包人应在收到发包人指令后的7天内，向发包人提交现场签证报告，报告中应写明所需的人工、材料和施工机械台班的消耗量等内容。发包人应在收到现场签证报告后的

48 小时内对报告内容进行核实，予以确认或提出修改意见。发包人在收到承包人现场签证报告后 48 小时内未确认也未提出修改意见的，视为承包人提交的现场签证报告已被发包人认可。

3）现场签证的工作如已有相应的计日工单价，则现场签证中应列明完成该类项目所需的人工、材料、工程设备和施工机械台班的数量。如现场签证的工作没有相应的计日工单价，应在现场签证报告中列明完成该签证工作所需的人工、材料设备和施工机械台班的数量及其单价。

4）合同工程发生现场签证事项，未经发包人签证确认，承包人便擅自施工的，除非征得发包人同意，否则发生的费用由承包人承担。

5）现场签证工作完成后的 7 天内，承包人应按照现场签证内容计算价款，报送发包人确认后，作为追加合同价款，与工程进度款同期支付。

11. 不可抗力

因不可抗力事件导致的费用，发、承包双方应按以下原则分别承担并调整工程价款：

① 工程本身的损害、因工程损害导致第三方人员伤亡和财产损失以及运至施工场地用于施工的材料和待安装的设备的损害，由发包人承担。

② 发包人、承包人人员伤亡由其所在单位负责，并承担相应费用。

③ 承包人的施工机械设备损坏及停工损失，由承包人承担。

④ 停工期间，承包人应发包人要求留在施工场地的必要的管理人员及保卫人员的费用由发包人承担。

⑤ 工程所需清理、修复费用，由发包人承担。

12. 提前竣工（赶工补偿）

1）发包人要求承包人提前竣工，应征得承包人同意后与承包人商定采取加快工程进度的措施，并修订合同工程进度计划。

2）合同工程提前竣工，发包人应承担承包人由此增加的费用，并按照合同约定向承包人支付提前竣工（赶工补偿）费。

3）发、承包双方应在合同中约定提前竣工每日历天应补偿额度。除合同另有约定外，提前竣工补偿的最高限额为合同价款的 5%。此项费用列入竣工结算文件中，与结算款一并支付。

13. 误期赔偿

1）如果承包人未按照合同约定施工，导致实际进度迟于计划进度的，发包人应要求承包人加快进度，实现合同工期。

合同工程发生误期，承包人应赔偿发包人由此造成的损失，并按照合同约定向发包人支付误期赔偿费。即使承包人支付误期赔偿费，也不能免除承包人按照合同约定应承担的任何责任和应履行的任何义务。

2）发、承包双方应在合同中约定误期赔偿费，明确每日历天应赔额度。除合同另有约定外，误期赔偿费的最高限额为合同价款的 5%。误期赔偿费列入竣工结算文件中，在结算款中扣除。

3）如果在工程竣工之前，合同工程内的某单位工程已通过了竣工验收，且该单位工程接收证书中表明的竣工日期并未延误，而是合同工程的其他部分产生了工期延误，则误期赔偿费应按照已颁发工程接收证书的单位工程造价占合同价款的比例幅度予以扣减。

14. 施工索赔

1）合同一方向另一方提出索赔时，应有正当的索赔理由和有效证据，并应符合合同的相关约定。

2）根据合同约定，承包人认为非承包人原因发生的事件造成了承包人的损失，应按以下程序向发包人提出索赔：

① 承包人应在索赔事件发生后28天内，向发包人提交索赔意向通知书，说明发生索赔事件的事由。承包人逾期未发出索赔意向通知书的，丧失索赔的权利。

② 承包人应在发出索赔意向通知书后28天内，向发包人正式提交索赔通知书。索赔通知书应详细说明索赔理由和要求，并附必要的记录和证明材料。

③ 索赔事件具有连续影响的，承包人应继续提交延续索赔通知，说明连续影响的实际情况和记录。

④ 在索赔事件影响结束后的28天内，承包人应向发包人提交最终索赔通知书，说明最终索赔要求，并附必要的记录和证明材料。

3）承包人索赔应按下列程序处理：

① 发包人收到承包人的索赔通知书后，应及时查验承包人的记录和证明材料。

② 发包人应在收到索赔通知书或有关索赔的进一步证明材料后的28天内，将索赔处理结果答复承包人，如果发包人逾期未作出答复，视为承包人索赔要求已经被发包人认可。

③ 承包人接受索赔处理结果的，索赔款项在当期进度款中进行支付；承包人不接受索赔处理结果的，按合同约定的争议解决方式办理。

4）承包人要求赔偿时，可以选择以下一项或几项方式获得赔偿：

① 延长工期。

② 要求发包人支付实际发生的额外费用。

③ 要求发包人支付合理的预期利润。

④ 要求发包人按合同的约定支付违约金。

5）若承包人的费用索赔与工期索赔要求相关联时，发包人在作出费用索赔的批准决定时，应结合工程延期，综合作出费用赔偿和工程延期的决定。

6）发、承包双方在按合同约定办理了竣工结算后，应被认为承包人已无权再提出竣工结算前所发生的任何索赔。承包人在提交的最终结清申请中，只限于提出竣工结算后的索赔，提出索赔的期限自发、承包双方最终结清时终止。

7）根据合同约定，发包人认为由于承包人的原因造成发包人的损失，应参照承包人索赔的程序进行索赔。

8）发包人要求赔偿时，可以选择以下一项或几项方式获得赔偿：

① 延长质量缺陷修复期限。

② 要求承包人支付实际发生的额外费用。

③ 要求承包人按合同的约定支付违约金。

9）承包人应付给发包人的索赔金额可从拟支付给承包人的合同价款中扣除，或由承包人以其他方式支付给发包人。

15. 暂列金额

1）已签约合同价中的暂列金额由发包人掌握使用。

2）发包人按照“计价规范”中第9.1～9.14节的规定所作支付后，暂列金额如有余额归发包人。

（四）合同价款中期支付

1. 预付款

1）预付款用于承包人为合同工程施工购置材料、工程设备，购置或租赁施工设备、修建临时设施以及组织施工队伍进场等所需的款项。

预付款的支付比例不宜高于合同价款的30%。承包人对预付款必须专用于合同工程。

2）承包人应在签订合同或向发包人提供与预付款等额的预付款保函（如有）后向发包人提交预付款支付申请。

发包人应对在收到支付申请的7天内进行核实后向承包人发出预付款支付证书，并在签发支付证书后的7天内向承包人支付预付款。

3）发包人没有按时支付预付款的，承包人可催告发包人支付；发包人在付款期满后的7天内仍未支付的，承包人可在付款期满后的第8天起暂停施工。发包人应承担由此增加的费用和（或）延误的工期，并向承包人支付合理利润。

4）预付款应从每支付期应支付给承包人的工程进度款中扣回，直到扣回的金额达到合同约定的预付款金额为止。

5）承包人的预付款保函（如有）的担保金额根据预付款扣回的数额相应递减，但在预付款全部扣回之前一直保持有效。发包人应在预付款扣完后的14天内将预付款保函退还给承包人。

2. 安全文明施工费

1）安全文明施工费的内容和范围，应以国家和工程所在地省级建设行政主管部门的规定为准。

2）发包人应在工程开工后的28天内预付不低于当年的安全文明施工费总额的50%，其余部分与进度款同期支付。

3）发包人没有按时支付安全文明施工费的，承包人可催告发包人支付；发包人在付款期满后的7天内仍未支付的，若发生安全事故的，发包人应承担连带责任。

4）承包人应对安全文明施工费专款专用，在财务账目中单独列项备查，不得挪作他用，否则发包人有权要求其限期改正；逾期未改正的，造成的损失和（或）延误的工期由承包人承担。

3. 总承包服务费

1）发包人应在工程开工后的28天内向承包人预付总承包服务费的20%，分包进场后，其余部分与进度款同期支付。

2）发包人未按合同约定向承包人支付总承包服务费，承包人可不履行总包服务义务，由此造成的损失（如有）由发包人承担。

4. 进度款

1）进度款支付周期，应与合同约定的工程计量周期一致。

2）承包人应在每个计量周期到期后的7天内向发包人提交已完工程进度款支付申请一

式四份，详细说明此周期自己认为有权得到的款额，包括分包人已完工程的价款。支付申请的内容包括：

① 累计已完成工程的工程价款。

② 累计已实际支付的工程价款。

③ 本期间完成的工程价款。

④ 本期间已完成的计日工价款。

⑤ 应支付的调整工程价款。

⑥ 本期间应扣回的预付款。

⑦ 本期间应支付的安全文明施工费。

⑧ 本期间应支付的总承包服务费。

⑨ 本期间应扣留的质量保证金。

⑩ 本期间应支付的、应扣除的索赔金额。

⑪ 本期间应支付或扣留（扣回）的其他款项。

⑫ 本期间实际应支付的工程价款。

3）发包人应在收到承包人进度款支付申请后的14天内根据计量结果和合同约定对申请内容予以核实。确认后向承包人出具进度款支付证书。

4）发包人应在签发进度款支付证书后的14天内，按照支付证书列明的金额向承包人支付进度款。

5）若发包人逾期未签发进度款支付证书，则视为承包人提交的进度款支付申请已被发包人认可，承包人可向发包人发出催告付款的通知。发包人应在收到通知后的14天内，按照承包人支付申请阐明的金额向承包人支付进度款。

6）发包人未按照以上4）、5）条规定支付进度款的，承包人可催告发包人支付，并有权获得延迟支付的利息；发包人在付款期满后的7天内仍未支付的，承包人可在付款期满后的第8天起暂停施工。发包人应承担由此增加的费用和（或）延误的工期，向承包人支付合理利润，并承担违约责任。

7）发现已签发的任何支付证书有错、漏或重复的数额，发包人有权予以修正，承包人也有权提出修正申请。经发承包双方复核同意修正的，应在本次到期的进度款中支付或扣除。

（五）竣工结算与支付

1. 竣工结算

1）合同工程完工后，承包人应在提交竣工验收申请前编制完成竣工结算文件，并在提交竣工验收申请的同时向发包人提交竣工结算文件。

承包人未在规定的时间内提交竣工结算文件，经发包人催促后14天内仍未提交或没有明确答复，发包人有权根据已有资料编制竣工结算文件，作为办理竣工结算和支付结算款的依据，承包人应予以认可。

2）发包人应在收到承包人提交的竣工结算文件后28天内审核完毕。

发包人经核实，认为承包人还应进一步补充资料和修改结算文件，应在上述时限内向承包人提出核实意见，承包人在收到核实意见后的14天内按照发包人提出的合理要求补充资料，修改竣工结算文件，并再次提交给发包人复核后批准。

3）发包人应在收到承包人再次提交的竣工结算文件后 28 天内予以复核，并将复核结果通知承包人。

① 发包人、承包人对复核结果无异议的，应在 7 天内在竣工结算文件上签字确认，竣工结算办理完毕。

② 发包人或承包人对复核结果认为有误的，无异议部分按照条第①款规定办理不完全竣工结算。

有异议部分由发承包双方协商解决，协商不成的，按照合同约定的争议解决方式处理。

4）发包人在收到承包人竣工结算文件后的 28 天内，不审核竣工结算或未提出审核意见的，视为承包人提交的竣工结算文件已被发包人认可，竣工结算办理完毕。

承包人在收到发包人提出的核实意见后 28 天内，不确认也未提出异议的，视为发包人提出的核实意见已被承包人认可，竣工结算办理完毕。

5）发包人委托造价咨询人审核竣工结算的，工程造价咨询人应在 28 天内审核完毕，审核结论与承包人竣工结算文件不一致的，应提交给承包人复核，承包人应在 14 天内将同意审核结论或不同意见的说明提交工程造价咨询人。工程造价咨询人收到承包人提出的异议后，应再次复核，复核无异的，按“计价规范”第 11. 1. 3 条 1 款规定办理，复核后仍有异议的，按“计价规范”第 11. 1. 3 条 2 款规定办理。

承包人逾期未提出书面异议，视为工程造价咨询人审核的竣工结算文件已经承包人认可。

6）对发包人或造价咨询人指派的专业人员与承包人经审核后无异议的竣工结算文件，除非发包人能提出具体、详细的不同意见，发包人应在竣工结算文件上签名确认，拒不签认的，承包人可不交付竣工工程。承包人有权拒绝与发包人或其上级部门委托的工程造价咨询人重新核对竣工结算文件。

承包人未及时提交竣工结算文件的，发包人要求交付竣工工程，承包人应当交付；发包人不要求交付竣工工程，承包人承担照管所建工程的责任。

7）发承包双方或一方对工程造价咨询人出具的竣工结算文件有异议时，可向当地工程造价管理机构投诉，申请对其进行执业质量鉴定。

8）工程造价管理机构受理投诉后，应当组织专家对投诉的竣工结算文件进行质量鉴定，并作出鉴定意见。

9）竣工结算办理完毕，发包人应将竣工结算书报送工程所在地（或有该工程管辖权的行业主管部门）工程造价管理机构备案，竣工结算书作为工程竣工验收备案、交付使用的必备文件。

2. 结算款支付

1）承包人应根据办理的竣工结算文件，向发包人提交竣工结算款支付申请。该申请应包括下列内容：

① 竣工结算总额。

② 已支付的合同价款。

③ 应扣留的质量保证金。

④ 应支付的竣工付款金额。

2）发包人应在收到承包人提交竣工结算款支付申请 7 天内予以核实，向承包人签发竣工结算支付证书。

3）发包人签发竣工结算支付证书后的14天内，按照竣工结算支付证书列明的金额向承包人支付结算款。

4）发包人未按照“计价规范”第12.2.3条规定支付竣工结算款的，承包人可催告发包人支付，并有权获得延迟支付的利息。竣工结算支付证书签发后56天内仍未支付的，除法律另有规定外，承包人可与发包人协商将该工程折价，也可直接向人民法院申请将该工程依法拍卖。承包人就该工程折价或拍卖的价款优先受偿。

3. 质量保证（修）金

1）承包人未按照法律法规有关规定和合同约定履行质量保修义务的，发包人有权从质量保证金中扣留用于质量保修的各项支出。

2）发包人应按照合同约定的质量保证金比例从每支付期应支付给承包人的进度款或结算款中扣留，直到扣留的金额达到质量保证金的金额为止。

3）在保证责任期终止后的14天内，发包人应将剩余的质量保证金返还给承包人。剩余质量保证金的返还，并不能免除承包人按照合同约定应承担的质量保证责任和应履行的质量保证义务。

4. 最终结清

1）发、承包双方应在合同中约定最终结清款的支付时限。承包人应按照合同约定的期限向发包人提交最终结清支付申请。发包人对最终结清支付申请有异议的，有权要求承包人进行修正和提供补充资料。承包人修正后，应再次向发包人提交修正后的最终结清支付申请。

2）发包人应在收到最终结清支付申请后的14天内予以核实，向承包人签发最终结清证书。

3）发包人应在签发最终结清支付证书后的14天内，按照最终结清支付证书列明的金额向承包人支付最终结清款。

4）若发包人未在约定的时间内核实，又未提出具体意见的，视为承包人提交的最终结清支付申请已被发包人认可。

5）发包人未按期最终结清支付的，承包人可催告发包人支付，并有权获得延迟支付的利息。

6）承包人对发包人支付的最终结清款有异议的，按照合同约定的争议解决方式处理。

能力训练6-2 分部分项工程费的计算

以单元2、单元3能力训练部分提供的工程量清单为依据，计算装饰装修工程中花岗岩地面清单项目的分部分项工程费。

【训练目的】 掌握工程量清单计价程序和方法。

【能力目标】 熟悉工程量清单的计价程序。

【资料准备】 单元2、单元3中所提供的工程量清单项目的设置情况及设计文件文件（见单元7第一部分），明确招标文件的要求。

【训练步骤】

1. 确定组合工程内容

如楼地面工程中花岗岩地面实体项目，单元3中提供的清单项目见表6-26。

表6-26　花岗岩地面清单工程量表

序号	项目编码	项目名称	项目特征描述	计量单位	工程量	金额/元		
						综合单价	合价	其中
								暂估价
			楼地面面工程					
1	011102001001	花岗岩地面（一层地面）	20mm厚芝麻白磨光花岗岩（600mm×600mm）铺面撒素水泥面（洒适量水） 30mm厚1∶4干硬性水泥砂浆结合层，刷素水泥浆一道	m^2	334.79			

由上表项目名称一栏中对于该项目特征的描述中可知：该清单项目综合的工作内容为：20mm厚芝麻白磨光花岗岩（600mm×600mm）铺面撒素水泥面（洒适量水），30mm厚1∶4干硬性水泥砂浆结合层，刷素水泥浆一道。

2. 铺贴花岗岩面层的综合单价计算

根据某省费用定额，装饰装修工程企业管理费率为12%，利润率11.5%，计费基础为人工费。根据某省装饰装修工程消耗量定额及价目汇总表，查得：

B1－29花岗岩楼地面，人工费为2017.26/100m^2，材料费为8836.24元/m^2，无机械费。材料费中花岗岩板价定额单价为79.96元/m^2，定额消耗量为102m^2，而根据本项目清单中材料暂估价表中花岗岩板价暂估单价为150元/m^2，消耗量暂按100m^2计算。

故材料费为：

$(8836.24 + 102 \times 150 - 102 \times 79.96)$元/100$m^2$ = 15980.32元/100m^2

因花岗岩楼地面工程量与清单工程量相同，故每1m^2花岗岩楼地面的人工费、材料费、机械费与定额每1m^2相应费用相同。

管理费：$(2017.26/100 \times 12\%)$ 元/100m^2 = 242.07元/100m^2

利润：$(2017.26/100 \times 11.5\%)$ 元/100m^2 = 231.98元/100m^2

综合单价：$(2017.2 + 15980.32 + 242.07 + 231.98)$元/100$m^2$ = 18472元/100m^2 = 181.72元/m^2

花岗岩楼地面的综合合价为：(184.72×334.79) 元 = 61841.17元

单项目楼地面工程中花岗岩地面实体项目的综合单价形成见表6-27。花岗岩地面清单项目计价见表6-28。

表6-27 花岗岩地面清单项目综合单价分析表

项目编码	011102001001		项目名称			花岗岩地面（一层地面）		计量单位	m^2	工程量	334.79
清单综合单价组成明细											
定额编号	定额项目名称	定额单位	数量	单价				合价			
				人工费	材料费	机械费	管理费和利润	人工费	材料费	机械费	管理费和利润
B1-29换	花岗岩楼地面普通干硬性水泥砂浆30mm	$100m^2$	0.01	2017.26	15980.32	0	474.05	20.17	159.8	0	4.74
人工单价		小计						20.17	159.8	0	4.74
综合工日63元/工日		未计价材料费						0			
清单项目综合单价								181.72			
材料费明细	主要材料名称、规格、型号				单位	数量		单价/元	合价/元	暂估单价/元	暂估合价/元
	花岗岩饰面板济南青600mm×600mm×20mm				m^2	1				150	150
	矿渣硅酸盐水泥32.5级				t	0.0121849		340	4.14		
	中（粗）砂				m^3	0.040299		61	2.46		
	其他材料费							—	0.19	—	0
	材料费小计							—	6.79	—	150

表6-28 花岗岩地面清单项目计价表

序号	项目编码	项目名称	项目特征描述	计量单位	工程量	金额/元		
						综合单价	合价	其中
								暂估价
			楼地面面工程					
1	011102001001	花岗岩地面（一层地面）	20mm厚芝麻白磨光花岗岩（600mm×600mm）铺面撒素水泥面（洒适量水） 30mm厚1∶4干硬性水泥砂浆结合层，刷素水泥浆一道	m^2	334.79	184.72	61841.17	50218.5

【注意事项】

1）清单项目中所组合的工程内容多少。清单项目综合单价的高低与清单项目所包含的分项工程内容有直接的关系。确定综合单价时，一方面注意项目名称栏内对项目个体特征的具体描述，同时要熟悉“计价规范”中相应清单项目所包括的工作内容的多少，还要结合施工现场的实际情况，最终确定某清单项目综合工作内容。

2）清单工程量与施工方案工程量的区别。按照“计量规范”中工程量计算规则所计算的清单工程量，与在施工过程中根据现场实际情况及其他因素所采用的施工方案计算出的工程数量是有所不同的。如土方工程中，清单项目所提供的工程量仅为图示尺寸的工程数量，没有考虑实际施工过程中要增加工作面、放坡部分的数量，投标人报价时，要把增加部分的工程数量折算到综合单价内。

3）考虑风险因素所增加的费用。风险是无处不在而且随时可能发生的，风险是指活动或事件发生的潜在可能性和导致的不良后果。关于工程项目风险是指工程项目在设计、采购、施工及竣工验收等各阶段、各环节可能遭遇的风险。

工程量清单计价模式下，企业在进行工程计价时，充分考虑工程项目风险的因素。对于承包商来讲，投标报价时，要考虑的风险一般有：政治风险（如战争与内乱等）、经济风险（如物价上涨、税收增加等）、技术风险（如地质地基条件、设备资料供应、运输问题等）、公共关系等方面的风险（与业主的关系、与工程师的关系等）及管理方面的风险。

对于具体工程项目来讲，还要面临如下风险：决策错误风险（如信息取舍失误或信息失真风险）、缔约和履约风险（包括如不平等的合同条款或存在对承包人不利的缺陷、施工管理技术不熟悉、资源和组织管理不当等）、责任风险（如违约等）

由于承包商在工程承包过程中承担了巨大的风险，所以在投标报价中，要善于分析风险因素，正确估计风险的大小，认真研究风险防范措施，以确定风险因素所增加的费用。

4）不同专业工程取费基础问题。不同专业工程的管理费及利润的计算基础和费率是不同的，所以在实际计算时要按各专业分别取费。如在本训练项目中，装饰装修工程清单项目组价时一般都会包括建筑工程与装饰装修工程，如花岗岩面层综合单价中的管理费和利润按装饰装修专业取费，而花岗岩下的灰土垫层和无筋混凝土垫层综合单价中管理费和利润率按建筑专业取费。

5）当人工、材料或机械的定额价格与市场价格存在偏差时，还应进行人工、材料、机械价格的动态调整，即人工、材料、机械价差调整，具体的计算公式为：

动态调整 = ∑人工、材料、机械的定额消耗量 ×（市场价格 − 定额价格）

【讨论】

1）屋面工程该如何组价？

2）企业在投标报价时，一定要以建设行政主管部门颁发的指导性定额为依据吗？如果不一定，该如何考虑？

能力训练 6-3　措施项目费的计算

以单元2、单元4能力训练部分提供的模板工程量清单为依据，计算模板措施项目费。

【训练目的】　掌握工程量清单计价程序和方法。

【能力目标】　熟悉工程量清单的计价程序。

【资料准备】　熟悉单元2、单元4中所提供的工程量清单项目的设置情况及施工技术文件（见单元7第一部分）。

【训练步骤】

结合单元2、单元4中的模板清单工程量，查某省消耗量定额计算各分项模板工程的综合单价，其综合单价组成为人工、材料、机械及企业管理费和利润，风险因素未考虑，企业管理费和利润率分别为6.39%和6.20%。

独立混凝土基础模板清单量为100.98m^2，查某省消耗量定额A12－11，可知独立混凝土基础模板每100m^2人工、材料、机械合计为3636.49元，

100.98m^2人工、材料、机械合计为：(3636.49/100×100.98)元＝3672.13元

则：管理费：3672.13元×6.39%＝234.65元

利润：3672.13元×6.20%＝227.67元

综合合价为：(3672.13＋234.65＋227.67)元＝4134.44元.

综合单价为：(4134.44÷100.98)元/m^2＝40.94元/m^2

独立基础模板措施项目计价表见表6-29。

表6-29 独立基础模板措施项目计价表

序号	项目编码	项目名称	项目特征描述	计量单位	工程量	金额/元	
						综合单价	合价
模板工程							
2.1	011702001001	现浇钢筋混凝土独立基础模板及支架	独立基础，截面如图7-10、图7-11所示	m^2	100.98	40.94	4134.44

模板其他清单项目计算过程略。

【注意事项】

1）投标人在报价时需注意：招标人在措施项目清单中提出的措施项目，是根据一般情况确定的，没有考虑不同投标人的个性，因此，在投标报价时，可以根据所确定的施工方案的具体情况，增减措施项目内容，进行报价。

2）计算措施费时，应参照工程的施工组织设计进行。

3）在计算各项费用时，首先应明确其计费基础，在正确确定计费基础的前提下，可按当地造价管理部门颁布的计价定额或施工企业自主确定的费率进行计算；

4）计算时尽量采用表格形式，计算结果一目了然；

【讨论】 单价措施项目费综合单价的形成和分部分项工程项目费综合单价的形成有无区别？

思考与练习题

1. 建筑安装工程费按费用构成要素划分，包括哪几部分？按照工程造价形成划分包括哪几部分组成？

2. 什么是工程定额？建筑工程定额的分类及其作用是什么？

3. 什么是综合单价？确定综合单价时应注意什么问题？

4. 分部分项工程费、措施项目费应如何确定？

5. 其他项目费包括哪几部分？其费用应如何确定？

6. 某住宅楼门洞口尺寸为10000mm×2100mm，试编制其门窗工程工程量清单，并综合单价及进行单价分析。

单元7　建筑工程计价实例

第一部分　××办公楼建筑及装饰装修工程招标文件

1. 招标内容

××办公楼工程的全部建筑及装饰装修工程。

2. 工程概况

本办公楼为2层，建筑面积752.32m^2，框架结构，钢筋混凝土独立基础。施工工期3个月。施工现场邻近公路，交通运输方便，拟建建筑物东70m处为城市交通道路，西100m为单位活动场所，南7m处有围墙，北65m有已建办公楼。其施工图见图7-1～图7-17。

3. 要求

1）工程质量应符合《建筑工程施工质量验收统一标准》的要求。混凝土均采用商品混凝土，外墙勒脚装饰及室内地面、墙面块料均须为合格品，乳胶漆需为市场上的中档产品。

2）塑钢窗由专业工程分包，为市场上的中档产品。

4. 其他

考虑施工中可能发生的设计变更或清单有误，暂列金额5万元。

工程做法表

序号	施工做法名称	工程做法	施工部位
1	铺地砖楼面	1. 10mm厚瓷质耐磨地砖(300mm×300mm)楼面，干水泥擦缝 2. 撒素水泥面(洒适量清水) 3. 20mm厚1:4干硬性水泥砂浆结合层 4. 60mm厚C20细石混凝土向地漏找坡，最薄处不小于30mm厚 5. 聚氨酯三遍涂膜防水层厚1.5~1.8，防水层周边卷起高150mm 6. 20mm厚1:3水泥砂浆找平层，四周抹小八字角(40mm厚C20细石混凝土随打随抹平) 7. 150mm厚3:7灰土垫层 8. 素土夯实	卫生间地面(2.27m标高处做法仅为1~6,标号6后括号内做法为±0.000m标高处)
2	花岗岩地面	1. 20mm厚芝麻白磨光花岗岩(600mm×600mm)铺面，灌稀水泥浆擦缝 2. 撒素水泥面(洒适量清水) 3. 30mm厚1:4干硬性水泥砂浆结合层 4. 刷素水泥浆1道 5. 60mm厚C15混凝土 6. 150mm厚3:7灰土垫层 7. 素土夯实	一层地面
3	全玻磁化砖楼面	1. 8mm厚米黄全玻磁化砖(600mm×600mm)铺面，干水泥擦缝 2. 撒素水泥面(洒适量清水) 3. 32mm厚1:4干硬性水泥砂浆结合层 4. 刷素水泥浆1道 5. 现浇钢筋混凝土楼板	二层地面
4	铺花岗岩楼面	1. 18mm厚的芝麻白磨光花岗岩(350mm×1200mm) 2. 2mm厚Z5强力粘结剂 3. 20mm厚的1:3水泥砂浆找平 4. 现浇钢筋混凝土楼面	楼梯面层
5	水泥台阶	1. 20mm厚1:2.5水泥砂浆抹面压实赶光 2. 素水泥浆结合层1道 3. 60mm厚C15混凝土(厚度不包括踏步三角部分)台阶面向外坡1% 4. 150mm厚3:7灰土垫层 5. 素土夯实	背立面台阶
6	花岗岩台阶	1. 30mm厚芝麻白板刨花岗岩(350mm×1200mm)铺面，稀水泥浆擦缝 2. 撒素水泥面(洒适量清水) 3. 30mm厚1:4干硬性水泥砂浆结合层，向外坡1% 4. 刷素水泥浆1道 5. 60mm厚C15混凝土 6. 150mm厚3:7灰土垫层 7. 素土夯实	二层地面
7	散水	1. 40mm厚C20细石混凝土撒1:1水泥砂子，压实赶光 2. 150mm厚3:7灰土垫层 3. 素土夯实向外坡4%	
8	花岗岩踢脚	1. 稀水泥浆擦缝 2. 安装12mm厚高120mm花岗岩板 3. 20mm厚1:2水泥砂浆灌贴 4. 刷界面处理剂1道	卫生间以外的房间(包括柱踢脚)
9	外墙涂料	1. 喷(刷)外墙涂料 2. 6mm厚1:2.5水泥砂浆找平 3. 6mm厚1:1:6水泥石灰膏砂浆刮平扫毛 4. 6mm厚1:0.5:4水泥石灰膏砂浆打底扫毛 5. 刷加气混凝土界面处理剂一道	勒脚以上外墙
10	花岗岩外墙面	1. 25mm厚毛石花岗岩板，稀水泥浆擦缝 2. 50mm宽缝隙用1:2.5水泥砂浆灌缝 3. 用双股18号钢丝将花岗岩石板与横向钢筋绑牢 4. Φ6双向钢筋网，纵筋与锚固筋焊牢 5. 墙内预埋Φ6锚固钢筋，纵横间距500mm左右	勒脚
11	釉面砖内墙面	1. 白水泥擦缝 2. 贴5mm厚釉面砖 3. 8mm厚1:0.1:2.5水泥石灰膏砂浆结合层 4. 10mm厚1:3水泥砂浆打底扫毛或划出纹道 5. 刷加气混凝土界面处理剂1道(随刷随抹底灰)	卫生间墙面
12	内墙涂料	1. 白色立邦乳胶漆 2. 2mm厚麻刀灰抹面 3. 9mm厚1:3石灰膏砂浆 4. 5mm厚1:3:9水泥石灰膏砂浆打底划出纹理 5. 刷加气混凝土界面处理剂1道	卫生间以外的其他房间墙面(包括首层柱面)
13	水泥砂浆顶棚	1. 白色立邦乳胶漆 2. 5mm厚1:2.5水泥砂浆抹面 3. 5mm厚1:2.5水泥砂浆打底 4. 刷素水泥浆结合层1道(内掺建筑胶)	卫生间顶棚
14	混合砂浆顶棚	1. 白色立邦乳胶漆 2. 5mm厚1:0.3:2.5水泥石灰膏砂浆抹面 3. 5mm厚1:0.3:3水泥石灰膏砂浆打底扫毛 4. 刷素水泥浆结合层1道(内掺建筑胶)	卫生间以外的其他房间顶棚
15	屋面	1. SBS改性沥青卷材防水层(带砂、小片石保护层) 2. 20mm厚1:3水泥砂浆找平层 3. 1:6水泥焦渣找2%坡，最薄处30mm厚 4. 60mm厚聚苯乙烯泡沫塑料保温层	所有屋面
16	油漆	1. 调和漆2遍 2. 底油1遍 3. 满刮腻子	木门扇油漆
17	铝塑板饰面	1. 4mm厚双面铝塑板 2. 6mm厚纤维水泥加压板固定在木龙骨上 3. 24mm×30mm木龙骨中距500mm 4. 混凝土雨篷	雨篷
18	铝塑板饰面	1. 4mm厚双面铝塑板 2. 2层3mm厚三合板固定在木龙骨上 3. 24mm×30mm木龙骨中距500mm 4. 混凝土圆柱	圆柱

图7-1 建施1

门窗一览表

编号	洞口尺寸 宽度/mm × 高度/mm	名称	数量	备注
M_1	8200×4000	钢化全玻推拉门	1	厂家自理
M_2	1000×2100	夹板门	7	
M_3	750×2000	夹板门	2	
M_4	1500×2400	全玻平开门	1	
M_5	1500×2100	夹板门	2	
C_1	2100×900	塑钢固定窗	4	立面见立面图
C_2	1500×1800	塑钢推拉窗	4	立面见立面图
C_3	1200×1200	塑钢推拉窗	4	立面见立面图
C_4	7325×3700	钢化全玻窗	2	不锈钢包边
C_5	2100×1800	塑钢推拉窗	9	立面见立面图
C_6	1200×1500	塑钢推拉窗	2	
C_7	3560×2900	钢化全玻窗	4	不锈钢包边
C_8	8500×2900	钢化全玻窗	1	不锈钢包边

建筑设计说明

1. 图中所注尺寸除标高以米计外，其余尺寸均以毫米计。
2. 本工程为地上二层建筑物，室内外高差为1.2m，室外地坪以上建筑高度为10.8m。
3. 本工程内外墙为加气混凝土，外墙250mm，内墙200mm，隔墙120mm。
4. 过道门窗墙体阳角处均做1:2.5水泥砂浆护角，高2.0m。
5. 设备管道穿墙皮预留漏口，管道安装后应用1:2.5水泥砂浆填实。
6. 本工程中所有楼梯的栏杆扶手及护窗栏杆均选用不锈钢栏杆，楼梯栏杆高1000mm。
7. 木构件，铁件预埋应做防腐处理。
8. 钢筋混凝土顶板抹灰，须事先用1:10水碱洗净后再抹。
9. 本图设计深度仅涉及土建工程，及简单的装修，并对施工部位做了建议性装修标注。
10. 施工时应遵守国家的有关规定、规程、规范及注意事项，确保工程质量，各专业图应互相参照，相互配合。
11. 凡图中未注明者均按照国家标准《建筑工程及施工验收规范》的要求进行施工。

图7-2　建施2

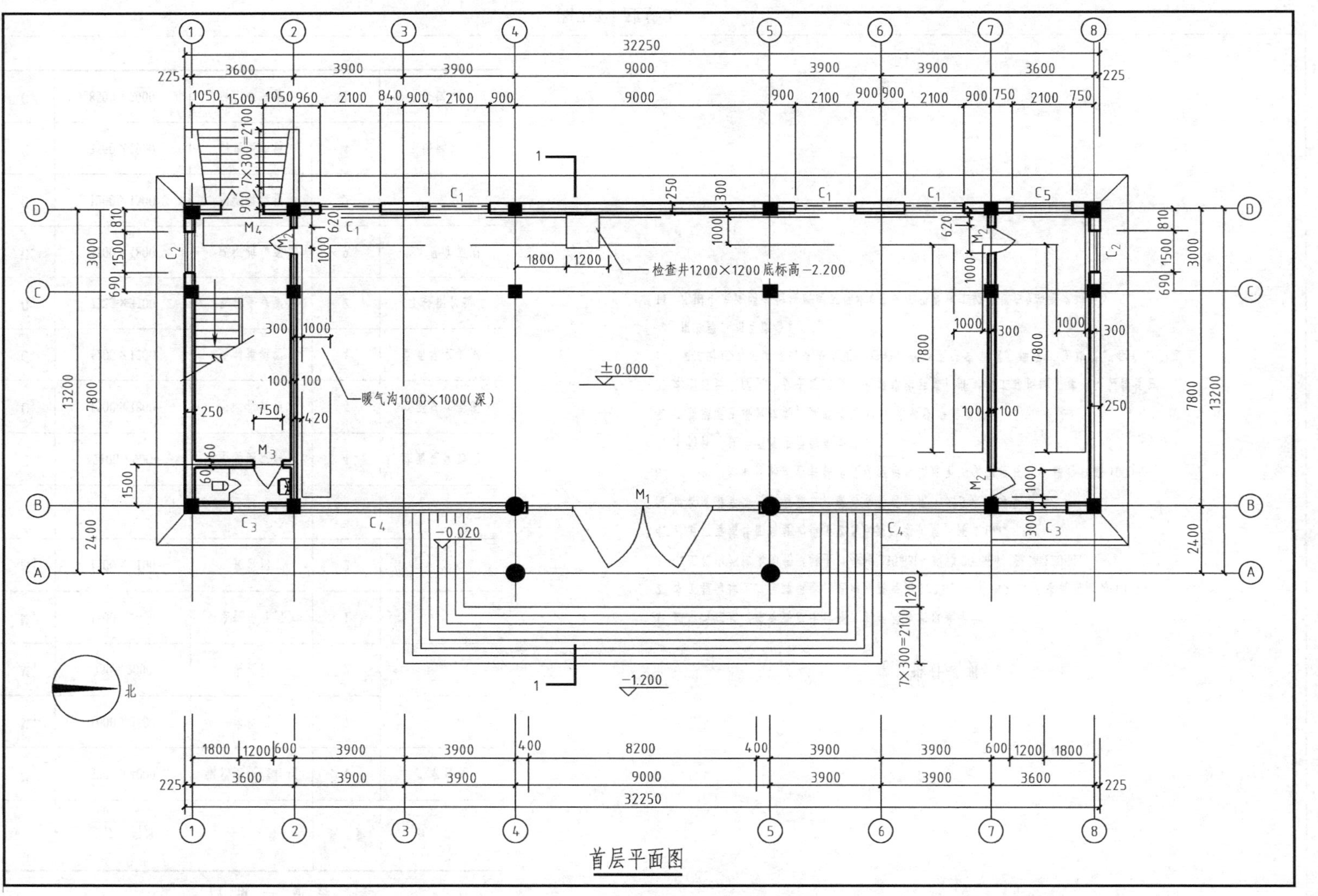
检查井1200×1200底标高−2.200
暖气沟1000×1000(深)
±0.000
−0.020
−1.200
7×300=2100
北
32250
13200
首层平面图

图7-3 建施3

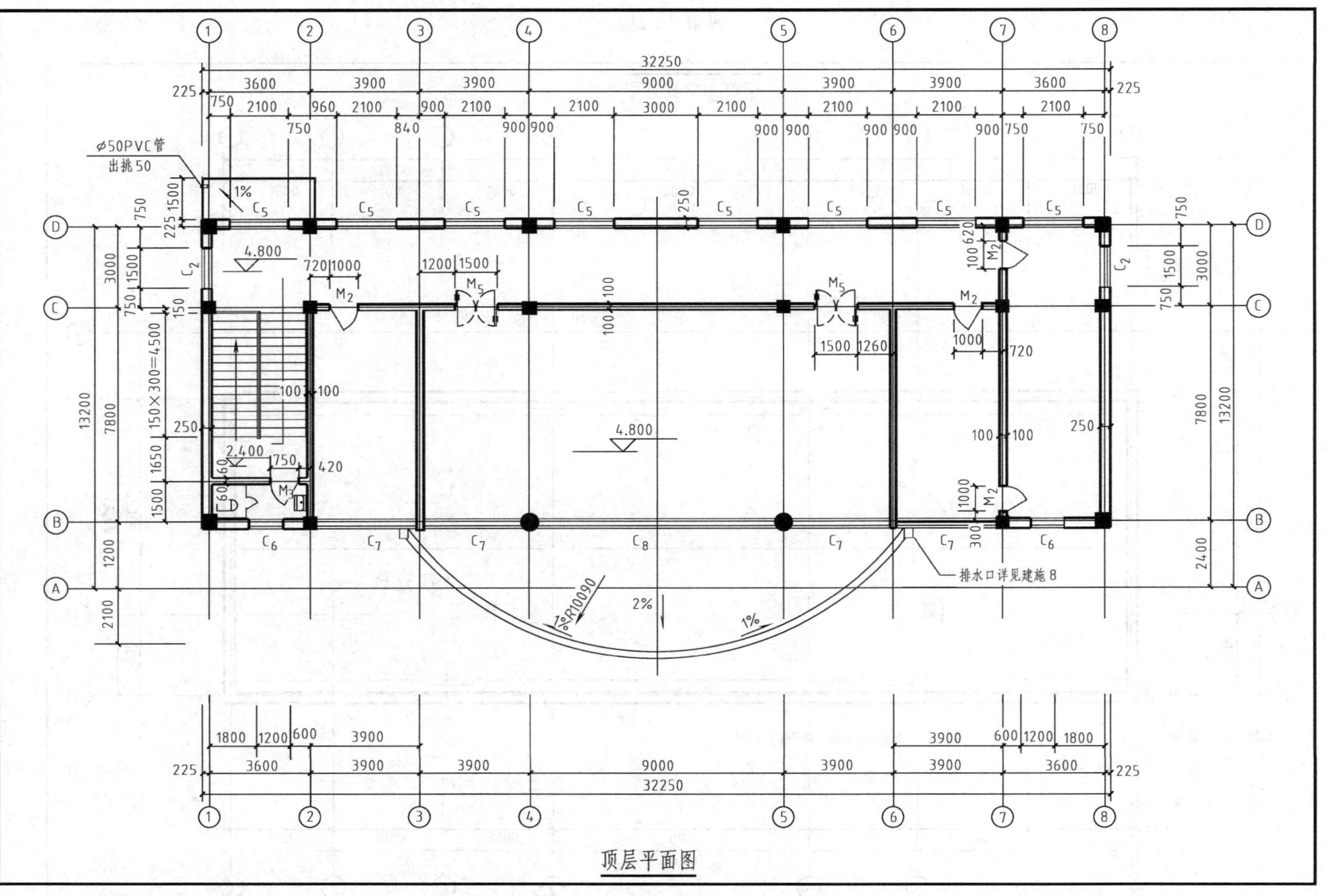
顶层平面图
ø50PVC管
出挑50
排水口详见建施 8
R10090
4.800
2.400
1%
2%
13200
32250

图7-4　建施4

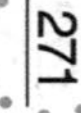

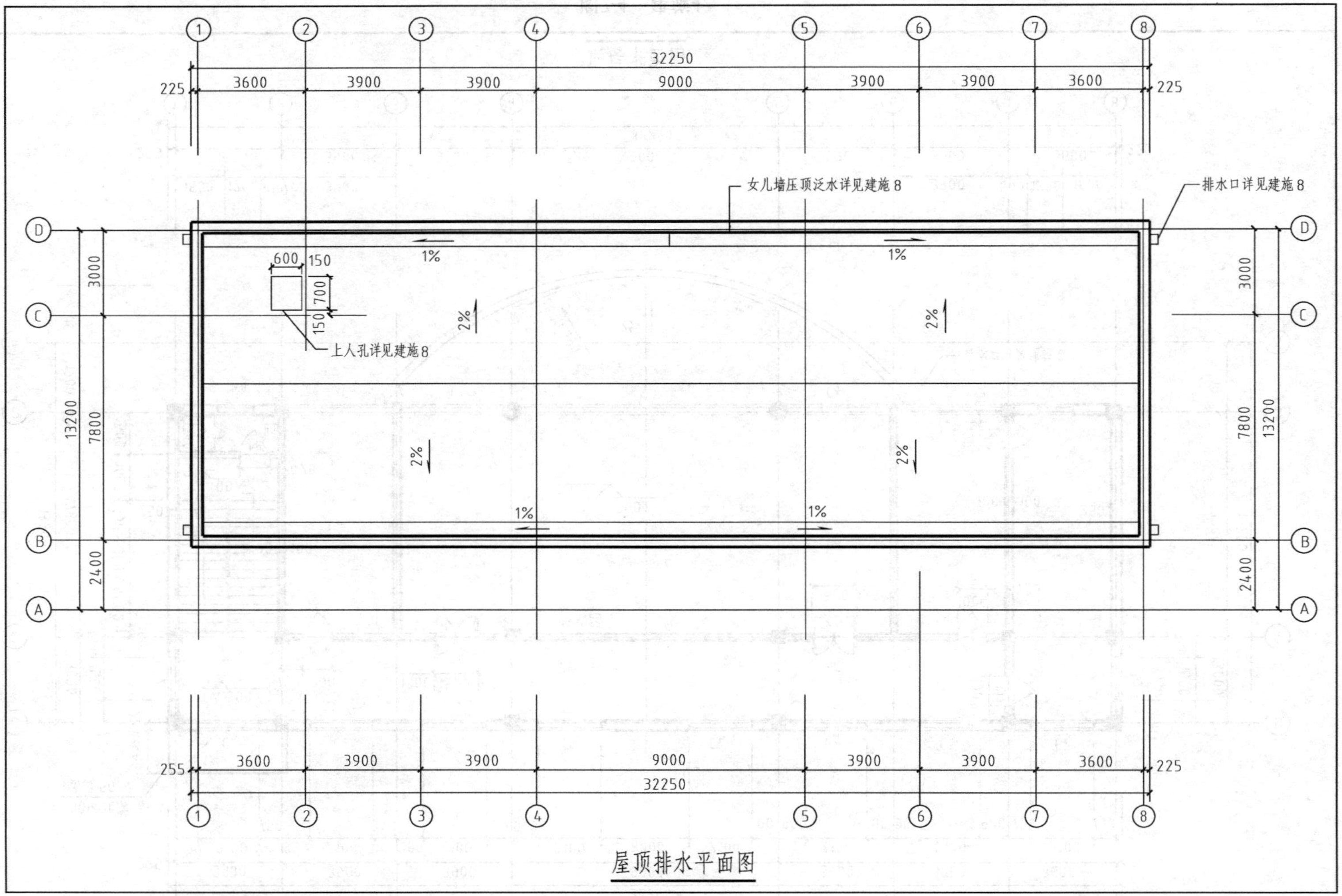

1
2
3
4
5
6
7
8
32250
225
3600
3900
3900
9000
3900
3900
3600
225
女儿墙压顶泛水详见建施 8
排水口详见建施 8
D
C
B
A
3000
7800
2400
13200
600
150
700
150
上人孔详见建施 8
1%
1%
2%
2%
2%
2%
1%
1%
255
3600
3900
3900
9000
3900
3900
3600
225
32250
屋顶排水平面图

图7-5 建施5

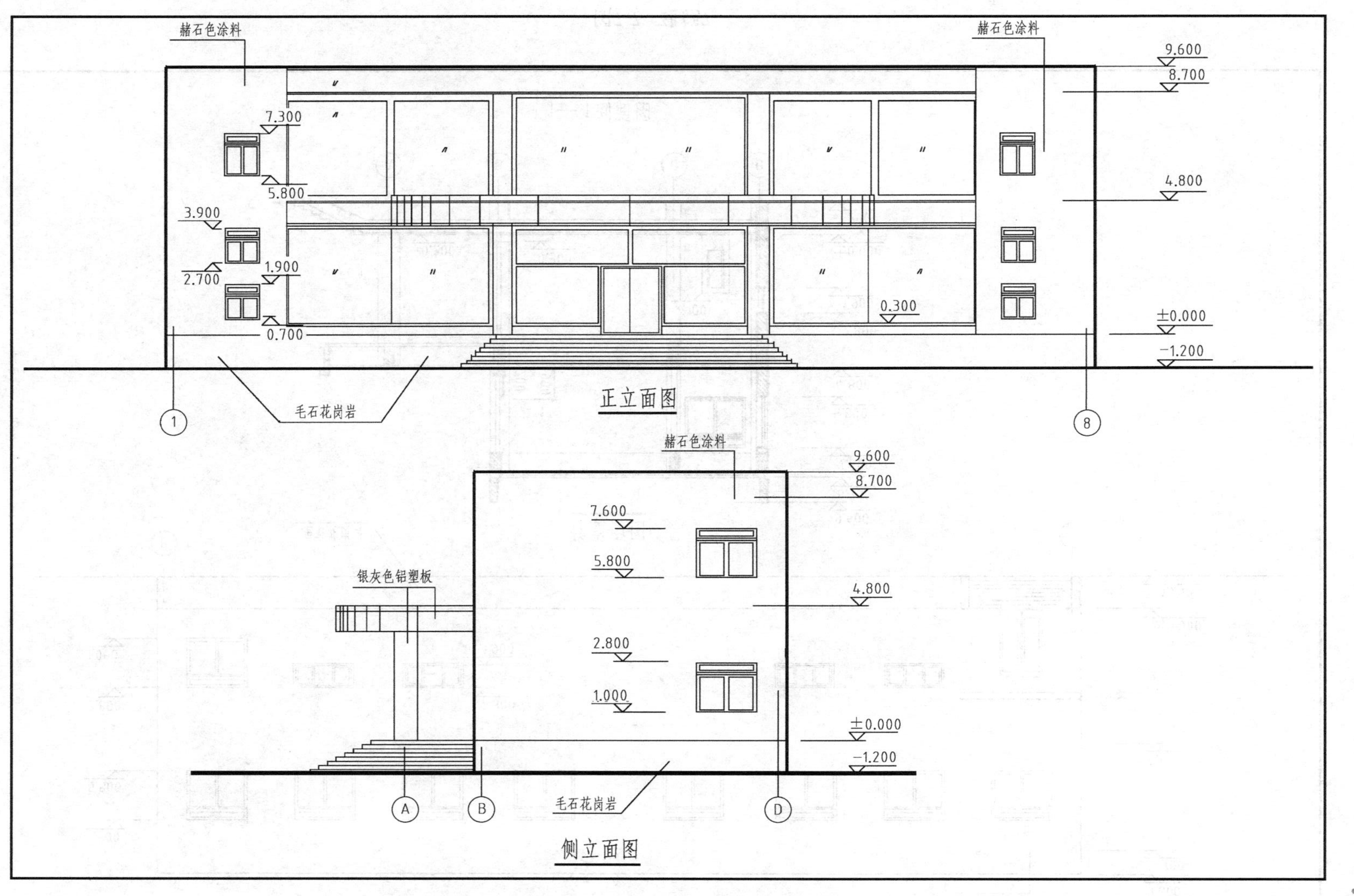

赭石色涂料
赭石色涂料
9.600
8.700
7.300
5.800
4.800
3.900
1.900
2.700
0.300
±0.000
0.700
−1.200
毛石花岗岩
正立面图
1
8
赭石色涂料
9.600
8.700
7.600
5.800
4.800
银灰色铝塑板
2.800
1.000
±0.000
−1.200
毛石花岗岩
A
B
D
侧立面图

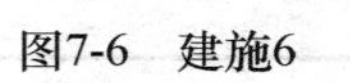
图7-6　建施6

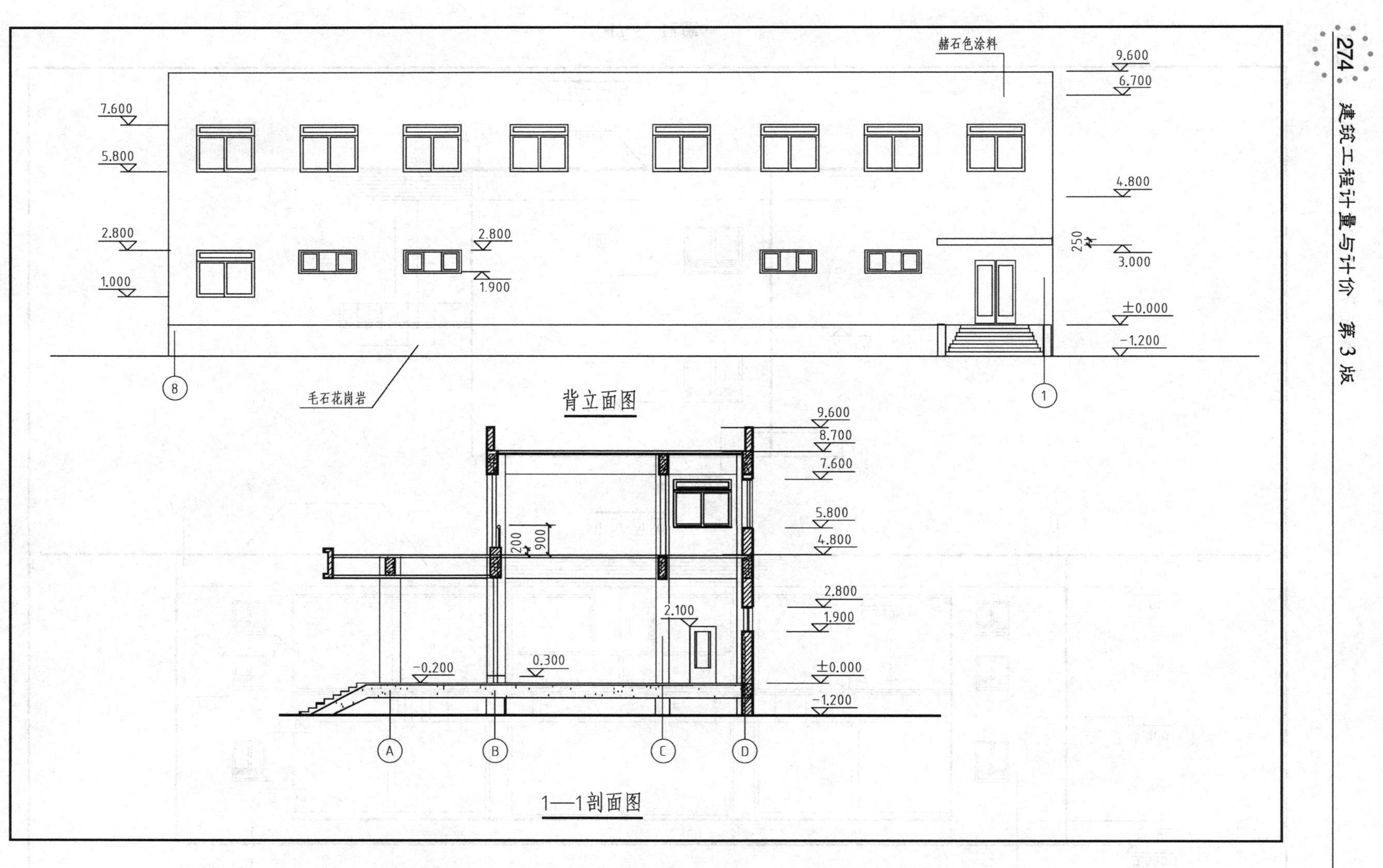

赭石色涂料
9.600
6.700
7.600
5.800
4.800
2.800
2.800
1.900
250
3.000
1.000
±0.000
-1.200
8
毛石花岗岩
背立面图
1
9.600
8.700
7.600
5.800
4.800
200
900
2.800
1.900
2.100
-0.200
0.300
±0.000
-1.200
A
B
C
D
1—1剖面图

图7-7 建施7

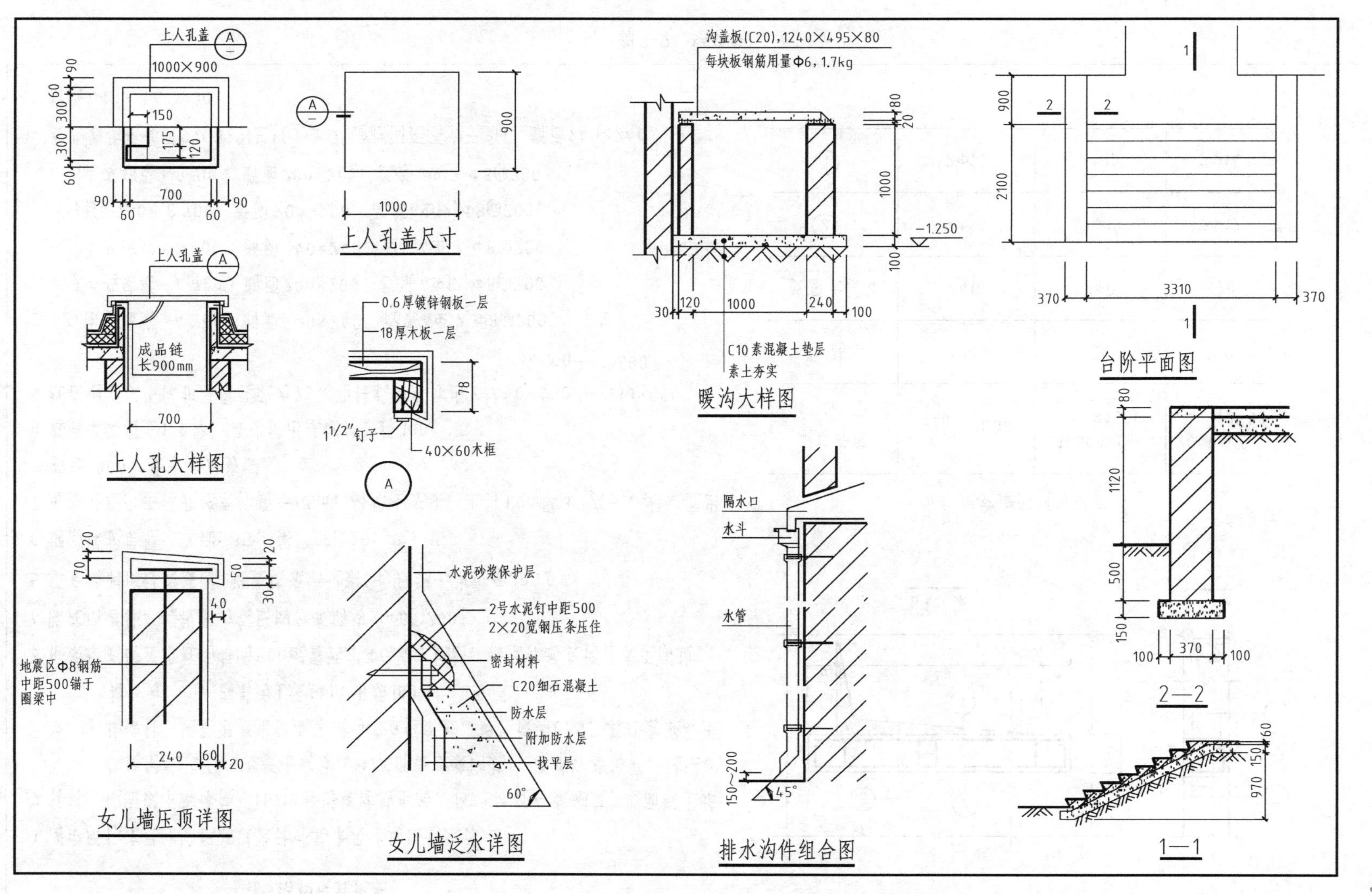
上人孔盖 1000×900
上人孔盖尺寸
沟盖板(C20),1240×495×80
每块板钢筋用量Φ6,1.7kg
C10素混凝土垫层
素土夯实
暖沟大样图
台阶平面图
上人孔盖
成品链 长900mm
上人孔大样图
0.6厚镀锌钢板一层
18厚木板一层
1 1/2"钉子
40×60木框
隔水口
水斗
水管
排水沟件组合图
2—2
地震区Φ8钢筋 中距500锚于 圈梁中
女儿墙压顶详图
水泥砂浆保护层
2号水泥钉中距500 2×20宽钢压条压住
密封材料
C20细石混凝土
防水层
附加防水层
找平层
女儿墙泛水详图
1—1

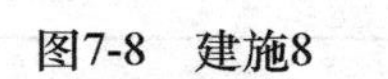
图7-8 建施8

结构设计说明

1. 图中所标注尺寸除标高以米计外其余尺寸均以毫米计。
2. 材料：地面以下墙体使用MU10普通烧结粘土砖，M7.5水泥砂浆砌筑。地面以上墙体使用A3.5加气混凝土砌块，M7.5混合砂浆砌筑。基础、基础梁、过梁、构造柱、圈梁混凝土强度等级为C20框架柱、梁、板为C25，基础素混凝土垫层为C10。钢筋为Ⅰ级(Φ)，Ⅱ级(Φ)。
3. 框架填充墙应沿柱高每隔500配置两根Φ6墙体拉筋，沿墙体通长设置或至同边。
4. 除注明者外，楼板受力钢筋的分布筋均为Φ6@200。
5. 填充墙洞顶过梁按图1设置填充墙过梁③筋统一为Φ6@200。
6. 钢筋保护层厚：基础：35；梁，柱：25；板：15。
7. 地基处理：基槽开挖至标高−3.5m，将原土夯实，上打1.0m厚3:7灰土，每边宽出基础1000，要求分层夯实。
8. 基底素混凝土100厚，每边扩出基础外边缘100。
9. 柱在地面以下保护层厚度改为75，即柱截面尺寸由Z_1 450×450—550×550

   Z_2 ϕ500—ϕ600
10. TZ_1由基础梁~4.760，断面240×240，配筋4Φ12，Φ8@200。

    TZ_2由基础梁~4.760，断面200×200，配筋4Φ12，Φ8@200。

    GZ_1由基础梁~8.700，断面240×240，配筋4Φ12，Φ8@200。

    GZ_2自4.760~8.700，断面200×200，配筋4Φ12，Φ8@200。

    GZ_3自基础梁~8.700，断面200×200，配筋4Φ12，Φ8@200。
11. 女儿墙构造参见97G329(三)③，构造柱间距不大于3m，断面240×240，配筋4Φ12，Φ6@200。

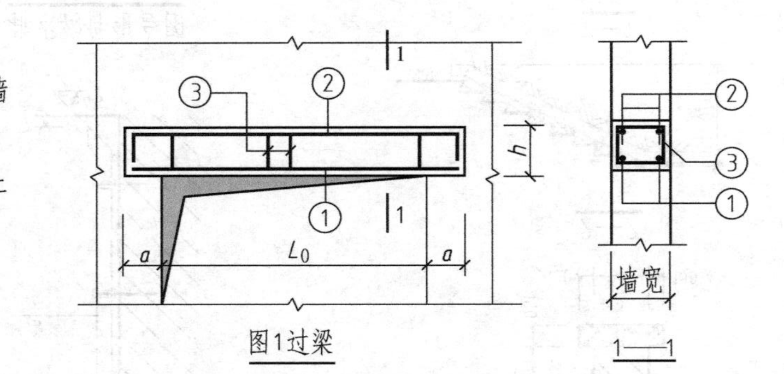

图1过梁

填充墙洞顶过梁表

洞口净跨 L_0	$L_0 \leqslant 1000$	$1000 < L_0 \leqslant 1500$	$2000 < L_0 \leqslant 2500$
梁高 h	120	120	180
支座长度 a	240	240	370
②	2Φ10	2Φ10	2Φ12
①	2Φ10	2Φ12	2Φ14

图7-9 结施1

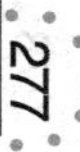

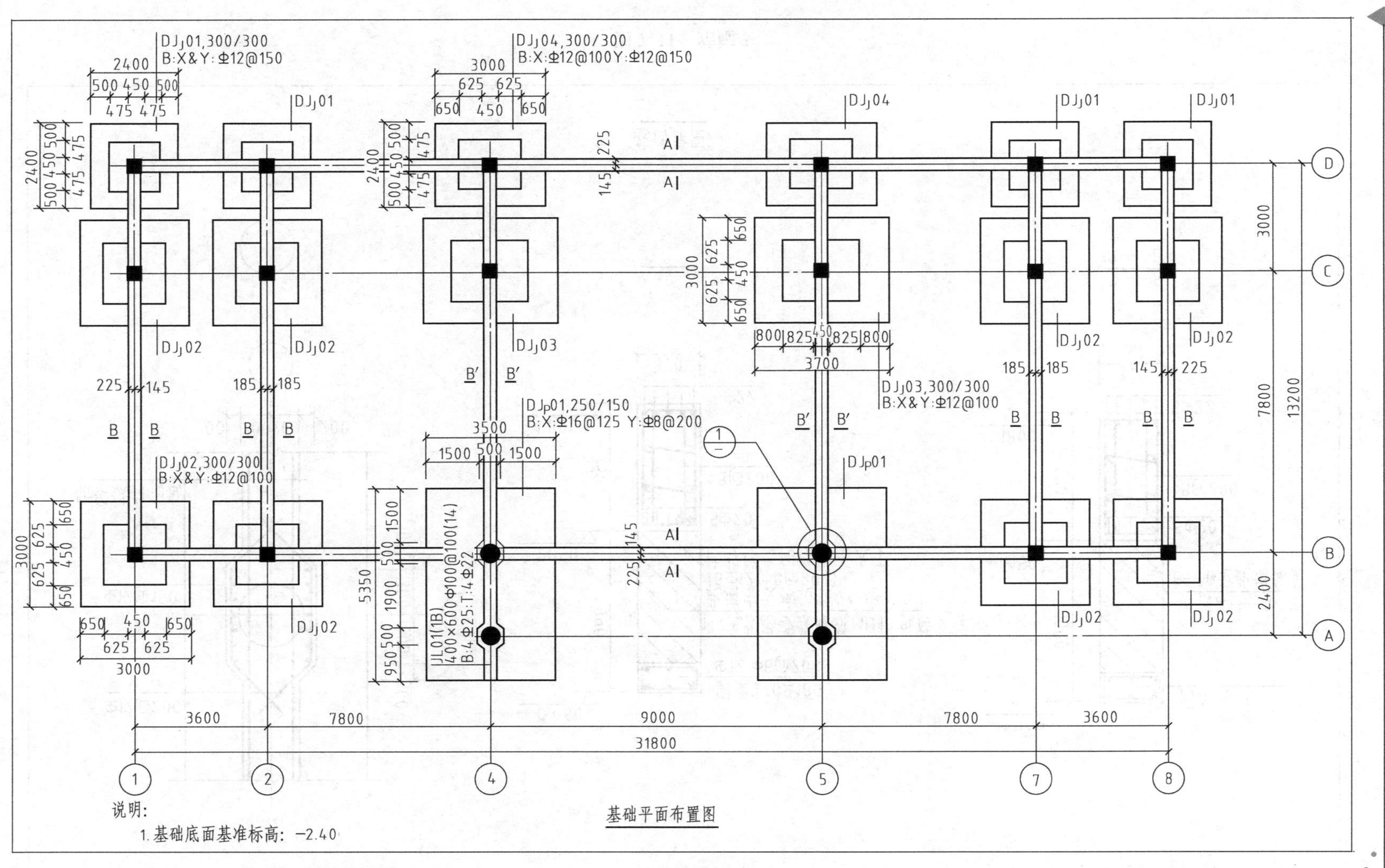

DJj01,300/300
B:X&Y:⌀12@150
DJj04,300/300
B:X:⌀12@100Y:⌀12@150
DJj02,300/300
B:X&Y:⌀12@100
DJp01,250/150
B:X:⌀16@125 Y:⌀8@200
DJj03,300/300
B:X&Y:⌀12@100
JL01(1B)
400×600⌀100@100(14)
B:4⌀25;T:4⌀22
3600
7800
9000
7800
3600
31800
3000
7800
2400
13200
说明：
1.基础底面基准标高：−2.40
基础平面布置图

图7-10 结施2

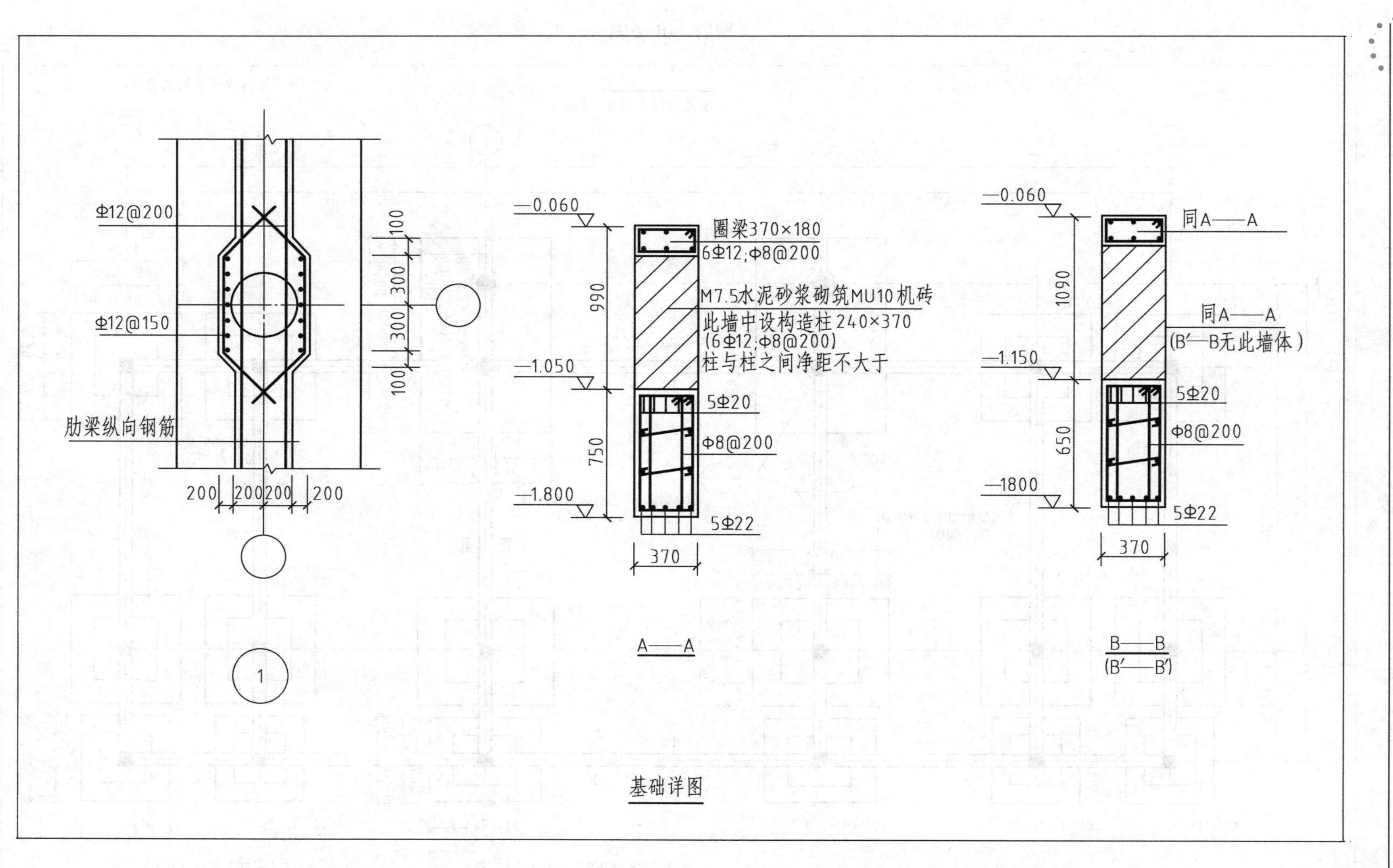

Φ12@200
Φ12@150
肋梁纵向钢筋
100
300
300
100
200
200
200
200
1
-0.060
-1.050
-1.800
990
750
圈梁370×180
6Φ12;Φ8@200
M7.5水泥砂浆砌筑MU10机砖
此墙中设构造柱 240×370
(6Φ12;Φ8@200)
柱与柱之间净距不大于
5Φ20
Φ8@200
5Φ22
370
A—A
-0.060
-1.150
-1800
1090
650
同A—A
同A—A
(B′—B无此墙体)
5Φ20
Φ8@200
5Φ22
370
B—B
(B′—B′)
基础详图

图7-11 结施3

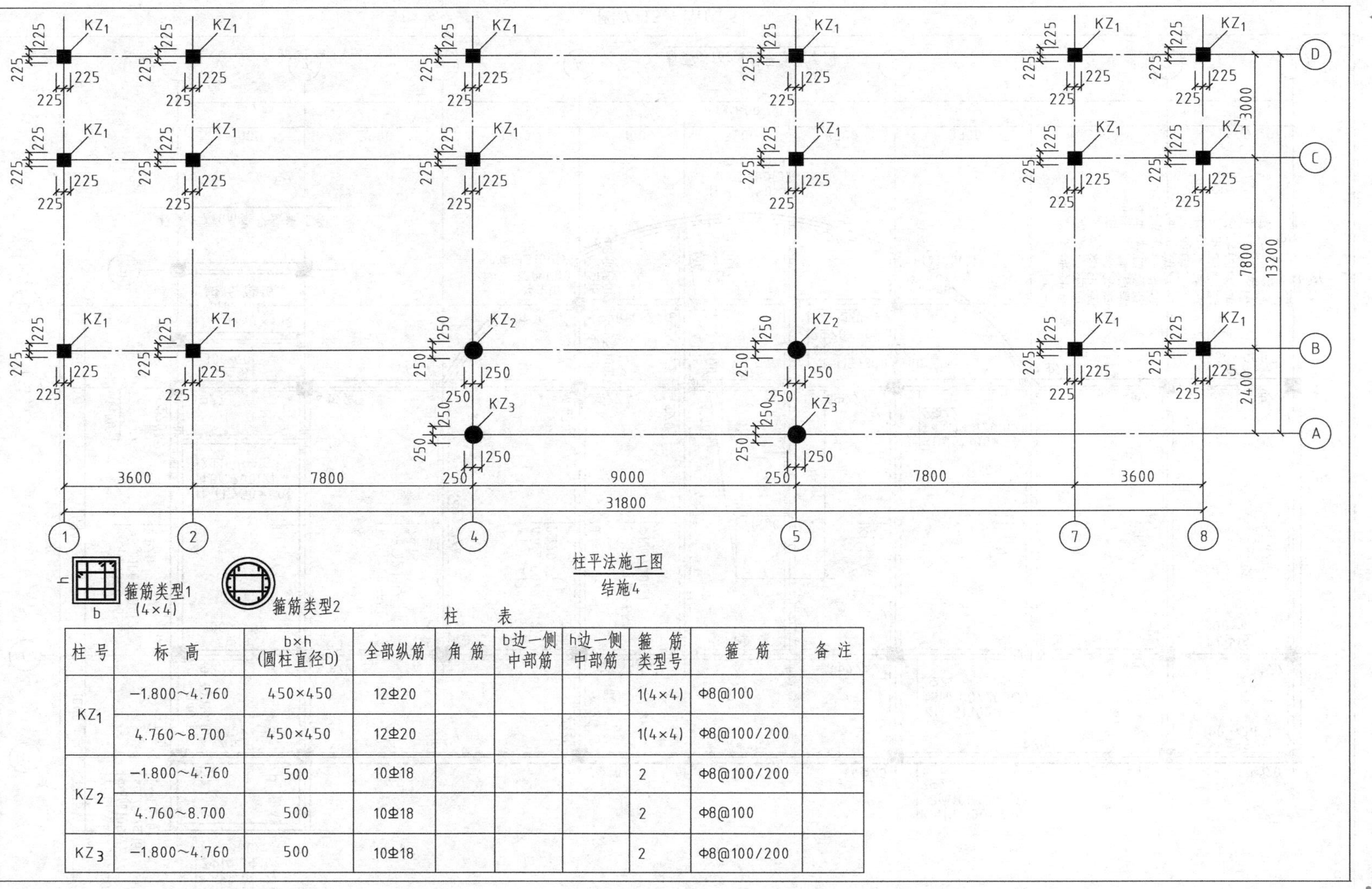

柱 表

柱号	标高	b×h (圆柱直径D)	全部纵筋	角筋	b边一侧中部筋	h边一侧中部筋	箍筋类型号	箍筋	备注
KZ1	−1.800~4.760	450×450	12Φ20				1(4×4)	Φ8@100	
	4.760~8.700	450×450	12Φ20				1(4×4)	Φ8@100/200	
KZ2	−1.800~4.760	500	10Φ18				2	Φ8@100/200	
	4.760~8.700	500	10Φ18				2	Φ8@100	
KZ3	−1.800~4.760	500	10Φ18				2	Φ8@100/200	

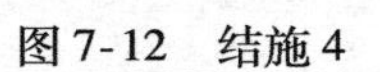
图7-12 结施4

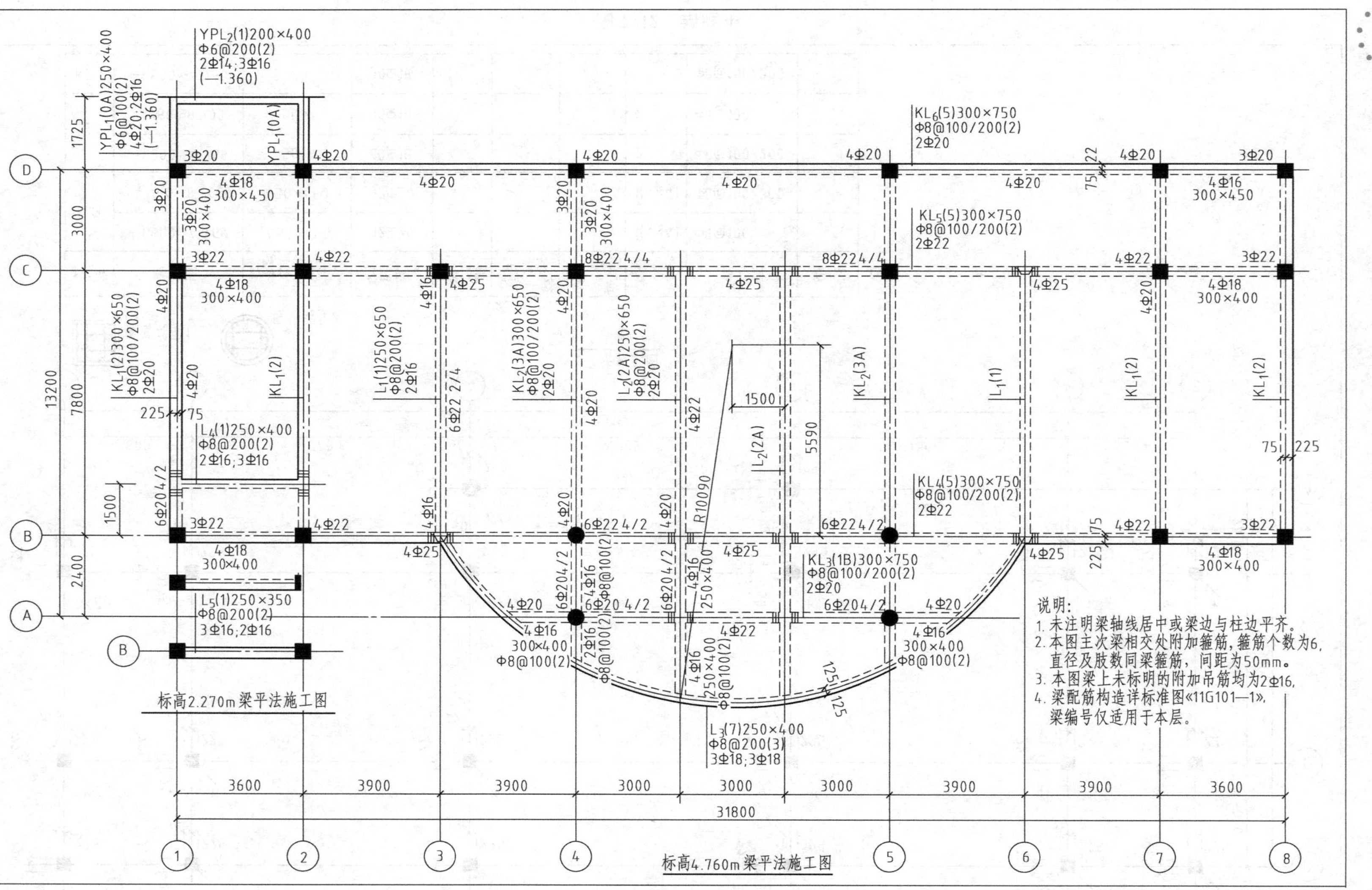
标高4.760m梁平法施工图
标高2.270m梁平法施工图
说明：
1. 未注明梁轴线居中或梁边与柱边平齐。
2. 本图主次梁相交处附加箍筋，箍筋个数为6，直径及肢数同梁箍筋，间距为50mm。
3. 本图梁上未标明的附加吊筋均为2Φ16。
4. 梁配筋构造详标准图《11G101—1》，梁编号仅适用于本层。

图 7-13 结施 5

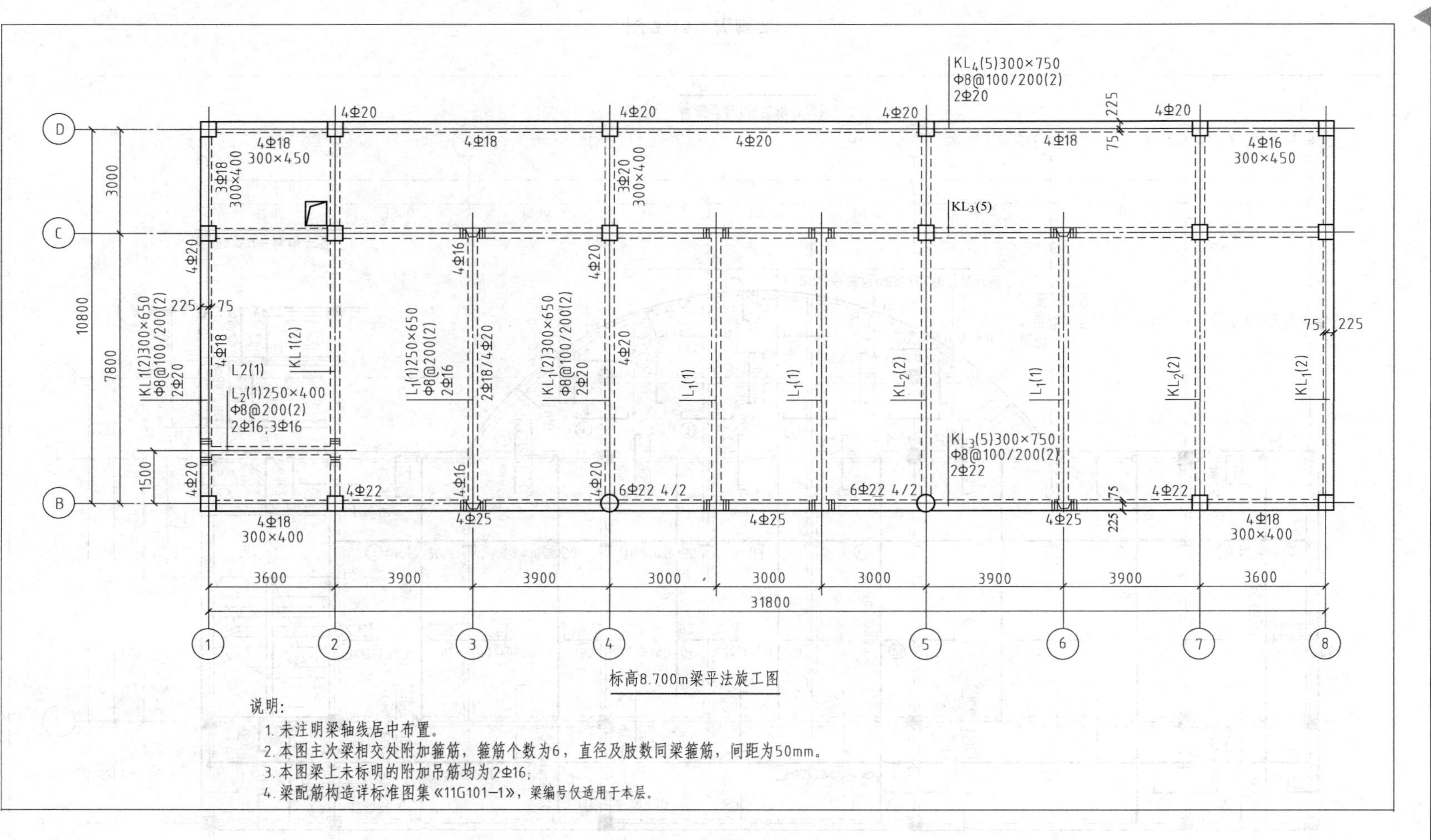

KL4(5)300×750
Φ8@100/200(2)
2Φ20
KL3(5)
KL1(2)300×650
Φ8@100/200(2)
2Φ20
L2(1)
L2(1)250×400
Φ8@200(2)
2Φ16;3Φ16
L1(1)250×650
Φ8@200(2)
2Φ16
2Φ18/4Φ20
KL1(2)
L1(1)
KL2(2)
KL1(2)
KL3(5)300×750
Φ8@100/200(2)
2Φ22
6Φ22 4/2
4Φ25
300×450
300×400
3600
3900
3900
3000
3000
3000
3900
3900
3600
31800
3000
7800
10800
1500
标高8.700m梁平法施工图
说明：
1. 未注明梁轴线居中布置。
2. 本图主次梁相交处附加箍筋，箍筋个数为6，直径及肢数同梁箍筋，间距为50mm。
3. 本图梁上未标明的附加吊筋均为2Φ16;
4. 梁配筋构造详标准图集《11G101-1》，梁编号仅适用于本层。

图 7-14 结施 6

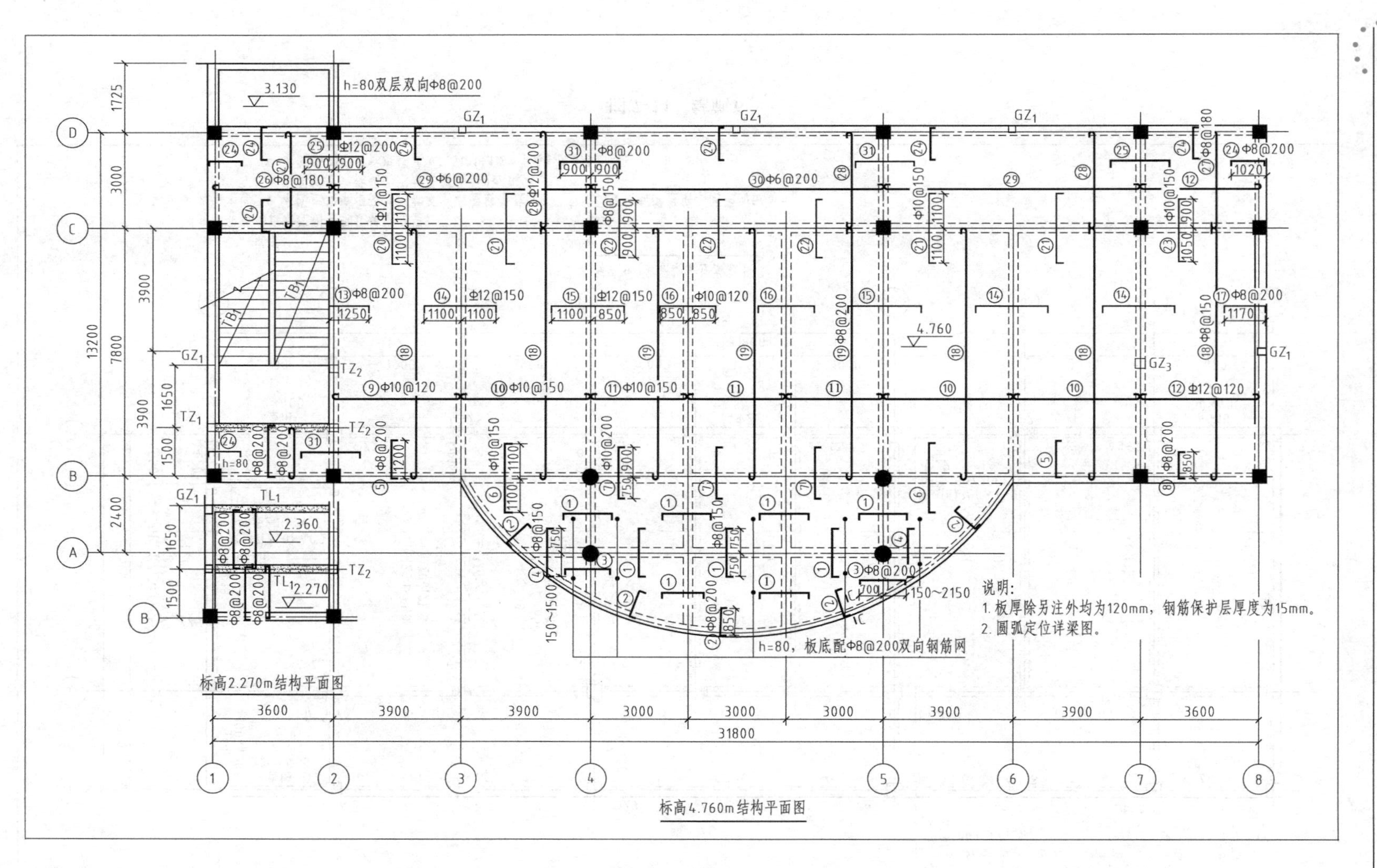
h=80双层双向Φ8@200
说明：
1. 板厚除另注外均为120mm，钢筋保护层厚度为15mm。
2. 圆弧定位详梁图。
h=80，板底配Φ8@200双向钢筋网
标高2.270m结构平面图
标高4.760m结构平面图
31800
13200

图7-15 结施7

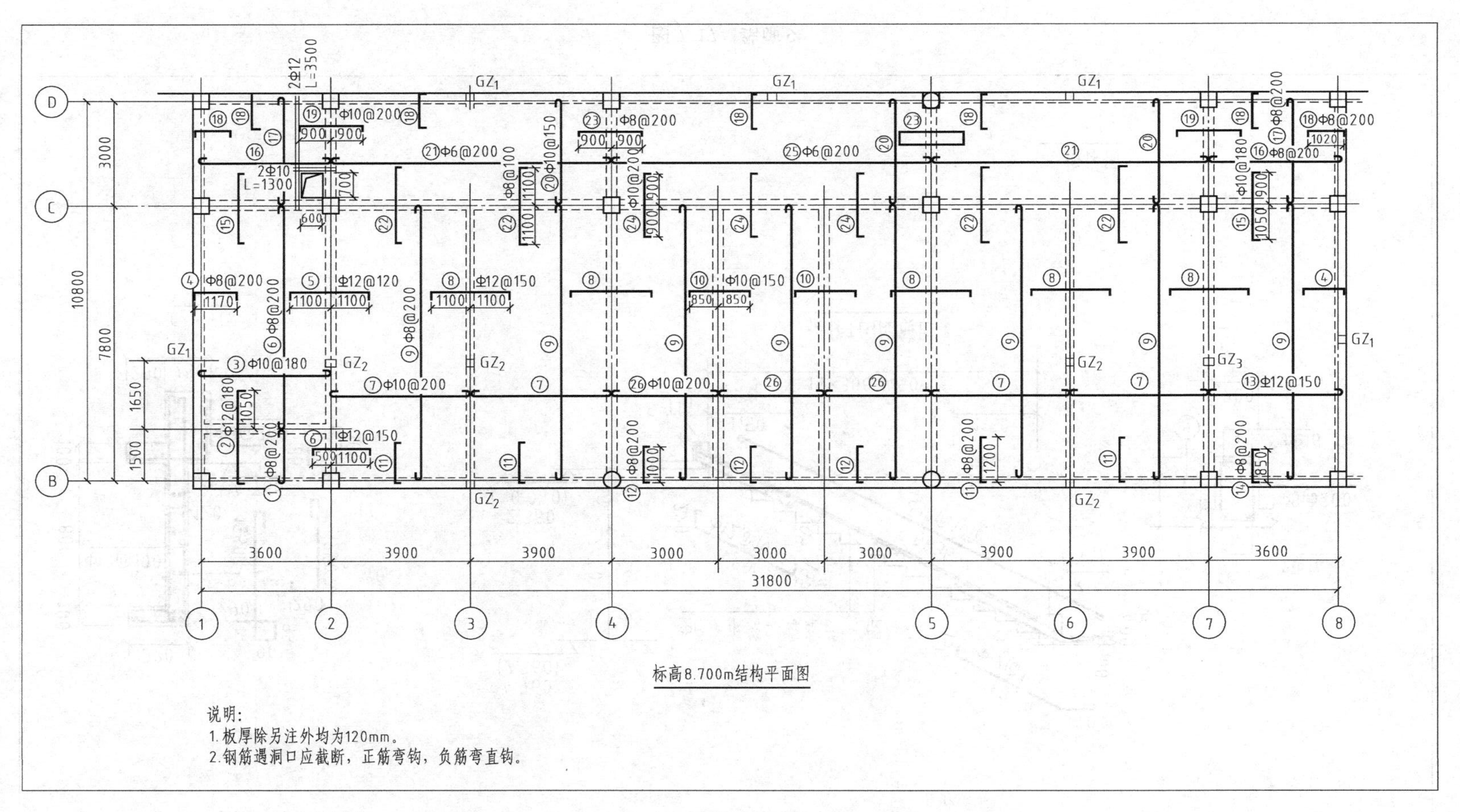
标高8.700m结构平面图
说明:
1.板厚除另注外均为120mm。
2.钢筋遇洞口应截断，正筋弯钩，负筋弯直钩。
3600
3900
3000
31800
10800
7800
1650
1500

图7-16　结施8

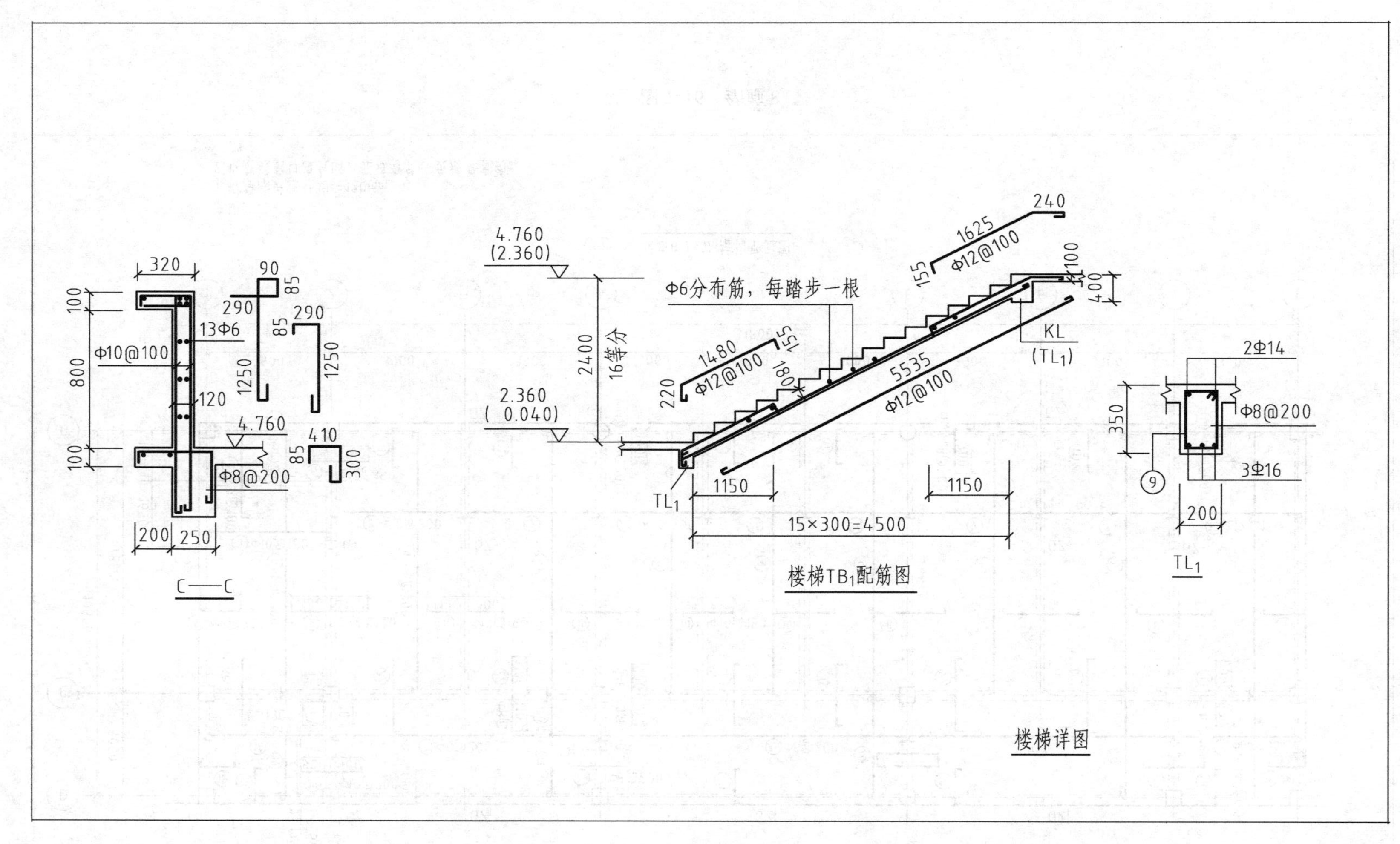
320
90
85
290
290
85
100
13Φ6
Φ10@100
800
1250
1250
120
4.760
100
85
410
300
Φ8@200
200
250
C—C
4.760
(2.360)
2.360
(0.040)
2400
16等分
Φ6分布筋，每踏步一根
240
1625
Φ12@100
155
100
400
1480
Φ12@100
155
180
220
5535
Φ12@100
KL
(TL₁)
TL₁
1150
1150
15×300=4500
楼梯TB₁配筋图
2Φ14
350
Φ8@200
3Φ16
9
200
TL₁
楼梯详图

图7-17 结施9

第二部分　××办公楼建筑及装饰装修工程工程量清单

××办公楼建筑及装饰装修工程
工 程 量 清 单

招标人：　　略　　　　　　　　　　工程造价咨询人：　　略
（单位盖章）　　　　　　　　　　　（单位资质专用章）

法定代表人或其授权人：　　略　　　　法定代表人或其授权人：　　略
（签字或盖章）　　　　　　　　　　（签字或盖章）

编　制　人：　　略　　　　　　　　复　核　人：　　略
（造价人员签字盖专用章）　　　　　（造价工程师签字盖专用章）

编制时间：　×年　×月　×日　　　　复核时间：　×年　×月　×日

总说明

工程名称：××办公楼建筑及装饰装修工程

1. 工程概况：建筑面积752.32m^2，2层，钢筋混凝土独立基础，框架结构。施工工期3个月。施工现场邻近公路，交通运输方便，拟建建筑物东70m处为城市交通道路，西100m为单位活动场所，南7m处有围墙，北65m处有已建办公楼。施工要防噪声。
2. 招标范围：全部建筑及装饰装修工程。
3. 塑钢窗由专业工程分包，为市场上的中档产品。
4. 工程质量应符合《建筑工程施工质量验收统一标准》的要求。混凝土均采用商品混凝土，外墙勒脚装饰及室内地面、墙面块料均须为合格品，乳胶漆需为市场上的中档产品。
5. 考虑施工中可能发生的设计变更或清单有误，暂列金额5万元。

分部分项工程和单价措施项目清单与计价表（建筑工程部分）

工程名称：××办公楼建筑及装饰装修工程

序号	项目编码	项目名称	项目特征描述	计量单位	工程量	金额/元		
						综合单价	合价	其中：暂估价
		A　土石方工程						
1	010101001001	平整场地	二类土，土方就地挖填找平	m^2	362.81			
2	010101003001	挖一般土方	Ⅱ类土，大面积土方开挖，3:7灰土填料，底面积为600.85m^2，挖土深度2.3m，弃土运距3km	m^3	1452.92			

（续）

序号	项目编码	项目名称	项目特征描述	计量单位	工程量	金额/元		
						综合单价	合价	其中：暂估价
		A 土石方工程						
3	010103001002	基础土方回填	回填土夯填，土方运距3km	m^3	725.25			
4	010103001003	房心土方回填	回填土分层夯填，土方运距3km	m^3	234.72			
		分部小计						
		B 地基处理与边坡支护工程						
5	010201001001	基底3:7灰土填料碾压	分层碾压，土方运距3km	m^3	600.85			
		分部小计						
		D 砌筑工程						
6	010401001001	砖基础	M7.5水泥砂浆，M10标准砖砌筑	m^3	30.45			
7	010401003001	女儿墙	M7.5混合砂浆砌筑标准砖，厚240mm	m^3	15.69			
8	010402001001	加气混凝土砌块墙	M7.5混合砂浆砌筑加气混凝土砌块外墙，厚250mm	m^3	82.89			
9		加气混凝土砌块墙	M7.5混合砂浆砌筑加气混凝土砌块内墙，厚200mm	m^3	47.18			
10		加气混凝土砌块墙	M7.5混合砂浆砌筑加气混凝土砌块内墙，厚120mm	m^3	1.31			
11	010401014001	砖地沟	地沟净宽1m、净高1m，C15素混凝土垫层，M5混合砂浆砌筑	m	55.97			
12	010401012001	零星砌砖	M5混合砂浆砌筑台阶挡墙	m^3	3.60			
		分部小计						
		E 混凝土及钢筋混凝土工程						
13	010501003001	C20独立基础	商品混凝土	m^3	65.92			
14	010501001001	C15素混凝土垫层	商品混凝土	m^3	19.16			
15	010502001001	C25矩形柱（框架柱）	商品混凝土	m^3	34.98			
16		C25矩形柱（TZ）	商品混凝土	m^3	0.72			

（续）

序号	项目编码	项目名称	项目特征描述	计量单位	工程量	金额/元		
						综合单价	合价	其中：暂估价
		E　混凝土及钢筋混凝土工程						
17	010502002003	C20 构造柱	商品混凝土	m^3	5.91			
18	010502003001	C25 圆形柱	商品混凝土	m^3	6.90			
19	010503001001	C20 基础梁	商品混凝土	m^3	31.46			
20	010503002001	C25 矩形梁	商品混凝土	m^3	58.08			
21	010503004001	C20 圈梁	商品混凝土	m^3	6.49			
22	010503006001	C25 弧形梁	商品混凝土	m^3	1.59			
23	010505003001	C25 平板	商品混凝土	m^3	84.13			
24	010505003002	C25 雨篷板	弧形，商品混凝土	m^3	4.51			
25	010505006001	C25 栏板（弧形雨篷处）	商品混凝土	m^3	1.92			
26	010505008001	C25 雨篷板	矩形，商品混凝土	m^3	0.94			
27	010506001001	C25 楼梯	商品混凝土	m^2	20.33			
28	010507005001	C25 女儿墙压顶	商品混凝土	m	85.8			
29		C25 栏板处压顶	商品混凝土	m	20.24			
30	010507004001	C15 台阶	商品混凝土	m^2	63.02			
31	010507001001	细石混凝土散水	40mm 厚 C20 细石混凝土撒 1:1 水泥砂子压实赶光，150mm 厚 3:7 灰土垫层，素土夯实，向外坡 4%，沥青砂浆嵌缝	m^2	70.15			
32	010510003001	C20 预制过梁	预制构件	m^3	2.50			
33	010512008001	C20 预制沟盖板	预制构件	m^3	5.59			
34	010515001001	现浇构件圆钢筋	$\Phi4=0.037$；$\Phi6.5=0.86$；$\Phi8=8.76$；$\Phi10=3.24$；$\Phi12=4.56$；$\Phi20=1.35$；$\Phi22=1.63$	t	20.44			
35	010515001002	现浇构件螺纹钢筋	$\underline{\Phi}12=1.06$；$\underline{\Phi}14=0.043$；$\underline{\Phi}16=1.39$；$\underline{\Phi}18=2.09$；$\underline{\Phi}20=10.08$；$\underline{\Phi}22=2.53$；$\underline{\Phi}25=2.06$	t	19.25			
36	010515001003	砌体拉结筋	圆钢筋$\Phi6.5$	t	0.43			
37	010516002001	预制构件圆钢筋$\Phi6.5$	圆钢筋$\Phi6.5$	t	0.28			

（续）

序号	项目编码	项目名称	项目特征描述	计量单位	工程量	金额/元		
						综合单价	合价	其中：暂估价
		E 混凝土及钢筋混凝土工程						
38	010516002002	预制构件螺纹钢筋	螺纹钢筋	t	2.26			
		分部小计						
		G 木结构工程						
39	010702005001	其他木构件	上人孔木盖板	m^3	0.016			
		分部小计						
		J 屋面及防水工程						
40	010902001001	屋面卷材防水	SBS改性沥青卷材防水层（带砂保护层）	m^2	363.43			
41	011101006001	屋面找平层	20mm厚1:2水泥砂浆找平层	m^2	363.43			
42	010902004001	屋面排水管	UPVC排水管	m	51.52			
		分部小计						
		K 保温、隔热、防腐工程						
43	011001001001	屋面保温	60mm厚屋面外保温聚苯乙烯泡沫塑料板	m^2	342.16			
44	011001001002	屋面找坡	1:6水泥焦渣找2%坡，最薄处30mm厚	m^2	342.16			
		分部小计						
			合 计					

分部分项工程和单价措施项目清单与计价表（装饰装修工程部分）

工程名称：××办公楼装饰装修工程

序号	项目编码	项目名称	项目特征描述	计量单位	工程量	金额/元		
						综合单价	合价	其中：暂估价
		L 楼地面装饰工程						
1	011102001001	花岗岩地面（一层地面）	20mm厚芝麻白磨光花岗岩（600mm×600mm）铺面 撒素水泥面（洒适量水） 30mm厚1:4干硬性水泥砂浆结合层 刷素水泥浆一道	m^2	334.79			
2	010501001001	混凝土垫层（一层地面）	60mm厚C15混凝土	m^3	20.09			

（续）

序号	项目编码	项目名称	项目特征描述	计量单位	工程量	金额/元		
						综合单价	合价	其中：暂估价
		L　楼地面装饰工程						
3	010404001001	灰土垫层（一层地面）	150mm 厚 3:7 灰土垫层	m^3	50.22			
4	011102001002	花岗岩台阶平台（正立面）	20mm 厚芝麻白磨光花岗（600mm×600mm）铺面 撒素水泥面（洒适量水） 30mm 厚 1:4 干硬性水泥砂浆结合层刷素水泥浆一道	m^2	36.90			
5	010501001002	混凝土垫层（平台处）	60mm 厚 C15 混凝土	m^3	2.55			
6	010404001002	灰土垫层（平台处）	150mm 厚 3:7 灰土垫层 素土夯实	m^3	6.38			
7	011102003001	地砖地面（一层卫生间）	10mm 厚瓷质耐磨地砖（300mm×300mm）楼面，干水泥擦缝 撒素水泥面（洒适量水） 20mm 厚 1:4 干硬性水泥砂浆结合层 60mm 厚 C20 细石混凝土找坡层，最薄处不小于 30mm 厚	m^2	4.92			
8	010904003001	地面涂膜防水（一层卫生间）	聚氨酯涂膜防水层 1.5～1.8mm，防水层周边卷起 150mm	m^2	6.3			
9	011101006001	平面找平层（一层卫生间）	40mm 厚 C20 细石混凝土随打随抹平	m^2	6.3			
10	010404001003	灰土垫层（一层卫生间）	150mm 厚 3:7 灰土垫层	m^3	0.74			
11	011102003002	地砖楼面（+2.270m卫生间）	10mm 厚瓷质耐磨地砖（300mm×300mm）楼面，干水泥擦缝 撒素水泥面（洒适量水） 20mm 厚 1:4 干硬性水泥砂浆结合层 60mm 厚 C20 细石混凝土找坡层，最薄处不小于 30mm 厚	m^2	4.92			
12	010904003002	楼面涂膜防水（+2.270m 卫生间）	聚氨酯涂膜防水层 1.5～1.8mm，防水层周边卷起 150mm	m^2	6.3			
13	011101006002	平面砂浆找平层（+2.270m 卫生间）	20mm 厚 1:3 水泥砂浆找平层，四周抹八字角	m^2	6.3			

（续）

序号	项目编码	项目名称	项目特征描述	计量单位	工程量	金额/元		
						综合单价	合价	其中：暂估价
		L 楼地面装饰工程						
14	011102003002	全玻磁化砖楼面	8mm 厚米黄全玻磁化砖（600mm×600mm）铺面，干水泥擦缝 撒素水泥面（洒适量水） 20mm 厚 1∶4 干硬性水泥砂浆结合层 20mm 厚 1∶3 水泥砂浆找平层 现浇混凝土楼板	m^2	303.65			
15	011101001001	水泥砂浆台阶面层（背立面台阶）	20mm 厚 1∶2.5 水泥砂浆抹面压实赶光 素水泥浆结合层一道	m^2	7.94			
16	010404001004	灰土垫层（背立面台阶处）	150mm 厚 3∶7 灰土垫层，素土夯实	m^3	0.3			
17	011101001002	水泥砂浆面层（背立面台阶平台）	20mm 厚 1∶2.5 水泥砂浆抹面压实赶光 素水泥浆结合层一道	m^2	1.99			
18	010501001003	混凝土垫层（背立面台阶平台处）	60mm 厚 C15 混凝土	m^3	0.12			
19	010404001004	灰土垫层（背立面台阶平台处）	150mm 厚 3∶7 灰土垫层，素土夯实	m^3	0.3			
20	011107001001	花岗岩台阶（正立面台阶）	30mm 厚芝麻白机刨花岗岩（350mm×1200mm）铺面，稀水泥擦缝 撒素水泥面（洒适量水） 30mm 厚 1∶4 干硬性水泥砂浆结合层，向外坡 1% 刷素水泥浆结合层一道	m^2	55.09			
21	010404001005	灰土垫层（正立面台阶处）	150mm 厚 3∶7 灰土垫层	m^3	8.58			
22	011105002001	花岗岩踢脚线（平直部分）	稀水泥擦缝 安装 12mm 厚高 120mm 花岗岩板 20mm 厚 1∶2 水泥砂浆灌贴 刷界面处理剂一道	m^2	38.51			
23	011105002002	花岗岩踢脚线（锯齿形部分）	稀水泥擦缝 安装 12mm 厚高 120mm 花岗岩板 20mm 厚 1∶2 水泥砂浆灌贴 刷界面处理剂一道	m^2	1.90			

（续）

序号	项目编码	项目名称	项目特征描述	计量单位	工程量	金额/元		
						综合单价	合价	其中：暂估价
		L　楼地面装饰工程						
24	011106001001	花岗岩楼梯面层	18mm 厚芝麻白磨光花岗岩（350mm×1200mm）铺面 Z5 强力黏结剂 20mm 厚 1:3 水泥砂浆找平	m^2	22.21			
		分部小计						
		M　墙、柱面装饰与隔断、幕墙工程						
25	011201001001	内墙抹灰	2mm 厚麻刀灰抹面 9mm 厚 1:3 石灰膏砂浆 5mm 厚 1:3:9 水泥石灰膏砂浆打底划出纹理 刷加气混凝土界面处理剂一道	m^2	1107.98			
26	011202001001	柱面抹灰	2mm 厚麻刀灰抹面 9mm 厚 1:3 石灰膏砂浆 5mm 厚 1:3:9 水泥石灰膏砂浆打底划出纹理 刷加气混凝土界面处理剂一道	m^2	16.71			
27	011201001002	外墙抹灰	6mm 厚 1:2.5 水泥砂浆找平 6mm 厚 1:1:6 水泥石灰膏打底扫毛 6mm 厚 1:0.5:4 水泥石灰膏打底扫毛 刷加气混凝土界面处理剂一道	m^2	615.71			
28	011201001003	女儿墙里侧抹水泥砂浆	8mm 厚 1:2.5 水泥砂浆抹面 10mm 厚 1:3 水泥砂浆打底扫毛 刷素水泥浆结合层一道（内掺建筑胶）	m^2	41.69			
29	011204001001	花岗岩勒脚	25mm 厚毛石花岗岩板，稀水泥浆擦缝 50mm 宽缝隙用 1:2.5 水泥砂浆灌缝用双股 18 号铜丝将花岗岩石板与横向钢筋绑牢 Φ6 双向钢筋网，纵筋与锚固筋焊牢 墙内预埋Φ6 锚固钢筋，纵横间距 500mm 左右	m^2	81.56			
30	011203001001	零星项目一般抹灰	8mm 厚 1:2.5 水泥砂浆抹面 10mm 厚 1:3 水泥砂浆打底扫毛 刷素水泥浆结合层一道（内掺建筑胶）	m^2	40.39			

（续）

序号	项目编码	项目名称	项目特征描述	计量单位	工程量	金额/元		
						综合单价	合价	其中：暂估价
		M 墙、柱面装饰与隔断、幕墙工程						
31	011203001002	台阶挡墙抹面	8mm厚1:2.5水泥砂浆抹面 10mm厚1:3水泥砂浆打底扫毛	m^2	12.83			
32	011204003001	釉面砖内墙面	白水泥擦缝 贴5mm厚釉面砖 8mm厚1:0.1:2.5水泥石灰膏砂浆结合层 10mm厚1:3水泥砂浆打底扫毛或划出纹道 刷加气混凝土界面处理剂一道（随刷随抹底灰）	m^2	38.03			
33	011208001001	铝塑板圆柱面	4mm厚双面铝塑板 3mm厚三合板板固定在木龙骨上 24mm×30mm木龙骨中距500mm	m^2	17.4			
		分部小计						
		N 天棚工程						
34	011301001001	卫生间天棚抹水泥砂浆	5mm厚1:2.5水泥砂浆抹面 5mm厚1:3水泥砂浆打底 刷素水泥浆结合层一道（内掺建筑胶）	m^2	4.92			
35	011301001002	背立面雨篷底面抹水泥砂浆	5mm厚1:2.5水泥砂浆抹面 5mm厚1:3水泥砂浆打底 刷素水泥浆结合层一道（内掺建筑胶）	m^2	5.93			
36	011301001003	天棚抹混合砂浆	5mm厚1:0.3:2.5水泥石灰膏砂浆抹面 5mm厚1:0.3:3水泥石灰膏砂浆打底扫毛 刷素水泥浆结合层一道（内掺建筑胶）	m^2	790.13			
		分部小计						
		H 门窗工程						
37	010805006001	全玻钢化自由门	洞口尺寸8200mm×4000mm	樘	1			
38	010802001001	全玻平开门门制作、安装	洞口尺寸1500mm×2400mm 刷调和漆二遍，底油一遍，满刮腻子夹板门	樘	1			

（续）

序号	项目编码	项目名称	项目特征描述	计量单位	工程量	金额/元		
						综合单价	合价	其中：暂估价
		H　门窗工程						
39	010801001001	夹板门门制作、安装	洞口尺寸1000mm×2100mm 刷调和漆二遍，底油一遍，满刮腻子	樘	7			
40	010801001002	夹板门门制作、安装	洞口尺寸750mm×2000mm 刷调和漆二遍，底油一遍，满刮腻子	樘	2			
41	010801001003	夹板门门制作、安装	洞口尺寸1500mm×2100mm 刷调和漆二遍，底油一遍，满刮腻子	樘	2			
42	010807001001	钢化全玻窗	洞口尺寸7325mm×3700mm 不锈钢包边	樘	2			
43	010807001002	钢化全玻窗	洞口尺寸3560mm×2900mm 不锈钢包边	樘	4			
44	010807001003	钢化全玻窗	洞口尺寸8500mm×2900mm 不锈钢包边	樘	1			
		分部小计						
		P　油漆、涂料、裱糊工程						
45	011407001001	内墙涂料	白色立邦乳胶漆	m^2	1107.98			
46	011407001002	柱面涂料	白色立邦乳胶漆	m^2	16.71			
47	011407001003	外墙涂料	晋龙外墙涂料	m^2	615.71			
48	011407002001	卫生间天棚涂料	白色立邦乳胶漆（抹灰基层上）	m^2	4.92			
49	011407002002	背立面雨篷底面涂料	晋龙外墙涂料	m^2	5.93			
50	011407002003	天棚涂料	白色立邦乳胶漆	m^2	790.13			
		分部小计						
		Q　其他装饰工程						
51	011506001001	雨篷铝塑板饰面（平面）	4mm厚双面铝塑板 6mm厚纤维水泥加压板固定在木龙骨上 24mm×30mm木龙骨中距500mm 混凝土雨篷	m^2	56.30			

（续）

序号	项目编码	项目名称	项目特征描述	计量单位	工程量	金额/元		
						综合单价	合价	其中：暂估价
		Q 其他装饰工程						
52	011207001001	雨篷铝塑板饰面（立面）	4mm厚双面铝塑板 6mm厚纤维水泥加压板固定在木龙骨上 24mm×30mm木龙骨中距500mm 混凝土雨篷	m^2	26.62			
53	011503001001	楼梯不锈钢栏杆扶手	楼梯栏杆高900mm	m	12.51			
54	011503001002	不锈钢防护栏杆	栏杆高700mm	m	22.75			
		分部小计						
			合计					

总价措施项目清单与计价表（一）

工程名称：××办公楼建筑及装饰装修工程

序号	项目名称	计算基础	费 率（%）	金额/元
1	安全文明施工			
2	二次搬运			
3	夜间施工			
4	大型机械设备进出场			
5	室内空气污染测试			
6	工程定位复测、工程点交、场地清理			
	合 计			

单价措施项目清单与计价表（二）

工程名称：××办公楼建筑及装饰装修工程

序号	项目编码	项目名称	项目特征描述	计量单位	工程量	金 额/元	
						综合单价	合 价
1		脚手架工程					
1.1	011701200001	主体施工外脚手架	钢管扣件式双排脚手架、搭设高度10.80m	m^2	939.60		
1.2	011701006001	主体施工满堂脚手架	钢管扣件式脚手架、一层层高4.80m	m^2	416.22		
1.3	011701006002	主体施工满堂脚手架	钢管扣件式脚手架、二层层高3.90m	m^2	362.81		
1.4	011701003001	砌筑里脚手架	承插式钢管支柱、一层层高4.80m	m^2	335.05		

（续）

序号	项目编码	项目名称	项目特征描述	计量单位	工程量	金额/元	
						综合单价	合价
1	脚手架工程						
1.5	011701003001	砌筑里脚手架	承插式钢管支柱、二层层高3.90m	m^2	374.71		
1.6	011701006003	室内装饰满堂脚手架	钢管扣件式脚手架、一层层高4.80m	m	331.68		
1.7	011701006004	室内装饰满堂脚手架	钢管扣件式脚手架、二层层高3.90m	m	329.64		
1.8	011701008001	室外装饰悬空脚手架	手动吊篮脚手架，女儿墙上平距室外设计地坪10.80m	m^2	939.60		
2	混凝土模板及支架（撑）						
2.1	011702001001	独立基础	现浇钢筋混凝土独立基础，截面如图7-10、图7-11所示	m^2	100.98		
2.2	011702005001	基础梁	现浇钢筋混凝土基础梁，截面如图7-10、图7-11所示	m^2	204.60		
2.3	011702002001	矩形柱	现浇钢筋混凝地下及一层矩形柱，Z_1截面450mm×450mm，支撑高度5.84m	m^2	173.52		
2.4	011702002002	矩形柱	现浇钢筋混凝土二层矩形柱，Z_1截面450mm×450mm，支撑高度3.82m	m^2	104.43		
2.5	011702002003	矩形柱	浇钢筋混凝土矩形柱，TZ_1截面240mm×240mm、TZ_2截面200mm×200mm	m^2	13.46		
2.6	011702004001	圆形柱	现浇钢筋混凝土一层圆形柱，Z_2、Z_3截面$D=500$mm，支撑高度5.84m	m^2	39.01		
2.7	011702004002	圆形柱	现浇钢筋混凝土一层圆形柱，Z_2截面$D=500$mm，支撑高度3.82m	m^2	10.92		
2.8	011702003001	构造柱	现浇钢筋混凝土构造柱（标高4.760m处），GZ_1截面240mm×240mm、GZ_2、GZ_3截面200mm×200mm，支撑高度5.84m	m^2	21.21		
2.9	011702003002	构造柱	现浇钢筋混凝土构造柱（标高8.700m处），GZ_1截面240mm×240mm、GZ_2、GZ_3截面200mm×200mm，支撑高度3.82m	m^2	24.14		
2.10	011702003003	构造柱	现浇钢筋混凝土构造柱（女儿墙处），截面240mm×240mm，支撑高度0.84m	m^2	13.71		

（续）

序号	项目编码	项目名称	项目特征描述	计量单位	工程量	金额/元	
						综合单价	合价
2		混凝土模板及支架（撑）					
2.11	011702006001	矩形梁	现浇钢筋混凝土一层框架梁，截面如图7-14所示，支撑高度3.39m	m^2	2.74		
2.12	011702006002	矩形梁	现浇钢筋混凝土一层框架梁，截面如图7-14所示，支撑高度5.84m	m^2	266.67		
2.13	011702006003	矩形梁	现浇钢筋混凝土二层框架梁，截面如图7-15所示，支撑高度3.82m	m^2	249.59		
2.14	011702008001	圈梁	现浇钢筋混凝土地圈梁，截面370mm×180mm	m^2	34.85		
2.15	011702010001	弧形梁	现浇钢筋混凝土雨篷出弧形梁，$1L_3$截面250mm×400mm	m^2	17.27		
2.16	011702016001	平板	现浇钢筋混凝土平板（标高2.270m处），支撑高度3.39m	m^2	4.47		
2.17	011702016002	平板	现浇钢筋混凝土一层平板（标高4.760m处），支撑高度5.84m	m^2	330.85		
2.18	011702016003	平板	现浇钢筋混凝土二层平板（标高8.700m处），支撑高度3.82m	m^2	297.17		
2.19	011702021001	栏板	现浇钢筋混凝土雨篷处弧形栏板	m^2	34.07		
2.20	011702024001	楼梯	现浇钢筋混凝土直行楼梯	m^2	20.33		
2.21	011702023001	雨篷	现浇钢筋混凝土矩形雨篷	m^2	5.93		
2.22	011702025001	其他现浇构件	现浇钢筋混凝土压顶（女儿墙处）	m^2	15.39		
2.23	011702025002	其他现浇构件	现浇钢筋混凝土压顶（弧形栏板处）	m^2	6.13		
2.24	011702027001	台阶	现浇钢筋混凝土台阶	m^2	63.02		
3		垂直运输					
3.1	011703001001	垂直运输	框架结构、檐高10.8m	m^2	752.32		

其他项目清单与计价汇总表

工程名称：××办公楼建筑及装饰装修工程　　　　第　页共　页

序号	项目名称	金额/元	结算金额/元	备注
1	暂列金额	50000		明细详见暂列金额明细表
2	暂估价	10000		
2.1	材料暂估价	—		明细详见材料暂估单价表

（续）

序号	项目名称	金 额/元	结算金额/元	备注
2.2	专业工程暂估价	10000		明细详见专业工程暂估价表
3	计日工			明细详见计日工表
4	总承包服务费			明细详见总承包服务费计价表
5				
	合 计			—

注：材料暂估单价进入清单项目综合单价，此处不汇总。

暂列金额明细表

工程名称：××办公楼建筑及装饰装修工程　　　　第　页共　页

序号	项目名称	计量单位	暂定金额/元	备注
1	工程量清单中工程量偏差和设计变更		25000	
2	政策性调整和材料价格风险		25000	
3				
4				
	合 计		**50000**	—

材料暂估单价及调整表

工程名称：××办公楼建筑及装饰装修工程　　　　第　页共　页

序号	材料名称、规格、型号	计量单位	数量		暂估/元		确认		差额±/元		备注
			暂估	确认	单价	合价	单价	合价	单价	合价	
1	600×600芝麻白花岗岩	m^2	331		150	49650					用在一层地面
2	300×300耐磨地砖	m^2	10		40	400					用在卫生间地面
3	600×600全玻磁化砖	m^2	302		90	27180					用在二层地面
4	350×1200芝麻白磨光花岗岩	m^2	77		170	13090					用在楼梯及台阶面层
5	25mm厚毛石花岗岩板	m^2	82		160	4920					用于外墙勒脚
6	5mm厚内墙釉面砖	m^2	38		60	2280					用于内墙面

注：1. 此表由招标人填写，并在备注栏说明暂估价的材料拟用在哪些清单项目上，投标人应将上述材料暂估单价计入工程量清单综合单价报价中。

2. 材料包括原材料、燃料、构配件以及按规定应计入建筑安装工程造价的设备。

专业工程暂估价与结算价表

工程名称：××办公楼建筑及装饰装修工程　　　　第　页共　页

序号	工程名称	工程内容	暂估金额/元	结算金额/元	差额±/元	备注
1	塑钢窗	制作、安装	10000			用在该办公楼所有采用塑钢窗户的清单项目中
合　计			**10000**			—

注：此表由招标人填写，投标人应将上述专业工程暂估价计入投标总价中。结算时按合同约定结算金额填写。

计日工表

工程名称：　××办公楼建筑及装饰装修工程　　　　第　页共　页

编号	项目名称	单位	暂定数量	实际数量	综合单价/元	合价	
						暂定	实际
一	人　　工						
1	普工	工日	50				
2	瓦工	工日	30				
3	抹灰工	工日	30				
人工小计							
二	材　　料						
1	42.5级矿渣水泥	kg	300				
材　料　小　计							
三	施工机械						
1	载重汽车	台班	20				
施工机械小计							
总　计							

总承包服务费计价表

工程名称：××办公楼建筑及装饰装修工程

序号	工程名称	项目价值/元	服务内容	费率（%）	金额/元
1	发包人发包专业工程	10000	1. 按专业工程承包人的要求提供施工工作面并对施工现场进行统一管理，对竣工资料进行统一整理汇总 2 为塑钢窗安装后进行补缝和找平并承担相应费用		
合　计					

规费、税金项目计价表

工程名称：　　　　　　　　　标段：　　　　　　　　　　　　　　　　第　页共　页

序号	项目名称	计算基础	计算基数	费　率（%）	金　额/元
1	规费	定额人工费			
1.1	社会保险费	定额人工费			
(1)	养老保险费	定额人工费			
(2)	失业保险费	定额人工费			
(3)	医疗保险费	定额人工费			
(4)	工伤保险费	定额人工费			
(5)	生育保险费	定额人工费			
1.2	住房公积金	定额人工费			
1.3	工程排污费	按工程所在地环境保护部门收取标准，按实计入			
2	税金	分部分项工程费＋措施项目费＋其他项目费＋规费－按规定不计税的工程设备费			
合　计					

编制人（造价人员）：　　　　　　　　　　　　　　复核人（造价工程师）：

第三部分 ××办公楼建筑及装饰装修工程工程量清单计价

总 说 明

工程名称：××办公楼建筑及装饰装修工程

1. 工程概况：建筑面积752.32m^2，2层，钢筋混凝土独立基础，框架结构。施工工期3个月。施工现场邻近公路，交通运输方便，拟建建筑物东70m处为城市交通道路，西100m处为单位活动场所，南7m处有围墙，北65m处有已建办公楼。施工要防噪声。

2. 招标范围：全部建筑及装饰装修工程。

3. 工程质量应达优良标准。考虑施工中可能发生的设计变更或清单有误，暂列金额5万元。

4. 工期：150天。

5. 招标控制价编制依据：《建设工程工程量清单计价规范》（GB 50500—2013）和《房屋建筑与装饰工程工程量计算规范》（GB 50854—2013），本工程施工图及工程量清单、施工组织设计、某省2011年建设工程计价依据等。工程量清单计价中的人工、材料、机械数量参考工程所在地消耗量定额；其人工、材料、机械的价格参考某省造价管理部门2013年9～10月公布的市场价取定。在分部分项工程费和单价措施费计价时暂不考虑风险因素。混凝土均采用商品混凝土。

6. 总价措施费按某省2011年建设工程费用定额，各费用项目的计费基础及相应费率见下表：

序号	工程项目	计费基础	费率名称（%）		
			安全文明施工费	夜间施工费	二次搬运费
1	建筑工程	直接工程费	2.25	0.15	0.15
2	装饰装修工程	直接工程费中的人工费	4.69	0.44	0.90

7. 规费费率按某省总承包的费率计算，各费用项目的计费基础及相应费率见下表：

序号	工程项目	计费基础	费率名称（%）						
			养老保险费	失业保险费	医疗保险费	工伤保险费	生育保险费	住房公积金	意义伤害保险费
1	建筑工程	直接工程费	6.58	0.32	0.96	0.16	0.10	1.36	0.16
2	装饰装修工程	直接工程费中的人工费	32.0	2.0	6.0	1.0	0.6	0.85	0.54

8. 企业管理费和利润率按某省2011年建设工程费用定额中清单计价费率标准规定，计费基础及相应费率见下表：

序号	工程项目	计费基础	费率名称（%）	
			企业管理费	利润
1	建筑工程	直接费	6.39	6.20
2	装饰装修工程	直接费中的人工费	12.00	11.50

9. 垂直运输机械采用卷扬机，脚手架采用扣件式钢管脚手架。模板采用钢木组合模板。

10. 招标控制总价为**1452843.84**元。

1. 单项工程招标控制价/投标报价汇总表

工程名称：××办公楼建筑工程、装饰装修工程

序号	单项工程名称	金额/元	其中		
			暂估价/元	安全文明施工费/元	规费/元
1	××办公楼建筑	**987326.74**	**0**	**14231.22**	**71308.49**
2	××办公楼装饰装修	**465517.10**	**111948**	**5289.26**	**54445.41**
合　计		**1452843.84**	**111948**	**19520.48**	**125753.90**

注：本表中暂估价包括分部分项中的暂估价和专业工程暂估价。

2. 单位工程招标控制价/投标报价汇总表

建筑工程招标控制价/投标报价汇总表

序号	汇总内容	金额/元	其中：暂估价/元
1	分部分项工程费	632498.08	
1.1	A 土石方工程	75415.32	
1.2	B 地基处理与边坡支护工程	74574.01	
1.3	D 砌筑工程	56878.94	
1.4	E 混凝土及钢筋混凝土工程	369925.2	
1.5	G 木结构工程	38.29	
1.6	J 屋面及防水工程	29676.98	
1.7	K 保温、隔热、防腐工程	25989.34	
2	措施项目费	179336.14	
2.1	单价措施项目费	163207.42	
2.2	总价措施项目费	16128.72	
2.2.1	其中：安全文明施工费	14231.22	
3	其他项目费	71008.2	—
3.1	暂列金额	50000	
3.2	专业工程暂估价		
3.3	计日工	21008.2	
3.4	总承包服务费		
4	规费	71308.49	—
4.1	工程排污费		—
4.2	社会保障费	60064.83	—
4.2.1	养老保险费	48673.23	—
4.2.2	失业保险费	2367.09	—
4.2.3	医疗保险费	7101.26	—
4.2.4	工伤保险费	1183.54	—

（续）

序号	汇总内容	金额/元	其中：暂估价/元
4.2.5	生育保险费	739.71	—
4.3	住房公积金	10060.12	
4.4	危险作业意外伤害保险	1183.54	
5	税金	33175.83	
	招标控制价合计=1+2+3+4+5	**987326.74**	

装饰装修工程招标控制价/投标报价汇总表

序号	汇总内容	金额/元	其中：暂估价/元
1	分部分项工程费	378129.05	111948
1.1	L楼地面装饰工程	142895.74	96616.6
1.2	M墙、柱面装饰与隔断、幕墙工程	91833.47	15331.40
1.3	N天棚工程	19109.6	
1.4	H门窗工程	48237.2	
1.5	P油漆、涂料、裱糊工程	56500.08	
1.6	Q其他装饰工程	24639.54	
2	措施项目费	6800.49	
2.1	单价措施项目费		
2.2	总价措施项目费	6800.49	
2.2.1	其中：安全文明施工费	5289.26	
3	其他项目费	10500	
3.1	暂列金额		
3.2	专业工程暂估价	10000	
3.3	计日工		
3.4	总承包服务费	500	
4	规费	54445.41	—
4.1	工程排污费		—
4.2	社会保障费	44726.09	—
4.2.1	养老保险费	34404.68	—
4.2.2	失业保险费	2150.29	—
4.2.3	医疗保险费	6450.88	—
4.2.4	工伤保险费	1075.15	—
4.2.5	生育保险费	645.09	—
4.3	住房公积金	9138.74	—
4.4	危险作业意外伤害保险	580.58	—
5	税金	15642.15	—
	招标控制价合计=1+2+3+4+5	**465517.10**	

3. 分部分项工程和单价措施项目清单与计价表

建筑工程分部分项工程和单价措施项目清单与计价表

<table>
<tr><th rowspan="3">序号</th><th rowspan="3">项目编码</th><th rowspan="3">项目名称</th><th rowspan="3">项目特征描述</th><th rowspan="3">计量单位</th><th rowspan="3">工程量</th><th colspan="3">金额/元</th></tr>
<tr><th rowspan="2">综合单价</th><th rowspan="2">合价</th><th>其中</th></tr>
<tr><th>暂估价</th></tr>
<tr><td colspan="9">A 土石方工程</td></tr>
<tr><td>1</td><td>010101001001</td><td>平整场地</td><td>二类土，土方就地挖填找平</td><td>m^2</td><td>362.81</td><td>6.02</td><td>2185.42</td><td></td></tr>
<tr><td>2</td><td>010101003001</td><td>挖一般土方</td><td>Ⅱ类土，大面积土方开挖，3∶7 灰土填料底面积为 600.85m^2，挖土深度 2.3m，弃土运距3km</td><td>m^3</td><td>1452.92</td><td>19.49</td><td>28324.61</td><td></td></tr>
<tr><td>3</td><td>010103001002</td><td>基础土方回填</td><td>回填土夯填，土方运距3km</td><td>m^3</td><td>725.25</td><td>46.78</td><td>33925.6</td><td></td></tr>
<tr><td>4</td><td>010103001003</td><td>房心土方回填</td><td>回填土分层夯填，土方运距3km</td><td>m^3</td><td>234.72</td><td>46.78</td><td>10979.69</td><td></td></tr>
<tr><td></td><td colspan="6">分部小计</td><td>75415.32</td><td></td></tr>
<tr><td colspan="9">B 地基处理与边坡支护工程</td></tr>
<tr><td>5</td><td>010201001001</td><td>基底 3∶7 灰土填料碾压</td><td>分层碾压，土方运距3km</td><td>m^3</td><td>600.85</td><td>135.08</td><td>74574.01</td><td></td></tr>
<tr><td></td><td colspan="6">分部小计</td><td>74574.01</td><td></td></tr>
<tr><td colspan="9">D 砌筑工程</td></tr>
<tr><td>6</td><td>010401001001</td><td>砖基础</td><td>M7.5 水泥砂浆，M10 标准砖砌筑</td><td>m^3</td><td>30.45</td><td>124.11</td><td>74574.01</td><td></td></tr>
<tr><td>7</td><td>010401003001</td><td>女儿墙</td><td>M7.5 混合砂浆砌筑标准砖，厚240mm</td><td>m^3</td><td>15.69</td><td>261.47</td><td>7961.73</td><td></td></tr>
<tr><td>8</td><td rowspan="3">010402001001</td><td>加气混凝土砌块墙</td><td>M7.5 混合砂浆砌筑加气混凝土砌块外墙，厚250mm</td><td>m^3</td><td>82.89</td><td>139.49</td><td>7807.36</td><td></td></tr>
<tr><td>9</td><td>加气混凝土砌块墙</td><td>M7.5 混合砂浆砌筑加气混凝土砌块内墙，厚200mm</td><td>m^3</td><td>47.18</td><td>269.88</td><td>22370.1</td><td></td></tr>
<tr><td>10</td><td>加气混凝土砌块墙</td><td>M7.5 混合砂浆砌筑加气混凝土砌块内墙，厚120mm</td><td>m^3</td><td>1.31</td><td>269.88</td><td>12732.8</td><td></td></tr>
<tr><td>11</td><td>010401014001</td><td>砖地沟</td><td>地沟净宽 1m、净高 1m，C15 素混凝土垫层，M5 混合砂浆砌筑</td><td>m</td><td>55.97</td><td>269.88</td><td>353.54</td><td></td></tr>
<tr><td>12</td><td>010401012001</td><td>零星砌砖</td><td>M5 混合砂浆砌筑台阶挡墙</td><td>m^3</td><td>3.6</td><td>285.96</td><td>4486.78</td><td></td></tr>
<tr><td></td><td colspan="6">分部小计</td><td>56878.94</td><td></td></tr>
</table>

（续）

序号	项目编码	项目名称	项目特征描述	计量单位	工程量	金额/元		
						综合单价	合价	其中
								暂估价
		E 混凝土及钢筋混凝土工程						
13	010501003001	C20 独立基础	商品混凝土	m^3	65.92	251.06	4810.25	
14	010501001001	C15 素混凝土垫层	商品混凝土	m^3	19.16	269.54	17768.08	
15	010502001001	C25 矩形柱（框架柱）	商品混凝土	m^3	34.98	309.18	10814.98	
16		C25 矩形柱（TZ）	商品混凝土	m^3	0.72	309.18	222.61	
17	010502002003	C20 构造柱	商品混凝土	m^3	5.91	297.29	1756.99	
18	010502003001	C25 圆形柱	商品混凝土	m^3	6.90	308.93	2131.59	
19	010503001001	C20 基础梁	商品混凝土	m^3	31.46	270.66	8514.87	
20	010503002001	C25 矩形梁	商品混凝土	m^3	58.08	296.51	17221.3	
21	010503004001	C20 圈梁	商品混凝土	m^3	6.49	288.33	1871.23	
22	010503006001	C25 弧形梁	商品混凝土	m^3	1.59	309.67	492.37	
23	010505003001	C25 平板	商品混凝土	m^3	84.13	298.43	25106.92	
24	010505003002	C25 雨篷板	弧形，商品混凝土	m^3	4.51	343.43	1548.88	
25	010505006001	C25 栏板（弧形雨篷处）	商品混凝土	m^3	1.92	385.11	739.41	
26	010505008001	C25 雨篷板	矩形，商品混凝土	m^3	0.94	343.44	322.83	
27	010506001001	C25 楼梯	商品混凝土	m^2	20.33	78.96	1605.18	
28	010507005001	C25 女儿墙压顶	商品混凝土	m	85.8	49.06	3441.76	
29		C25 栏板处压顶	商品混凝土	m	20.24	45.86	2889.91	
30	010507004001	C15 台阶	商品混凝土	m^2	63.02	361.82	31044.07	
31	010507001001	细石混凝土散水	40mm 厚 C20 细石混凝土撒 1:1 水泥砂子压实赶光，150mm 厚 3:7 灰土垫层，素土夯实，向外坡 4%，沥青砂浆嵌缝	m^2	70.15	362.54	7323.22	
32	010510003001	C20 预制过梁	预制构件	m^3	2.5	790.64	1976.61	
33	010512008001	C20 预制沟盖板	预制构件	m^3	5.59	779.47	4357.24	

（续）

序号	项目编码	项目名称	项目特征描述	计量单位	工程量	金额/元		
						综合单价	合价	其中
								暂估价
		E 混凝土及钢筋混凝土工程						
34	010515001001	现浇构件圆钢筋	Φ4 = 0.037；Φ6.5 = 0.86；Φ8 = 8.76；Φ10 = 3.24；Φ12 = 4.56；Φ20 = 1.35；Φ22 = 1.63	t	20.44	5370.85	109780.09	
35	010515001002	现浇构件螺纹钢筋	Φ12 = 1.06；Φ14 = 0.043；Φ16 = 1.39；Φ18 = 2.09；Φ20 = 10.08；Φ22 = 2.53；Φ25 = 2.06	t	19.25	5122.7	98612.05	
36	010515001003	砌体拉结筋	圆钢筋Φ6.5	t	0.43	5556.6	2389.34	
37	010516002001	预制构件圆钢筋Φ6.5	圆钢筋Φ6.5	t	0.28	5848.46	1637.57	
38	010516002002	预制构件螺纹钢筋	螺纹钢筋		2.26	5108.78	11545.85	
		分部小计					**369925.20**	
		G 木结构工程						
39	010702005001	其他木构件	上人孔木盖板		0.016	2393.13	38.29	
		分部小计					**38.29**	
		J 屋面及防水工程						
40	010902001001	屋面卷材防水	SBS改性沥青卷材防水层（带砂保护层）	m^2	363.43	63.24	22983.64	
41	011101006002	屋面找平层	20mm厚1:2水泥砂浆找平层	m^2	363.43	12.46	4530.08	
42	010902004001	屋面排水管	UPVC排水管		51.52	41.99	2163.26	
		分部小计					**29676.98**	
		K 保温、隔热、防腐工程						
	011001001001	屋面保温	60mm厚屋面外保温聚苯乙烯泡沫塑料板	m^2	342.16	59.92	20501.2	
43	011001001002	屋面找坡	1:6水泥焦渣找2%坡，最薄处30mm厚	m^2	342.16	16.04	5488.14	
		分部小计					**25989.34**	
			合计				**632498.08**	

装饰装修工程分部分项工程清单与计价表

序号	项目编码	项目名称	项目特征描述	计量单位	工程量	金额/元		
						综合单价	合价	其中 暂估价
		L 楼地面装饰工程						
1	011102001001	花岗岩地面（一层地面）	20mm厚芝麻白磨光花岗岩（600mm×600mm）铺面 撒素水泥面（洒适量水） 30mm厚1∶4干硬性水泥砂浆结合层 刷素水泥浆一道	m^2	334.79	181.72	60836.8	50218.5
2	010501001001	混凝土垫层（一层地面）	60mm厚C15混凝土	m^3	20.09	320.99	6448.75	
3	010404001001	灰土垫层（一层地面）	150mm厚3∶7灰土垫层	m^3	50.22	104.95	5270.59	
4	011102001002	花岗岩台阶平台（正立面）	20mm厚芝麻白磨光花岗（600mm×600mm）铺面 撒素水泥面（洒适量水） 30mm厚1∶4干硬性水泥砂浆结合层 刷素水泥浆一道	m^2	36.9	184.72	61841.17	5535
5	010501001002	混凝土垫层（平台处）	60mm厚C15混凝土	m^3	2.55	320.99	818.53	
6	010404001002	灰土垫层（平台处）	150mm厚3∶7灰土垫层 素土夯实	m^3	6.38	104.95	669.58	
7	011102003001	地砖地面（一层卫生间）	10mm厚瓷质耐磨地砖（300mm×300mm）楼面，干水泥擦缝 素水泥面（洒适量水） 20mm厚1∶4干硬性水泥砂浆结合层 60mm厚C20细石混凝土找坡层，最薄处不小于30mm厚	m^2	4.92	93.09	458	196.8
8	010904003001	地面涂膜防水（一层卫生间）	聚氨酯涂膜防水层1.5~1.8mm，防水层周边卷起150mm	m^2	6.3	52.7	332.04	
9	011101006001	平面找平层（一层卫生间）	40mm厚C20细石混凝土随打随抹平	m^2	6.3	18.17	114.48	
10	010404001003	灰土垫层（一层卫生间）	150mm厚3∶7灰土垫层	m^3	0.74	104.95	77.66	

（续）

序号	项目编码	项目名称	项目特征描述	计量单位	工程量	金额/元		
						综合单价	合价	其中
								暂估价
		L　楼地面装饰工程						
11	011102003002	地砖楼面（+2.270m 卫生间）	10mm 厚瓷质耐磨地砖（300mm×300mm）楼面，干水泥擦缝 撒素水泥面（洒适量水） 20mm 厚 1:4 干硬性水泥砂浆结合层 60mm 厚 C20 细石混凝土找坡层，最薄处不小于 30mm 厚	m^2	4.92	93.09	458	196.8
12	010904003002	楼面涂膜防水（+2.270m 卫生间）	聚氨酯涂膜防水层 1.5~1.8mm，防水层周边卷起 150mm	m^2	6.3	52.7	332.04	
13	011101006002	平面砂浆找平层（+2.270m 卫生间）	20mm 厚 1:3 水泥砂浆找平层，四周抹八字角	m^2	6.3	12.07	76.05	
14	011102003002	全玻磁化砖楼面	8mm 厚米黄全玻磁化砖（600mm×600mm）铺面，干水泥擦缝 撒素水泥面（洒适量水） 20mm 厚 1:4 干硬性水泥砂浆结合层 20mm 厚 1:3 水泥砂浆找平层现浇混凝土楼板	m^2	303.65	120.26	36517.56	27328.5
15	011101001001	水泥砂浆台阶面层（背立面台阶）	20mm 厚 1:2.5 水泥砂浆抹面压实赶光 素水泥浆结合层一道	m^2	7.94	60.74	482.27	
16	010404001004	灰土垫层（背立面台阶处）	150mm 厚 3:7 灰土垫层，素土夯实	m^3	0.3	104.97	31.49	
17	011101001002	水泥砂浆面层（背立面台阶平台）	20mm 厚 1:2.5 水泥砂浆抹面压实赶光 素水泥浆结合层一道	m^2	1.99	12.07	24.02	
18	010501001003	混凝土垫层（背立面台阶平台处）	60mm 厚 C15 混凝土	m^3	0.12	321	38.52	
19	010404001004	灰土垫层（背立面台阶平台处）	150mm 厚 3:7 灰土垫层，素土夯实	m^3	0.3	104.97	31.49	

（续）

序号	项目编码	项目名称	项目特征描述	计量单位	工程量	金额/元		
						综合单价	合价	其中
								暂估价
		L 楼地面装饰工程						
20	011107001001	花岗岩台阶（正立面台阶）	30mm厚芝麻白机刨花岗岩（350mm×1200mm）铺面，稀水泥擦缝 撒素水泥面（洒适量水） 30mm厚1:4干硬性水泥砂浆结合层，向外坡1% 刷素水泥浆结合层一道	m^3	55.09	204.02	11239.42	9365.3
21	010404001005	灰土垫层（正立面台阶处）	150mm厚3:7灰土垫层	m^3	8.58	104.95	900.47	
22	011105002001	花岗岩踢脚线（平直部分）	稀水泥擦缝 安装12mm厚120mm高花岗岩板 20mm厚1:2水泥砂浆灌贴 刷界面处理剂一道	m^2	38.51	155.11	5973.38	
23	011105002002	花岗岩踢脚线（锯齿形部分）	稀水泥擦缝 安装12mm厚120mm高花岗岩板 20mm厚1:2水泥砂浆灌贴 刷界面处理剂一道	m^2	1.9	155.11	294.71	
24	011106001001	花岗岩楼梯面层	18mm厚芝麻白磨光花岗岩（350mm×1200mm）铺面 Z5强力黏结剂 20mm厚1:3水泥砂浆找平	m^2	22.21	214.52	4764.56	3775.7
		分部小计					**142895.74**	**96616.6**
		M墙、柱面装饰与隔断、幕墙工程						
25	011201001001	内墙抹灰	2mm厚麻刀灰抹面 9mm厚1:3石灰膏砂浆 5mm厚，1:3:9水泥石灰膏砂浆打底划出纹理 刷加气混凝土界面处理剂一道	m^2	1107.98	44.91	49755.39	
26	011202001001	柱面抹灰	2mm厚麻刀灰抹面 9mm厚1:3石灰膏砂浆 5mm厚1:3:9水泥石灰膏砂浆打，底划出纹理 刷加气混凝土界面处理剂一道	m^2	16.71	44.91	750.39	

（续）

序号	项目编码	项目名称	项目特征描述	计量单位	工程量	金额/元		
						综合单价	合价	其中
								暂估价
		M 墙、柱面装饰与隔断、幕墙工程						
27	011201001002	外墙抹灰	6mm 厚 1∶2.5 水泥砂浆找平 6mm 厚 1∶1∶6 水泥石灰膏打底扫毛 6mm 厚 1∶0.5∶4 水泥石灰膏打底扫毛 刷加气混凝土界面处理剂一道	m^2	615.71	21.48	13223.54	
28	011201001003	女儿墙里侧抹水泥砂浆	8mm 厚 1∶2.5 水泥砂浆抹面 10mm 厚 1∶3 水泥砂浆打底扫毛 刷素水泥浆结合层一道（内掺建筑胶）	m^2	41.69	19.09	795.71	
29	011204001001	花岗岩勒脚	25mm 厚毛石花岗岩板，稀水泥浆擦缝 50mm 宽缝隙用1∶2.5水泥砂浆灌缝，用双股 18 号铜丝将花岗岩石板与横向钢筋绑牢 Φ6 双向钢筋网，纵筋与锚固筋焊牢 墙内预埋Φ6 锚固钢筋，纵横间距 500mm 左右	m^2	81.56	246.39	20095.88	13049.6
30	011203001001	零星项目一般抹灰	8mm 厚 1∶2.5 水泥砂浆抹面 10mm 厚 1∶3 水泥砂浆打底扫毛 刷素水泥浆结合层一道（内掺建筑胶）	m^2	40.39	22.08	891.72	
31	011203001002	台阶挡墙抹面	8mm 厚 1∶2.5 水泥砂浆抹面 10mm 厚 1∶3 水泥砂浆打底扫毛	m^2	12.83	19.09	244.88	
32	011204003001	釉面砖内墙面	白水泥擦缝 贴 5mm 厚釉面砖 8mm 厚 1∶0.1∶2.5 水泥石灰膏砂浆结合层 10mm 厚 1∶3 水泥砂浆打底扫毛或划出纹道 刷加气混凝土界面处理剂一道（随刷随抹底灰）	m^2	38.03	102.34	3892.05	2281.8

（续）

序号	项目编码	项目名称	项目特征描述	计量单位	工程量	金额/元		
						综合单价	合价	其中
								暂估价
		M 墙、柱面装饰与隔断、幕墙工程						
33	011208001001	铝塑板圆柱面	4mm厚双面铝塑板 3mm厚三合板板固定在木龙骨上24mm×30mm木龙骨中距500mm	m^2	17.4	105.15	1829.53	
		分部小计					**91479.09**	**15331.4**
		N 天棚工程						
34	011301001001	卫生间天棚抹水泥砂浆	5mm厚1:2.5水泥砂浆抹面 5mm厚1:3水泥砂浆打底 刷素水泥浆结合层一道（内掺建筑胶）	m^2	4.92	16.21	79.74	
35	011301001002	背立面雨篷底面抹水泥砂浆	5mm厚1:2.5水泥砂浆抹面 5mm厚1:3水泥砂浆打底 刷素水泥浆结合层一道（内掺建筑胶）	m^2	5.93	16.21	96.11	
36	011301001003	天棚抹混合砂浆	5mm厚1:0.3:2.5水泥石灰膏砂浆抹面 5mm厚1:0.3:3水泥石灰膏砂浆打底扫毛 刷素水泥浆结合层一道（内掺建筑胶）	m^2	790.13	23.75	18762.11	
		分部小计					**18937.96**	
		H 门窗工程						
37	010805006001	全玻钢化自由门	洞口尺寸8200mm×4000mm	樘	1	5010.53	5010.53	
38	010802001001	全玻平开门门制作、安装	洞口尺寸1500mm×2400mm刷 调和漆二遍，底油一遍，满刮腻子夹板门	樘	1	2161.27	2161.27	
39	010801001001	夹板门门制作、安装	洞口尺寸1000mm×2100mm 刷调和漆二遍，底油一遍，满刮腻子	樘	7	389.47	2726.3	

（续）

序号	项目编码	项目名称	项目特征描述	计量单位	工程量	金额/元		
						综合单价	合价	其中
								暂估价
		H 门窗工程						
40	010801001002	夹板门门制作、安装	洞口尺寸750mm×2000mm 刷调和漆二遍，底油一遍，满刮腻子	樘	2	278.2	556.39	
41	010801001003	夹板门门制作、安装	洞口尺寸1500mm×2100mm 刷调和漆二遍，底油一遍，满刮腻子	樘	2	584.21	1168.42	
42	010807001001	钢化全玻窗	洞口尺寸7325mm×3700mm 不锈钢包边	樘	2	7633.39	15266.78	
43	010807001002	钢化全玻窗	洞口尺寸3560mm×2900mm 不锈钢包边	樘	4	2907.74	11630.97	
44	010807001003	钢化全玻窗	洞口尺寸8500mm×2900mm 不锈钢包边	樘	1	6942.65	6942.65	
		分部小计					**45463.31**	
		P 油漆、涂料、裱糊工程						
45	011407001001	内墙涂料	白色立邦乳胶漆	m^2	1107.98	22.82	25287.2	
46	011407001002	柱面涂料	白色立邦乳胶漆	m^2	16.71	22.83	381.43	
47	011407001003	外墙涂料	晋龙外墙涂料	m^2	615.71	19.1	11758.71	
48	011407002001	卫生间天棚涂料	白色立邦乳胶漆（抹灰基层上）	m^2	4.92	22.83	112.31	
49	011407002002	背立面雨篷底面涂料	晋龙外墙涂料	m^2	5.93	19.1	113.25	
50	011407002003	天棚涂料	白色立邦乳胶漆	m^2	790.13	22.83	18035.9	
		分部小计					**55688.8**	
		Q 其他装饰工程						
51	011506001001	雨篷铝塑板饰面（平面）	4mm厚双面铝塑板 6mm厚纤维水泥加压板固定在木龙骨上 24mm×30mm木龙骨中距500mm 混凝土雨篷	m^2	56.3	171.06	9630.81	

（续）

序号	项目编码	项目名称	项目特征描述	计量单位	工程量	金额/元		
						综合单价	合价	其中
								暂估价
		Q 其他装饰工程						
52	011207001001	雨篷铝塑板饰面（立面）	4mm厚双面铝塑板 6mm厚纤维水泥加压板固定在木龙骨上 24mm×30mm木龙骨中距500mm 混凝土雨篷	m^2	26.62	171.06	4553.68	
53	011503001001	楼梯不锈钢栏杆扶手	楼梯栏杆高900mm	m	12.51	349.93	4377.65	
54	011503001002	不锈钢防护栏杆	栏杆高700mm	m	22.75	224.26	5102.01	
		分部小计					**23664.15**	
			合 计				**378129.05**	**111948**

4. 单价措施项目清单与计价表

建筑工程单价措施项目清单与计价表

序号	项目编码	项目名称	项目特征描述	计量单位	工程量	金额/元		
						综合单价	合价	其中
								暂估价
1	11701200001	主体施工外脚手架	钢管扣件式双排脚手架、搭设高度10.80m	m^2	939.6	15.09	14178.19	
2	011701006001	主体施工满堂脚手架	钢管扣件式脚手架、一层层高4.80m	m^2	416.22	9.26	3855.91	
3	011701006002	主体施工满堂脚手架	钢管扣件式脚手架、二层层高3.90m	m^2	362.81	9.26	3361.11	
4	011701003001	砌筑里脚手架	承插式钢管支柱、一层层高4.80m	m^2	335.05	7.68	2572.48	
5	011701003001	砌筑里脚手架	承插式钢管支柱、二层层高3.90m	m^2	374.71	7.68	2876.99	
6	011701006003	室内装饰满堂脚手架	钢管扣件式脚手架、一层层高4.80m	m	331.68	9.26	3072.71	
7	011701006004	室内装饰满堂脚手架	钢管扣件式脚手架、二层层高3.90m	m	329.64	9.26	3051.59	
8	011701008001	室外装饰悬空脚手架	手动吊篮脚手架，女儿墙上平距室外设计地坪10.80m	m^2	939.6	11.62	10918.53	

（续）

序号	项目编码	项目名称	项目特征描述	计量单位	工程量	金额/元		
						综合单价	合价	其中
								暂估价
9	011702001001	独立基础	现浇钢筋混凝土独立基础，截面如图7-10、图7-11所示	m^2	100.98	40.94	4134.44	
10	011702005001	基础梁	现浇钢筋混凝土基础梁，截面如图7-10、图7-11所示	m^2	204.6	34.17	6990.22	
11	011702002001	矩形柱	现浇钢筋混凝地下及一层矩形柱，Z_1截面450mm×450mm，支撑高度5.84m	m^2	173.52	45.17	7838.47	
12	011702002002	矩形柱	现浇钢筋混凝土二层矩形柱，Z_1截面450mm×450mm，支撑高度3.82m	m^2	104.43	44.4	4636.48	
13	011702002003	矩形柱	浇钢筋混凝土矩形柱，TZ_1截面240mm×240mm、TZ_2截面200mm×200mm	m^2	13.46	44.04	592.84	
14	011702004001	圆形柱	现浇钢筋混凝土一层圆形柱，Z_2、Z_3截面$D=500$mm，支撑高度5.84m	m^2	39.01	79.75	3110.86	
15	011702004002	圆形柱	现浇钢筋混凝土一层圆形柱，Z_2截面$D=500$mm，支撑高度3.82m	m^2	10.92	77.18	842.78	
16	011702003001	构造柱	现浇钢筋混凝土构造柱（标高4.760m处），GZ_1截面240mm×240mm，GZ_2、GZ_3截面200mm×200mm，支撑高度5.84m	m^2	21.21	50.44	1069.74	
17	011702003002	构造柱	现浇钢筋混凝土构造柱（标高8.700m处），GZ_1截面240mm×240mm，GZ_2、GZ_3截面200mm×200mm，支撑高度3.82m	m^2	24.14	49.66	1198.82	
18	011702003003	构造柱	现浇钢筋混凝土构造柱（女儿墙处），截面240mm×240mm，支撑高度0.84m	m^2	13.71	49.31	676	
19	011702006001	矩形梁	现浇钢筋混凝土一层框架梁，截面如图7-14所示，支撑高度3.39m	m^2	2.74	38.31	104.97	
20	011702006002	矩形梁	现浇钢筋混凝土一层框架梁，截面如图7-14所示，支撑高度5.84m	m^2	266.67	57.08	15221.04	

（续）

序号	项目编码	项目名称	项目特征描述	计量单位	工程量	金额/元		
						综合单价	合价	其中 暂估价
21	011702006003	矩形梁	现浇钢筋混凝土二层框架梁，截面如图7-15所示，支撑高度3.82m	m^2	249.59	38.31	9561.97	
22	011702008001	圈梁	现浇钢筋混凝土地圈梁，截面370mm×180mm	m^2	34.85	36.64	1276.93	
23	011702010001	弧形梁	现浇钢筋混凝土雨篷出弧形梁，$1L_3$ 截面250mm×400mm	m^2	17.27	73.73	1273.34	
24	011702016001	平板	现浇钢筋混凝土平板（标高2.270m处），支撑高度3.39m	m^2	4.47	38.03	169.99	
25	011702016002	平板	现浇钢筋混凝土一层平板（标高4.760m处），支撑高度5.84m	m^2	330.85	50.41	16678.15	
26	011702016003	平板	现浇钢筋混凝土二层平板（标高8.700m处），支撑高度3.82m	m^2	297.17	47.85	14220.59	
27	011702021001	栏板	现浇钢筋混凝土雨篷处弧形栏板	m^2	34.07	26.23	893.72	
28	011702024001	楼梯	现浇钢筋混凝土直行楼梯	m^2	20.33	95.73	1946.11	
29	011702023001	雨篷	现浇钢筋混凝土矩形雨篷	m^2	5.93	69.04	409.38	
30	011702025001	其他现浇构件	现浇钢筋混凝土压顶（女儿墙处）	m^2	15.39	36.64	563.9	
31	011702025002	其他现浇构件	现浇钢筋混凝土压顶（弧形栏板处）	m^2	6.13	73.73	451.97	
32	011702027001	台阶	现浇钢筋混凝土台阶	m^2	63.02	29.75	1874.59	
33	011703001001	垂直运输	框架结构、檐高10.8m	m^2	752.32	23.88	17962.95	
34	011705001002	大型机械设备进出场及安拆		台·次	1	5619.66	5619.66	
合计							**163207.42**	

装饰装修工程单价措施项目清单与计价表

序号	项目编码	项目名称	项目特征描述	计量单位	工程量	金额/元		
						综合单价	合价	其中 暂估价
	—	—	—	—	—	—	—	
合计							0	

5. 总价措施项目清单与计价表

建筑工程总价措施项目清单与计价表

序号	项目编码	项目名称	计算基础	费率（%）	金额/元	调整费率（%）	调整后金额/元	备注
1	011707001001	安全文明施工（含环境保护、文明施工、安全施工、临时设施）	分部分项直接费	2.25	14231.22			
2	011707004001	二次搬运	分部分项直接费	0.15	948.75			
3	011707002001	夜间施工	分部分项直接费	0.15	948.75			
合　计					**16128.72**			

装饰装修工程总价措施项目清单与计价表

序号	项目编码	项目名称	计算基础	费率（%）	金额/元	调整费率（%）	调整后金额/元	备注
1	011707001001	安全文明施工（含环境保护、文明施工、安全施工、临时设施）	分部分项人工费	4.69	5289.26			
2	011707002001	夜间施工	分部分项人工费	0.44	496.23			
3	011707004001	二次搬运	分部分项人工费	0.9	1015			
合　计					**6800.49**			

6. 其他项目清单与计价表

（1）建筑工程其他项目清单与计价汇总表

序号	项目名称	金额/元	结算金额/元	备注
1	暂列金额	50000		明细详见暂列金额明细表
2	暂估价	0		
2.1	材料暂估价	—		
2.2	专业工程暂估价	0		
3	计日工	21008.2		明细详见计日工表
4	总承包服务费	0		
合　计		**71008.2**		—

暂列金额明细表

序号	项目名称	计量单位	暂定金额/元	备注
1	工程量清单中工程量偏差和设计变更	元	25000	
2	政策性调整和材料价格风险	元	25000	
合 计			**50000**	—

注：此表由招标人填写，如不能详列，也可只列暂列金额总额，投标人应将上述暂列金额计入投标总价中。

计日工表

编号	项目名称	单位	暂定数量	实际数量	综合单价/元	合价	
						暂定	实际
1	人工						
	普工	工日	50		70	3500	
	瓦工	工日	30		75	2250	
	抹灰工	工日	30		80	2400	
人工小计						**8150**	
2	材料						
	42.5级矿渣水泥	kg	300		0.37	111	
材料小计						**111**	
3	施工机械						
	载重汽车	台班	20		520	10400	
施工机械小计						10400	
4	企业管理费和利润					2347.2	
总 计						**21008.2**	

注：此表项目名称、暂定数量由招标人填写，编制招标控制价时，单价由招标人按有关计价规定确定；投标时，单价由投标人自主报价，按暂定数量计算合价计入投标总价中。结算时，按发承包双方确认的实际数量计算合价。

（2）装饰装修工程其他项目清单与计价汇总表

序号	项目名称	金额/元	结算金额/元	备注
1	暂列金额	0		
2	暂估价	10000		
2.1	材料暂估价	—		明细详见材料暂估价表
2.2	专业工程暂估价	10000		明细详见专业工程暂估价表
3	计日工			
4	总承包服务费	500		明细详见总承包服务费计价表
合 计		**10500**		—

注：材料暂估单价进入清单项目综合单价，此处不汇总。

材料暂估价表

序号	材料（工程设备）名称、规格、型号	计量单位	数量		暂估/元		确认/元		差额±/元		备注
			暂估	确认	单价	合价	单价	合价	单价	合价	
1	600mm × 600mm芝麻白花岗岩	m^2	371.7		150	55753.5					用在一层地面及正立面台阶平台
2	300mm × 300mm耐磨地砖	m^2	9.84		40	393.6					用在卫生间地面
3	600mm × 600mm全玻磁化砖	m^2	303.7		90	27328.5					用在二层地面
4	350mm × 1200mm芝麻白磨光花岗岩	m^2	77.3		170	13141					用在楼梯及台阶面层
5	25mm厚毛石花岗岩板	m^2	38.03		60	2281.8					用于外墙勒脚
6	5mm厚内墙釉面砖	m^2	81.56		160	13049.6					用于内墙面
	合计					**111948**					

注：1. 此表由招标人填写“暂估单价”，并在备注栏说明暂估价的材料拟用在那些清单项目上，投标人应将上述材料、工程设备暂估单价计入工程量清单综合单价报价中。

专业工程暂估价表

序号	工程名称	工程内容	暂估金额/元	结算金额/元	差额±/元	备注
1	塑钢窗	制作、安装	10000			
	合计		**10000**			—

注：此表“暂估金额”由招标人填写，投标人应将“暂估金额”计入投标总价中。结算时按合同约定结算金额填写。

总承包服务费计价表

序号	项目名称	项目价值（元）	服务内容	计算基础	费率（%）	金额/元
1	发包人发包专业工程	10000	1. 按专业工程承包人的要求提供施工工作面并对施工现场进行统一管理，对竣工资料进行统一整理汇总 2. 为塑钢窗安装后进行补缝和找平并承担相应费用	项目价值	5	500
	合计					**500**

注：此表项目名称、服务内容由招标人填写，编制招标控制价时，费率及金额由招标人按有关计价规定确定；投标时，费率及金额由投标人自主报价，计入投标总价中。

7. 规费、税金项目清单与计价表

建筑工程规费、税金项目清单与计价表

序号	项目名称	计算基础	计算基数	计算费率（%）	金额/元
1	规费	工程排污费+社会保障费+住房公积金+危险作业意外伤害保险	71308.49		71308.49
1.1	工程排污费				
1.2	社会保障费	养老保险费+失业保险费+医疗保险费+工伤保险费+生育保险费	60064.83		60064.83
1.2.1	养老保险费	分部分项预算价直接费+技术措施预算价直接费+组织措施直接费+计日工直接费－只取税金项预算价直接费－不取费项预算价直接费	739712.60	6.58	48673.23
1.2.2	失业保险费	分部分项预算价直接费+技术措施预算价直接费+组织措施直接费+计日工直接费－只取税金项预算价直接费－不取费项预算价直接费	739712.60	0.32	2367.09
1.2.3	医疗保险费	分部分项预算价直接费+技术措施预算价直接费+组织措施直接费+计日工直接费－只取税金项预算价直接费－不取费项预算价直接费	739712.60	0.96	7101.26
1.2.4	工伤保险费	分部分项预算价直接费+技术措施预算价直接费+组织措施直接费+计日工直接费－只取税金项预算价直接费－不取费项预算价直接费	739712.60	0.16	1183.54
1.2.5	生育保险费	分部分项预算价直接费+技术措施预算价直接费+组织措施直接费+计日工直接费－只取税金项预算价直接费－不取费项预算价直接费	739712.60	0.1	739.71
1.3	住房公积金	分部分项预算价直接费+技术措施预算价直接费+组织措施直接费+计日工直接费－只取税金项预算价直接费－不取费项预算价直接费	739712.60	1.36	10060.12
1.4	危险作业意外伤害保险	分部分项预算价直接费+技术措施预算价直接费+组织措施直接费+计日工直接费－只取税金项预算价直接费－不取费项预算价直接费	739712.60	0.16	1183.54
2	税金	分部分项工程费+措施项目费+其他项目费+规费－不取费项市场价直接费	954150.91	3.477	33175.83
		合计			**104484.32**

装饰装修工程规费、税金项目清单与计价表

序号	项目名称	计算基础	计算基数	计算费率（%）	金额/元
1	规费	工程排污费+社会保障费+住房公积金+危险作业意外伤害保险	54445.41		54445.41

（续）

序号	项目名称	计算基础	计算基数	计算费率（%）	金额/元
1.1	工程排污费				
1.2	社会保障费	养老保险费+失业保险费+医疗保险费+工伤保险费+生育保险费	44726.09		44726.09
1.2.1	养老保险费	分部分项预算价人工费+组织措施项目人工费+技术措施预算价人工费+计日工人工费-只取税金项预算价人工费-不取费项预算价人工费	107514.63	32	34404.68
1.2.2	失业保险费	分部分项预算价人工费+组织措施项目人工费+技术措施预算价人工费+计日工人工费-只取税金项预算价人工费-不取费项预算价人工费	107514.63	2	2150.29
1.2.3	医疗保险费	分部分项预算价人工费+组织措施项目人工费+技术措施预算价人工费+计日工人工费-只取税金项预算价人工费-不取费项预算价人工费	107514.63	6	6450.88
1.2.4	工伤保险费	分部分项预算价人工费+组织措施项目人工费+技术措施预算价人工费+计日工人工费-只取税金项预算价人工费-不取费项预算价人工费	107514.63	1	1075.15
1.2.5	生育保险费	分部分项预算价人工费+组织措施项目人工费+技术措施预算价人工费+计日工人工费-只取税金项预算价人工费-不取费项预算价人工费	107514.63	0.6	645.09
1.3	住房公积金	分部分项预算价人工费+组织措施项目人工费+技术措施预算价人工费+计日工人工费-只取税金项预算价人工费-不取费项预算价人工费	107514.63	8.5	9138.74
1.4	危险作业意外伤害保险	分部分项预算价人工费+组织措施项目人工费+技术措施预算价人工费+计日工人工费-只取税金项预算价人工费-不取费项预算价人工费	107514.63	0.54	580.58
2	税金	分部分项工程费+措施项目费+其他项目费+规费-不取费项市场价直接费	449874.95	3.477	15642.15
		合计			**70087.56**

8. 综合单价分析表

砖基础综合单价分析表

<table>
<tr><td colspan="2">项目编码</td><td colspan="2">010401001001</td><td>项目名称</td><td colspan="2">砖基础</td><td>计量单位</td><td>m³</td><td>工程量</td><td>30.45</td></tr>
<tr><td colspan="11">清单综合单价组成明细</td></tr>
<tr><td rowspan="2">定额编号</td><td rowspan="2">定额项目名称</td><td rowspan="2">定额单位</td><td rowspan="2">数量</td><td colspan="4">单价</td><td colspan="3">合价</td></tr>
<tr><td>人工费</td><td>材料费</td><td>机械费</td><td>管理费和利润</td><td>人工费</td><td>材料费</td><td>机械费</td><td>管理费和利润</td></tr>
<tr><td>A3－1换</td><td>砖基础换为【水泥砂浆砂浆标号M7.5】</td><td>10m³</td><td>0.1</td><td>671.46</td><td>1611.48</td><td>39.37</td><td>292.38</td><td>67.15</td><td>161.15</td><td>3.94</td><td>29.24</td></tr>
<tr><td colspan="2">人工单价</td><td colspan="6">小计</td><td>67.15</td><td>161.15</td><td>3.94</td><td>29.24</td></tr>
<tr><td colspan="2">综合工日57元/工日</td><td colspan="6">未计价材料费</td><td colspan="4">0</td></tr>
<tr><td colspan="8">清单项目综合单价</td><td colspan="4">261.47</td></tr>
</table>

（续）

	主要材料名称、规格、型号	单位	数量	单价/元	合价/元	暂估单价/元	暂估合价/元
材料费明细	机红砖 240mm×115mm×53mm	块	518.55	0.23	119.27		
	矿渣硅酸盐水泥 32.5 级	t	0.06776	340	23.04		
	中（粗）砂	m^3	0.28556	61	17.42		
	其他材料费			—	1.42	—	0
	材料费小计			—	**161.15**	—	**0**

矩形梁综合单价分析表

项目编码	010503002001	项目名称	C25 矩形梁	计量单位	m^3	工程量	58.08

清单综合单价组成明细

定额编号	定额项目名称	定额单位	数量	单价				合价			
				人工费	材料费	机械费	管理费和利润	人工费	材料费	机械费	管理费和利润
A4－198 换	泵送预拌混凝土单梁、连续梁 换为【预拌混凝土粗集料粒径5～31.5mm（T＝190±30mm）碎石混凝土强度等级C25（32.5级）【中（粗）砂】】	$10m^3$	0.1	107.73	2511.03	14.78	331.56	10.77	251.1	1.48	33.16
人工单价		小计						**10.77**	**251.1**	**1.48**	**33.16**
综合工日 57 元/工日		未计价材料费						0			
清单项目综合单价								296.51			

	主要材料名称、规格、型号	单位	数量	单价/元	合价/元	暂估单价/元	暂估合价/元
材料费明细	预拌混凝土粗集料粒径 5～31.5mm（T＝190±30mm）碎石混凝土强度等级 C25（32.5 级）【中（粗）砂】	m^3	1.02	242.63	247.48		
	其他材料费			—	3.62	—	0
	材料费小计			—	**251.1**	—	**0**

花岗岩地面综合单价分析表

项目编码		011102001001		项目名称		花岗岩地面（一层地面）		计量单位	m²	工程量	334.79
清单综合单价组成明细											
定额编号	定额项目名称	定额单位	数量	单价				合价			
				人工费	材料费	机械费	管理费和利润	人工费	材料费	机械费	管理费和利润
B1－29换	花岗岩楼地面普通干硬性水泥砂浆30mm	100m³	0.01	2017.26	15680.32	0	474.05	20.17	156.8	0	4.74
人工单价		小计						**20.17**	**156.8**	**0**	**4.74**
综合工日63元/工日		未计价材料费						0			
清单项目综合单价								181.72			

材料费明细	主要材料名称、规格、型号	单位	数量	单价/元	合价/元	暂估单价/元	暂估合价/元
	花岗岩饰面板济南青600mm×600mm×20mm	m²	1			150	150
	矿渣硅酸盐水泥32.5级	t	0.0121849	340	4.14		
	中（粗）砂	m³	0.040299	61	2.46		
	其他材料费			—	0.19	—	0
	材料费小计			—	**6.79**	—	**150**

9. 主要材料价格表

工程名称：××办公楼工程

序号	材料编码	材料名称	规格、型号等特殊要求	单位	单价/元
1		圆钢	HRB235，10mm以内	t	3530
2		圆钢	HRB235，11～20mm		3700
3		圆钢	HRB235，20mm以外		3640
4		螺纹钢	HRB335，20mm以外	t	3660
5		机红砖	240mm×115mm×53mm	块	0.23
6		矿渣硅酸盐水泥	32.5级	t	340
7		碎石		m³	79
8		中（粗）砂		m³	61
9		生石灰粉		t	200
10		加气混凝土砌块		m³	155
11		工程用水		m³	5.6
12		水泥砂浆	M7.5	m³	168.41
13		混合砂浆	M7.5		176.64

（续）

序号	材料编码	材料名称	规格、型号等特殊要求	单位	单价/元
14		混合砂浆	M5		153.83
15		双面铝塑板	4mm 厚	m^2	73.9
16		白色立邦内墙乳胶漆		kg	35
17		晋龙外墙涂料		kg	15
18		白色硅酸盐水泥	白度 80%	t	600
19		电		kwh	0.77
20		柴油		L	7.37
21		汽油		L	7.44

参考文献

[1] 建设部标准定额研究所．建设工程工程量清单计价规范宣贯辅导教材［M］．北京：中国计划出版社，2003.
[2] 北京广练达慧中软件技术有限公司工程量清单专家顾问委员会．工程量清单的编制与投标报价［M］．北京：中国建材工业出版社，2003.
[3] 王朝霞．建筑工程定额与计价［M］．北京：中国电力出版社，2004.
[4] 中华人民共和国住房和城乡建设部．GB 50500—2013　建设工程工程量清单计价规范［S］．北京：中国计划出版社，2013.
[5] 中华人民共和国住房和城乡建设部．GB 50854—2013　房屋建筑与装饰工程工程量计算规范［S］．北京：中国计划出版社，2013.
[6] 规范编制组．2013 建筑工程计价计量规范辅导［M］．北京：中国计划出版社，2013.